高校非计算机专业计算机基础教育改革型教材

Visual FoxPro 教程

（第4版）

卢雪松　主编

东南大学出版社
·南京·

内容提要

本书融数据库基本理论、数据库管理系统和数据库应用程序开发为一体，既注重基础理论，又强调实践应用。在突出面向对象概念的同时又兼顾了传统的面向过程的程序设计方法。本书图文并茂、示例翔实，便于读者阅读和上机操作。

本书可供各类高等院校本、专科学生使用，也可供参加江苏省计算机等级考试和全国计算机等级考试的考生复习迎考。

图书在版编目(CIP)数据

Visual FoxPro 教程/卢雪松主编. —4 版. —南京：东南大学出版社，2012.11(2019.1 重印)
ISBN 978-7-5641-3841-7

Ⅰ.①V… Ⅱ.①卢… Ⅲ.①关系数据库系统—数据库管理系统—高等学校—教材 Ⅳ.TP311.138

中国版本图书馆 CIP 数据核字(2012)第 251956 号

Visual FoxPro 教程(第 4 版)

主　　编　卢雪松
责任编辑　张　煦
装帧设计　毕　真

出版发行　东南大学出版社
出 版 人　江建中
社　　址　江苏省南京市四牌楼 2 号(邮编:210096)
经　　销　江苏省新华书店
印　　刷　南京京新印刷有限公司
版　　次　2012 年 11 月第 4 版　2019 年 1 月第 7 次印刷
开　　本　787mm×1092mm　1/16
印　　张　20
字　　数　512 千字
书　　号　ISBN 978-7-5641-3841-7
定　　价　32.00 元

再版前言

随着计算机及其应用的推广普及，各行各业纷纷建立了以数据库为核心的信息系统。数据库技术在当今信息社会的地位和作用显得尤为重要。Visual FoxPro 是当前微型计算机上普遍使用的一种可视化的、面向对象的关系型数据库管理系统。

Visual FoxPro 程序的运行既可以采用解释方式、又可以采用编译方式。其自带的语言系统涵盖了面向过程的程序设计、面向问题的程序设计、面向对象的程序设计以及计算机自动编程等程序设计语言的发展过程。运用 Visual FoxPro 开发一个应用系统还运用到了软件工程的思想和方法。所有这些恰好对其前趋课程《计算机应用基础》中的有关概念进行了进一步的诠释和印证，更有利于读者理解和掌握计算机程序设计的概念和方法，这是其他程序设计语言无可比拟的。

随着信息技术的快速发展和计算机的高度普及，社会对新型人才的计算机应用能力与水平提出了更高的要求，而运用计算机进行数据处理是新型人才必须具备的基本能力。Visual FoxPro 具有强大的数据处理能力，能满足非理工类专业计算机应用的需求。Visual FoxPro 操作性强，数据处理的概念直观明了，相对于算法要求较强的其他程序设计语言而言，更适合非理工类专业学生修读。

本书融数据库基本理论、数据库管理系统和数据库应用程序开发为一体，既注重基础理论，又强调实践应用。与一般教材不同的是，本书即突出了面向对象的概念，同时又兼顾到了传统的面向过程的程序设计方法。本书图文并茂、示例翔实，便于读者阅读和上机操作。

本书在总结作者多年的 VFP 教学经验的基础上，根据《中国高等院校计算机基础教育课程体系 2008》的精神和计算机等级考试大纲的要求组织编写，可供各类高等院校本、专科学生使用，也可供参加江苏省计算机等级考试和全国计算机等级考试的考生复习迎考。

本书由卢雪松主编。参加编写工作的有：杨晓秋（第 1 章）、徐晶（第 2 章）、方益明（第 3～4章）、张平（第 5～6 章）、潘钧（第 7 章）、卢雪松（第 8～9 章）、沈启坤（第 10～11 章）、楚红（第 12 章）。

在本书的编写过程中，参考了许多同类书籍，同时得到了扬州大学教务处有关同志的关心和支持，在此一并表示衷心的感谢。

本教材由扬州大学出版基金资助。

由于编者水平有限，不妥之处敬请广大读者批评指正。

编　者

2012 年 10 月于扬州大学

目　录

第1章　数据库系统及 Visual FoxPro 概述

数据库是数据处理的重要工具，也是管理信息系统(MIS)、办公自动化(OA)系统和决策支持系统(DSS)等应用系统的核心部分。它能够有效、合理地存储各种数据，为有关应用准确、快速地提供有用的信息。数据库技术是计算机领域中最重要的技术之一，其应用已渗透到人类社会各个领域，并正在改变着人们的生活方式和工作方式。因此，我们有必要学习和掌握数据库系统的原理和技术，用以解决各种计算机应用中的实际问题。

1.1　数据库系统的基本概念

1.1.1　数据管理技术的发展

数据管理技术是指对数据进行分类、组织、编码、存储、检索和维护的技术。在计算机环境下，数据管理技术经历了从低级到高级的3个发展阶段：

1. 人工管理阶段(20世纪50年代中期以前)

该阶段尚无统一的数据管理软件，对数据的管理完全由各个程序员在其程序中进行。程序员在编制其课题程序时，必须考虑数据的逻辑定义和组织、数据存放的存储设备、物理存储方式和地址分配，并通过物理地址来存取数据。表示处理流程的程序与其处理对象——数据相互结合成一个整体，两者紧密地相互依赖。数据的管理仍然是分散的，计算机在数据管理中还没有发挥应有的作用。因此，严重地影响了计算机的使用效率。

2. 文件系统管理阶段(20世纪50年代后期至60年代中期)

在这一阶段，由于计算机技术的发展，出现了磁带、磁鼓和磁盘等容量较大的存储设备。软件方面有了操作系统，计算机的应用范围也由科学计算领域扩展到数据处理领域。

这一阶段的特点是：

① 数据可以以操作系统的文件形式长期保存在计算机中，文件的组织方式由顺序文件逐步发展到随机文件。

② 操作系统的文件管理系统提供了对数据的输入和输出操作接口，进而提供数据存取方法。

③ 一个应用程序可以使用多个文件，一个文件可为多个应用程序使用，数据可以共享。

④ 数据仍然是面向应用的，文件之间彼此孤立，不能反映数据之间的联系，因而仍存在数据的大量冗余和不一致性。

3. 数据库系统管理阶段(20世纪60年代后期开始)

针对数据的文件管理方式存在的上述缺点，计算机的软件工作者经过长期不懈的努力，提出了数据库的概念。数据库技术为数据管理提供了一种较完善的高级管理方式，它克服了文件系统方式下分散管理的弱点，对所有的数据实行统一、集中的管理，使数据的存储独立于使用它的程序，从而实现数据共享。这样也就克服了文件管理方式的缺点。如图1-1所示。

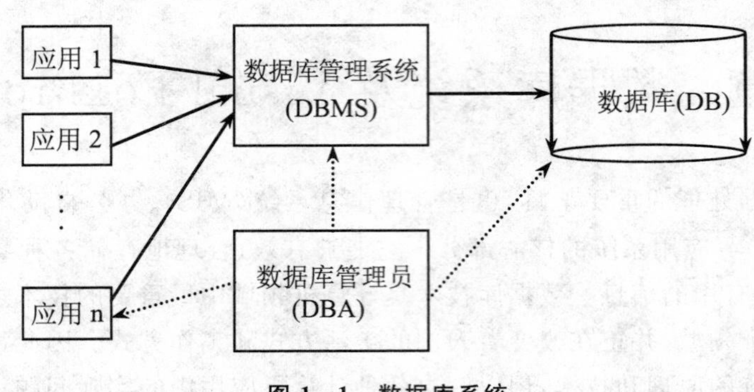

图 1-1　数据库系统

1.1.2　数据库的特点

现在数据库已经成为各种计算机应用系统的核心部分。其所以如此,是因为数据库有着许多独特的优点,它们主要是:

一、数据被集成化

所谓集成化就是按照一定的数据模型来组织和存放数据,故而又称数据的结构化。数据的集成化或结构化是数据库系统管理和文件系统管理之间的一个本质区别,是实现对数据的集中控制和减少数据冗余的前提和保证。

由于数据库是从一个组织的全部应用来全盘考虑并集成数据的结构,所以数据库中的数据不再是面向个别应用,而是面向系统。各个不同的应用系统所需的数据只是整体模型的一个子集。

二、具有数据独立性

所谓数据独立性就是数据与应用程序之间不存在相互依赖关系,也就是数据的逻辑结构、存储结构和存取方法等,不因应用程序的修改而修改,反之亦然。这是数据库系统与文件系统之间的另一个重要区别,也是使得数据库系统结构复杂的一个重要原因。数据独立性分为物理独立性和逻辑独立性两级。

1. 物理独立性

即数据的物理结构(或存储结构)的改变,如物理存储设备的更换、物理存储位置的变更、存取方法的改变等等,不影响数据库的逻辑结构,从而不致引起应用程序的修改。

2. 逻辑独立性

数据库总体逻辑结构的改变,如修改数据的定义、增加新的数据类型、改变数据间的联系等等,无需修改原来的应用程序,这就是数据的逻辑独立性。遗憾的是,到目前为止,数据的逻辑独立性还没有完全彻底地实现。

三、实现数据共享

数据共享是促成发展数据库技术的重要原因之一,也是数据库技术先进性的一个重要体现。数据库中数据的共享性体现在两个方面:

(1) 数据库中的数据可供多个应用程序用于不同的目的,每个应用程序各有其自己的局部数据逻辑结构。数据库中的数据不但可供现有的各个应用程序共享,还可开发新的应用程序而无需附加新的数据,实现新、老应用程序共享数据库中的数据。

(2) 数据库可以为批处理用户和终端的多个用户同时共享。

四、数据的冗余度小

数据冗余是指相同的数据重复出现。在非数据库系统中，每个应用有它自己的文件，从而造成了存储数据的大量重复。大量的数据冗余带来的弊病是：

(1) 浪费了存储空间。

(2) 为了更新某些冗余副本，保持数据的一致性，必须执行多次更新操作，从而增加不必要的更新阶段和机器时间。

(3) 由于数据的不同副本可能处于不同的更新阶段，从而可能给出不一致的信息。

数据库则是从整体观点来组织和存储数据的，数据是集成化、结构化的。它是为多种应用所共享的，从而大大减少了数据冗余。

五、具有统一的数据控制功能

由于数据库是多用户的共享资源，而计算机的共享一般是并发的，即多用户同时使用数据库，因此，数据的安全性和可靠性是一个数据库系统能否实用的关键问题，所以必须采用有效措施保护数据。

1. 安全性控制

这里的安全性，主要是指数据的保密性控制，例如用户的身份号，验明身份后才能进入系统，对某些特定的数据限定使用权限；对不同的操作采用不同的保护级别(如有的用户只允许查询，有的用户有修改权)；采用密码方式存放数据等。

2. 完整性控制

指利用某些条件判断来排除不正确的数据，它包括正确性(如数值型数据中不应含有字母)、有效性(如表示月份必须为 1 至 12 的正整数)、相容性(如一人的工资在两个地方不应出现不同的数值，数据不相容主要是由于数据冗余引起的)的控制。

3. 并发控制

避免一个用户读出另一个用户正在修改的错误数据。

4. 故障的发现与恢复

防止硬件和软件故障以及用户操作上的错误所造成的对数据的破坏。

1.1.3　数据库系统

数据库系统(Data Base System，简称 DBS)是指在计算机环境下引进数据库技术后构成的整个计算机系统。除计算机软、硬件环境外，数据库系统包括以下几个组成部分：

一、数据库(Data Base，简称 DB)

数据库被定义为是在计算机存储设备上合理存放的、互相关联的数据集合。

二、数据库管理系统(Data Base Management System，简称 DBMS)

数据库管理系统是数据库系统中专门用于数据管理的软件，是用户与数据库的接口。提供有：

1. 数据库定义功能

提供数据描述语言(Data Defined Language，简称 DDL)及其翻译程序，用于定义数据库结构(模式及模式间映射)、数据完整性和保密性约束等。

2. 数据库操作功能

提供数据操纵语言(Data Manipulation Language ，简称 DML)及其翻译程序，用于实现对数据库数据的查询、插入、更新和删除等操作。

数据操纵语言亦称数据库语言。一般有两种使用方式:一种是交互式命令语言,它语法简明,可以独立使用,称为自含型语言;另一种是嵌入到某种程序设计语言中,如 C 语言、FORTRAN 语言、COBOL 语言、PASCAL 语言等,称为宿主型语言。

3. 数据库运行和控制功能

包括数据安全性控制、数据完整性控制、多用户环境的并发控制等。

4. 数据库维护功能

包括数据库数据的载入、转储和恢复,数据库的维护和数据库的功能及性能分析和监测等。

三、应用程序

应用程序是数据库中特定用户的数据处理业务,利用 DBMS 支持的程序设计语言编写的程序。

四、人员

参与分析、设计、管理、维护和使用数据库中数据的人员都是数据库系统的组成部分,分析、设计、管理和使用数据库系统的人员主要是:

1. 数据库管理员(DataBase Adminitrator, 简称 DBA)

数据库管理员是管理和维护数据库系统正常运转的专职人员。具体的职责包括:①决定数据库中的数据内容和结构;②决定数据库的存储结构和存取策略;③定义数据的安全性要求和完整性约束条件;④监控数据库的使用和运行;⑤数据库的重构和重组。

2. 系统分析员

系统分析员是数据库系统建设期主要的参与人员,负责应用系统的需求分析和规范说明,确定系统的基本功能、数据库结构和应用程序的设计以及软、硬件配置,并组织整个系统的开发。

3. 应用程序员

应用程序员根据应用系统的功能需求负责设计和编写应用系统的程序模块,并参与对程序模块的测试。

4. 用户

这里用户是指最终用户(End User)。

目前,微型机到大型计算机都有数据库系统的应用。一般而言,大型机上的系统是多用户系统,系统提供的设施较完整,功能也较强。微型机上的系统大多是单用户系统,这种系统提供的设施往往是大型多用户系统的一个子集,即使设施相同,也没有大型多用户系统那么强的功能。

1.1.4 数据库系统体系结构

数据库的体系结构是数据库系统的一个总框架。尽管实际数据库软件产品种类繁多,使用的数据库语言各异,基础操作系统不同,采用的数据结构模型相差甚大,但是绝大多数数据库系统在总体结构上都具有三级模式的结构特征。数据库的三级模式结构由外模式、模式和内模式组成,如图 1-2 所示。

(1) 外模式:又称子模式或用户模式,是模式的子集,是数据的局部逻辑结构,也是数据库用户看到的数据视图。

(2) 模式:又称逻辑模式或概念模式,是数据库中全体数据的全局逻辑结构和特性的描述，也是所有用户的公共数据视图。

(3) 内模式：又称存储模式，是数据在数据库系统中的内部表示，即数据的物理结构和存储方式的描述。

数据库系统的三级模式是对数据的三级抽象。为了实现 3 个抽象层次的转换，数据库系统在三级模式中提供了两次映像：外模式/模式映像和模式/内模式映像。所谓映像就是存在某种对应关系。

外模式到模式的映像，定义了外模式与模式之间的对应关系。模式到内模式的映像，定义了数据的逻辑结构和物理结构之间的对应关系。正是由于这两级映像，使数据库管理的数据具有两个层次的独立性：物理独立性和逻辑独立性。

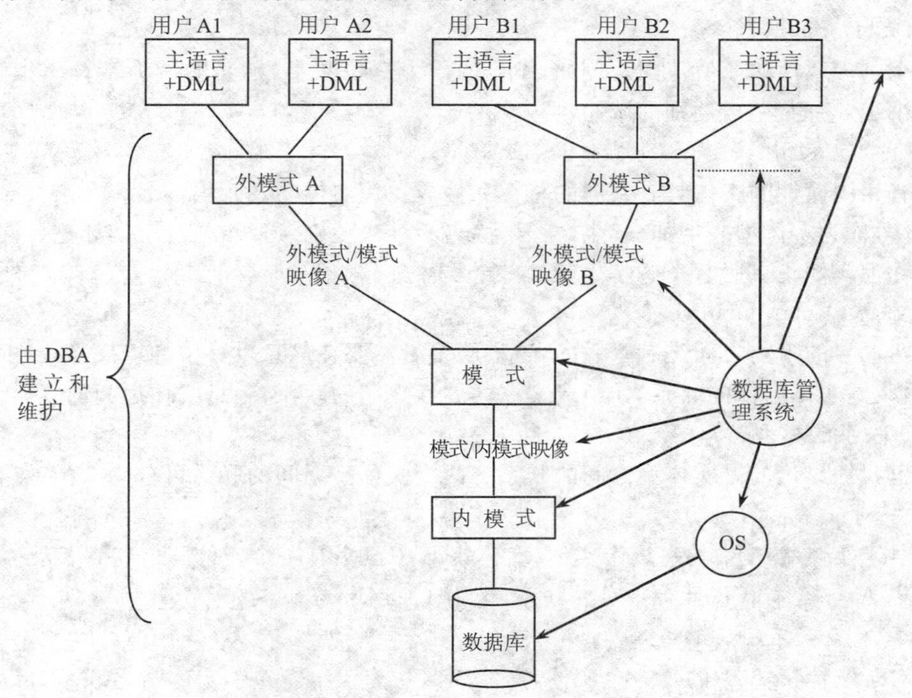

图 1－2　数据库系统的体系结构

1.2　数据模型

模型一词本身含意是现实世界事物的一种抽象，例如汽车模型、船舶模型等。

数据模型是数据库结构和语意的一种抽象，通俗地说，数据模型是现实世界事物及事物之间联系的数据表示，从数据组织形式而言，数据库的数据结构形式就是数据模型。

1.2.1　概念模型

从现实世界到数据世界，实际上经历了“现实世界”→“信息世界”→“数据世界”3 个世界的演变过程，信息世界是现实世界事物间的内在联系在人们头脑中的反映。其认识、理解、抽象和表达的结果，用概念模型来表示，又称“信息模型”。

一、几个术语

信息世界涉及的主要概念有：

1. 实体(Entity)

客观存在并可相互区分的事物。实体可以指实际的对象,也可以指某些概念。例如一个职工、一个学生、一个部门、一门课、一次定货等。

2. 属性(Attribute)

实体所具有的某一特性。一个实体可以由若干个属性来刻画。例如,某学生实体可以由学号、姓名、年龄、性别、班级等属性组成。(970103331,王平,21,男,计 9701)这些属性值组合起来表征了一个学生。

3. 关键字(Key)

唯一标识实体的属性集称为关键字,又称码、键。例如,学号是学生实体的关键字。

4. 域(Domain)

某个(些)属性的取值范围。例如,学号的域为 9 位数字,姓名的域为字符串集合,年龄的域为小于 35 的整数,性别的域为(男,女)。

5. 实体型(Entity type)与实体集(Entity Set)

具有相同属性的实体具有共同的特征和性质。用实体名及其属性名集合来抽象和刻画同类实体,称为实体型。例如,学生(学号、姓名、年龄、性别、班级)是一个实体型。同型实体的集合称为实体集,例如,全体学生就是一个实体集。

6. 联系(Relationship)

现实世界的事物之间是有联系的,这种联系必然要在信息世界中加以反映,一般存在两类联系:一是实体内部的联系,如组成实体的属性之间的联系;一是实体之间的联系。

二、联系的类型

这里我们讨论的是实体型之间的联系。两个实体型之间的联系可分为 3 类。

1. 一对一联系(1∶1)

若对于实体集 A 中的每一个实体,实体集 B 中至多有一个实体与之联系,反之亦然,则称实体集 A 与实体集 B 具有一对一联系,记为 1∶1。

2. 一对多联系(1∶n)

若对于实体集 A 中的每一个实体,实体集 B 中有 n(n≥0)个实体与之联系,反之,对于实体集 B 中的每一个实体,实体集 A 中至多只有一个实体与之联系,则称实体集 A 与实体集 B 具有一对多的联系。记为 1∶n。

3. 多对多联系(m∶n)

若对于实体集 A 中的每一个实体,实体集 B 中有 n(n≥0)个实体与之联系。反过来,对于实体集 B 中的每一个实体,实体集 A 中也有 m(m≥0)个实 体与之联系,则称实体集 A 与实体集 B 具有多对多联系。记为 m∶n。

例如:一个部门有一个经理,而每个经理只在一个部门任职,则部门和经理之间具有一对一联系;一个部门有若干职工,而每个职工只在一个部门工作,则部门与职工之间是一对多的联系;一个项目有多个职工参加,而一个职工可以参加若干项目的工作,则项目和职工之间具有多对多的联系。

三、实体联系模型(Entity Relationship Model)

概念模型的表示方法最常用的是实体联系方法。这个方法是用 E－R 图来描述某一组织的概念模型,这种模型也称为实体联系模型(E－R 模型)。

在 E－R 图中,实体用“方框”表示,属性用“椭圆框”表示,联系用“菱形框”表示,再用线段将各个成分连接起来并注明联系的类型，若实体之间联系也具有属性，则把属性和菱形也用线段连接上。我们可以用 E－R 图表示学生－课程的概念模型，如图 1－3。

E－R 模型是独立于计算机系统的模型，简单、清晰，易于用户理解，但现有数据库系统没有一个能直接接受 E－R 模型。主要是因为 E－R 模型只能说明实体以及实体间语义的联系，还不能进一步说明详细的数据结构。一般遇到一个实际问题总是先设计一个 E－R 模型，然后再把 E－R 模型转换成计算机能实现的结构数据模型。

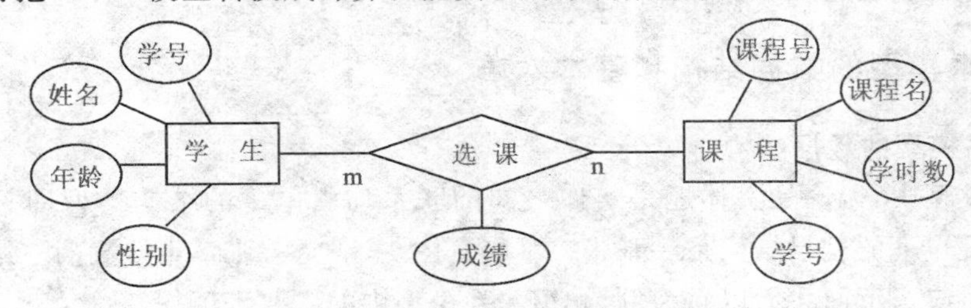

图 1－3　学生选课实体联系模型

1.2.2　结构数据模型

结构数据模型是直接面向数据库的逻辑结构，它是现实世界的第二层抽象。这类模型有严格的形式化定义，以便于在计算机系统中实现，又简称"数据模型"。

一、常用的数据模型

常用的数据模型主要有层次、网状和关系 3 种类型。

1. 层次模型(Hierarchical Model)

层次模型采用树状结构表示实体及其联系，适合于表示实体之间 1∶n 联系。其结构自顶向下层次分明，如一个学校行政机构可以抽象成为一个层次模型。对层次模型的数据搜索仅允许自上向下的单向搜索，故使得层次模型中数据操纵受到很大限制。1969 年，IBM 公司推出 IMS 系统，它是最典型的层次模型系统。

2. 网状模型(Network Model)

网状模型采用结点间的连通图(网状结构)表示实体及其联系，能表示实体之间各种复杂联系情况。网状模型是美国 DASYL 委员会数据库任务组(DBTG)于 1969 年提出的一种模型。在网状模型中，对数据的搜索可以用两种方式：

(1) 可以从网络中任一点开始搜索。

(2) 可沿着网中的路径按任意方向搜索，但在计算机中实现较为困难，使用不太方便。

3. 关系模型(Relational Model)

关系模型采用"二维表"表示实体及其联系，能直接表示实体之间各种复杂联系情况。关系数据模型具有简单明了、理论严谨等优点，是 3 种数据模型中最重要的模型。目前常见的数据库管理系统都是依据关系模型的。

二、面向对象的数据模型

现实世界中存在着许多含有复杂数据结构的应用领域，如 CAD 数据、图形数据等，人们需要更高级的数据模型来表达这类信息。面向对象的数据模型就是面向对象概念与数据库技术相结合的产物。

1.3　关系数据库理论基础

关系数据库是当今数据处理型信息系统中最常用也是最有效的一种数据库。关系数据库采用关系数据模型。在本节中将对关系数据模型作进一步的阐述。关系数据模型简称关系模型，它包含数据结构、数据操作和数据完整性约束 3 个部分。

1.3.1　关系模型的数据结构和基本术语

一、关系模型的数据结构

在关系模型中，无论是实体还是实体之间的联系均由单一的结构类型即关系来表示。数据在用户观点下的逻辑结构是一张张二维表。图 1－4 是一张学生档案的二维表，它与学生实体集相对应。下面我们以它为例，介绍关系模型中的主要术语。

二、关系模型的基本术语

(1) 关系：一张二维表对应一个关系，代表一个实体集。

(2) 元组：表中的一行称为一个元组，代表一个实体。一个关系可看成是元组的集合。

(3) 属性：表中的一列称为属性，给每一列起一个名称即属性名。

(4) 域：属性的取值范围。

(5) 关系模式：在二维表中，行定义(记录的型)称为关系模式，关系模式是对关系的描述，它包括关系名、组成该关系的诸属性名等。

(6) 关键字：关系中的某一属性组，若它的值唯一地标识了一个元组，则称该属性组为关键字或码(或键)。对于图 1－4 中的学生关系和班级关系，其关键字分别是学号和班号。

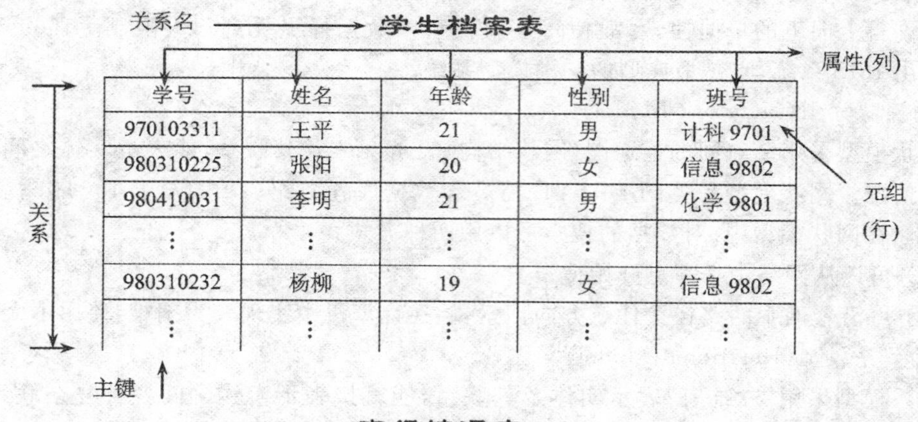

学号	姓名	年龄	性别	班号
970103311	王平	21	男	计科 9701
980310225	张阳	20	女	信息 9802
980410031	李明	21	男	化学 9801
⋮	⋮	⋮	⋮	⋮
980310232	杨柳	19	女	信息 9802
⋮	⋮	⋮	⋮	⋮

班级情况表

班号	人数	班主任	班长
化学 9801	59	王明	李锋
计科 9701	46	张兰	王自力
物理 9903	57	吴岷	杨柳
信息 9802	44	方政	林立
⋮	⋮	⋮	⋮

图 1－4　关系数据结构示例

学生关系中一般姓名不能作为关键字，尽管当前该关系中没有两个元组有相同的姓名，但不能保证在将来的任何时候不会有同名的学生进入学生关系。有些关系的关键字是由单个属性组成的，还有一些关系的关键字常常是由若干个属性组合而构成的，即这种关系中的元组不能由任何一个属性唯一标识，必须由多个属性的组合才能唯一标识。如考试成绩关系：考试成绩(学号、考试日期、考试科目、姓名、性别、成绩)，它的关键字由(学号、考试日期、考试科目)属性的组合构成。

● 超关键字　在一个关系中，能用来唯一标识该关系元组的单个属性或属性组(由多个属性构成)，称为该关系的超关键字。根据关系的性质，一个关系中必定存在超关键字。当然，就唯一标识关系的元组来讲，超关键字中可能含有多余的属性。

● 候选关键字　如果一个超关键字中去掉任一属性后不再能唯一标识该关系的元组，则称该关键字为候选关键字。因此，候选关键字是最精简的超关键字。一个关系可以有一个或多个候选关键字。

● 主关键字　在一个关系的若干个候选关键字中，选定其中一个作为主关键字，亦称主键。

● 外部关键字　若关系中的某属性虽非该关系的主关键字，但却是另一关系的主关键字，则称其为该关系的外部关键字。例如，对于图 1-4 中的学生关系，班号不是主关键字，但班号是班级关系的主关键字，所以班号是学生关系的外部关键字或外键。

在外键相关联的两个表中，外键所在的表称为从表；以外键作为主键的表称为主表。如图 1-4 中学生关系对外键"班号"而言，它是从表，而班级关系是主表。

(7) 关系数据库：使用关系模型所设计的数据库称为关系数据库。关系数据库有型和值之分，关系数据库的型由若干个关系模式构成；关系数据库的值由在某一时刻各关系模式对应的关系构成。在一个关系数据库中，关系模式是稳定的，而关系是随时间不断变化的，因为数据库中的数据在不断更新。

三、关系的性质

可以从二维表去理解关系的性质：

(1) 关系中每个元组(记录)的分量必须是原始的，即表的每一列都是不可再分的。

(2) 每一列的值只能取自同一个域。

(3) 列的次序可以任意交换。

(4) 行的次序可以任意交换。

(5) 不能出现完全相同的两行。

1.3.2 关系模型的完整性约束条件

关系模式是通过关系数据描述语言描述关系后所生成的关系框架。

作为关系 DBMS，为了维护数据库的完整性，一般对关系模式提供了以下 3 类完整性约束机制：

一、实体完整性约束规则

指关系中的"主键"不允许取"空值"(NULL)。因为关系中的每一记录都代表一个实体，而任何实体都是可标识的，如果主键值为空，就意味着存在不可标识的实体。

二、引用完整性约束规则

亦称参照完整性约束规则。对一个关系上的外键，其值只允许两种可能：一是空值；二是等于外键对应的关系的主键值。这是由于不同关系之间的联系是通过“外键”实现的,当一个关系通过外键引用另一关系中的记录时,它必须能在引用的关系中找到这个记录,否则无法实现联系。

例如图 1-4 的学生关系和班级关系,其中班级关系中的班号是主键。学生关系中,对每个学生也有班号一项,表明这个学生是属于哪个班的。学生关系中的班号是外键,它要么取空值,表示这个学生还未分配到任何一个班级;要么取值必须与班级关系中的某个元组的班号相同,表示这个学生属于某个班级。若学生关系中某个学生的班号取值不能与班级关系中任何一个元组的班号值相同,表示这个学生是不存在的一个班的学生,这与实际应用环境是不相符的,显然是错误的。这就是为什么关系模型中定义了参照完整性约束规则。

三、用户定义的完整性约束

这是针对某一应用环境的完整性约束条件,它反映了某一具体应用所涉及的数据应满足的要求,往往是对关系模式中的数据类型、长度、取值范围的约束,如学生的成绩不能是负数。DBMS 提供定义和检验这类完整性规则的机制,其目的是用统一的方式由系统来处理它们,不再由应用程序来完成这项工作。

1.3.3　关系数据操纵与关系代数

关系型数据库管理系统提供关系操纵语言来实现数据操纵。关系操纵语言分为关系代数与关系演算两大类。两类语言可表达的数据操纵能力是相当的。关系代数通过对关系的运算来表达查询。关系代数的运算可包括传统的集合操作和专门的关系操作两类。

一、传统的集合操作

这类操作将关系看成元组的集合。其操作是从关系的水平方向,即是对关系的行来进行的。设关系 R 和关系 S 具有相同数目的属性列(n 列属性),并且相应的属性取自同一个域,则可定义以下 4 种集合运算:

(1) 并(Union):关系 R 与关系 S 的并,记为 $R \cup S$。它是属于 R 或属于 S 的元组组成的集合,结果为 n 列属性的关系。

(2) 交(Intersection):关系 R 与关系 S 的交,记为 $R \cap S$。它是既属于 R 又属于 S 的元组组成的集合,结果为 n 列属性的关系。

(3) 差(Difference):关系 R 与关系 S 的差,记为 $R-S$。它是属于 R 而不属于 S 的元组组成的集合,结果为 n 列属性的关系。

(4) 广义笛卡尔积(Extended Cartesian product):关系 R(假设为 n 列)和关系 S(假设为 m 列)的广义笛卡尔积,记为 $R \times S$,是一个(m + n)列元组的集合,每一个元组的前 n 列是来自关系 R 的一个元组,后 m 列是来自关系 S 的一个元组。若 R 有 k1 个元组,S 有 k2 个元组,则关系 R 和关系 S 的广义笛卡尔积有 $k1 \times k2$ 个元组。

二、专门的关系操作

这类操作不仅涉及行,而且也涉及列。

(1) 选择(Selection):选择操作是指在关系中选择满足某些条件的元组,记为 $\sigma_F(R)$。例如,要在学生基本档案表中找出年龄为 24 岁的所有学生数据,就可以对学生关系做选择操作:$\sigma_{年龄='24'}$(学生)。

(2) 投影(Projection):投影操作是在关系中选择某些属性列。记为 $\Pi_A(R)$。例如,要找出所有班级的班主任和班长,则可以对班级关系做投影操作:$\Pi_{班主任,班长}$(班级)。

(3) 连接(Join):连接操作是从两个关系的笛卡尔积中选择属性间满足一定条件的元组。记为 $R \underset{A=B}{\bowtie} S$。连接条件中的属性称为连接属性。

R

A	B	C
a	c	g
b	d	p
r	s	t

(a)

S

B	C	D
d	p	q
u	v	w
a	t	m

(b)

R⋈S

A	B	C	D
b	d	p	q

(c)

图 1-5 自然连接运算示例

当连接条件中的算符取“=”时,为等值连接。若等值连接中连接属性为相同属性,且在结果关系中去掉重复属性,则此等值连接为自然连接。自然连接是最常用的连接操作。例如关系 R 和 S 如图 1-5(a)、(b)所示,则自然连接 R⋈S 的结果如图 1-5(c)所示。

1.3.4 关系规范化理论

关系数据库的规范化理论用于指导如何构造一个好的数据库模式。

首先,通过一个实例来评价数据库模式设计的好坏。设需设计一个学生数据库 D。它有属性:S#(学号)、SN(姓名)、SA(年龄)、D#(系科代号)、DN(系名)、DT(系办电话),还有一些学生选修的课程细节 C#(课程号)、CN(课程名)、G(成绩)、PC#(先修课号)。要将这 10 个属性构造成一些合适的关系模式,从而构成一个关系数据库,可能有多种数据库模式。我们来看以下两种数据库模式:

1. 只有 1 个关系模式

D(S#、SN、SA、D#、DN、DT、C#、CN、PC#、G)

2. 有 3 个关系模式

S(S#、SN、SA、D#)

C(C#、CN、PC#)

SC(S#、C#、G)

比较这两种设计方案,第一种设计可能有下述问题:

(1) 数据冗余:如果学生选修了多门课程,则每选修一门课程必须存储一次学生细节。同样,当一门课程由多个学生选修时,也必须重复存储该门课程的细节。

(2) 修改异常:由于数据冗余,当修改某些数据项(如课程名称)时,可能有一部分有关元组被修改,而另一部分有关元组却没被修改。

(3) 插入异常:当开设了一门新课,而这门课程还没有被任何一个学生选修,则该课程的细节将无法进入数据库中。因为在 D 关系模式中,(S#、C#)是主键,此时 S# 为空值,实体完整性约束不允许主键为空或部分为空的元组在关系中出现,因此,该课程的细节不能在数据库中存储。

(4) 删除异常:如果某个学生选修的课程都删除了,那么,此学生的细节也一起被删除了。

第二种设计就不存在上述问题,数据冗余消除了。不仅如此,即使学生在不选任何课程时,他的细节也仍然保存在关系 S 中。然而,还有另外一些问题,如使用上述模式时,为找到选修课程名为“数据结构”的学生姓名时,则需进行 3 个关系的连接操作,代价很高。相比之下,使用 D 关系则直接选择、投影即可,显然代价较低。

那么,对于上述 4 类问题,是否能在第二种设计中完全消除?如何能找到一个好的数据库模式?这正是数据库设计理论也即关系规范化理论所研究的问题。

关系规范化理论主要包括 3 个方面的内容:数据依赖、范式和数据库模式设计方法,其中数据依赖起核心作用。

一、关系中的函数依赖

数据依赖中最基本的是函数依赖。函数依赖讨论关系中属性间的联系,它普遍地存在于现实生活中,比如,描述一个学生的关系,可以有学号(S#)、姓名(SN)、年龄(SA)等几个属性。由于一个学号只对应一个学生,一个学生只有一个姓名和一个年龄。因而,当“学号”值确定之后,姓名和年龄的值也就被唯一地确定了,就像自变量 x 确定之后,相应的函数值 f(x)也就唯一地确定了一样,所以说 S# 函数决定 SN 和 SA,或者说 SN、SA 函数依赖于 S#。

1. 函数依赖的定义

设 X,Y 为关系 R 中的两个属性集,若对于 X 中的每一个属性值,在 Y 中只有一个值与之对应,则称“X 函数决定 Y”或“Y 函数依赖于 X”,记作 X→Y,并称 X 为决定因素。

2. 关系数据库中函数依赖的分类

(1) 完全函数依赖和部分函数依赖:设 X→Y 是一个函数依赖,且对于 X 的任一真子集 X′,X′→Y 都不成立,则称 X→Y 是一个完全函数依赖。反之,如果 X′→Y 成立,则称 X→Y 是部分函数依赖。

(2) 传递函数依赖:设 X,Y,Z 是关系 R 中 3 个属性集,若存在 X→Y,Y↛X 且 Y→Z,则函数依赖 X→Z 也成立,但它不是直接的函数依赖,而是通过传递而使 X→Z 成立的,称 Z 传递函数依赖于 X。

二、关系模式的范式

E. F. Codd 提出了规范化的问题,并给出范式的概念。关系数据库中的关系要满足一定要求,满足不同程度要求的为不同范式。下面给出范式的定义。

1. 第一范式

如果关系模式 R 的每一个属性都是不可分解的,则称 R 为第一范式的模式,记为 R∈1NF 模式。

1NF 是关系数据库的关系模式应满足的最起码的条件。

2. 第二范式

如果关系模式 R 是第一范式,且每个非主属性都是完全函数依赖于关键字,则称 R 为第二范式的模式,记为 R∈2NF 模式。

3. 第三范式

如果关系模式 R 是第二范式,且没有一个非主属性是传递函数依赖于关键字,则称 R 为第三范式的模式,记为 R∈3NF 模式。

4. 扩充的第三范式

如果关系模式 R 是第三范式,且没有一个主属性是部分函数依赖或传递函数依赖于关键字,则称 R 为扩充第三范式模式,记为 R∈BCNF 模式。

三、关系模式的规范化

关系模式的规范化就是逐步消除数据依赖中的不合理部分,使模式中的各个关系达到某种范式。关系模式规范化的过程如图 1－6。

是否规范化的程度越深越好？这要根据需要决定，因为“分离”越深，产生的关系越多，关系过多，连接操作越频繁，而连接操作是最费时间的。特别对以查询为主的数据库应用来说，频繁的连接会影响查询速度。所以规范化的程序应该适宜于具体的应用需要。

1NF

↓　消除非主属性对码的部分函数依赖

2NF

↓　消除非主属性对码的传递函数依赖

3NF

↓　消除主属性对码的部分和传递函数依赖

BCNF

图 1－6　关系模式规范化过程

1.4　关系数据库系统简介

支持关系数据模型的数据库管理系统称为关系型数据库管理系统，简称为关系系统。关系数据库系统以其简单清晰的概念、易懂易学的数据库语言，使用户不需了解复杂的存取路径细节，不需说明“怎么干”，只需指出“干什么”就能操作数据库，深受广大用户喜爱，涌现出许多性能良好的商品化关系数据库管理系统，即 RDBMS。现有的 RDBMS 从所使用的规模和能力可分为 3 类。一类是在微型机上使用的，如 Fox 系列、Access 等，主要作为单用户的事务处理，可称为桌面数据库系统；另一类如著名的数据库产品 DB2、ORACLE、INGRES、SyBase 和 INFORMIX，它们功能更完备，往往用于网络环境的开放式系统；还有一类介于前两者之间，如目前较流行的 SQL Servce。

1.4.1　Visual FoxPro 6.0 简介

Visual FoxPro 6.0 是一个流行的微机关系数据库管理系统。它的前身是 20 世纪 80 年代初 Ashton－Tate 公司推出的 dBase 微机数据库系列产品。由于 dBase 是解释型而不是编译型的数据库，这就随时需要一个解释器，这样不利于开发商用化软件。1984 年，美国 Fox Software 公司推出了它的第一个关系数据库产品 FoxBase，该系统不但与 dBase 完全兼容，而且可以编译。90 年代初，Fox Software 公司又推出了 FoxPro 1.0、2.0，引进了 Rushmore 查询优化技术、标准数据库语言 SQL、自动生成报表技术等一系列先进技术。1992 年并入 Microsoft 公司后，推出了 FoxPro 2.5，该产品能够运行在 DOS、Windows 等多种操作系统下，用该产品开发的应用程序具有很好的移植性。1995 年 Microsoft 公司又推出了面向对象的关系数据库管理系统 Visual FoxPro 3.0。在该产品中，引进了面向对象的编程技术，采用了可视化的概念和程序设计方法，明确地提出了客户/服务器体系结构。两年后，Microsoft 公司又推出了 Visual FoxPro 5.0，该版本引进了对 Internet 和 Intranet 的支持，首次在 FoxPro 中实现了 Active X 技术。而后 Microsoft 公司又推出了 Visual FoxPro 6.0 中文版，该版本同 Microsoft 公司的其他产品一样，全面支持 Internet 和 Intranet，并且增强了同其他产品之间的协同工作能力。有望成为客户机/服务器结构中前端的主要开发工具。

1.4.2 VFP 集成环境的使用

VFP 启动后，屏幕上显示系统集成环境窗口，如图 1-7 所示。它主要由菜单栏、工具栏、状态栏、主窗口、命令窗口和项目管理器等部分组成。

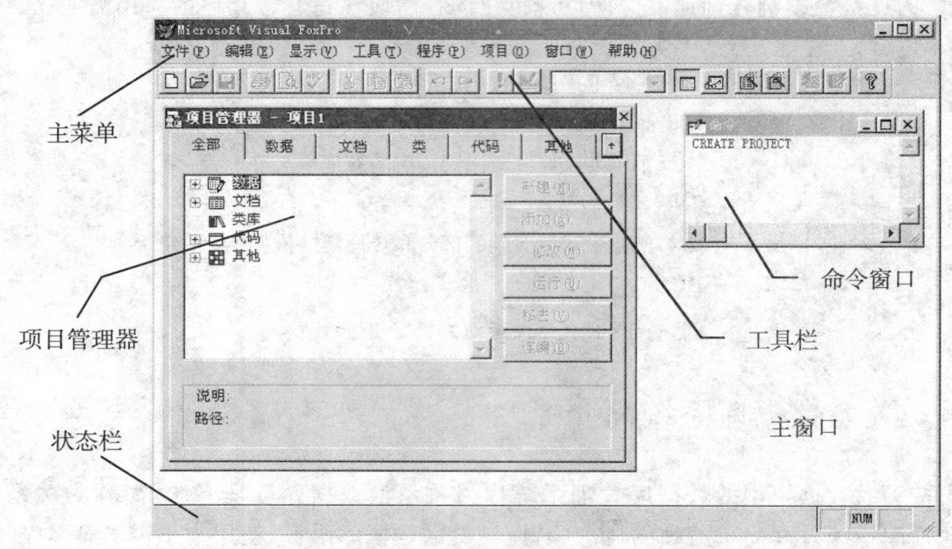

图 1-7 VFP 集成环境

一、菜单栏

菜单栏是使用 VFP 的主要工具之一，通过它可以执行系统的所有功能。菜单栏和 Windows 环境下一般程序菜单的使用方法是一样的，共有 8 个菜单项：文件、编辑、显示、格式、工具、程序、窗口和帮助菜单。每个菜单项都有下拉菜单，用鼠标单击菜单项可弹出其下拉菜单。

二、工具栏

工具栏包含了 VFP 最常用的一些命令按钮，如：新建、打开、保存、打印、执行等，还有打开数据库、命令窗口、数据工作区窗口、表单、报表等按钮。使用工具栏中的按钮，不必打开多级菜单或记忆组合键，即可快速地执行各种操作。

三、状态栏

状态栏在屏幕的底部，一般显示当前操作的状态，各种菜单、控制件的功能说明。

四、主窗口

显示输入、输出数据及程序执行结果。

五、命令窗口

可以在命令窗口键入需要的命令，然后按 Enter 键即执行相应的操作。它是 VFP 的一种系统窗口，可通过单击关闭按钮，打开或关闭命令窗口。当选择菜单命令时，相应的 VFP 语句自动反映在命令窗口中。

六、项目管理器

项目管理器是一个处理数据和对象的工具。通过“项目管理器”能方便地实现数据表、表单、数据库、报表、查询以及相关文件的管理。

1.4.3　VFP 命令

在 VFP 中，不仅可利用菜单和工具栏执行各种操作，还可以在命令窗口或程序代码中输入 VFP 命令来执行操作。

一、VFP 命令的语法格式及说明

命令动词 [范围子句] [表达式] [fields 字段名表] [for/while 条件]

说明：

(1) 一条命令以命令动词开始，不分大小写，命令、子句、函数名都可只取其前 4 个字母。

(2) 命令动词与子句、子句中间、子句之间用空格隔开；子句书写顺序任意。

(3) 一行只能写一条命令，总长度不超过 8192 个字符，超过屏幕宽度时用续行符“;”。

(4) 命令格式中的符号约定：[ ]表示可选项，|表示二选一。

(5) fields 字段名表：表示命令对表中所操作的字段。若缺省，表中所有字段都要，若选择多个字段，各字段名间用逗号隔开。

(6) 范围子句：all 指所有记录；nextn 指从当前记录到后面 n 个记录；recordn 记录号为 n 的一条记录(记录号表示记录录入的先后顺序)；rest 指当前记录到最后一条记录。

(7) for/while 条件子句：条件为真则执行命令，为假则不执行命令。for 子句对每条记录进行比较；while 子句在找到满足条件的记录后遇到不满足条件的记录则停止比较。

二、几个常用命令

1. 注释

格式 1：* |NOTE　注释内容

格式 2：&&　注释内容

功能：该命令不作任何操作，只是说明程序或命令的功能等。

说明：“*”命令用于整行注释，而“&&”命令一般加在某条语句的末尾。

2. 输出表达式的值

格式：? |?? [表达式表]

功能：计算表达式表中的各表达式并在 VFP 主窗口中显示各表达式的值。

说明：各表达式之间用逗号分隔；“?”命令为换行显示表达式的值，若不指定表达式也会输出一个回车换行符；而“??”命令为不换行显示。

3. 清屏

格式：CLEAR

功能：清除当前 VFP 主窗口中的信息。

4. 显示目录

格式：DIR[路径][文件说明]

功能：在 VFP 主窗口中显示指定文件目录。其中，文件说明可含通配符“*”和“?”。

例：DIR　　　　　　　　　&& 显示当前目录中的表文件

DIR d:\o8c\?? e*.cdx　&& 显示 D 盘 08c 文件夹中第三个字母为“e”的 cdx 文件

5. 文件夹的创建、删除与更改

格式：MD|RD|CD　路径

功能：MD 命令用于创建文件夹，RD 命令用于删除文件夹，CD 命令用于改变当前工作目录。

6. 文件的复制、改名与删除

格式:COPY　FILE　文件说明 1　TO　文件说明 2

功能:复制文件 1 到文件 2

格式:RENAME　文件说明 1　TO　文件说明 2

功能:将文件名 1 改为文件名 2

格式:DELETE　FILE　文件说明

功能:删除指定文件

说明:(1) 在进行复制、改名与删除操作前,指定文件必须关闭;

(2) 命令格式中的文件说明都可以使用通配符。

7. VFP 系统的配置

格式:SET DEFAULT TO　路径名

功能:设置 VFP 系统的默认目录位置

格式:SET DATE[TO]ANSI|MDY|DMY|YMD|LONG…

功能:设置日期显示的格式。

格式:SET CENTURY ON|OFF

功能:决定日期显示或不显示世纪(年份用 4 位数字还是 2 位数字表示)。

8. 调用命令

格式:RUN[/N]DOS 命令|程序名

功能:调用外部 DOS 命令或应用程序。

例:RUN/n Sol　　　　&& 运行“纸牌”游戏

9. 退出 VFP

格式:QUIT

功能:关闭所有文件,结束当前 VFP 系统的运行。

1.4.4 文件类型与创建

一、VFP 中的文件类型

VFP 的文件类型较多,常使用的文件如表 1-1 所示。

表 1-1　常用文件类型

扩展名	文件类型	扩展名	文件类型
.cdx	复合索引	.mnx	菜单
.idx	独立索引	.mnt	菜单备注
.dbc	数据库	.mpr	生成的菜单程序
.dct	数据库备注	.mpx	编译后的菜单程序
.dcx	数据库索引	.pjx	项目
.dbf	表	.pjt	项目备注
.fpt	表备注	.mem	内存变量保存
.frx	报表	.prg	程序
.frt	报表备注	.fxp	编译后的程序
.lbx	标签	.qpr	生成的查询程序
.lbt	标签备注	.qpx	编译后的查询程序
.scx	表单	.vcx	可视类库
.sct	表单备注	.vct	可视类库备注

二、文件的创建

绝大部分常用文件类型可通过选择“文件”菜单下的“新建”项，或单击工具栏上的“新建”按钮，或使用快捷键 Ctrl＋N，打开新建对话框（图 1－8）进行创建。

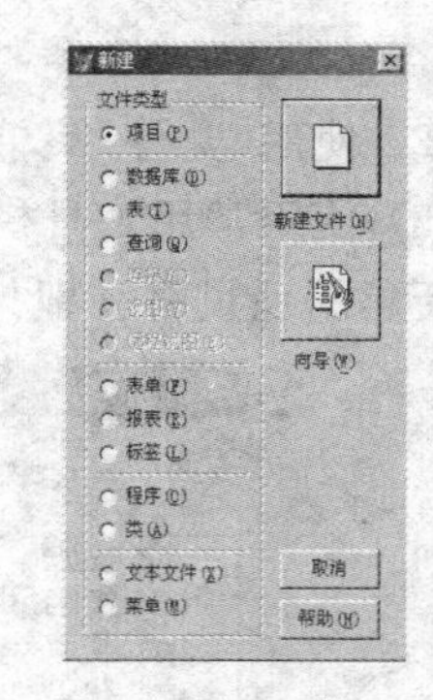

图 1－8　新建文件对话框

1. VFP 设计器

VFP 提供了功能繁多的设计器使用户轻松地创建并修改表、查询、数据库、报表和表单等。

2. VFP 向导

向导是一个交互式程序，可以帮助用户快速完成一般性的任务。用户只需在一系列向导对话框中回答问题或选项，向导就可以生成相应的文件或者执行相应的任务。表 1－2 列出了新建文件时可用的设计器和向导。

表 1－2　新建文件可用的设计器和向导

文件类型	设计器	向　　导
项目		应用程序向导
数据库	数据库设计器	
表	表设计器	表向导
查询	查询设计器	交叉表向导、查询向导
连接	连接设计器	
视图	视图设计器	本地视图向导
远程视图	视图设计器	远程视图向导
表单	表单设计器	表单向导、一对多表单向导
报表	报表设计器	报表向导、一对多报表向导、分组/总计报表向导
标签	标签设计器	标签向导
类	类设计器	
菜单	菜单及快捷菜单设计器	

1.5　项目管理器

项目管理器（Project Manager）是 VFP 中处理数据和对象的主要组织工具。在自由表和数据库的管理以及应用程序的创建过程中，项目管理器使用简洁的可视化方法对自由表、文件、数据库、报表和查询等的使用进行组织和处理。项目是文件、数据、文档和对象的集合，项目文件的扩展名为 .PJX，其备注文件扩展名为 .PJT。当激活“项目管理器”窗口时，在 VFP 系统窗口的菜单栏中将显示“项目”菜单。

1.5.1　创建、打开项目

一、创建项目文件

用户可以使用以下任何一种方法来建立新的项目文件：

(1) 在命令窗口中使用 CREATE PROJECT 命令或 CREATE PROJECT [项目文件名]命令。

(2) 使用“文件”菜单中的“新建”菜单项。

(3) 使用常用工具栏上的“新建”按钮。

新建的项目将立即打开在“项目管理器”窗口中,如图 1-9 所示。

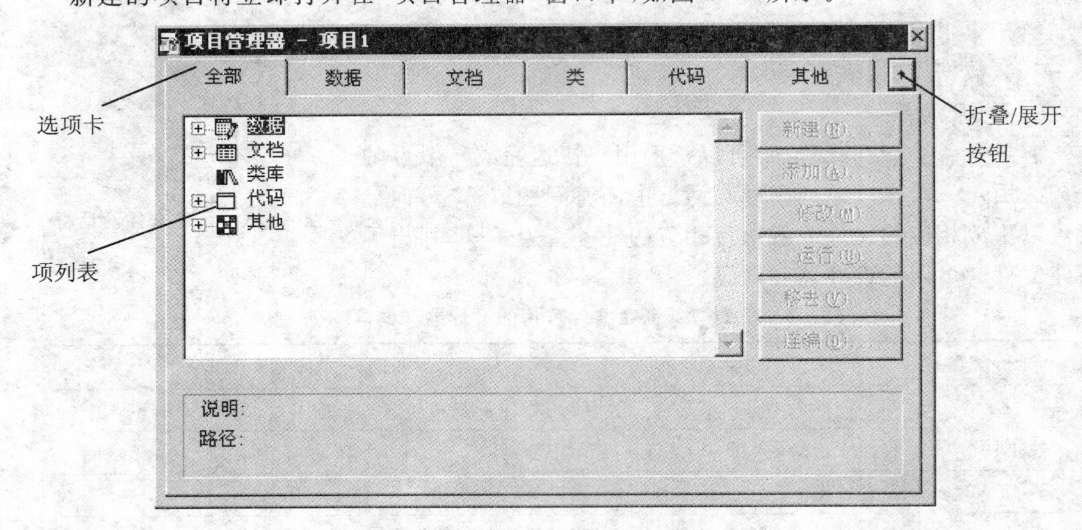

图 1-9 “项目管理器”窗口

二、打开项目文件

对于已经存在的项目,随时可以用命令或菜单打开,进行查看或修改。可以使用以下任何一种方法:

(1) 在命令窗口中使用 MODIFY PROJECT 命令或 MODIFY PROJECT [项目文件名]命令。

(2) 使用“文件”菜单中的“打开”菜单项。

(3) 使用常用工具栏上的“打开”按钮。

在文件选择中输入准备打开的项目文件名,屏幕显示如图 1-9 所示。

1.5.2 项目管理器的使用

一、“选项卡”的使用

选项卡用来分类显示各类型数据项。“项目管理器”窗口中共有 6 个选项卡。

(1) “全部”选项卡。把后 5 个分类项全部列在一起。在默认情况下,显示该项目中的所有文件。

(2) “数据”选项卡。包含了一个项目中的所有数据:数据库、自由表、查询和视图。

(3) “文档”选项卡。包含了处理数据时所用的全部文档:输入和查看数据所用的表单,以及打印表和查询结果所用的报表和标签。

(4) “类”选项卡。包含了表单和程序中所用的类库和类,主要用于面向对象程序设计。

(5) “代码”选项卡。包含了程序、API 库和二进制应用程序。

(6) “其他”选项卡。包含了菜单文件、文本文件和其他文件(如位图、图标等)。

各选项能管理的文件及相应的生成工具如表 1-3 所示。

表 1-3　项目管理器的生成工具表

选　项	文件名称	文件类型	产生的工具
数　据	数据表 数据库 查询 视图 存储过程	. DBF/. FPT . DBC/. DCT/. DCX . QPR	表设计器 数据库设计器 查询设计器 视图设计器 文本编辑器
文　档	表单 报表 标签	. SCX/. SCT . FRX/. FRT . LBX/. LBT	表单设计器 报表设计器 标签设计器
类	类库	. VCX/. VCT	类设计器
代　码	程序 应用程序库 应用程序	. PRG . DLL . APP/. EXE	文本编辑器 库开发包 项目生成器
其　他	菜单 文本文件 其他文件	. MNX/. MNT . TXT . BMP/. ICO	菜单生成器 文本编辑器 其他工具或 OLE

二、"项列表"的使用

若要处理项目中某一特定类型的文件或对象,可选择相应的选项卡。在"项列表"中,用类似于大纲的形式组织各项,通过折叠或展开可以清楚地查看项目在不同层次上的详细内容。

项左边的图标用来区分项的类型。项旁带斜线的圆圈指明此项连编时将被排除。如果某类型数据项有一个或多个数据项,则在其标志前有一个加号"+"。单击标志前的加号可查看此项的列表,单击减号"-"可折叠已展开的列表。如图 1-10 所示。

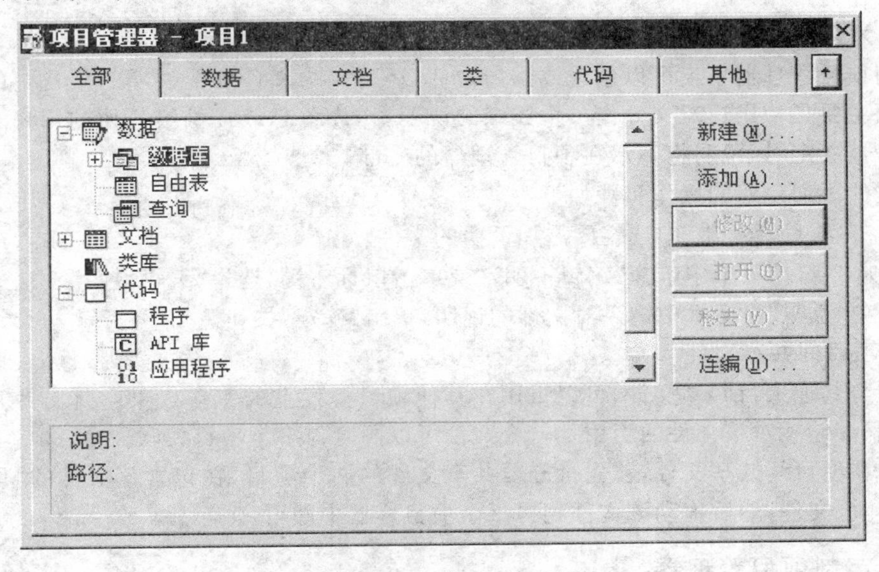

图 1-10　项的展开和折叠

所有的包含文件在运行时都是只读的,在“程序”、“表单”、“查询”或“菜单”组中,主程序文件是用粗体表示的。

三、命令按钮的使用

项目管理器简化了文件和表的操作。利用项目管理器中的命令按钮就能实现一定的功能。大多数命令按钮使用前要在列表中选定操作的对象或类型,然后再单击某按钮,即可实现指定的功能。每个按钮在“项目”菜单中都有相应的菜单命令。

(1)“新建”按钮。创建一个新文件或对象。新文件或对象的类型与当前选定项的类型相同。单击此按钮,将启动相应的设计器,新建的文件或对象自动添加到项目或项目的相关文件中。

(2)“添加”按钮。把已有的文件添加到项目或项目的相关文件中。

(3)“修改”按钮。启动相应的设计器,并在其中打开选定项。

(4)“浏览”按钮。在“浏览”窗口中打开选定的表或视图。当且仅当选定一张表或视图时可用。

(5)“关闭”按钮。关闭一个打开的数据库,当且仅当选定一个数据库时可用。如果选定的数据库已关闭,此按钮变为“打开”。

(6)“打开”按钮。打开一个数据库,当且仅当选定一个数据库时可用。如果选定的数据库已打开,此按钮变为“关闭”。

(7)“移去”按钮。从项目中移去选定文件或对象。系统会询问用户是仅从项目中移去此文件,还是同时将其从磁盘中删除。

(8)“连编”按钮。连编一个项目或应用程序,在专业版中,还可以连编一个可执行文件(.exe)。

(9)“预览”按钮。在打印预览方式下显示选定的报表或标签。当选定项目中的一个查询、表单或标签时可用。

(10)“运行”按钮。运行选定的查询、表单或程序。当选定项目管理器中的一个查询、表单或程序时可用。

四、为文件添加说明

利用项目管理器不仅可以创建或添加文件,还可以为文件加上说明。项目中的文件说明其作用主要是使用户对文件作一个详细的说明,作为备忘或提供给其他的用户。项列表中的文件被选定时,说明将显示在项目管理器的底部。

为文件添加说明的操作步骤如下:

(1) 在“项目管理器”中选定要添加说明的文件。

(2) 从“项目”菜单中选择“编辑说明”,或单击鼠标右键,选择“编辑说明”。

(3) 在“说明”对话框中键入对文件的说明,单击“确定”按钮。

五、项目间共享文件

通过与其他项目共享文件,可以重用在其他项目开发上的工作成果。此文件并未被复制,项目只存储了对该文件的引用。一个文件可以同时与多个项目关联。

若要在项目间共享文件,首先打开要共享文件的两个项目,在包含该文件的“项目管理器”中选择该文件,然后拖动该文件到另一个项目容器中即可。

1.5.3　定制项目管理器

通常情况下,项目管理器是以分离窗口的形式出现的,也可以对其以折叠视图方式显示，以节省屏幕空间。

一、折叠/展开项目管理器

窗口形式的项目管理器可以用“折叠/展开按钮”折叠或展开“项目管理器”窗口，折叠后的“项目管理器”窗口只包含选项卡和展开按钮，如图 1-11 所示。

图 1-11　折叠的项目管理器

当项目管理器折叠时，用户可以单击某个选项卡来打开它。还可以把打开的选项卡从项目管理器中拖出来，该选项卡可在 VFP 主窗口中独立移动，成为浮动的选项卡，如图 1-12 所示。当一个选项卡处于浮动状态时，在选项中单击鼠标右键可快速访问“项目”菜单的选项，以便实现对该选项的相关操作。

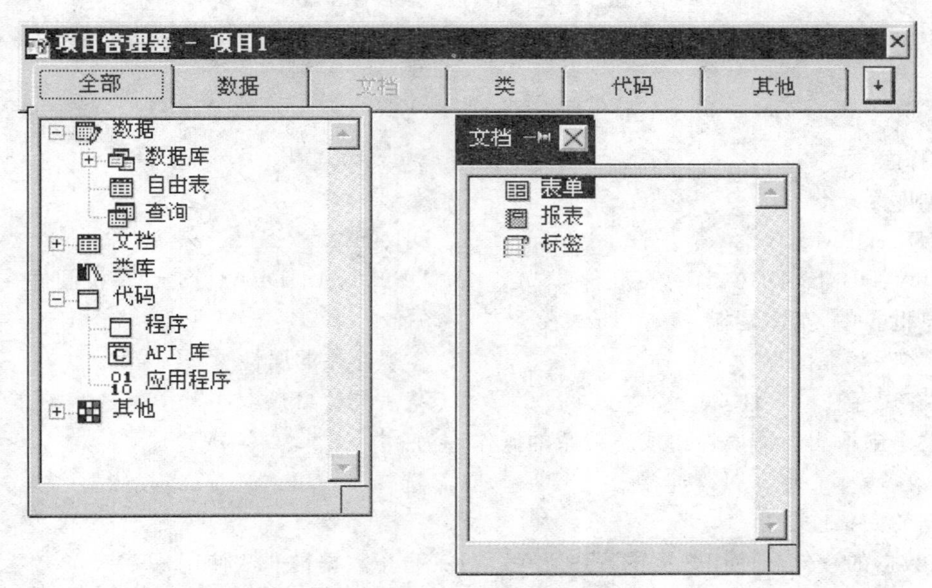

图 1-12　浮动的选项卡

浮动的选项卡可以被拖动到 VFP 主窗口的任何适当位置处，还可以单击图钉按钮，使选项卡保持在主窗口的最前端。要还原选项卡，只需将其拖回到原来的位置或单击选项卡的“关闭”按钮即可。

二、泊留项目管理器

与工具栏类似，用户可以将项目管理器拖到 VFP 主窗口的上部，或双击项目管理器的标题栏，从而泊留项目管理器，如图 1-13 所示。项目管理器泊留后，被自动折叠，只显示选项卡。再用鼠标拖动下来时，又变成窗口形式。当项目管理器泊留时，不能进行展开，但是可以单击单独的选项卡进行操作。同样，从已泊留的项目管理器中可以拖出选项卡，如图 1-13 所示。

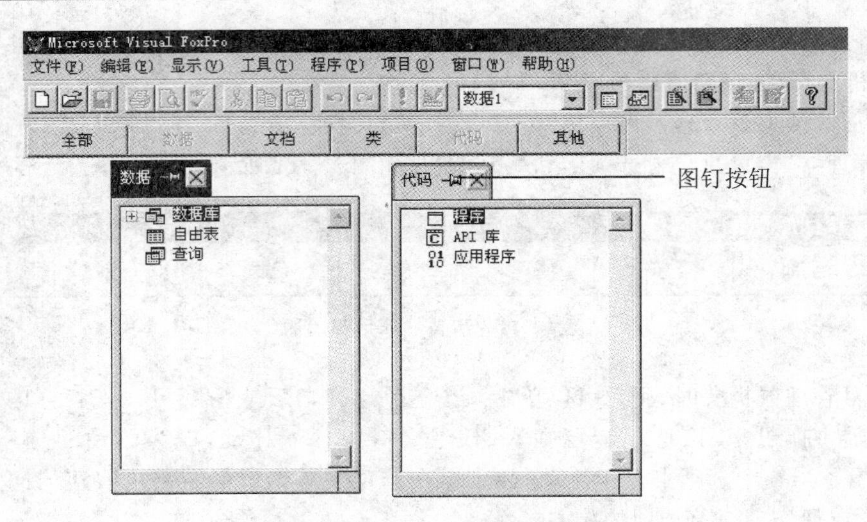

图 1－13　泊留后的项目管理器

练　习　题

一、选择题

1. 数据库系统包括____。

   A. DB、DBMS　　B. DB、DBA

   C. DB、DBMS、DBA、计算机硬件　　D. DB、DBMS、DBA、OS、计算机硬件

2. 信息世界中,实体是指________。

   A. 客观存在的事物　　B. 客观存在的属性

   C. 客观存在的特性　　D. 某一具体事件

3. 从关系中取出所需属性组成新关系的操作称为________。

   A. 交　　B. 连接　　C. 选择　　D. 投影

4. 数据的完整性是指________。

   A. 数据的存储和使用数据的程序无关　　B. 防止数据被非法使用

   C. 数据的正确性、合理性、一致性　　D. 减少重复数据

5. 数据独立性是指________。

   A. 数据独立于计算机　　B. 数据独立于操作系统

   C. 数据独立于数据管理系统　　D. 数据独立于应用程序

6. 数据库系统中,DBA 表示________。

   A. 应用程序设计者　　B. 数据库使用者

   C. 数据库管理员　　D. 数据库结构

7. 下面关于关系性质的叙述中不正确的是________。

   A. 关系中元组的次序不重要　　B. 关系中列的次序不重要

   C. 关系中元组不可以重复　　D. 关系不可以为空关系

8. 根据关系模型的完整性规则,若某属性 F 是关系 S 的主属性,同时又是关系 R 的外关键字,则 F 必须和 S 中的关键字相对应。该规则称为________。

   A. 实体完整性规则　　B. 属性完整性规则

C. 参照完整性规则　　D. 用户定义完整性规则

9. 下列不属于关系型数据库管理系统的是________。

A. Access　　B. Oracle　　C. Excel　　D. Visual FoxPro

10. 有关 VFP 命令格式的叙述中，不正确的是________。

A. 子句书写顺序任意

B. 通常一行只能写一条命令

C. 一条命令以命令动词开始，不分大小写

D. 一条命令只能写一行

二、填空题

1. 数据管理技术的 3 个发展阶段是指：________、________、________。

2. 数据库的 3 级结构可以分别用________、________、________3 种模式加以描述。

3. 实体间联系可分为________、________、________3 种。

4. 关系模型的数据结构是一张________。

5. 一个关系的主关键字被包含到另一个关系中时，在另一关系中称这些属性为________。

6. 如果要退出 VFP 系统，可执行________命令。

7. 项目管理器的功能是组织和管理与项目有关的各种类型的________。

8. 创建一个项目时，将会产生扩展名分别为________的________个文件。

9. "项目管理器"窗口中共分 6 个选项卡，用于分类显示各类数据项。其中，表单项目位于________选项卡中。

10. 项目间可以共享文件。其实项目中只是存储了对文件的________。

第 2 章 Visual FoxPro 的数据类型

2.1 数据类型

和其他程序设计语言类似，VFP 提供了多种数据类型。各种类型的数据可以保存在表、数组、变量以及其他数据容器中。使用加法、连接等操作符可对它们进行处理。

用 VFP 编写程序时，需要有各种数据如常量、变量、数组等进行数据传递。所有数据都有其所属类型。类型就是对数据的允许取值及这个值的范围进行的说明。

设置不同的数据类型，是为了提供合适的计算量与计算速度。例如，整型比浮点型少占内存，这样微处理器做加法运算要比做浮点运算快。一般来说，值域越小，占内存越少，计算机处理数据就越快。

在创建表时，用户要指明表中每个字段的数据类型，变量或数组的数据类型则由保存在其中的值来决定，表 2-1 列出了 VFP 的数据类型（其中打"*"的类型只能用于字段，不能用于变量和数组）。

表 2-1 VFP 的数据类型

类型	说明	大小	范围
字符型	任意文本	每个字符为 1 字节，最多可有 254 个字符	任意字符
货币型	货币量	8 字节	-922337203685477.5808～922337203685477.5807
日期型	包含日期的数据	8 字节	01/01/100～12/31/9999
日期时间型	包含日期和时间的数据	8 字节	01/01/100～12/31/9999 00:00:00 a～11:59:59 p
数值型	整数或小数	在内存中占 8 字节，在表中占 1～20 字节	-0.9999999999E+19～0.9999999999E+20
逻辑型	"真"或"假"的布尔值	1 字节	"真"(.T.)或"假"(.F.)
浮点型 *	整数或小数	与数值型一样	与数值型一样
双精度型 *	双精度浮点数	8 字节	+/-4.94065645841247E-324～+/-8.9884656743115E307
整型 *	整型值	4 字节	-2147483647～2147483646
备注型 *	数据块引用	在表中占 4 个字节	只受可用内存空间的限制
通用型 *	OLE 对象引用	在表中占 4 个字节	只受可用内存空间的限制
二进制字符型 *	任意不经过代码页修改而维护的字符数据	每个字符为 1 字节，最多可有 254 个字节	任意字符
二进制备注型 *	任意不经过代码页修改而维护的备注字段数据	在表中占 4 个字节	只受可用内存空间的限制

1. 字符型(Character)

字符数据类型由任意字符(字母、数字、空格、符号等)组成。字符型字段、变量和数组元素可以保存诸如名称、地址以及无需算术运算的数字号码(如学号、电话号码、邮政编码等)。

使用字符型常量,只需把字符用英文半角的单引号、双引号或方括号括起来即可(注意:不可用中文标点的单引号或双引号)。如'980101'、"计算机系"。

2. 货币型(Currency)

当涉及货币值时,可使用货币类型代替数值类型。使用货币类型,需在数字前加上美元符号($)。在货币表达式中如果小数位数超过 4 位,则 VFP 将在处理表达式之前把它四舍五入到 4 位。例如:

```
nPrice=$1000.32
nPrice1=$123.45677                  && 将 123.4568 赋给变量 nPrice1
```

3. 日期型(Date)

日期数据类型用于存储有关年、月、日的数据。日期型变量以"yyyymmdd"格式保存,其中,yyyy 表示年号,占 4 个字节;mm 表示月份,占 2 个字节;dd 表示日,占 2 个字节。日期的格式有许多种,常用的格式为 mm/dd/yyyy。若要表达日期值,应将日期值放在花括号{}中。例如:

```
?{ }                                && 屏幕显示为: / /
```

日期的格式取决于 SET DATE、SET MARK TO、SET CENTURY、SET STRICTDATE 等命令的设置,或"工具"菜单的"选项"对话框中的"区域"选项卡上有关日期的设置。例如:

```
?{^2005/09/01}                      && 屏幕显示为:09/01/05
SET STRICTDATE TO 0                 && 适用于 VFP6.0 以上版本,表示不进行严
                                       格日期检查,默认格式为美国日期格式
?{09/01/2005}                       && 屏幕显示为:09/01/05
SET DATE TO YMD
?{^2005/09/01}                      && 屏幕显示为:05/09/01
SET DATE TO ANSI
?{^2005/09/01}                      && 屏幕显示为:05.09.01
SET DATE TO LONG
?{^2005/09/01}                      && 屏幕显示为:2005 年 9 月 1 日
```

4. 日期时间型(DateTime)

在保存日期、时间或二者兼有时,可使用日期时间数据类型。日期时间值存储在含有两个 4 字节整数的 8 个字节中,第一个 4 字节保存日期,第二个 4 字节保存时间,该时间从午夜起计算,以 1/100 秒为最小计时单位。日期时间可以包含完整的日期和时间,也可以只包含两者之一。若缺省日期值,则 VFP 用系统默认值 1899 年 12 月 30 日填入;若缺省时间值,则 VFP 用系统默认的午夜零点时间。若要表达日期时间值,应将日期时间值放在花括号{}中。例如:

```
SET CENT ON
?{^2005/8/30 9:20am}                && 屏幕显示为:08/30/2005 09:20:00 AM
?{^2005/8/30:}                      && 屏幕显示为:08/30/2005 12:00:00 AM
```

```
SET STRICTDATE TO 0
? {10:30pm}                    && 屏幕显示为:12/30/1899 10:30:00 PM
```

若要指定空日期时间值,需在花括号中加一个斜杠及冒号(/:)。例如:

```
? {/:}                         && 屏幕显示为:/  /   :  :  AM
```

日期时间值中,时间部分的格式取决于 SET HOURS 和 SET SECONDS 命令的设置。

另外,还要注意日期型或日期时间型数据的如下规则:

(1) {00:00:00AM} 等价于午夜{12:00:00AM}

(2) {00:00:00PM} 等价于中午{12:00:00PM}

(3) {00:00:00}至{11:59:59}等价于{12:00:00AM}至{11:59:59AM}

(4) {12:00:00}至{23:59:59}等价于{12:00:00PM}至{11:59:59PM}

5. 数值型(Numeric)

数值型用来表示数量。它包含数字 0～9,也可加上正(+)号、负(-)号或小数点(.)。

在数值型字段中,小数部分的长度在创建字段时确定。小数点和小数位数是字段总长度的一部分。例如,用户指定数值型字段总长为 7 位,且小数部分有 4 位,则这个字段表示的数的格式为:XX. XXXX。

6. 逻辑型(Logical)

逻辑类型数据只含有两个值:“真”(. T.)和“假”(. F.),VFP 也允许用“. Y. ”和“. N. ”表示真和假。在存储时只保存为“. T. ”或“. F. ”。它是一种高效的存储方法。

7. 浮点型(Float)

浮点数据类型与数值型等价,包含此类型是为了提供兼容性。

8. 双精度型(Double)

双精度型用于在表中存储精度较高、位数固定的数值。与数值型数据不同,在表中输入双精度数值时,小数点的位置由输入的数值决定。

9. 整型(Integer)

整型用于在表中存储无小数的数值。整型字段在表中占 4 个字节,它用二进制值存储。因此,它比数值型字段占用的空间要少得多。

10. 备注型(Memo)

备注字段类型用于在表中存储数据块。备注字段包含一个 4 字节的引用,它指向真正的备注内容。备注数据的真正大小取决于用户实际输入的数据量。表中记录的备注字段数据保存在单独的文件中,文件名与表名相同且扩展名为 . FPT。

11. 通用型(General)

通用数据类型用于在表中存储 OLE 对象。通用字段包含一个 4 字节的引用。它指向真正的字段内容:电子表格、字处理文档或用另一个应用程序创建的图片等。

12. 二进制字符型(Binary Character)

在各种代码页间保持不变的字符数据。如保存在表中的用户口令,可用于不同国家。

13. 二进制备注型(Binary Memo)

在各种代码页间保持不变的备注字段数据,用于不同国家的登录脚本。

2.2　数据存储

与大多数程序设计语言一样,VFP 允许使用常量、变量和数组来存储数据,此外,还可以使用字段和对象。我们把这些常量、变量、数组、字段和对象等称为存储数据的容器。本节我们只介绍常量和变量。

2.2.1　VFP 中的命名规则

存储数据的容器需要一个名称。如变量名、数组名、表的字段名和对象的属性名等。当建立这些名称的时候，必须符合如下规则：

(1) 名称中只能包含字母、汉字、下划线(_)和数字符号。

(2) 名称的开头只能是字母、汉字或下划线，不能是数字。注意：系统预定义了许多系统变量，它们的名称均以下划线开头，为防止冲突，用户应避免使用下划线开头的名称。

(3) 除了自由表的字段名、表的索引标识名至多只能有 10 个字符外，其余名字的长度可以在 1～128 个字符之间。

(4) 避免使用 VFP 系统的保留字。虽然使用保留字时不会导致错误，但它会导致读者的误解，从而降低了程序的可读性。

如以下的名称是合法的：cVar、nVar2、x_2、sum_of_score、我的 Score、_aver_gz。

以下的名称是不合法的：2x、2_x、num - of - xs、nSum&Score、_aver # gz。

至于文件的命名，还必须符合所用操作系统的规定。

2.2.2　常量

常量(Constants)是一个在整个操作过程中保持不变的量。常量有字符型常量、数值型常量、逻辑型常量、日期型常量、日期时间型常量等多种类型。

字符型常量使用定界符(一对英文半角的单引号、双引号或方括号)括起来的一串字符(字母、数字、汉字或其他符号)来表示，如："511345"、'Visual FoxPro'、[3.14]。如果单引号、双引号或方括号作为字符串的一部分，则用其他定界符将字符串括起来。如：'性别为"男"或"女"'。

数值型常量也就是常数，表示数据的大小。由数字串(包括＋号、-号和小数点)构成，如：3.1415926、- 11.4。还可以使用指数表示形式，如：0.031415E2(表示 0.031415×10^2)，3141.5E - 3(表示 3141.5×10^{-3})

逻辑型常量也可以称为布尔值，只有 .T.(真)和 .F.(假)两个值。逻辑型常量使用点符号(.)作为定界符。

日期型常量和日期时间型常量是用一对花括号{}定义，年、月、日之间用斜杠(/)、连字符(-)、点符号(.)或空格分隔，时、分、秒之间用冒号(:)分隔。如：{5/25/2000}、{6/1/2001 11:00am}。

编译时常量是在程序设计时用＃DEFINE 命令定义的一个具体的值，以后凡需要用到此值的地方都可以用该编译时常量代替。编译之后，凡在源代码中出现该常量的地方都用该常量的具体的值来置换。这样，只要改变一个编译时常量的值，就可以影响到整个应用程序。

下面的例子定义了一个常量 OPER。

```
# DEFINE   OPER   "非法输入!"
```

在程序中，凡是要用到"非法输入!"的地方都可用 OPER 代替。编译之后，凡在源代码中出现 OPER 的地方都被"非法输入!"代替。如果要把程序中的字符串"非法输入!"改变为"非法操作!",不需要到程序中的每一处去修改,只需在上述命令中修改一次即可。

若要释放已经定义的常量,可以使用#UNDEF 命令。释放常量可节约内存。

必须注意,在程序中的编译时常量名不能再把它作为变量名。

2.2.3 变量

变量(Variables)用于存储用户定义的任意数据类型,并且在程序运行过程中其值可以动态改变。VFP 中的变量称为内存变量,内存变量是内存中的一个存储单元的位置,变量名是存储位置的符号标识。该存储位置中存放的数据在程序运行期间是通过该变量名来读写的。

1. 创建变量

VFP 的内存变量不需要特别申明,可以使用 STORE 命令或"="赋值操作符进行赋值。在赋值的同时,也就完成了变量的创建,并且确定了该变量的数据类型。

例 2-1:创建一个字符型变量 cSoft。

```
STORE  "Visual FoxPro"  TO  cSoft
```

或

```
cSoft ="Visual FoxPro"
```

例 2-2:创建一个名为 dStartdate 的日期型变量。

```
dStartdate ={∧1999/02/15}
```

例 2-3:创建一个值为真的名为 lSend 的逻辑型变量。

```
lSend =.T.
```

例 2-4:用名为 nInc 的变量作为循环计数器,每次循环时给此变量赋一个新值。

```
FOR  nInc =1  TO  10
    ? nInc
ENDFOR
```

例 2-5:建立 3 个数值型变量 nA、nB、nC,它们的值都为 54.6。

```
STORE 54.6 TO nA,nB,nC
```

用 STORE 命令可以同时建立几个值相同的内存变量。而当用赋值操作符"="赋值时,需要几条命令才能完成。

请注意,以上两种赋值方法不适用于表中的字段。

2. 访问变量

在 VFP 中,若内存变量和当前打开表中的字段变量同名,则字段变量具有更高的优先权。若要引用内存变量,可在内存变量名前加上前缀 m. 或 m->。例如:cName 是当前打开的表中的字段变量名,又是内存变量名。

```
? m.cName              && 显示变量 cName 的值
? m->cName             && 显示变量 cName 的值
? cName                && 显示字段 cName 的值
```

3. 显示内存变量

可以用? 命令显示内存变量。若想列出所有的内存变量,可以使用 DISPLAY MEMORY 命令或 LIST MEMORY 命令。该命令的作用是显示所有内存变量名、类型、当前值(包括系统内存变量)等,并列出所有菜单、菜单项、弹出式菜单及逻辑窗口。

4. 释放内存变量

当退出 VFP 时，内存变量自动地消失。如果想不退出 VFP，立即释放它们，可以使用 RELEASE 或 CLEAR MEMORY 命令。后者可释放除系统内存变量之外的所有内存变量，而 RELEASE 命令则可以有选择地释放内存变量。例如：

```
RELEASE  nA,nB,nC               && 释放 nA,nB,nC 3 个变量
RELEASE  ALL LIKE c*            && 释放以 c 开头的所有内存变量
RELEASE  ALL EXCEPT n*          && 释放除了以 n 开头的所有内存变量
```

5. 保存和恢复内存变量

使用 SAVE TO 命令，可以将所有用户定义的内存变量都写入一个文件中（缺省扩展名是 .MEM）。相反地，RESTORE FROM 命令可以将一个 .MEM 文件中的变量恢复到内存中来。例如：

```
SAVE ALL  LIKE m* TO myfile     && 将所有以 m 开头的变量存入
                                && myfile.mem 文件中
RESTORE  FROM  myfile           && 从 myfile.mem 文件中恢复所有变量
```

注意：RESTORE 命令先清除所有现存的内存变量（除系统内存变量），再将 .MEM 文件中的变量读入内存。如果不想清除现存的内存变量，可以在命令中加入 ADDITIVE 关键字，但当前内存中若有与该文件中同名的内存变量，将覆盖同名的内存变量。

2.3　函数

函数（Function）是一个预先编制好的计算模块，可供 VFP 程序在任何地方调用。由于一个函数接收一个或多个参数而返回单个值，因此函数可嵌入到一个表达式中。函数包含一对圆括号以与命令相区别。例如，ABS(-10)就是一个函数。其中，数值-10 是参数，参数是供函数或过程操作的一个值。

VFP 中的许多操作和功能是通过它自身所提供的函数来完成和实现的。VFP 的函数有两类，一类是由 VFP 系统提供的，称为系统函数；另一类是由用户定义的，称为用户自定义函数。

在以下函数的说明中，nExp 代表数值型表达式，cExp 代表字符型表达式，dExp 代表日期型表达式，lExp 代表逻辑表达式，eExp 代表多种类型表达式。

2.3.1　数据类型函数

一、数学运算函数

1. ABS()函数

语法：ABS(nExp)

功能：返回数值表达式 nExp 的绝对值。

例如：

```
? ABS(-45)                      && 显示 45
? ABS(60-50)                    && 显示 10
m=-5
n=-4
```

```
? ABS(m+n)                    && 显示 9
```

2. INT()函数

语法:INT(nExp)

功能:返回数值表达式 nExp 的值的整数部分,即对数据进行取整数操作。

例如:

```
? INT(3.14)                   && 显示 3
? INT(-3.14)                  && 显示-3
? INT(3.56)                   && 显示 3
? INT(3.56+12.34)             && 显示 15
```

3. ROUND()函数

语法:ROUND(nExp1,nExp2)

功能:该函数根据要求保留小数位。其具体操作结果是:根据 nExp2 指定的位数,对 nExp1 进行四舍五入操作,最后保留相应的小数位数。若 nExp2 的值为负数,则表示对 nExp1 的整数部分舍至第几位数,得到的值将尾随|nExp2|个零。

例如:

```
SET DECIMALS TO 4             && 设置小数位数 4 位
? ROUND(1524.1992,3)          && 显示 1524.199
? ROUND(1524.1992,2)          && 显示 1524.20
? ROUND(1524.1992,1)          && 显示 1524.2
? ROUND(1524.1992,0)          && 显示 1524
? ROUND(1524.1992,-1)         && 显示 1520
? ROUND(1524.1992,-2)         && 显示 1500
? ROUND(1524.1992,-3)         && 显示 2000
```

4. MOD()函数

语法:MOD(nExp1,nExp2)

功能:该函数返回 nExp1 除以 nExp2 的余数。如果 nExp2 为正数,则函数值为正,否则为负。该函数的功能与%运算符功能一样。该函数值的计算公式如下:

MOD(a,b)=a-[a/b]*b　　　　其中[a/b]取不大于 a/b 的最大整数。

例如:

```
? MOD(48,10)                  && 显示 8
? MOD(89,7)                   && 显示 5
? MOD(89,-7)                  && 显示-2
? MOD(-89,7)                  && 显示 2
? MOD(-89,-7)                 && 显示-5
? MOD(3.84,2.5)               && 显示 1.34
? MOD(8+10,4*3)               && 显示 6
```

5. MAX()函数

语法:MAX(eExp1,eExp2[,eExp3,…])

功能:该函数返回所给表达式中最大的值。所有表达式类型必须相同。

例如:

```
? MAX(3.14,0,-3.14)            && 显示 3.14
m= -5
n= -4
? MAX(m,n,0)                   && 显示 0
```

6. MIN()函数

语法:MIN(eExp1,eExp2[,eExp3,…])

功能:该函数返回所给表达式中最小的值。所有表达式类型必须相同。

例如:

```
? MIN(3.14,0,-3.14)            && 显示-3.14
m= -5
n= -4
? MIN(m,n,0)                   && 显示-5
```

7. RAND()函数

语法:RAND([nExp])

功能:随机函数 RAND()返回一个 0~1 之间的随机数,nExp 是随机种子,如果 nExp 是相同的正数,则总是产生相同的随机序列。

例如:

```
? RAND()                       && 显示一个 0~1 之间的数值
? RAND(1)                      && 显示一个随机数值 0.03
? RAND(-1)                     && 显示一个 0~1 之间的随机数
```

8. SIGN()函数

语法:SIGN(nExp)

功能:该函数根据数值表达式 nExp 的值为正数、零、负数分别返回 1、0 和-1。

例如:

```
? SIGN(-3.14)                  && 显示-1
? SIGN(0)                      && 显示 0
? SIGN(3.14)                   && 显示 1
```

9. SQRT()函数

语法:SQRT(nExp)

功能:该函数返回数值表达式 nExp 的值的平方根。nExp 必须大于等于 0。

例如:

```
? SQRT(100)                    && 显示 10.00
? SQRT(123)                    && 显示 11.09
? SQRT(5-5)                    && 显示 0.00
```

10. CEILING()函数

语法:CEILING(nExp)

功能:该函数返回大于或等于指定数值表达式的最小整数。

例如:

```
? CEILING(4.18)                && 显示 5
? CEILING(-4.18)               && 显示-3
```

11. FLOOR()函数

语法:FLOOR(nExp)

功能:该函数返回小于或等于指定数值表达式的最大整数。

例如:

```
? FLOOR(4.18)                    && 显示 4
? FLOOR(-4.18)                   && 显示-5
```

二、字符型函数

1. ALLTRIM()函数

语法:ALLTRIM(cExp)

功能:删除指定字符表达式 cExp 的前后空格符,返回删除空格后的字符串。

例如:

```
cVar="□□VFP6.0□□"               && 空格用□表示,以下同
? ALLTRIM(cVar)                  && 显示"VFP6.0"
?"Visual"+ALLTRIM("FoxPro")+"6.0"
                                 && 显示"VisualFoxPro6.0"
```

2. LTRIM()函数

语法:LTRIM(cExp)

功能:用于删除指定字符表达式 cExp 左边的空格。该函数对删除 STR()函数所产生的前缀空格特别有用。

例如:

```
STORE  "□□信息工程学院"  TO  cVar
?"扬大"+LTRIM(cVar)              && 显示"扬大信息工程学院"
```

3. TRIM()/RTRIM()函数

语法:TRIM(cExp) / RTRIM(cExp)

功能:这两个函数功能相同,都是删除字符表达式 cExp 尾部的空格。若 cExp 全由空格组成,则函数返回空串。

例如:

```
STORE  "扬大□□"  TO  cVar
? TRIM(cVar)+"信息工程学院"  && 显示"扬大信息工程学院"
```

4. LEFT()函数

语法:LEFT(cExp,nExp)

功能:该函数返回截取的字符表达式 cExp 最左边的 nExp 个字符。若 nExp 的值大于 cExp 的长度,则该函数返回整个字符串;若 nExp 小于或等于零,该函数返回一个空串。

例如:

```
STORE  "扬大信息工程学院"  TO  cVar
? LEFT(cVar,20)                  && 显示"扬大信息工程学院"
? LEFT(cVar,4)                   && 显示"扬大"
? LEFT(cVar,0)                   && 显示空串
? LEFT("VFP 课程", 5)            && 显示"VFP 课"
```

5. RIGHT()函数

语法:RIGHT(cExp,nExp)

功能:该函数返回截取的字符表达式 cExp 最右边的 nExp 个字符。若 nExp 的值大于 cExp 的长度,则该函数返回整个字符串;若 nExp 小于或等于零,该函数返回一个空串。

例如:

```
STORE  "YangZhouDaXue"  TO cVar
? RIGHT(cVar,20)            && 显示"YangZhouDaXue"
? RIGHT(cVar,5)             && 显示"DaXue"
? RIGHT(cVar,0)             && 显示空串
? RIGHT("VFP 课程", 6)      && 显示"FP 课程"
```

6. SUBSTR()函数

语法:SUBSTR(cExp,nExp1[,nExp2])

功能:该函数返回从指定的字符表达式 cExp 中截取的字符串,其中,nExp1 指定截取字符的起始位置,nExp2 指定截取字符的个数。若缺省 nExp2,则将截取字符表达式 cExp 中从 nExp1 起至最后一个字符为止的字符串。

例如:

```
STORE  "扬州大学信息工程学院"  TO str1
? SUBSTR(str1,5,4)          && 显示"大学"
? SUBSTR(str1,9)            && 显示"信息工程学院"
? SUBSTR(str1,22)           && 显示空串
? SUBSTR(str1,-2)           && 显示空串
```

7. AT()/ATC()函数

语法:AT(cExp1,cExp2[,nExp])/ATC(cExp1,cExp2[,nExp])

功能:该函数返回字符表达式 cExp1 在字符表达式 cExp2 中第 nExp 次出现的位置。数值表达式 nExp 的缺省值为 1。若 cExp1 不在 cExp2 中,则函数返回 0。ATC()与 AT()功能类似,但在子串比较时不区分大小写字母。

例如:

```
STORE "I am a teacher. "  TO  str2
STORE "am"  TO  str1
? AT("a",str2,3)            && 显示 10
? AT(str1,str2)             && 显示 3
? AT(str1,"teacher")        && 显示 0
```

注意:AT()函数与 $ 运算符的区别。cExp1 $ cExp2 运算结果是逻辑值,AT()返回的是数值。

8. LEN()函数

语法:LEN(cExp)

功能:该函数返回字符表达式 cExp 中的字符数目。若 cExp 为空串,则返回 0。

例如:

```
str4="扬州大学"
? LEN(str4)                 && 显示 8
? LEN("扬□州□大□学")       && 显示 11
```

9. SPACE()函数

语法:SPACE(nExp)

功能:该函数返回一个由指定的 nExp 个空格组成的字符串。

例如:

```
?"Visual"+SPACE(2)+"FoxPro"  && 显示"Visual  FoxPro"
? LEN(SPACE(9))              && 显示 9
```

10. OCCURS()函数

语法:OCCURS(cExp1,cExp2)

功能:该函数返回字符表达式 cExp1 在字符表达式 cExp2 中出现的次数。若 cExp1 不在 cExp2 中,则函数返回 0。

例如:

```
? OCCURS('I','YANGZHOU  UNIVERSITY')    && 显示 2
? OCCURS('X','YANGZHOU  UNIVERSITY')    && 显示 0
```

11. CHRTRAN()函数

语法:CHRTRAN(cExp1,cExp2,cExp3))

功能:在字符表达式 cExp1 中,将与字符表达式 cExp2 相匹配的字符串用字符表达式 cExp3 替换。

例如:

```
STORE  "扬大信息工程学院"  TO  cVar
? CHRTRAN(cVar,"信息","机械")         && 显示"扬大机械工程学院"
? CHRTRAN(cVar,"工程",SPACE(0))       && 显示"扬大信息学院"
```

12. STUFF()函数

语法:STUFF(cExp1,nExp1,nExp2,cExp2)

功能:在字符表达式 cExp1 中,将由 nExp1 位置开始,长度为 nExp2 的字符串,用字符表达式 cExp2 替换。

例如:

```
STORE  "扬大信息工程学院"  TO cVar
? STUFF(cVar,5,8,"经济")              && 显示"扬大经济学院"
? STUFF(cVar,9,4,SPACE(0)             && 显示"扬大信息学院"
? STUFF(cVar,9,0,"管理")              && 显示"扬大信息管理工程学院"
```

三、日期时间函数

1. TIME()函数

语法:TIME(nExp)

功能:该函数返回系统的当前时间,该时间值是以 8 位字符串格式(即 hh:mm:ss)返回的。若调用带自变量(任何自变量)的 TIME()函数,则得到的时间可达 1%秒(但实际上时钟能取得的最大精度为 1/18 秒)。

例如:

```
? TIME()                              && 显示当前系统时间
? TIME(1)                             && 显示当前系统时间,可达 1%秒
```

2. DATE()函数

语法:DATE()

功能:该函数返回系统设定的当前日期。

例如:

```
? DATE()                          && 显示当前系统日期
```

3. DATETIME()函数

语法:DATETIME()

功能:该函数返回系统设定的当前日期和时间。

例如:

```
? DATETIME()                      && 显示当前系统日期和时间
```

4. YEAR()函数

语法:YEAR(dExp)

功能:该函数返回日期表达式或日期时间表达式 dExp 中的 4 位年份。返回值为数值型数据。

例如:

```
? YEAR(DATE())                    && 显示当前系统日期的年份
? YEAR(DATETIME())                && 显示当前系统日期时间的年份
? YEAR({∧1999/01/02})             && 显示 1999
? YEAR({∧1967/01/02})+9           && 显示 1976
```

5. MONTH() / CMONTH()函数

语法:MONTH(dExp) / CMONTH(dExp)

功能:该函数以数值或文字形式返回日期表达式或日期时间表达式 dExp 中的月份。MONTH()函数返回数值型数据。CMONTH()函数返回字符型数据。

例如:

```
? MONTH(DATE())                   && 显示当前系统日期的月份
dD={∧1998/10/01}
? MONTH(dD)                       && 显示 10
? MONTH(dD)+2                     && 显示 12
? CMONTH(dD)                      && 显示“October”
?"This is"+CMONTH(dD-30)          && 显示“This is September”
```

6. DAY()函数

语法:DAY(dExp)

功能:该函数返回日期表达式或日期时间表达式 dExp 的值是该月中的第几天。返回值为数值型数据。

例如:

```
dD1={∧1998/10/09}
? DAY(dD1)                        && 显示 9
```

7. DOW() / CDOW()函数

语法:DOW(dExp) / CDOW(dExp)

功能:该函数返回日期表达式或日期时间表达式 dExp 的值是一周的第几天。DOW()函数用数值 1～7 表示周日～周六,返回值为数值型数据。CDOW()函数用 Sunday～Saturday 表示周日～周六,返回值为字符型数据。

例如:

```
dD2={∧2005/09/01}
? DOW(dD2)                    && 显示 5
? CDOW(dD2)                   && 显示"Thursday"
```

四、转换函数

1. STR()函数

语法:STR(nExp1 [,nExp2 [,nExp3]])

功能:该函数将数值表达式 nExp1 的值转换为对应的字符串。返回值为字符型数据。

参数:

nExp2——指定由 STR()返回的字符串长度。该长度包括小数点和小数位数。如果指定长度大于整个数值的宽度,STR()用前导空格填充返回的字符串;如果指定长度小于整数部分的数字位数,STR()返回一串星号,表示数值溢出。nExp2 的缺省值为 10。

nExp3——指定由 STR()返回的字符串中的小数位数。若要指定小数位数,必须同时包含 nExp2。如果指定的小数位数小于 nExp1 中的小数位数,则截断多余的数字。

例如:

```
? STR(314.15)             && 显示"314",默认宽度 10,前导 7 个空格
? STR(314.15,5)           && 显示"314",宽度为 5,前导 2 个空格
? STR(314.15,5,2)         && 显示"314.2",小数位数 2,宽度不够,首先保证整数
? STR(314.15,2)           && 显示"**",宽度为 2,小于整数部分宽度,溢出
? STR(314.15,-1)          && 显示出错信息
? STR(1122334455)         && 显示"1122334455"
? STR(11223344556)        && 显示" 1.122E+10",前导 1 个空格
```

2. VAL()函数

语法:VAL(cExp)

功能:该函数是将字符型表达式 cExp 转换成数值。字符型表达式可以是任一字符串,但只转换位于字符串最左边连续出现的数字字符(包含 0~9 数字、小数点、正负号等)。若左边的第一个非空字符不是数字、正负号,则转化为 0。

例如:

```
? VAL('12')+VAL('13')          && 显示 25.00
? VAL('A3.145')                && 显示 0.00
? VAL('4e2')                   && 显示 400.00
? VAL('+3+5')                  && 显示 3.00
```

3. ASC()函数

语法:ASC(cExp)

功能:该函数返回字符型表达式 cExp 中首字符的 ASCII 码值。

例如:

```
? ASC("APPLE")                 && 显示 65
? ASC("apple")                 && 显示 97
? ASC("012")                   && 显示 48
```

4. CHR()函数

语法:CHR(nExp)

功能:该函数返回由数值表达式nExp的值转换成相应的ASCII字符。其中,nExp的值必须在0～255之间。

例如:

```
? CHR(67)                        && 显示"C"
? CHR(7)                         && 发出一声警铃声
```

5. CTOD()函数 / CTOT()函数

语法:CTOD(cExp)/ CTOT(cExp)

功能:CTOD()函数把字符表达式cExp的值转换成日期型数据。CTOT()函数把字符表达式cExp的值转换成日期时间型数据。其中,日期的缺省格式为"mm/dd/yy",可用SET DATE和SET CENTURY命令改变这种缺省格式。有效输入范围为:01/01/100～12/31/9999。

例如:

```
SET STRICTDATE TO 0
? CTOD("10/01/1999")             && 显示日期 10/01/99
? CTOD("∧2005/9/1")              && 显示日期 09/01/05
? CTOT("∧2005/8/30 8:18")        && 显示日期时间 08/30/05 8:18:00 AM
```

6. DTOC()函数 / TTOC()函数

语法:DTOC(dExp[,1])/ TTOC(dExp[,1| 2])

功能:DTOC()函数和TTOC()函数用于把日期表达式或日期时间表达式dExp转换成字符值。选择参数1,则输出格式转换为年、月、日,年份为4位。选择参数2,仅将时间转换为字符型。

例如:

```
STORE {∧2005/09/01 8:18} TO dD
? DTOC(dD)                       && 显示"09/01/05"
? DTOC(dD,1)                     && 显示"20050901"
? TTOC(dD)                       && 显示"09/01/05 08:18:00 AM"
? TTOC(dD,1)                     && 显示"20050901081800"
? TTOC(dD,2)                     && 显示"08:18:00 AM"
```

7. UPPER()函数

语法:UPPER(cExp)

功能:该函数将字符表达式cExp中所有小写字母转换成大写字母。

例如:

```
? UPPER("Personal Computer")     && 显示"PERSONAL COMPUTER"
```

8. LOWER()函数

语法:LOWER(cExp)

功能:该函数将字符表达式cExp中所有大写字母转换成小写字母。

例如:

```
? LOWER("Personal Computer")     && 显示"personal computer"
```

五、数据测试函数

1. TYPE()函数

语法:TYPE(cExp)

功能:该函数返回表达式的值的类型,返回值是一个标识类型的大写字母。

例如:

```
? TYPE('3+5')                 && 显示"N"
? TYPE('DATE()')              && 显示"D"
? TYPE('. T. ')               && 显示"L"
x= $5
? TYPE('x')                   && 显示"Y"
? TYPE('y')                   && 显示"U",表示未定义
```

2. BETWEEN()函数

语法:BETWEEN(eExp1,eExp2,eExp3)

功能:判断第一个表达式的值是否介于另外两个表达式的值之间。当 eExp1 大于或等于 eExp2 而又小于或等于 eExp3 时,函数返回 .T.,否则返回 .F.。

例如:

```
? BETWEEN(3.14,1,5)           && 显示 .T.
? BETWEEN('g','a','d')        && 显示 .F.
? BETWEEN(1,.null.,.null.)    && 显示 .NULL.
```

3. INLIST()函数

语法:INLIST(eExp1,eExp2[,eExp3…])

功能:判断第一个表达式的值是否与后面表达式值中的某个匹配。当 eExp1 的值等于 eExp2、eExp3,…其中之一时,函数返回 .T.,否则返回 .F.。

例如:

```
? INLIST('a','b','c')         && 显示 .F.
? INLIST(1,2,3,1)             && 显示 .T.
```

注意:在 BETWEEN()和 INLIST()函数中,eExp1、eExp2、eExp3 可以是 N 型、C 型或 D 型,但数据类型必须一致。

4. EMPTY()函数

语法:EMPTY(eExp)

功能:判断表达式 eExp 是否为空值。当 eExp 为空时,函数返回 .T.,否则返回 .F.。eExp 为空对于不同类型的数据有不同的定义,如表 2-2 所示。

表 2-2　eExp 为空的定义

数据类型	eExp 为空的定义
C	空字符串、空格、制表符、换行符或任意组合
N	0
L	逻辑假.F.
D	空日期
M	空白(即没有任何内容存在于备注字段)
G	空白(即没有任何 OLE 对象存在于通用字段)

5. ISBLANK()函数

语法：ISBLANK(eExp)

功能：判断表达式 eExp 是否为空值。当 eExp 为空字符串，空格或空日期时，函数返回 .T.，否则返回 .F.。

例如：

```
? ISBLANK("")              && 显示 .T.
? ISBLANK(" ")             && 显示 .T.
? ISBLANK({})              && 显示 .T.
? ISBLANK(0)               && 显示 .F.
? ISBLANK(.F.)             && 显示 .F.
? ISBLANK(.NULL.)          && 显示 .F.
```

6. ISNULL()函数

语法：ISNULL(eExp)

功能：如果表达式 eExp 的计算结果为 NULL 值，则函数返回 .T.，否则返回 .F.。

例如：

```
? ISNULL(.NULL.)           && 显示 .T.
? ISNULL(.F.)              && 显示 .F.
? ISNULL("")               && 显示 .F.
? ISNULL(0)                && 显示 .F.
```

2.3.2　数据库类函数

一、字段处理函数

1. FCOUNT()函数

语法：FCOUNT([nWorkArea|cAlias])

功能：该函数返回指定工作区中所打开表的字段数目，若指定工作区中没有表被打开，则返回 0。

注：函数中标识工作区域别名的参数 nWorkArea、cAlias 缺省时，默认为当前工作区。以下函数同此。

例如：

```
USE js IN 2                && 在 2 号工作区打开 js 表
? FCOUNT(2)                && 显示 8，表示 js 表有 8 个字段
```

2. FIELD()函数

语法：FIELD(nExp[,nWorkArea|cAlias])

功能：该函数返回指定工作区中第 nExp 个字段的名称。

例如：

```
USE js IN 2                && 设 js 表中第 3 个字段名为 xb(性别)
? FIELD(3,2)               && 显示"XB"
```

3. FSIZE()函数

语法：FSIZE(cFieldName [,nWorkArea|cAlias]|cFileName)

功能：该函数返回指定工作区中指定字段或文件的大小，以字节为单位。该函数与

LEN()函数不同,LEN()只能返回字符串的长度,FSIZE()可以返回各种类型字段的大小。

例如:

```
USE js IN 2                  && 设 js 表中第 3 个字段为性别 xb
? FSIZE(FIELD(3,2),2)        && 显示 2
? FSIZE("csrq",2)            && 显示 8,csrq 字段为日期型
```

二、记录处理函数

1. BOF()函数

语法:BOF([nWorkArea |cAlias])

功能:该函数用来确定当前记录指针是否在表头。当把记录指针移到表文件的第一条记录位置之前时,该函数返回 .T. ,否则返回 .F. 。

例如:

```
USE js                       && 设 js 表中已有记录
? BOF()                      && 显示 .F.
SKIP -1
? BOF()                      && 显示 .T.
```

2. EOF()函数

语法:EOF([nWorkArea |cAlias])

功能:该函数用来确定记录指针是否指向表中最后一条记录之后。如果记录指针已指向表文件的末尾,该函数返回 .T. ,否则返回 .F. 。

例如:

```
USE js                       && 设 js 表中已有记录
? EOF()                      && 显示 .F.
GO BOTTOM
? EOF()                      && 显示 .F.
SKIP
? EOF()                      && 显示 .T.
```

3. RECCOUNT()函数

语法:RECCOUNT([nWorkArea |cAlias])

功能:该函数返回指定工作区中数据表记录总数,若指定工作区中没有打开的表文件,则函数返回 0。

例如:

```
USE js                       && 设 js 表中有 9 条记录
USE xs IN 2                  && 设 xs 表中有 10 条记录
? RECCOUNT()                 && 显示 9
? RECCOUNT("xs")             && 显示 10
```

4. DELETED()函数

语法:DELETED([cAlias])

功能:若指定工作区中的当前记录已作删除标记,该函数返回 .T. ,否则返回 .F. 。

例如:

```
USE js
DELE RECO 6                              && 将第 6 条记录加上删除标记
? DELETED()                              && 显示 .T.
```

5. RECNO()函数

语法:RECNO([nWorkArea | cAlias])

功能:该函数返回指定表中当前记录号,如果指定工作区中没有打开的表文件,则函数值为 0;若是一个空表,则 RECNO()的值为 1 且 EOF()、BOF()的值均为 .T.;若记录指针移到表的最后一条记录之后,则函数值为记录数加 1;若记录指针移到表的第一条记录之前,函数值为 1。

例如:

```
USE js                                   && 设 js 表中有 9 条记录
? RECNO()                                && 显示 1
SKIP
? RECNO()                                && 显示 2
GO BOTTOM
? RECNO()                                && 显示 9
SKIP
? RECNO()                                && 显示 10
```

6. FILTER()函数

语法:FILTER([nWorkArea | cAlias])

功能:该函数返回指定数据表中由 SET FILTER 命令指定的筛选表达式。

例如:

```
USE js
SET FILTER TO xb="女"
? FILTER()                               && 显示"XB="女""
```

7. SEEK()函数

语法:SEEK(eExp)

功能:该函数用于在当前工作区,根据当前主索引,查找与 eExp 值相匹配的第一条记录,若查找成功,函数返回 .T.,否则返回 .F.。

例如:

```
USE js                                   && 设 js 表已建立索引 gh,且有 gh 为
                                            "G0001"
                                         && 的记录
SET ORDER TO gh
? SEEK("G0001")                          && 显示 .T.
? SEEK("张三")                           && 显示 .F.
```

8. FOUND()函数

语法:FOUND([nWorkArea | cAlias])

功能:该函数用于执行查询命令 LOCATE、CONTINUE、FIND 或 SEEK 后,判断查找是否成功。若查找成功,函数返回 .T.,否则返回 .F.。

例如：

```
USE js                          && 设 js 表中有 gh 为 G0001 的记录
LOCATE  FOR  gh="G0001"
? FOUND()                       && 显示 .T.
```

三、索引函数

1. CDX()函数

语法：CDX(nExp[,nWorkArea|cAlias])

功能：CDX()函数返回指定工作区的第 nExp 个 .CDX 文件名。

例如：

```
USE xs                          && 设 xs 表保存在 F:\VFP 中
INDEX ON xh TAG xh
? CDX(1)                        && 显示“F:\VFP\XS.CDX”
```

2. ORDER()函数

语法：ORDER([nWorkArea|cAlias][,1])

功能：该函数返回主控索引的文件名(对于 .IDX 文件)或索引标识名(对于 .CDX 文件)。选择第二个参数 1，可以获得索引文件的路径。

例如：

```
USE xs                          && 设 xs 表保存在 F:\VFP 中
INDEX ON xh TAG xh
? ORDER()                       && 显示“XH”
? ORDER("xs",1)                 && 显示“F:\VFP\XS.CDX”
```

3. TAG()函数

语法：TAG([cFileName,]nExp[,nWorkArea|cAlias])

功能：该函数返回独立索引文件名(.IDX 文件)或索引标识名(.CDX 文件)。

例如：

```
USE xs                          && 设 xs 表保存在 F:\VFP 中
INDEX ON xh TAG xh              && 设 xs 表只有一个 xh 索引
? TAG()                         && 显示“XH”
? TAG("xs",2)                   && 显示空串
```

四、数据库与表函数

1. USED()函数

语法：USED([nWorkArea|cAlias])

功能：确定是否在指定工作区中打开了一张表。如果已打开，则函数返回 .T.；否则返回 .F.。

例如：

```
CLOSE TABLES  ALL
USE js IN 2
? USED(2)                       && 显示 .T.
? USED("js")                    && 显示 .T.
? USED("xs")                    && 显示 .F.
```

2. DBUSED()函数

语法:DBUSED(cDbName)

功能:确定指定的数据库文件是否已经打开。如果已打开,则函数返回 .T.;否则返回 .F.。

例如:

```
OPEN DATABase db1
? DBUSED("db1")                    && 显示 .T.
```

3. DBC()函数

语法:DBC()

功能:该函数返回当前打开的数据库的完整文件名。

例如:

```
OPEN DATABase db1                  && 设 db1 保存在 F:\VFP 中
? DBC()                            && 显示"F:\VFP\DB1.DBC"
```

4. DBSETPROP()函数

语法:DBSETPROP(cName,cType,cProperty, ePropertyValue)

功能:该函数给当前数据库或库中的表的字段、表或视图设置属性。该函数只能设置部分属性。其中,cName 表示当前数据库、字段、表或视图的名称;cType 指明 cName 是当前数据库(DATABase)、字段(FIELD)、表(TABLE)或视图(VIEW);cProperty 指定属性名称,如:Caption、Comment、RuleExpression、RuleText 等;ePropertyValue 指定 cProperty 的设定值。

例如:设置 js 表的 xb 字段的标题属性的值为"性别"。

```
DBSETPROP("js.xb","FIELD","Caption","性别")
```

5. DBGETPROP()函数

语法:DBGETPROP(cName, cType, cProperty)

功能:返回当前数据库、字段、表或视图的属性。其中,参数作用同 DBSETPROP()函数。

例如:

```
? DBGETPROP("js.xb","FIELD","Caption")        && 显示"性别"
```

2.3.3 其他类函数

1. CAPSLOCK()函数

语法:CAPSLOCK([lExp])

功能:返回或设置【Caps Lock】键的状态。缺省 lExp 时,返回【Caps Lock】键的状态,若处于打开状态,则函数返回 .T.,否则返回 .F.。当 lExp 的值为 .T. 时,打开【Caps Lock】键;为 .F. 时,关闭【Caps Lock】键。

例如:

```
= CAPSLOCK(.T.)                    && 打开【Caps Lock】键
LL = CAPSLOCK()                    && 获得【Caps Lock】键当前状态
? LL                               && 显示 .T.
=CAPSLOCK(!CAPSLOCK())             && 切换【Caps Lock】键状态
```

2. NUMLOCK()函数

语法:NUMLOCK([lExp])

功能:返回或设置【NumLock】键的状态,使用方法同【Caps Lock】键。

例如:

```
LN=NUMLOCK()                      && 获得【Num Lock】键当前状态
= NUMLOCK(.F.)                    && 关闭【Num Lock】键
=NUMLOCK(!NUMLOCK())              && 切换【NumLock】键状态
```

3. INKEY()函数

语法:INKEY([nExp][,cExp])

功能:该函数在程序执行过程中,根据用户按键的 ASCII 值,返回一个在 0～255 之间的整数值。若没有按下任何键,则函数值为 0。如果键盘缓冲区中已有几个键值,则函数返回第一个进入缓冲区的值。

其中,nExp 表示键盘输入的等待时间。用户按下键后,则立刻返回对应的 ASCII 值。nExp 为 0 或缺省,则该函数将一直等待到有键按下为止。

cExp 的可取值和含义如下:

S——等待时显示光标(缺省状态)。

H——等待时隐含光标。

M——检测按键和鼠标击键。

E——检测键盘宏。通过该选择,当按下功能键或组合键时,INKEY()函数获取键盘宏的第一个字符的键值,重复执行该函数,可依次获得后续字符的键值。

例如:

```
nL = INKEY(3)                     && 在 3 秒内按键,如果按<F1>键
? nL                              && 显示 28
nL1=INKEY(2)                      && 在 2 秒内按键,如果按数字键 1
? nL1                             && 显示 49
```

4. IIF()函数

语法:IIF(lExp,eExp1,eExp2)

功能:该函数在 lExp 的值为 .T. 时,返回 eExp1 的值;lExp 的值为 .F. 时,返回 eExp2 的值。它通常用于在简单表达式中替代 IF…ENDIF 的结构。

例如:

```
nScore=95
? IIF(nScore>=90,"优秀","一般")                && 显示"优秀"
? IIF(MONTH(DATE())=2,"平月","非平月")
```

5. FILE()函数

语法:FILE(cFileName)

功能:测试指定的文件是否存在。文件名必须包含扩展名。若文件存在,则函数返回 .T.,否则返回 .F.。

例如:

```
? FILE("xs.dbf")              && 显示 .T. 。设 xs 表已保存在当前目录中
```

6. GETFILE()函数

语法:GETFILE([cFileExtensions][,cDialogCaption][,cOpenButtonCaption]
[,nButtonType][,cTitleBarCaption])

功能:该函数用于显示“打开”对话框,并返回选定的文件名字符串。如果未选定文件,或按“取消”退出对话框,函数返回空字符串。

例如:

```
GETFILE()                   && 显示“打开”对话框
cF=GETFILE("dbf")           && 显示如图 2-1“打开”对话框
? cF                        && 选择 xs 表后按“确定”,显示 xs 表的路径
```

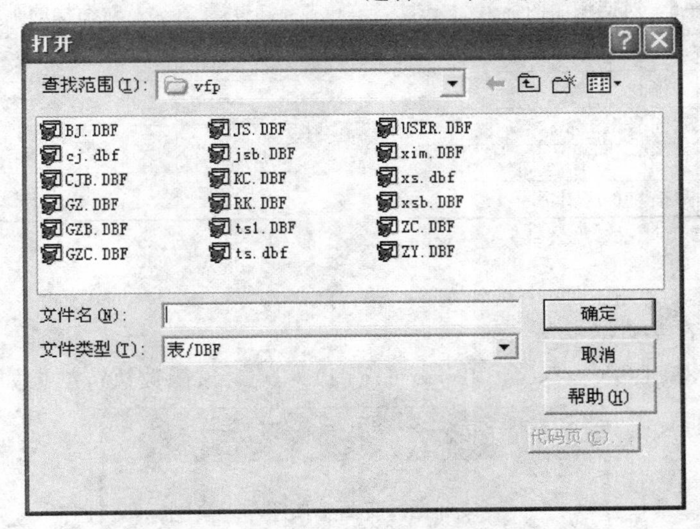

图 2-1 “打开”对话框

7. MESSAGEBOX()函数

语法:MESSAGEBOX(cMessageText [, nDialogBoxType [,cTitleBarText]])

功能:该函数显示用户自定义的对话框,并返回与选定的按钮相对应的数值(见表2-3)。

参数:cMessageText 指定在对话框中显示的文本。cTitleBarText 指定对话框标题栏中的文本,缺省标题为“Microsoft Visual FoxPro”。nDialogBoxType 指定对话框中的按钮、图标及显示对话框时的默认按钮,nDialogBoxType 由以下 3 个数值的和构成。

其中,对话框按钮值从 0 到 5 指定了对话框中显示的按钮(见表 2-4)。图标值 0、16、32、48、64 指定对话框中的图标(见表 2-5)。默认按钮值 0、256、512 指定对话框中的默认按钮(见表 2-6)。

表 2-3　MESSAGEBOX()返回值对照表

返回值	按　钮
1	确定
2	取消
3	放弃
4	重试
5	忽略
6	是
7	否

表 2-4　对话框的按钮值

数　值	对话框按钮
0	“确定”
1	“确定”和“取消”
2	“放弃”、“重试”和“忽略”
3	“是”、“否”和“取消”
4	“是”和“否”
5	“重试”和“取消”

表 2-5　对话框的图标值

数　值	图　　标
16	“停止”图标
32	“问号”图标
48	“惊叹号”图标
64	“信息(i)”图标

表 2-6　对话框的默认按钮值

数　值	默认按钮
0	第一个按钮
256	第二个按钮
512	第三个按钮

例如：

```
cT="本对话框有两个按钮与一个图标。"
cT1="这是对话框"
MESSAGEBOX(cT, 4+32+256,cT1)   && 该函数执行结果如图 2-2 所示
```

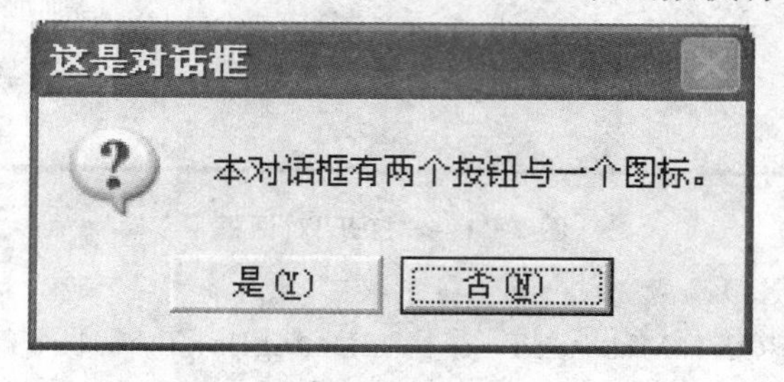

图 2-2　用户自定义对话框

2.4　表达式

表达式(Expression)是常量、变量、字段名、函数、操作符、控件以及属性的组合。表达式可以用来执行运算、操作字符或测试数据。每个表达式都产生单一的值，并且具有某种类型，该类型称为表达式的类型。

根据 VFP 所提供的操作符，表达式可分字符表达式、日期表达式、算术表达式、关系表达式、逻辑表达式和名称表达式等。

2.4.1　字符表达式

一个字符表达式是由字符型常量、字符型变量和数组元素、字符型字段、返回字符值的函数及字符操作符组成的。它可以是一个简单的字符常量，也可以是若干字符常量、变量等的组合。

字符型数据可以使用的操作符有 3 个：+、-、$，表 2-7 按优先顺序列出了字符操

作符。

表 2－7　字符操作符

操　作　符	操　　作	示　　例
+	将字符串连接在一起,参加连接的串可以是字符型常量、字符型字段、字符型变量和返回值为字符型的函数,结果仍然是字符型	" Visual " + " FoxPro " +"6.0"? "姓名:"+ js. xm
-	将操作符左侧字符串尾部的空格放在操作符右侧字符串后面,然后将它们连接起来	xs. ximing - xs. xm
$	比较。查看左串是否包含在右串中。结果是一逻辑值	"A" $ js. gh

例如:

```
USE xs                                   && 设 xs 表 1 号记录是张三、男
? ALLT(xm) + "的性别是:" +xb              && 显示"张三的性别是:男"
?"出生日期为:"+DTOC({∧1988/10/23})        && 显示"出生日期为:10/23/88"
nCj=78.5
?"成绩="- str(nCj,4,1)                   && 显示"成绩=78.5"
?"abc" $ "1a2b3c"                        && 显示 .F.
```

2.4.2　日期表达式

日期表达式由日期或日期时间型的常量、日期或日期时间型的变量和数组元素、日期或日期时间型的字段、返回日期或日期时间的函数及日期操作符组成。

在 VFP 中,无效的日期将作为空日期处理。

对于日期型或日期时间型的数据,其操作符只有"+"和"-",如表 2－8 所示:

表 2－8　日期和日期时间操作符

操作符	操　　作	示　　例
+	相加	tNewTime=tTime1+nSeconds dNewDate=dDate1+nDays
-	相减	nSeconds=tTime1 - tTime2 tNewTime=tTime1 - nSeconds nDays=dDate1 - dDate2 dNewDate=dDate1 - nDays

例如:

```
? {∧2005/07/15}+3                       && 显示日期 07/18/05
? {∧2005/07/15}- 30                     && 显示日期 06/15/05
? {∧2005/07/15} -{∧2005/07/11}          && 显示 4
? YEAR(DATE())- YEAR(csrq)              &&csrq 为出生日期,表达式表示年龄
SET STRICTDATE TO 0
? {8:08}-{10:10}                        && 显示- 7320,表示两个时间值相差的秒数
```

2.4.3　算术表达式

算术表达式由数值常量、数值变量和数组元素、Float、Double、Integer 和 Numeric 类型

的字段、返回数值数据的函数及算术操作符组成。

算术操作符也称数值操作符。它应用于数值型数据,按优先级高低排列,如表 2－9 所示。

表 2－9　数值操作符

操作符	操　作	示　例
( )	分组表达式。改变表达式中的运算顺序,( )中的优先	(8－3)＊4
＊＊或∧	乘方运算	b＊＊2
＊、/、%	乘、除、模运算	7＊9/3 365%30
＋、-	加、减运算	a＋b－c

例如:

```
r＝3
? 3.1415926＊ r＊r /4          && 显示 7.0685834
? 5%8＊3                       && 显示 15
? 6＊7%14/30－5∧r              && 显示－125.0000
? 57%(－13)                    && 显示－8
```

2.4.4　关系表达式

关系表达式是由常量、变量或数组元素、字段、函数及关系操作符组成的,运算结果是逻辑值的式子。

关系操作符主要是用于同类型数据之间的比较运算,然后返回一个逻辑值。表 2－10 列出了关系操作符。

表 2－10　关系操作符

操作符	操　作	示　例
<	小于比较	js.gl<50
>	大于比较	2>5　　"ab">"ac"
＝	等于比较	{4/1/1999}＝date()　　xs.xm＝"李"
<>或＃或!＝	不等于比较	.T.<>.F.　　xs.xb＃"男"
<＝	小于或等于比较	cj.cj<＝60
>＝	大于或等于比较	xs.xh>＝"960001"
＝＝	字符串精确等于比较	xs.xm＝＝"李"

在比较运算中,字符串的大小比较,可以按 Machine(机器)、PinYin(拼音)、Stroke(笔画)排序,系统默认按"PinYin"排序。排序序列的设置可以通过 SET COLLATE 命令进行,或在"工具"菜单的"选项"对话框的"数据"选项卡中进行。

例如:

```
?"a"<"B"                       && 显示 .T.,按 PinYin 排序
```

```
SET COLLATE TO "Machine"
?"a"<"B"                    && 显示.F.,按ASCII码排序
?"A"<"B"                    && 显示.T.,按ASCII码排序
?"-1">"-2"                  && 显示.F.
?"a"="A"                    && 显示.F.
?"abc   "=="abc"            && 显示.F.
```

字符串相等比较有两种判别方法：

(1) 精确相等

```
SET EXACT ON
?"FoxPro"="Fox"             && 显示.F.
?"ABCDE"="ABCDE     "       && 显示.T.
```

(2) 左部匹配

```
SET EXACT OFF
? "FoxPro"="Fox"            && 显示.T.
?"李平"="李"                && 显示.T.
?"李"="李平"                && 显示.F.
?'ABCDE'='ABCDE     '       && 显示.F.
```

SET EXACT ON 指定相等的表达式必须是每个字符都相匹配。比较两个表达式时，在较短的表达式的右边加上空格，以使它与较长表达式的长度相匹配。SET EXACT OFF(默认值)指定必须是右端表达式结尾前的每个字符都相匹配(左部匹配)，才是相等的表达式。

2.4.5 逻辑表达式

逻辑表达式由逻辑常量、逻辑变量或数组元素、逻辑型字段、返回逻辑值的函数、逻辑操作符、返回逻辑值的表达式组成。逻辑表达式的运算结果是.T.或.F.。

逻辑操作符用于逻辑数据类型，并返回一个逻辑值，表2-11按优先级列出逻辑操作符。

表2-11 逻辑操作符

操作符	操 作	示 例
( )	分组表达式。改变表达式中的运算顺序，( )中的优先	lVar AND (lVar2 AND lVar3)
NOT 或!	逻辑“非”。用于取反	NOT cVar1=cVar2
AND	逻辑“与”。当操作符两边都为真时，整个表达式才为真	lVar1 AND lVar2
OR	逻辑“或”。操作符两边至少一个为真时，整个表达式为真	lVar1 OR lVar2

例如，在js表中符合条件“计算机系或信息管理系的女教工”的逻辑表达式为：

(ximing="计算机系".OR. ximing="信息管理系").AND. xb="女"

例如，在js表中符合条件“1970年(含1970年)以后出生的姓王的教授”的逻辑表达

式为:

```
YEAR(csrq)>=1970 .AND. LEFT(xm,2)="王" .AND. zc="教授"
```

例如,在 kc 表中符合条件"课程代号(kcdh)必须在"01"~"20"之间"的逻辑表达式为:

```
BETWEEN(kcdh, "01", "20")
```

例如,符合条件"kc 表不空并且已打开"的逻辑表达式为:

```
USED("kc")  .AND.  RECCOUNT("kc")!=0
```

VFP 的逻辑表达式是自左向右进行运算的。在运算过程中,当运算出某个中间结果后,若已经能够确定最终的结果,那么将终止本逻辑表达式中后面部分的运算。例如,用 OR 操作符建立的逻辑表达式中,只要有一项的值为真(.T.)时,则整个表达式的值就为真。当 VFP 遇到第一个 .T. 后,表达式剩余的部分也就没有必要运算了。

例如:.F. .OR. .T. .OR. .F. .OR. .T.

2.4.6 名称表达式

名称表达式是由圆括号括起来的一个字符表达式,可以用来替换命令和函数中的名称(如字段名、变量名、菜单名、文件名和对象名等)。名称表达式为 VFP 的命令和函数提供了灵活性。

将名称保存到内存变量或数组元素中,以后就可以用名称表达式来代替命令或函数中所需的名称,可以用圆括号括起该内存变量,将名称替换成命令或函数。

若要使用名称列表,须用逗号将各个名称分隔开。

例如,REPLACE 命令需要一个字段名。可以将字段名保存于某变量中,并且在 REPLACE 命令中凡是使用该字段名的地方均可使用名称表达式:

```
STORE  "ximing"  TO  cVar                  && 字符串"ximing"存入变量 cVar 中
REPLACE (cVar) WITH  "计算机系"            &&"计算机系"存入 ximing 字段中
```

下面是一些使用名称表达式的示例。

(1) 用名称表达式替换命令中的变量名。

```
nVar =100
var_name = "nVar"
STORE  12.34 TO  (var_name)                && 等价于 STORE 12.34 TO nVar 命令
? nVar                                     && 显示 12.34
```

(2) 用名称表达式替换命令中的文件名。

```
dbf_name ="xs"
USE (dbf_name)                             && 等价于 USE xs 命令
```

(3) 用字符表达式来构成一个名称表达式。

```
db_name = "jxsj"
dbf_name = "xs"
USE  (db_name +"!" +dbf_name)              && 等价于 USE jxsj!xs 命令
```

(4) 使用名称列表

```
USE  xs
fld1 ="xh"
fld2 ="xm"
```

```
BROWSE FIELDS (fld1),(fld2) && 等价于 BROWSE FIELDS xh,xm 命令
```

2.4.7 宏替换

宏替换与名称表达式具有相似的作用，可使用宏替换的方法用内存变量替换名称。在使用宏替换时，将"&"放在变量前，并用一个"."来结束这个宏替换表达式，VFP 将此变量当作名称使用。例如，下面命令中的宏替换与上述最后一例中的名称表达式具有相同的作用：

```
BROW FIELDS &fld1, &fld2
```

宏替换与名称表达式虽然都可以用变量或数组中的值来替换名称，但它们也有区别。

(1) 含有名称表达式的命令或函数的运行速度比含有宏替换的运行速度要快。因此，凡是能使用名称表达式的地方应尽量使用名称表达式，尤其是对记录较多的表的操作命令中或函数中。

(2) 虽然用名称表达式比用宏替换速度快，但宏替换的使用范围更广些，有些地方只能使用宏替换而不能使用名称表达式。

① 宏替换可以替换整个命令，而名称表达式不行。例如：

```
cmd_name = "DIR"
&cmd_name                         && 执行 DIR 命令
(cmd_name)                        && 出错
```

② 宏替换可用以构成表达式，而名称表达式不能。例如：

```
field_name ="js.xm"
LOCA FOR &field_name ="刘海军"    && 能实现正确定位
LOCA FOR (field_name) ="刘海军"   && 不能实现正确定位
```

③ 在某些命令和函数中不能使用名称表达式。例如：

```
var_name = "cVar3"
&var_name = "test2"               && 能正确赋值
(var_name) ="test2"               && 出错，不能赋值
STORE "test1" TO (var_name)       && 能正确赋值
? &var_name                       && 显示的是变量 cVar3 的值
? (var_name)                      && 显示的是"cVar3"，而非变量 cVar3 的值
```

2.4.8 NULL 值

VFP 支持 NULL 值。这样做降低了表达未知数据的难度，并且可以更方便地与含有 NULL 值的 Microsoft Access 或其他 SQL 数据库产品共同工作。

一、NULL 的特点

(1) 等价于没有任何值。

(2) 与 0、空字符串("")、空格不同。

(3) 排序优先于其他数据。

(4) 在计算过程中或大多数函数中都可以用到 NULL 值。

(5) NULL 值会影响逻辑表达式、命令、函数、参数的行为，VFP 支持的 NULL 值可以出现在任何使用表达式的地方。

VFP 中，可以通过程序设计中的 .NULL. 标记，或在字段中以交互方式键入【Ctrl】+0

来赋 NULL 值。可以使用 ISNULL()函数检测表达式的值是否为 NULL 值。

二、NULL 的处理

.NULL. 值不是一种数据类型,当给字段或变量赋 .NULL. 值时,该字段或变量的数据类型不变,只是值变为 .NULL.。例如:

```
STORE 10 TO nX
nX = .NULL.
? TYPE("nX")                    && 显示"N"
? nX+5                          && 显示 .NULL.
```

在大多数情况下,NULL 值在逻辑表达式中维持不变。表 2-12 说明了在逻辑表达式中 NULL 值的行为。

将 NULL 值作为参数传递给 VFP 命令和函数时,也应注意下面的规则:

(1) 给命令传递 NULL 值将产生错误。

(2) 将 NULL 作为有效参数的函数其结果亦为 NULL 值。

(3) 若向本应接收数值型参数的函数传递 NULL 值,将产生错误。

(4) 当传递 NULL 值时,ISBLANK()、ISDIGIT()、ISLOWER()、ISUPPER()、ISALPHA()和 EMPTY()返回 .F.,而 ISNULL()返回 .T.。

(5) INSERT-SQL 和 SELECT-SQL 命令通过 IS NULL 和 IS NOT NULL 子句处理 NULL 值。在这种情况下,INSERT、UPDATE 和 REPLACE 将 NULL 值放入记录中。

(6) 若所有值皆为 NULL,则 VFP 合计函数产生 .NULL.,否则任何 NULL 值将被忽略。

表 2-12 NULL 在逻辑表达式中的行为

逻辑表达式	表达式的结果		
	当 x = .T. 时	当 x = .F. 时	当 x = .NULL. 时
x AND .NULL.	.NULL.	.F.	.NULL.
x OR .NULL.	.T.	.NULL.	.NULL.
NOT x	.F.	.T.	.NULL.

练 习 题

一、选择题

1. VFP 中日期时间型的缺省值为________。

   A. {12/30/1899 12:00:00 AM}　　B. {01/01/2000 12:00:00 PM}

   C. {}　　D. {01/01/0001 00:00:00}

2. 下列表达式中,运算结果为日期型的是________。

   A. YEAR(DATE())　　B. DATE()-{^2004/12/15}

   C. DATE()-100　　D. DTOC(DATE())-"12/15/04"

3. 以下函数具有四舍五入功能的是________。

   A. INT(3.14159)　　B. ROUND(3.14159,3)

   C. CEILING(3.14159)　　D. INT(3.14159*1000+0.5)/1000

4. 在下列表达式中,运算结果为逻辑真的是________。
   A. EMPTY(.NULL.)　　　　B. LIKE("edit","edi?")
   C. AT("a","123abc")　　　　D. EMPTY(SPACE(10))
5. 在 VFP 中,以下函数返回值不是数值型的是________。
   A. LEN("Visual FoxPro")　　　　B. AT("This", "ThisForm")
   C. YEAR(DATE())　　　　D. LEFT("ThisForm",4)
6. 以下表达式中不能返回字符串值"FoxPro"的是________。
   A. "Fox" + "Pro"　　　　B. TRIM("Fox□" - "Pro")
   C. ALLTRIM ("Fox" + "Pro")　　　　D. LTRIM("Fox□" - "Pro")
7. VFP 内存变量的数据类型不包括________。
   A. 数值型　　B. 货币型　　C. 备注型　　D. 逻辑型
8. 以下关于空值(NULL)叙述正确的是________。
   A. 空值等同于空字符串　　　　B. 空值表示字段或变量还没有确定值
   C. VFP 不支持空值　　　　D. 空值等同于数值 0
9. 在 VFP 中,下面 4 个关于日期或日期时间的表达式中,错误的是________。
   A. {∧2002.09.01 11:10:10:AM}-{∧2001.09.01 11:10:10AM}
   B. {∧01/01/2002}+20
   C. {∧2002.02.01}+{∧2001.02.01}
   D. {∧2002/02/01}-{∧2001/02/01}
10. 在 VFP 中,下列不属于常量的是________。
   A. .T.　　B. T　　C. 'T'　　D. [T]

二、填空题

1. 如果要求 VFP 系统在显示日期时,显示如"2012 年 9 月 10 日"的格式 ,可使用命令 SET DATE TO________。
2. 函数 VAL('3+4')的返回值是________;函数 MOD(-42,-3)的返回值是________。
3. 表达式 INT(5.26 * 2)%ROUND(3.14,0)的值是________;表达式 STR(YEAR(DATE()+10))的值的数据类型为________。
4. 表达式 LEN(DTOC(DATE(),1))的值为________;表达式 LEN(TRIM(STR(15)))的值为________。
5. 已知字符"0"的 ASCII 码值为 48,则 ASC(STR(12.34,4,1))的值是________。
6. 如果在一个运算表达式中包含有逻辑运算、关系运算和算术运算,并且其中未用圆括号规定这些运算的先后顺序,那么这样的综合型表达式的运算顺序是________。
7. 依次执行以下命令后,最后一条命令的输出结果是________。

```
SET EXACT OFF
x="6.0"
? IIF("6.00" = x , "Visual FoxPro" - x, "Visual FoxPro" + "5.0")
```

8. 已知 M="30",执行命令? &M+20 后,显示结果是________。执行命令? (M)+"20"后,显示结果为________。
9. 已知 N="1",M="2",X12="GOOD",则表达式 X&N&M 的值是________。
10. 在 VFP 中,可通过交互方式键入________来给字段赋 NULL 值。

第3章　表的使用

在数据库管理系统中，数据与程序是分开存放的，设计程序的目的是为了将数据加工处理成符合用户要求的有用信息。VFP的数据存储在表(Table，文件扩展名为DBF)中，但是还有另外的一层名为数据库的外套(文件扩展名为DBC)。DBC中包含关于表、索引、关系、触发器等的信息。首先我们来熟悉表的结构及其使用。然后再来研究数据库是如何把它们捆绑在一起的。

3.1　表结构的创建和使用

VFP中对二维表格的处理可分为自由表和数据库表两种，文件的扩展名均为.DBF。

自由表是独立的，只能对本身做各种操作，不能与其他表发生关系。在创建表时如果没有打开任何数据库，则创建的新表是一张自由表。

数据库表是数据库的基础，数据库是许多相关的数据库表的集合，数据库中的数据库表可以通过关键字彼此建立联系。

VFP的数据以表的形式存储，表的每一列表示一个单一的数据元素(在VFP中称为字段)，比如姓名、地址或电话号码。每一行是一个记录，是一个由每列中的一个数据组成的组。表的每一个字段都有特定的数据类型。

3.1.1　字段的基本属性

一、字段名(Field Name)

每一个字段必须取一个名字，称为“字段名”，它用以在表中标识该字段。字段名一般要与其对应的实体的属性名相同或相近。例如，学生情况表的“学号”列的字段名可以取为“学号”或“sno”或“XH”或“xuehao”等。字段名的命名规则与内存变量的命名规则一样，中文VFP则允许使用汉字作为字段名。

二、数据类型(Type)

每个字段都有数据类型。不同的数据类型的表示和运算的方法不同。VFP提供了13种字段的数据类型(见表3-1)。

三、字段的宽度(Width)

字段的宽度是指该字段所能容纳的最大字节数，字段宽度必须能足够容纳可能的最长的数据信息。应该注意，其中备注型和通用型字段宽度为4字节，包含的是引用信息，指向真正的备注内容。备注字段的内容保存在同名的单独文件中，但扩展名为.fpt。一些数据类型的宽度是固定的。如逻辑型是1字节，整型、备注型、备注型(二进制)和通用型是4字节，货币型、双精度型、日期型和日期时间型是8字节。

四、小数位数(Decimal)

对数值型、浮点型和双精度型的字段，可指定小数的位数。其宽度实际上等于整数部分的宽度＋小数位数宽度＋小数点1位。如是纯小数，则整个字段宽度可只比小数位数大1；如存储数据的整数部分不为0，则整个字段宽度至少应比小数位数大2。

五、空值支持(NULL)

空值是用来指示记录中的一个字段"没有值"的标志。它表示没有任何值或者没有确定值,不等同于 0、空字符串或逻辑"假"(.F.)。

表 3-1　字段的数据类型

数据类型	字符表示	说　明	举　例
字符型	C	字母、数字型文本	教师的姓名
货币型	Y	货币单位　价格	教师的工资
数值型	N	整数或小数	学生的成绩
浮点型	F	同"数值型"	
日期型	D	年,月,日	出生日期
日期时间型	T	年,月,日,时,分,秒	职工的上班时间
双精度型	B	双精度数值	科学实验的高精度数据
整型	I	不带小数点的数值	学生人数
逻辑型	L	真或假	某人是否结婚
备注型	M	不定长的字母数字文本	个人简历
通用型	G	OLE(对象链接与嵌入)	声音或图片
字符型(二进制)	C	同前述"字符型"相同,但是当代码页更改时字符值不变	保存在表中的用户口令,用于不同国家
备注型(二进制)	M	同前述"备注型"相同,但是当代码页更改时备注不变	用于不同国家的登录脚本

3.1.2　创建新表

一、在"表设计器"中创建表结构

下面,我们来建立一个新表(学生情况表)。选择菜单"文件/新建",在弹出的"新建"对话框中选择"表",然后选择"新建文件"按钮,在弹出的"创建"对话框中选择要存放的目录或文件夹,并输入表名(如:xs),就会弹出"表设计器"对话框,如图 3-1 所示。

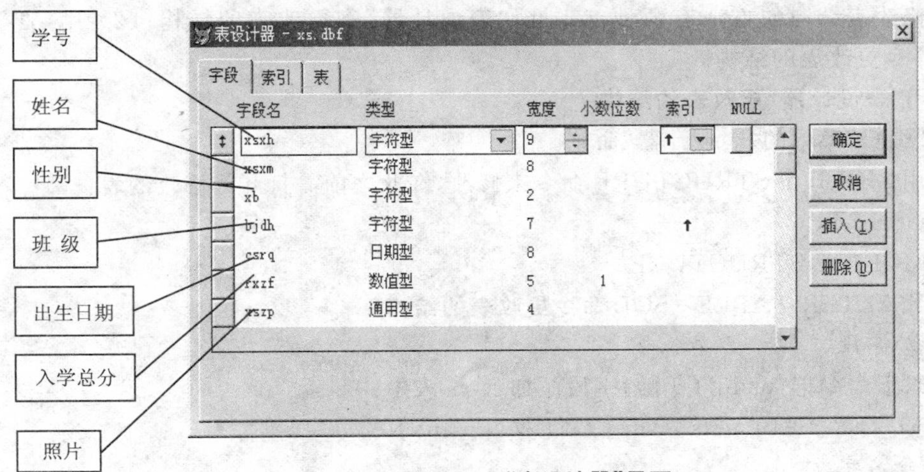

图 3-1　"表设计器"界面

选择“字段”选项卡,在“字段名”区域键入字段的名称;在“类型”区域,选择列表中的某一字段类型;在“宽度”区域,设置以字符为单位的列宽;如果“字段类型”是“数值型”或“浮点型”,设置“小数位”框中的小数点位数;如果希望为字段添加索引,请在“索引”列中选择一种排序方式。请按照图 3-1 定义“学生情况表”(XS)的字段,在以后我们将经常使用它。(说明:尽管 VFP 中可以用汉字来定义字段,但为了以后编程的方便,这里使用拼音缩写来定义字段。)

定义完字段后,按“确定”命令按钮后,VFP 会询问是否“现在输入数据?”,此时,可以选择“是”立即开始输入记录,或选择”否”待以后准备好所有记录后再打开表进行输入。

注意:这时命令窗口将会出现一条命令“CREAT”,这就是建立新表的 VFP 命令,将光标移至这一行,按回车,将再次弹出“表设计器”对话框。VFP 的大部分菜单操作都会将相应的命令显示在“命令”窗口中。

二、用 CREATE TABLE-SQL 命令创建表结构

CREATE TABLE-SQL 命令的一般格式为:

CREATE TABLE|DBF 表文件名(字段名 1 字段类型[(字段宽度[,小数位数])][,字段名 2 字段类型[(字段宽度[,小数位数])]]…)

其中字段类型必须用字母表示(字母表示见表 3-1)。

例如:学生表 STU2 结构的创建可使用如下命令

```
CREATE TABLE STU2(SNO C(6),SNAME C(8))
```

三、使用 NULL 值

在建新表时可以指定表字段是否接受 NULL 值。在“表设计器”的“字段”选项卡中选定或清除字段的 NULL 列。选定时该字段接受 NULL 值;反之则不接受。

或者,使用 CREATE TABLE 命令时使用 NULL(允许为空)和 NOT NULL(不允许为空)子句。例如:

```
CREATE TABLE STU2(SNO C(6) NOT NULL,SNAME C(8) NULL)
```

命令 SET NULL ON 也可控制字段中是否允许 NULL 值。

3.1.3　表结构的修改

建立表之后,还可能要添加、更改或删除字段的名称、宽度和数据类型等,即对表结构进行修改。修改表结构的方法有两种:(1) 用“表设计器”来更改表的结构;(2) 用 ALTER TABLE 命令更改表的结构。

一、用“表设计器”更改表的结构

执行“编辑”菜单的“表设计器”命令。

也可用 MODIFY STRUCTURE 命令来修改,在此之前需打开待修改的表:

```
USE STU
MODIFY STRUCTURE
```

二、用 ALTER TABLE-SQL 命令更改表的结构

1. 添加字段

可用以下命令把“nianl”(年龄)字段添加到 xs 表中:

```
ALTER TABLE xs ADD COLUMN nianl N(2)
```

2. 重命名字段

可用以下命令把“nianl”(年龄)字段改名为 nl:

ALTER TABLE xs RENAME COLUMN nianl TO nl

3. 删除字段

可用以下命令把“nl”(年龄)字段删除：

ALTER TABLE xs DROP COLUMN nl

4. 修改表的字段宽度

可用以下命令修改 XS 表姓名字段宽度，把其宽度改为 12：

ALTER TABLE XS ALTER xsxm C(12)

3.2　表记录的编辑修改

在建立了新表后就可以输入数据了，对于一张已存在数据的表，可以编辑修改数据。表中数据的编辑修改包括增加记录、修改记录和删除记录，还有查询记录。

3.2.1　记录的追加

表记录的输入可在表结构创建完成后立即进行，也可以后追加。

一、立即输入记录

当表结构创建完成后，出现“现在输入记录吗?”对话框，单击“是”按钮，出现记录编辑窗口(图 3-2)。一行为一个字段，横线把各个记录分开。

二、添加新记录

1. 浏览状态下记录的追加

若想在表中快速加入新记录，可以将“浏览”窗口设置为“追加”方式，方法是选择 “显示”菜单中的”追加方式”命令。在“追加”方式中，文件底部显示了一组空字段，可以在其中填入内容来建立新记录。每完成一条记录，在文件底端会出现一条新记录，此方式适于批量数据的录入。若只需添加一条记录，可以选择 “表”菜单中的“追加新记录”命令。

也可用 APPEND/APPEND BLANK 命令进行操作。

2. INSERT - SQL 命令追加记录

格式：

INSERT INTO 表名[(字段 1[,字段 2…])];
　VALUES(表达式 1[,表达式 2…])

说明：

[(字段 1[,字段 2…])——指定新记录的字段名列表，可为部分或全部字段，命令将向这些字段中插入字段值。如果省略，则指全部字段。

VALUES(表达式 1[,表达式 2…]——新插入记录的字段值。如果指定的字段名是部分字段，则括号中的字段值必须与指定的字段名的位置相一致；如果省略了字段名，则必须按照表结构定义字段的顺序指定字段值。

INSERT INTO xs(xsxh,xsxm) VALUES("040109","叶　林")

3. 从其他表中追加记录

使用命令 APPEND FROM，可以将其他表或其他类型文件中的数据追加到当前表中，VFP 支持的文件类型有：. dbf、. txt、. sdf、. xls、. wks、. db 等。

3.2.2　查看表的内容

一、“浏览”窗口

查看表内容的最快方法是使用“浏览”窗口。“浏览”窗口中显示的内容是由一系列可以滚动的行和列组成的。若要浏览一个表,则执行下面的步骤:

(1) 选择“文件”菜单中的“打开”命令,选定要查看的表名,则打开了选定的表。

(2) 选择“显示”菜单中的“浏览”命令,则打开了浏览窗口(见图 3-2)。

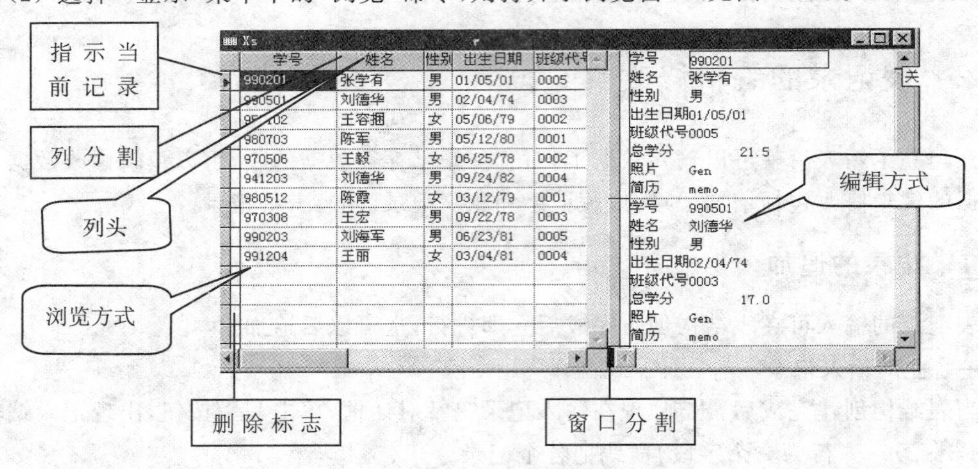

图 3-2　“学生情况”的浏览窗口

VFP 的浏览窗口功能非常强大,使用滚动条、箭头键和 Tab 键可以来回移动表,显示表中不同的字段和记录;拖动列头可以改变字段的显示顺序,但不影响字段在表结构中的顺序;拖动列头右边的分隔线可以改变字段的显示宽度,但不影响字段结构的长度;拖动窗口底部的分割条可以将窗口分为两部分以不同的方式显示(编辑方式或浏览方式);直接用鼠标单击删除标记区,能够给记录打上删除标记;通过菜单还可以对窗口进行更多的控制,当有表打开并在浏览窗口显示时,系统的“显示”菜单条自动增添了一些新的菜单项,并在菜单栏上出现一个“表”菜单条,对表和浏览窗口的有关操作都集中在这两个菜单条上。

二、BROWSE 命令

BROWSE 命令用来打开表的浏览窗口。它可以简单到只有 BROWSE 一个词,也可以复杂到具有几十个选项,用以定制浏览窗口的外观,控制记录的编辑和筛选浏览的记录、字段等。格式如下:

BROWSE [FIELDS 字段名 1,字段名 2…][FOR 条件表达式]

FIELDS 子句可以筛选字段,FOR 条件表达式可以筛选记录。举例如下:

```
Use xs                                        && 打开 xs 表
BROWSE                                        && 浏览表的所有内容
BROWSE TITLE "学生情况表"                     && 浏览表并定义浏览窗口的标题
BROWSE FIELD xsxh,xsxm,xb                     && 筛选字段
BROWSE FOR xb="女"                            && 筛选记录
BROWSE FIELD xsxh,xsxm,xb FOR xb="女"         && 筛选字段和记录
```

另外,可用显示命令 LIST/DISPLAY 显示表的内容。

格式如下：

LIST/DISPLAY [范围][FIELDS 表达式表][FOR 条件表达式];

[WHILE 条件表达式][TO PRINT] [OFF]

LIST 是连续显示，而 DISPLAY 则是分页显示。

LIST 和 LIST ALL 都是显示全部记录；而 DISPLAY 则是显示当前记录。

FIELDS 子句可以筛选指定的字段。

FOR 条件表达式可以筛选满足条件的记录。

范围有：

(1) “All”：表中的全部记录。

(2) “Next”：从当前记录开始的 n 个记录。

(3) “Record”：指定的一个记录。

(4) “Rest”：当前记录后的所有记录。

FOR 子句和 WHILE 子句在命令中都起着筛选记录的作用。

FOR 子句筛选的是指定范围内的全部记录（不管记录是否连续），而 WHILE 子句筛选的是从当前记录开始满足条件的连续的若干条记录，一旦有某条记录不符合条件，即使下面还有符合条件的记录也不在范围之内。

OFF 子句指不显示记录号列。

TO PRINT 子句指输出到打印机。

例如：LIST FIELD xsxh，xsxm，xb FOR xb＝"女"

3.2.3　记录的定位

一、记录指针标志

一个表文件被打开后，系统中自动生成 3 个控制标志：记录的开始标志、记录的指针标志和记录的结束标志。

当向表中输入记录时，VFP 按输入的顺序为每个记录指定了“记录号”。第一个输入的记录的记录号为 1，其余依次类推（图 3－3）

记录指针是 VFP 系统内部的一个指示器，指向表中的记录，刚打开文件时，记录指

记录的开始标志位于第一个记录之前，记录的结束标志是整个表记录结束的标志。记录的开始标志可用函数 BOF()进行测试，指针指向开始标志时，其值为. T.，反之为. F.。记录的结束标志可用函数 EOF()进行测试，指针指向结束标志时，其值为. T.，反之为. F.。

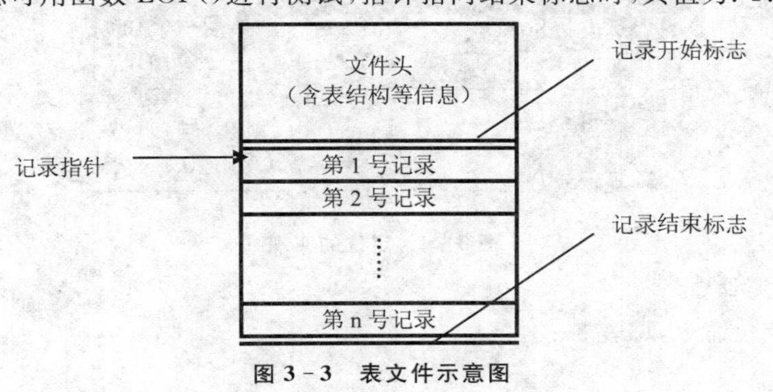

图 3－3　表文件示意图

表 3－2 是刚打开一张表时记录指针的情况：

表 3-2 刚打开表时记录指针的情况

表中记录情况	BOF()的值	RECNO()的值	EOF()的值
无记录	.T.	1	.T.
有记录	.F.	1	.F.

注意:记录指针的初始值总是 1,不可能为 0 或负数,其记录号的最大值是记录总数+1。

二、记录定位方式

记录指针的定位方式有:记录指针的绝对定位、相对定位和条件定位。

指针的绝对定位是指把指针移动到指定的位置。如第一个记录、最后一个记录或指定记录号的记录。

相对定位是指把指针从当前位置开始,相对当前记录向前或向后移动若干个记录位置。相对定位与定位前指针的位置有关。

条件定位是指按照一定的条件自动地在整张表或表的某个指定范围内查找符合该条件的记录。若找到符合条件的记录,则定位在该记录上;否则,指针将定位到整张表或表的指定范围的末尾。

三、定位的实现

1. 通过界面操作方式定位

在“表”菜单中的“转到记录”菜单项中可实现不同方式的定位(图 3-4)。

(1)“记录号…”:实现绝对定位。

(2)“定位…”:实现条件定位。需在“定位记录”对话框中输入查找范围、定位条件。再按“定位”按钮实现条件定位。

在“作用范围”下拉列表中选择范围。4 个选项为:

(1)“All”:表中的全部记录。

(2)“Next”:从当前记录开始的 n 个记录,具体个数在其右边的文本框中输入。

(3)“Record”:指定一个记录,记录号在其右边的文本框中输入。

(4)“Rest”:当前记录后的所有记录。

在“For”文本框中输入条件表达式。

例如:xsxh="040102"。

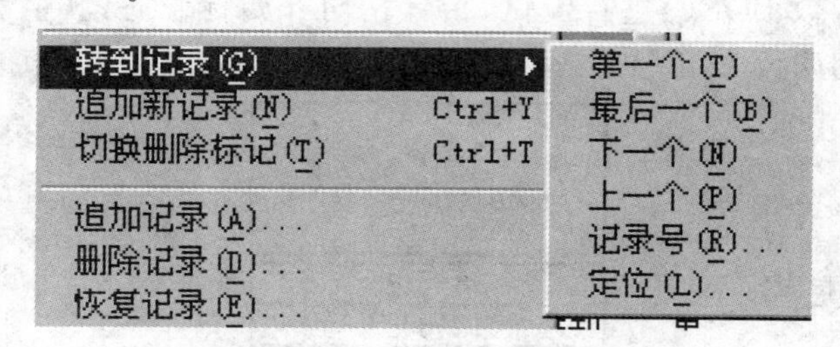

图 3-4 定位的实现

2. 用命令定位

(1)绝对定位命令,见表 3-3。

表 3-3　绝对定位命令

命　　令	功　能　说　明
GO [RECORD]n 或 GOTO [RECORD]n 或 n	定位到记录号为 n 的记录
GO TOP 或 GOTO TOP	定位到第一个记录
GO BOTTOM 或 GOTO BOTTOM	定位到最后一个记录

```
GO 9                  && 定位到 9 号记录
GO BOTTOM             && 定位到最后一个记录，这里的 xs 表就是 104 号
```

(2) 相对定位命令

语法：

SKIP [nRecords]

参数：

[nRecords]：指定记录指针需要移动的记录数。如果 nRecords>0，记录指针将向文件尾移动 nRecords 个记录；如果 nRecords<0，记录指针将向文件头移动 nRecords 个记录；如果 nRecords 省略，则等价于 SKIP 1。

说明：

① 如果从第一个记录向上移动一个记录，指针将指向记录开始标志，BOF()函数为. T.，RECNO()函数返回值为 1。如果再执行 SKIP -1 命令，系统将显示出错信息：已到文件头。此时，记录指针仍然指向记录开始标志。

② 如果从最后一个记录向下移动一个记录，指针将指向记录结束标志，EOF()函数为. T.，RECNO()函数返回值为记录总数+1。如果再执行 SKIP 命令，系统将显示出错信息：已到文件尾。此时，记录指针仍然指向记录结束标志。

③ 如果表有一个主控索引或索引文件，SKIP 命令将使记录指针移动到索引顺序决定的记录上。

例如：xs 表有 104 条记录。在 1 号记录前 BOF()为. T.，其他为. F. 在 104 号记录后 EOF()为. T.，其他为. F.。

```
USE xs                && 打开 xs 表，此时当前记录为 1 号
GO 1
? BOF()               && 返回值为. F.
SKIP -1               && 上移一条记录
? BOF()               && 返回值为. T.
GO 104
? EOF()               && 返回值为. F.
SKIP +1               && 下移一条记录
? EOF()               && 返回值为. T.
```

3.2.4 修改记录

一、在“浏览”窗口中编辑修改记录

若要改变“字符型”字段、“数值型”字段、“逻辑型”字段、“日期型”字段、“日期时间型”字段

中的信息,可以把光标移到字段中并编辑信息,或者选定整个字段并键入新的信息(图 3-2)。

若要编辑“备注型”字段,可以在“浏览”窗口中双击该字段或按下 Ctrl＋PgDn、Ctrl＋PgUp 或 Ctrl＋Home 键。这时会打开一个“编辑”窗口,可在其中修改、添加“备注型”字段的内容。

若要输入空值(.NULL.),可以在该字段按下 Ctrl＋0。

也可用 EDIT 和 CHANGE 命令打开编辑窗口,在编辑窗口中进行修改,用 BROWSE 命令打开浏览窗口,在浏览窗口中修改。

二、批量记录的修改

当进入新的一年时,每个在职职工的工龄都必须加 1。这就要进行批量记录的修改(如手工逐个去做,则效率不高、不可取)。以下以教师表为例来批量修改工龄。

1. 界面方式的批量修改

使用“表”菜单的“替换字段…”项,打开“替换字段”对话框(图 3-5),在“字段”下拉列表中指定当前表的哪个字段的值需要替换,在“With”右边的文本框中输入一个表达式或常量,用以替换上述所选字段。另可在对话框的下半部分指定范围与条件。

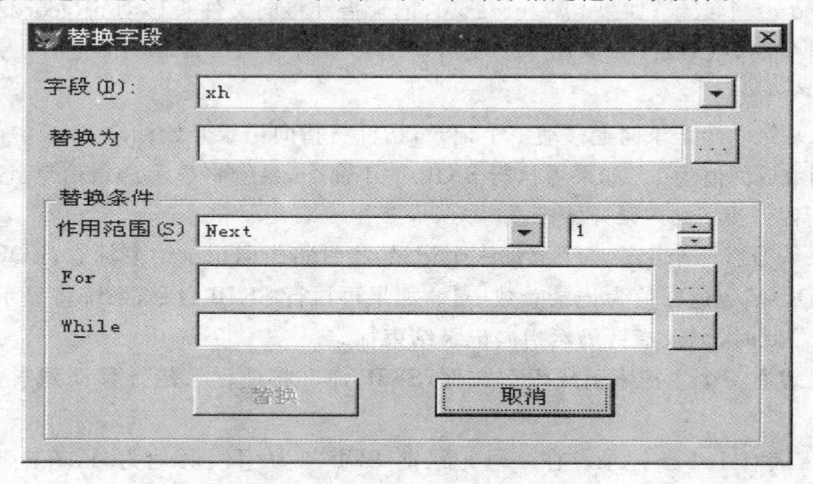

图 3-5 “替换字段”对话框

2. 使用命令批量修改

批量修改记录值的命令有两个:REPLACE 命令和 UPDATE-SQL 命令。

它们都能对表中多个字段、多个记录批量地自动修改,且适用于编程方式。UPDATE-SQL 命令更简练、快捷。

例如,要把 js 表中所有工龄不满 45 的教师的工龄加 1 命令是:

```
UPDATE js SET gl＝gl＋1 WHERE gl＜45
```

说明:

用 UPDATE-SQL 命令更新表时,被更新的表不必事先打开。

而用 REPLACE 命令来完成:

```
USE js
REPLACE  gl WITH gl＋1 FOR gl＜45
```

说明:

用 REPLACE 命令更新表时,被更新的表必须打开。

3.2.5　删除记录

在 VFP 中，删除表中的记录共有两个步骤：标记要删除的记录（逻辑删除）和彻底删除带删除标记（物理删除）的记录。

一、界面方式

首先是在“浏览”窗口中单击每个要删除记录左边的删除标记区，标记要删除的记录。（此时，小方框变黑；如想恢复，单击小方框即可）被标记过的记录并未从磁盘上消失，要想真正删除记录，应选择 “表”菜单中的“彻底删除”命令，这个过程将删除所有标记过的记录，并关闭“浏览”窗口（图 3－2）。

二、命令方式

1. 标记要删除的记录（DELE－SQL 命令及 DELE 命令）

(1) DELE－SQL 命令的语法：

DELETE FROM 表名[WHERE 条件表达式]

说明：

FROM 表名——指定要删除记录的表。

WHERE 条件表达式——指定只给满足条件的记录做删除标记。

```
DELETE FROM xs WHERE left(xsxh,2)="04"    && 逻辑删除“04”年级所有学生
```

(2) DELE 命令的语法：

DELETE [范围] [FOR 条件表达式] [WHILE 条件表达式]

例如：

```
DELE FOR xb="男"                 && 逻辑删除所有男生
```

2. 彻底删除记录（PACK 命令及 ZAP 命令）

(1) PACK 命令：彻底删除带有删除标记的记录，并重新构造表中余下的记录。

(2) ZAP 命令：彻底删除一张表中的所有记录，只留下表结构。

3. 恢复带删除标记的记录（RECALL 命令）

可以使用 RECALL 命令恢复带删除标记的记录。

语法：

RECALL [范围][FOR 条件表达式 1][WHILE 条件表达式 2]

例如：

```
RECALL                 && 恢复当前记录
RECALL ALL             && 恢复所有记录
RECALL FOR xb="男"     && 恢复所有性别为“男”的记录
```

4. 对带有删除标记记录的访问

(1) 测试记录的删除标记

可以使用 DELETE()函数测试当前表的当前记录是否带有删除标记，如果函数返回值为.T.，说明记录带有删除标记。如为.F.，则不带有删除标记。

(2) 控制对带有删除标记记录的访问

可以使用 SET DELETED 来指定 VFP 是否处理带有删除标记记录，以及其他命令是否可以操作它们。

语法：

SET DELETED ON|OFF

说明：

ON——忽略带有删除标记的记录。

OFF——允许访问带有删除标记的记录(默认值)。

3.2.6 筛选记录

筛选记录是指从表中选出满足指定条件的记录来进行浏览或进行其他操作，不满足条件的记录则被“隐藏”起来。

一、界面方式筛选记录

在“表”菜单项中选择“属性”，在“工作区属性”对话框(图 3-6)中的“数据过滤器”文本框中输入筛选条件表达式。或者单击“数据过滤器”文本框右边的“…”按钮，打开“表达式生成器”对话框，输入一个表达式，再单击“确定”按钮。再浏览表时，就只显示经筛选表达式筛选过的记录了。

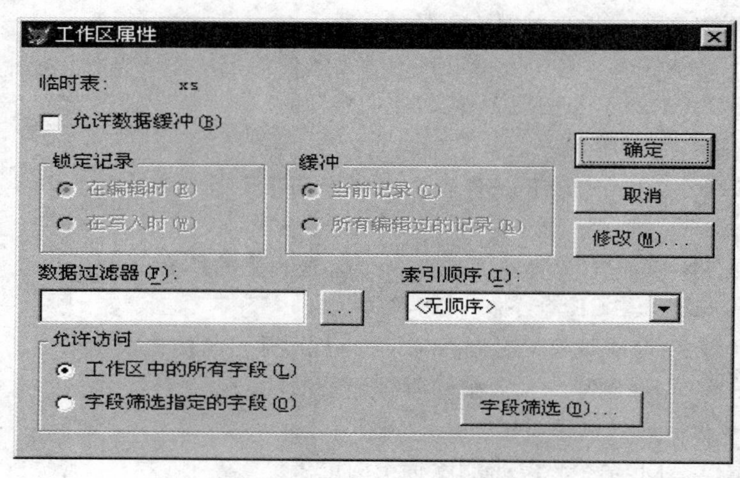

图 3-6 “工作区属性”对话框

二、用命令筛选记录

可以使用如下命令实现与界面操作相同的功能：

SET FILTER TO 条件表达式

例如，筛选出所有的男教师：

SET FILTER TO XB="男"

如要去掉筛选条件，则执行以下命令：

SET FILTER TO

此外，许多包含 FOR 子句的命令在执行时进行临时性记录筛选。

特别注意：对 SELECT-SQL、DELETE-SQL 和 UPDATE-SQL 命令所作用的表，使用 SET FILTER TO 命令设置的过滤器不会限制这 3 个命令对表中记录的访问。

3.2.7 筛选字段

筛选字段是选取表的部分列。在“工作区属性”对话框中的“允许访问”框内选中“字段筛选指定的字段”单选按钮(图 3-5),单击“字段筛选…”按钮,在“字段选择器”对话框中选定所需的字段。

另外,可以使用如下命令实现与界面操作相同的功能:

SET FIELDS TO [字段名表/ALL]

如清除字段表则可以用以下命令:

CLEAR FIELDS

3.3　表的使用

VFP6.0 在使用一张表时,首先必须把表打开(从磁盘调入内存),一个打开的表必须占用一个工作区。在实际应用中,经常需要同时打开多个表,这就要使用到工作区。

3.3.1　工作区

1. 基本概念

VFP 有 32767 个工作区,当 VFP 刚启动完后,工作区 1 被自动选中。“SELECT *nWorkArea* | *cTableAlias*”命令可用来选择工作区。所谓工作区是指用以标识一张打开的表的区域。每个工作区有一个编号,在工作区中打开的表都有一个别名。

一个工作区在某一时刻只能打开一张表。如你在一个工作区中已经打开一张表,再在此工作区中打开另一张表时,前一张表将自动被关闭。但可以同时在多个工作区中打开多张表。一张表也可以在多个工作区中多次被打开。

2. 表的别名

① 在工作区中打开表时,可以为该工作区赋予一个自打印的表别名。命令为:

USE 表文件名 ALIAS 别名

比如,打开 STU 表,并取别名“student”的命令为:

USE STU ALIAS student

② 如果打开表时没有自定义别名,则系统默认以表文件名本身作为别名。

③ 如果再次打开同一个表时没有自定义别名,则系统默认以字母作为别名。1～10 号工作区别名为:A～J;11 号以后为 W11、W12…

例如:SELE B

USE STU AGAIN

则别名为 B。

我们可以用 SELECT(“[别名]”)函数可以测试指定表的别名的工作区号。可以用 ALIAS([工作区号])函数可以取得指定工作区的表的别名。

3. 当前工作区

VFP 正在使用的工作区称为当前工作区。

若要使用表(浏览、编辑等),必须先打开表,并保证其所在的工作区被选中。为了加深对工作区的理解,可以选择菜单“窗口/数据工作期”或在命令窗口中输入“SET”命令,打开“数据工作期”对话框,如图 3-6。

在“别名”列表框中将看到刚才打开的“学生情况”表,单击“打开”按钮,再打开一个表(如:位于安装 VFP 的目录中的 SAMPLES\DATA 子目录下的例表 cj),请注意命令窗口中的相应命令“USE c:\vfp\samples\data\cj.dbf IN 0 EXCLUSIVE”,其中 USE 是打开表的命令字;c:\vfp\samples\data\cj.dbf 是要打开的表名;IN 0 表示在还没有表的下一个工作区内打开表。若无此选项,则在当前工作区内打开表,如果次工作区内已有表,将会被关闭;EXCLUSIVE(或 SHARED)表示表的打开方式为独占(或共享)(下一节会详细介绍)。此时,cj 表所在的工作区并没有被选中,用鼠标单击列表框中的“cj”便可选中其所在工作区,相应的命令为“SELECT 2”。

3.3.2 打开和关闭表

当一张表的表结构刚刚创建完时,该表处于打开状态。打开的表可以被关闭。被关闭的表必须再次被打开后才能访问其中的数据。

一、表的打开

1. 通过界面操作

(1) 使用“文件”菜单中的“打开”命令或单击工具条上的“打开”按钮。

(2) 在“数据工作期”窗口中单击“打开”按钮(图 3-7),在“打开”窗口中选择一张表,并将其打开。

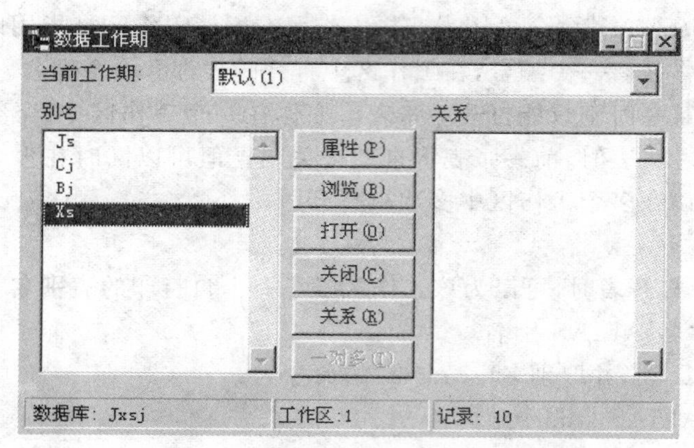

图 3-7 “数据工作期”对话框

(3) 用 USE ? 命令打开“使用”窗口,在该窗口中选择一张表,并将其打开。

注意:“使用”与“打开”窗口相似,不同处在于,“使用”窗口中打开的表占用当前工作区,而“打开”窗口则是选用一个未被使用的工作区打开表。

2. 使用命令

可以使用如下命令在当前工作区中打开一张表。

USE 表文件名

如果要在一个未被使用的区号最小的工作区中打开一张表,则可使用命令:

SELECT 0

USE 表文件名

或

USE 表文件名 IN 0

说明:除非是 SQL 命令,否则不能直接访问未打开的表中的数据。SQL 命令能够自动打开所操作的表。

3. 多次打开一张表

一张表可以在多个工作区中被多次打开。再次打开同一张表时，必须在USE命令后面加上AGAIN子句。例如：

```
USE STU
SELECT 0
USE STU AGAIN
```

二、表的关闭

在一个工作区中已打开了一张表，当在此工作区中再次打开另一张表时，先前的表将自动被关闭。用户可通过界面操作或命令方式关闭已打开的表。

1. 通过界面操作

在“数据工作期”窗口中先选中一张表的别名，单击“关闭”按钮即可。

2. 使用命令关闭

(1) 关闭当前工作区中的表的命令为：

```
USE
```

(2) 关闭非当前工作区中的表的命令为：

```
USE IN 别名|工作区
```

或者

```
SELECT 别名|工作区
USE
```

(3) 关闭所有工作区中的表的命令为：

CLOSE ALL(关闭所有表及项目窗口)

或者

CLOSE DATABaseS(关闭所有自由表或当前数据库表)

或者

CLOSE TABLES (关闭所有自由表或当前数据库表)

CLOSE TABLES ALL(关闭所有表但不关闭项目窗口)

(4) 退出VFP系统时，所有的表都将关闭。

3.3.3　表的独占与共享使用

一张表可以同时被多个用户打开，称为表的共享使用。反之，一张表只能被一个用户打开时，称为表的独占使用。

一、设置独占与共享打开表的默认状态

VFP在默认状态下以独占方式加载。如没有指定以何种方式打开一张表，则系统以默认的方式打开。

系统的默认打开方式可以通过“工具”菜单中的“选项…”命令进行设置。也可使用SET EXCLUSIVE命令来设置：

```
SET EXCLUSIVE OFF          && 设置默认打开方式为“共享”
SET EXCLUSIVE ON           && 设置默认打开方式为“独占”
```

二、强行以一种方式打开表

可以用显式指定的独占或共享方式打开一张表。

在“打开”窗口的右上角有“独占”复选框,打“√”表示独占,否则,表示共享。

在使用命令打开表时,可以加子句“SHARED”(共享)或“EXCLUSIVE”(独占)指定打开方式。例如,以共享方式打开学生表的命令是:

```
USE xs SHARED
```

注意:改变 SET EXCLUSIVE 的设置并不能改变已经打开的表的状态。一张表同时被多次打开时,仅以第一次的打开方式为准。如果第一次是以独占方式打开一张表,则在另一个工作区中再次打开该表时,即使指定是共享方式,系统仍将以独占方式打开。

3.3.4 利用缓冲访问表中的数据

一、数据缓冲

数据缓冲是 VFP 在多用户环境下,用以保护对表记录所做的数据更新及数据维护操作的一种技术。它为启用数据缓冲的表在内存中开辟一个缓冲区,对表的一个或多个记录的修改可以先保存在缓冲区中,用户可以决定是否将缓冲区中的数据更新表文件。

在更新表文件时,缓冲区自动测试、锁定以及解锁记录或表。一旦启用缓冲,则在它被废止或表被关闭之前一直保持有效。

二、数据缓冲的类型

缓冲的类型有两种:记录缓冲和表缓冲。

1. 记录缓冲

也称行缓冲,仅对表的一个记录开设缓冲区,当记录指针移动时或关闭表时,缓冲区将自动更新表中相应的记录。如一次只对一个记录进行访问、修改或写操作,应选择记录缓冲。

2. 表缓冲

对整张表实施缓冲,仅当发出更新表的命令或关闭表时更新表。如要对多个记录的更新使用缓冲,应选择表缓冲。

VFP 以两种方式提供缓冲:保守式和开放式。

(1) 保守式缓冲。在多用户环境中防止一个用户访问另一个用户正在修改的记录或表。它为修改记录提供了最安全的环境,但会减慢使用者的操作。

(2) 开放式缓冲。这是一种高效的更新记录的方式。在这种方式下,记录只在被写入时加锁,减少了单个用户独占系统的时间。当对远程表使用记录或表缓冲时 VFP 强制执行开放式锁定。

三、设置表的数据缓冲

表有 4 种数据缓冲方式:保守式行缓冲、开放式行缓冲、保守式表缓冲和开放式表缓冲。另一种情况就是不设置缓冲。

1. 通过界面方式设置表的数据缓冲

在界面操作方式下,是在“工作区属性”对话框中进行设置的。先选中“允许数据缓冲”复选框,然后在“锁定记录”区域中选定锁定方式,在“缓冲”区域中选择缓冲类型。

2. 使用 CURSORTSETPROP()函数设置数据缓冲

格式:

```
CURSORTSETPROP('Buffering',缓冲类型值,[工作区|别名])
```

缓冲类型值及对应的缓冲方式如下:

1 表示无缓冲(默认值),2 表示保守式行缓冲,3 表示开放式行缓冲,4 表示保守式表缓冲,5表示开放式表缓冲。除了方式1以外,SET MULTILOCKS 必须为 ON。

为 xs 表设置保守式表缓冲:

```
SET MULTILOCKS ON
USE stu
=CURSORTSETPROP('Buffering',4)
```

四、检测缓冲区数据是否与数据源表一致

1. CURVAL()函数和 OLDVAL()函数

CURVAL()函数从键盘上的表或远程数据源中直接返回字段值。OLDVAL()函数返回字段的初始值,该字段已被修改但还未更新。两个函数返回的字段值可以进行比较,以决定编辑字段时,网络中的其他用户是否改变了字段值。

当激活表示开放式行缓冲或表缓冲时,CURVAL()和 OLDVAL()函数必须返回不同的值。

2. GETFLDSTATE()函数

返回一个数值,标明表或临时表中的字段是否已被编辑,是否有追加的记录或者指明当前记录的删除状态是否已更改。

五、执行和放弃对缓冲数据的修改

1. TABLEEUPDATE()

用 TABLEUPDATE()函数执行对缓冲行、缓冲表或临时表的修改。该函数的返回值类型为逻辑型。

2. TABLEREVERT()

TABLEREVERT()函数放弃对缓冲行、缓冲表或临时表的修改。该函数返回值类型为数值型,表示放弃修改的记录数目。

3.4　表的索引

对于已经建好的表,可以利用索引对其中的数据进行排序,以便加快检索数据的速度。可以用索引快速显示、查询或者打印记录。还可以选择记录,控制重复字段值的输入并支持表间的关系操作。

VFP 中 的索引和我们所用的书中的目录类似。书中的目录是一份页码的列表,指向各章节所在的页号;表索引是一个记录号的列表,它指向待处理的记录,并确定了记录的处理顺序。

3.4.1　索引文件的种类

VFP 有两种不同类型的索引文件:复合索引文件和独立索引文件。复合索引文件又分结构复合索引文件和非结构复合索引文件两种。最普通、最重要的索引文件是结构复合索引文件,其他的两种索引文件则较少用到。

一、复合索引文件(Compound Index File)

复合索引文件以".cdx"为扩展名,可以把表的多个索引存储在复合索引文件中。复合索引文件又分为两种。

1. 结构复合索引文件(Structural Compound Index File)

结构复合索引文件与对应的表文件的主文件名相同,在创建时由系统自动给定。它与表文件同步打开、更新和关闭。故而可以把其看做是表结构的一部分。

2. 非结构复合索引文件(Non - structural Compound Index File)

非结构复合索引文件名由用户给出。打开表时,所对应的非结构复合索引文件不自动打开,必须用打开索引文件的命令将其打开,非结构复合索引文件才能起作用。

如果想创建多个索引,但又不想在每次打开表时维护它们,以减轻应用程序的负担,则非结构复合索引较有用。非结构复合索引文件中不能创建主索引。

二、独立索引文件(Independent Index File)

独立索引文件是只存储一个索引的文件,一般作为临时索引文件。其扩展名为".idx",其好处是查找速度快。

独立索引与非结构复合索引一样也不会随表的打开而自动打开,在需要它们时可以再创建或重建索引。

索引并不改变表中所存储记录的顺序,它只改变了 VFP 读取每条记录的顺序。可以为一个表建立多个索引,每一索引代表一种处理记录的顺序。索引保存在一个复合结构索引文件中,在使用表时,该文件被打开并更新。复合结构索引文件名与相关的表同名,并具有.CDX扩展名。

三、索引的类型

由于建立索引的方法很简单,可能想为每个字段建立一个索引。但是,不常用的索引会降低程序的执行速度,所以应该只给那些经常使用的字段建立索引。在 VFP 中可以建立以下 4 种类型的索引:

1. 主索引

可确保字段中输入值的唯一性,若在添加记录或修改索引字段时出现了索引字段值,VFP 将给出警告并不予接受。如果在建立该索引时,表中已经有不唯一的记录存在,那将无法建立这样的索引。

2. 候选索引

与主索引类似,也保证表中索引值的记录是唯一的。因为一个表只能建立一个主索引,所以当要建立多个不允许有索引重复值的索引时,可以作为候选索引,同一个表允许建立多个候选索引。

3. 普通索引

允许表中有重复索引值的记录。

4. 唯一索引

允许表中索引值的记录不唯一,但只有第一个有相同索引关键字值的记录有效。这是为兼容旧版本而保留的一种形式。

3.4.2　索引文件的创建

一、用"表设计器"创建结构复合索引文件

打开"学生情况"表,并保证其所在工作区被选中,选择菜单"表/表设计器",打开"表设计器"对话框。在"字段"选项卡中,将光标移至"xh"字段,用鼠标单击"索引"下的下拉列表框,选择"升序"或"降序"项,再将光标移至"bjdh"字段,重复以上操作。在"索引"选项卡中,可以看到已建立的两个索引。单击"排序"下的按钮，选择你喜欢的排序方式。按"确定"按钮退出"表设计器"对话框。

二、用 INDEX 命令创建

语法一(创建结构复合索引文件)：

INDEX ON 索引表达式 TAG 索引标识名
[FOR 条件表达式][ASCENDING|DESCENDING]
[UNIQUE|CANDIDATE]

参数：

ON 索引表达式——创建一个关键字段表达式。

TAG 索引标识名——指定索引的标识名。

FOR 条件表达式——指定参加索引的表中记录的条件表达式，默认为所有记录参加索引。

ASCENDING| DESCENDING——指定索引按升序(ASCENDING)或降序(DESCENDING)排列。默认按升序排序。

UNIQUE——指定将索引关键字字段值相同者中的第一个索引加在索引文件中。

CANDIDATE——创建候选索引标识。

例如，以 xs 表的 xh 字段作为关键字段，为 xs 表创建结构复合索引的命令为：

INDEX ON xh TAG xh

语法二(创建非结构复合索引文件)：

INDEX ON 索引表达式 TAG 索引标识名 OF 索引文件名
[FOR 条件表达式][ASCENDING|DESCENDING]
[UNIQUE|CANDIDATE]

语法三(创建独立索引文件)：

INDEX ON 索引表达式 TO 索引文件名

三、应注意的问题

(1) 不要建立无用的索引，多余的索引将降低系统的性能。

(2) 不能对备注型字段建立索引。

3.4.3　索引的修改和删除

为提高系统的效率，需要及时清理无用的索引标识。

一、索引的修改

1. 用"表设计器"修改索引

对于已建立的结构复合索引文件，可以在"表设计器"的"索引"选项卡中修改索引的标识名、类型及表达式等(见图 3-8)。

2. 用命令修改索引

如果不修改索引标识，可以再使用 INDEX 命令建立同标识名的索引，当系统提示"标识已存在，改写吗?"时，选择"是"即可把原索引覆盖。

二、索引的删除

删除的方法有两种：

(1) 在"表设计器"中，利用"索引"选项卡来选择并删除索引标识(图 3-8)；

(2) 用命令 DELETE TAG 删除索引标识。

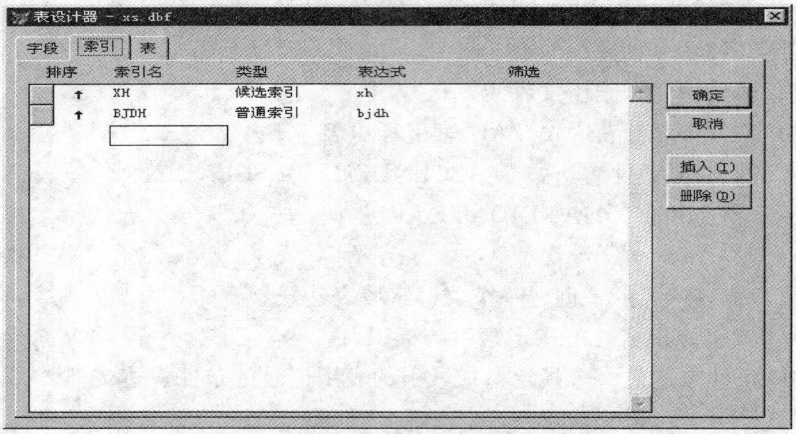

图 3-8　"索引"选项卡

3.4.4　索引的使用

一、设置主控索引

一张打开的表可以同时打开多个索引文件(独立或复合的),但要决定显示或访问表中记录的顺序,需要设置一个索引作为主控索引。它可以是一个独立索引(.idx)文件,也可以是复合索引(.cdx)文件中的一个标识(主控标识)。

在复合索引的多个索引中,在某一个时刻只有一个索引对表起作用,该索引标识称为主控索引标识。

结构复合索引文件是随表的打开而自动打开的,但复合索引中的任何一个索引都不会被自动设置为主控标识,此时,表中的记录仍按记录的物理顺序显示和访问。除非在打开表时指定某一索引标识为主控标识,或者在表打开后,再用其他命令设置主控索引。

1. 打开表的同时指定主控索引

(1) 指定复合索引文件的主控标识。命令格式如下:

USE 表文件名 ORDER [TAG]标识名[OF cdx 文件名]

(2) 指定独立索引文件为主控索引文件。命令格式如下:

USE 表文件名 ORDER idx 文件名

(3) 按照索引编号指定主控索引。命令格式如下:

USE 表文件名 ORDER 索引编号

说明:索引编号的方式是,先编号.idx 索引文件;然后对结构复合索引文件中的标识编号;最后对任何非结构复合索引文件的标识按其创建顺序编号。

2. 打开表后再设置主控索引

在界面方式下,在"数据工作期"窗口中,单击"属性"按钮,打开"工作区属性"窗口,在"索引顺序"下拉列表中指定主控索引。

也可以用如下命令设置主控索引:

SET ORDER TO [索引编号|idx 文件| [TAG] TAG 名 [Ofcdx 文件]
　　[IN 工作区|别名] [ASCENDING|DESCENDING]

注意:如果发出 SET ORDER TO 0 命令,则所有索引文件仍保持打开。但是,表中所有记录的显示和

访问顺序是记录号顺序而不是索引顺序。SET ORDER TO 命令与 SET ORDER TO 0 命令完全一样。如果索引编号大于所有索引文件的索引标识数,则 VFP 显示出错。

二、有关索引的常用函数

(1) CDX(1)和 NDX(1)函数

返回打开的结构复合索引文件件名或独立索引文件名(含路径)

(2) ORDER()和 SYS(22)函数

返回主控索引标识或独立索引标识。

(3) TAG()函数

返回复合索引文件中的索引标识名。

三、快速定位记录

表建立了索引后,可以使用 FIND、SEEK 命令或 SEEK()函数来进行定位。

(1) FIND 命令

FIND 命令在一张表中利用主控索引或指定索引搜索首次出现的一个记录,这个记录的索引关键字必须与指定的表达式相匹配。

一般格式:FIND 字符串

说明:FIND 只能在索引过的表中使用,并且只能搜索索引关键字;如找不到相匹配的关键字,则 RECNO()将返回表中记录个数+1,FOUND()返回.F.,EOF()返回.T.。

字符串可以不加引号。

(2) SEEK 命令

SEEK 命令在一张表中利用主控索引或指定索引搜索首次出现的一个记录,这个记录的索引关键字必须与指定的表达式相匹配。

一般格式:SEEK 表达式

说明:SEEK 只能在索引过的表中使用,并且只能搜索索引关键字。如找不到相匹配的关键字,则 RECNO()将返回表中记录个数+1,FOUND()返回.F.,EOF()返回.T.。

字符串一定要加引号。

例如:查询 xs 表中"李小林"的情况。

```
USE XS
SET ORDER TO XM              && 设置主控索引为按 xsxm(姓名)建立的索引
SEEK "李小林"
DISP
```

也可以用 FIND 查询

```
FIND "李小林"      或 FIND 李小林
DISP
```

结果为:显示 "李小林"的情况。

如果

```
SET ORDER TO XH              && 设置主控索引为按 xsxh(学号)建立的索引
SEEK "李小林"
DISP
```

则不能显示“李小林”的情况。而是显示“未找到”,尽管“李小林”是存在的。因为这里主控索引错了。

(3) SEEK()函数

SEEK()函数的功能等价于先执行 SEEK 命令,再执行 FOUND()函数。

```
SET ORDER TO XH              && 设置主控索引为按 xsxh(学号)建立的索引
? SEEK("李小林")
   .T.                       && 返回值为.T.
```

另外,还可以利用索引建立表与表之间的永久关系和临时关系。

3.5 建立表之间的临时关系

3.5.1 临时关系

临时关系(Temporary Relationship)是指在打开的表之间用 SET RELATION 命令建立起来的临时性关联。建立了临时关系后,就会使得某一张表(子表)的记录指针自动随另一张表(父表)的记录指针移动而移动。这样,当在关系主表中选择一个记录时,允许自动访问关系中子表的相关记录。

3.5.2 临时关系的建立

建立临时关系的两张表需符合一对一或一对多关系,并且子表必须按照与主表相关联的字段建立索引。

建立临时关系要明确的几个要素是:主表、子表、子表的主控索引以及主表的关系表达式。可通过"数据工作期"窗口或者使用命令来创建表之间的临时关系。

一、在"数据工作期"窗口中建立临时关系

下面的操作建立 xs 表与 cj 表之间的临时关系。

先在"数据工作期"窗口(图 3-9)中打开 xs 和 cj 两张表,cj 表必须已经按学号字段创建索引。选定主表 xs,然后单击"关系"按钮,再选择子表 cj。此时,如果子表没有设置主控索引,将会出现"设置主索引"对话框(说明:对话框标题应为"设置主控索引",软件汉化有问题),在该对话框中选择 cj 索引,单击"确定"按钮,否则,选定索引(图 3-10),出现"表达式生成器"对话框(图 3-11),在其中建立创建关系的表达式,通常是子表主控索引的索引表达式,在这里是 xh。最后单击"确定"按钮,这样,就建立了临时关系。在"数据工作期"对话框中的关系列表中可看到两张表之间的临时关系连线。

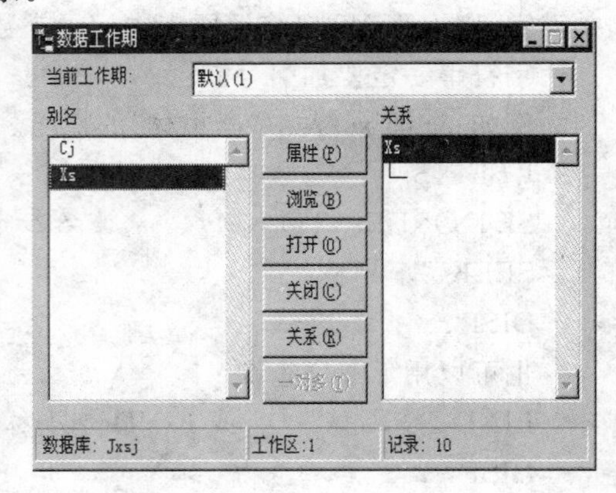

图 3-9 "数据工作期"窗口

二、用 SET RELATION 命令建立临时关系

格式:

SET RELATION TO 关系表达式 INTO 区号|别名

说明:

关系表达式——建立临时关系的关系表达式，通常是子表的主控索引表达式。

区号|别名——指子表所在的工作区区号或别名。

一般步骤如下：

(1) 分别在两个工作区中打开要建立临时关系的表。

(2) 设置子表的主控索引(可在打开子表的同时设置)。

(3) 确定关系表达式。

(4) 选择主表工作区，并且用 SET RELATION TO 命令建立临时关系。

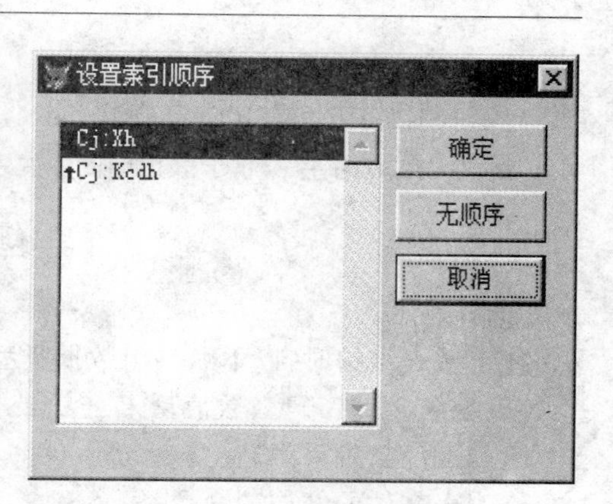

图 3－10　设置索引顺序

下面的一组命令等价于前面的界面操作：

```
SELECT 0
USE cj ORDER TAG xh              && 打开子表并设置主控索引
SELECT 0
USE xs                           && 打开主表
SET RELATION TO xh INTO cj       && 建立临时关系
```

3.5.3　解除临时关系

如要解除临时关系，只需要在"数据工作期"窗口的关系列表中双击要关闭的关系连线，打开"表达式生成器"对话框(图 3－11)。

然后删除表达式，单击"确定"即可。

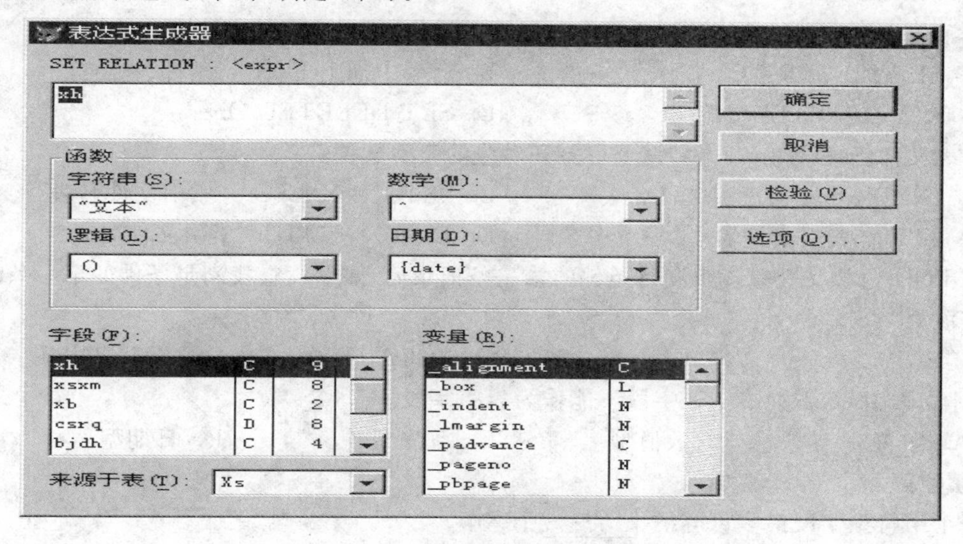

图 3－11　"表达式生成器"对话框

也可用以下命令解除临时关系：

SET RELATION OFF　INTO [子表名]

或者

```
SELECT xs
SET RELATION TO      && 解除所有与主表的临时关系
```

另外,在关闭主表或子表时,临时关系即被自动解除。

练 习 题

一、选择题

1. 在定义表结构时,以下哪一组数据类型的字段的宽度都是固定的______。
   A. 字符型、货币型、数值型　　B. 字符型、备注型、二进制备注型
   C. 数值型、货币型、整型　　D. 整型、日期型、日期时间型
2. 修改表文件的结构的命令是______。
   A. MODIFY STRUCTURE　　B. COPY STRUCTURE
   C. MODIFY COMMAND　　D. BROWSE
3. 在表的浏览窗口中,要在一个允许 NULL 值的字段中输入.NULL.值的方法是______。
   A. 直接输入"NULL"的各个字母　　B. 按[CTRL+0]组合键
   C. 按[CTRL+N]组合键　　D. 按[CTRL+L]组合键
4. 打开一个空表,分别用函数 EOF()和 BOF()测试,其结果一定是______。
   A. .T.和.T.　　B. .F.和.F.
   C. .T.和.F.　　D. .F.和.T.
5. 若要删除当前表中某些记录,应先后使用的两条命令是______。
   A. DELETE—ZAP　　B. DELETE—PACK
   C. ZAP—PACK　　D. DELETE—RECALL
6. 为了选用一个未被使用的编号最小的工作区,可使用的命令是______。
   A. SELECT 1　　B. SELECT 0　　C. SELECT(0)　　D. SELECT -1
7. 为了使表中带删除标记的记录不参与以后的操作,可以实现的方法有______。
   A. SET FILTER TO　　B. 命令中加上 FOR <条件>
   C. SET DELETED OFF　　D. SET DELETED ON
8. 当表文件已打开,用______命令可打开对应的索引文件。
   A. INDEX ON <索引文件名表>　　B. SET INDEX TO <索引文件名表>
   C. USE <索引文件名表>　　D. INDEX WITH <索引文件名表>
9. 用 LOCATE 命令查找出满足条件的第一条记录后,要继续查找满足条件的下一条记录,应该用______命令。
   A. SKIP　　B. GO　　C. LOCATE　　D. CONTINUE
10. 建立索引时,下列______字段不能作为索引字段。
   A. 字符型　　B. 数值型　　C. 备注型　　D. 日期型

二、填空题

1. 一个字符型字段最多可容纳________个字节。
2. 要从 XS 表中删除"BJ"字段的命令是________。
3. 如果从第一条记录向上移动一个记录,BOF()函数将返回________,RECNO()函数的返回值为________。
4. 如果表有一个主控索引或索引文件,SKIP 命令将使记录指针移动到________的记录上。

5. 要彻底删除带有删除标记的记录，可用________命令，但这一命令的实施，必须要求表以________方式打开。
6. 要实现对 JS 表所有记录的工龄(GL)增加 1，其 UPDATE - SQL 命令为________。
7. 检测当前工作区的区号，可用________实现。
8. VFP 系统提供两种锁定方式，它们分别是________。
9. 打开一个表时，________索引文件将自动打开，表关闭时它将自动关闭。
10. 对于已打开的多个索引，每次只有一个索引对表起作用，这个索引称为________。

第 4 章 数据库的创建和使用

VFP 中自由表的存在，主要是考虑到与以前的版本兼容，自由表不能充分利用 VFP 的先进数据库管理功能。VFP 中可以使用数据库组织和关联表与视图，还可以用数据字典在表一级进行功能扩展。

4.1 VFP 数据库

VFP 的强大的新功能之一就是它使用了数据库。单独使用表，可以为用户存储和查看信息提供很多帮助，但是，如果把若干表组织到一个数据库中，用户就可以充分利用 VFP 提供的如下强大功能：存储一系列的表或视图；设置属性和数据验证规则；在表间建立关系；使相关联的表协同工作等等。在后面的学习中我们会逐步熟悉它并体会到它的优越性。

4.2 数据库的设计过程

在一个数据库应用系统中，数据库的设计是非常关键的。其设计的好坏，影响到数据的使用和存储以及以后的程序设计。

数据库设计的关键在于理解关系型数据库管理系统保存数据的方式。为了高效准确地提供信息，VFP 将不同主题的信息保存到不同的表中。比如，用一张表保存学生的信息，而另一张表保存学生所学课程的信息。我们在设计数据库的时候，首先分离那些需要作为单个主题而独立保存的信息，再说明这些主题之间的关系，以便在需要时把正确的信息组合在一起。通过将不同的信息分散在不同的表中，可以使数据的组织工作和维护工作更简单，同时也可保证建立的应用程序具有较高的性能。

设计数据库的一般步骤是：

(1) 确定建立数据库的目的。

(2) 确定需要的表。

(3) 确定每个表所需的字段。

(4) 确定表之间的关系。

(5) 进一步改进设计。

4.2.1 确定建立数据库的目的

VFP 数据库设计的第一步为明确数据库的目的和如何使用数据库。也即数据库中要保存哪些信息。要明确数据库的目的，必须充分了解用户的需求，例如，用户需要录入哪些信息，需要从数据库中得到怎样的结果等等。

当我们明确目的之后，就可以确定需要保存哪些主题的信息(表)，以及每个主题需要哪些信息(字段)。

4.2.2　确定需要的表

确定数据库中的表是数据库设计过程中技巧性最强的一步。因为根据要从数据库中得到的结果(报表、表单等)不一定能得到如何设计表结构的线索,它们仅告诉用户需要从数据库中得到的东西,并没有告诉用户如何把这些信息分门别类地加到表中去。

在确定表时,要注意尽量避免在一张表中存储重复的信息,以免导致不好的后果。

以本章教学管理数据库为例,要涉及学生、课程和学生所学课程的成绩情况,由于一个学生学了多门课程,同样,一门课程被多个学生所学,因此,如果把学生、课程和成绩信息放在一张表中(表 4-1),就势必会造成信息的重复。假如两个学生学 4 门课程,那么,在这张表中一个学生的信息将被重复 4 次(表中的黑色区域),而一门课程的信息将被重复 2 次(表中的灰色区域)。

表 4-1　包含学生、课程和成绩信息的表

学号	姓名	性别	系名	课程代号	课程名	课时数	必修课	学分	得分
990101	张利明	男	信息工程系	01	中文 Windows98	3	T	2	
990101	张利明	男	信息工程系	02	VFP6.0 及应用	4	T	3	
990101	张利明	男	信息工程系	03	数据结构	3	T	2	
990101	张利明	男	信息工程系	04	操作系统	4	T	2	
990102	王　华	女	信息工程系	01	中文 Windows98	3	T	2	
990102	王　华	女	信息工程系	02	VFP6.0 及应用	4	T	3	
990102	王　华	女	信息工程系	03	数据结构	3	T	2	
990102	王　华	女	信息工程系	04	操作系统	4	T	2	
……	……	……	……	……	……	……			

重复的信息将造成如下的后果:

(1) 表中数据量的成倍增加和用户数据录入工作量的增加。

(2) 重复的录入容易导致错误,从而造成数据的不一致性。

(3) 有用的信息易被删除。

4.2.3　确定表中的字段

确定了表之后,还需进一步确定在每张表中要保存哪些详细信息。为了确定表的字段,首先需要决定在表中了解有关人、物或事件的哪些信息。

确定字段时,还必须遵循如下设计原则:

1. 每个字段直接和表的主题相关

必须确保一张表中的每个字段直接描述该表的主题。描述另一个主题的字段应属于另一张表。例如,包含学生、课程和成绩信息的表(表 4-1)中含有 3 个主题,即学生、课程及成绩,故应该分解为 3 张表:学生表(表 4-2)、课程表(表 4-3)和成绩表(表 4-4)。

表 4-2　分离出来的学生表

学号	姓名	性别	系名
990101	张利明	男	信息工程系
990102	王　华	女	信息工程系

表 4-3　分离出来的课程表

课程代号	课程名	课时数	必修课	学分
01	中文 Windows98	3	T	2
02	VFP6.0 及应用	4	T	3
03	数据结构	3	T	2
04	操作系统	4	T	2

表 4－4　分离出来的成绩表

学号	课程代号	得分
990101	01	84
990101	02	78
990101	03	91
990101	04	88
990102	01	75
990102	02	79

2. 不要包含可推导得到或需计算的数据字段

一般不必把计算结果存储在表中。例如，在教师表中有了“出生年月”字段，就不必有“年龄”字段，因为“年龄”可以通过当前日期和“出生年月”的差求得。

3. 收集所需的全部信息

确保所需的信息都已包含在表中，或者可以由表中字段推导出来。但又不是多多益善，所需信息的多少应根据实际应用的需要而定。因为一个事物涉及的属性很多，要有所取舍。例如，对于学生而言，有许多属性，如姓名、性别、学号、系名、年级、出生年月、籍贯、家庭住址、家长姓名、爱好等等，是否要把这些属性都放到学生表中呢？很显然，没有必要这样做，只要把与教学管理有关的属性放到学生表中就行了(如表 4－2)。

4. 要以最小的逻辑单位存储信息

如果一个字段中结合了多种信息，以后要获取单独的信息就很困难，应尽量把信息分解成比较小的逻辑单位(关系型数据库要求字段是原子的)。

5. 每张表都必须明确主关键字

例如，课程表中主关键字是“课程代号”字段，学生表中的主关键字为“学号”字段，而成绩表的主关键字含有“课程代号”和“学号”两个字段。利用主关键字可连接多张表中的数据，把相关的数据组合起来。

4.2.4　确定表之间的关系

VFP6.0 是一个关系型数据库管理系统，在每张独立的表中存储的数据之间有一定的关联。可在这些表之间定义关系，VFP6.0 可利用这些关系来查找数据库中有联系的信息。

1. 关系的种类

要在两张表中正确地建立关系，首先必须明确关系的实质。表之间有 3 种关系：一对一关系(1:1)、一对多关系(1:m)、多对多关系(m:n)。

(1) 一对一关系

一对一关系是这样一种关系：甲表的一个记录在乙表中只能对应一个记录，而乙表的一个记录在甲表中也只能有一个记录与之对应。这种关系使用得很少。因为在许多情况下可把两张表的信息简单地合并成一张表。由于某些原因(如字段项太多)，不能合并的，可建立一对一的关系，只要把一个主关键字同时放到两张表中，并以此建立一对一的关系。

(2) 一对多关系

设有甲、乙两张表，如甲表中的任意一个记录在乙表中可以有几个记录与之对应，而乙表中的每个记录在甲表中仅有一个记录与之对应，则称甲、乙两张表之间存在一对多的关系，并称甲表为“主表”，乙表为“子表”。例如，学生表和成绩表之间，学生表中任意一个记录，按学号在成绩表中可以找到该学号的多门课程的成绩记录，而成绩表中的一个记录按学号在学生表中仅能找到一个记录与之对应，因此学生表和成绩表之间存在一个一对多的关系，学生表为主表，成绩表为子表。一对多关系是通过主表的主关键字和子表的外部关键字来体现的。再有，以课程表为主表，成绩表为子表，也存在着一对多的关系。

(3) 多对多关系

如甲表中的任意一个记录在乙表中可以有多个记录与之对应，而乙表中的一个记录在甲表中也可以对应多个记录,则称这两张表具有多对多关系。

在实际应用中经常能发现两张表之间存在多对多的关系。比如,学生和课程表之间就是多对多的关系。每个学生可以选多门课程,每门课程可被多个学生选修。即学生表中任一个记录可对应课程表中多个记录,反之,课程表中任一个记录也可对应学生表中多个记录。

必须注意,遇到“多对多”的情况时,要建立第三张表,把多对多的关系分解为两个一对多的关系。这第三张表就称作“纽带表”。把两张表的主关键字都放在这个纽带表中。

如表 4 - 4,成绩表是学生表和课程表之间的纽带表。

2. 分析并确定表之间的关系

分析每张表,确定一张表中的数据和其他表中的数据有何关系。在需要时,可在表中加入字段或创建一张新表来明确关系。如图 4 - 1 所示,教师与任课表以“工号”相联系,课程与任课表、课程与成绩表以“课程代号”相联系,学生表与成绩表以“学号”相联系,专业与学生表以“专业代号”相联系,均构成一对多的关系。

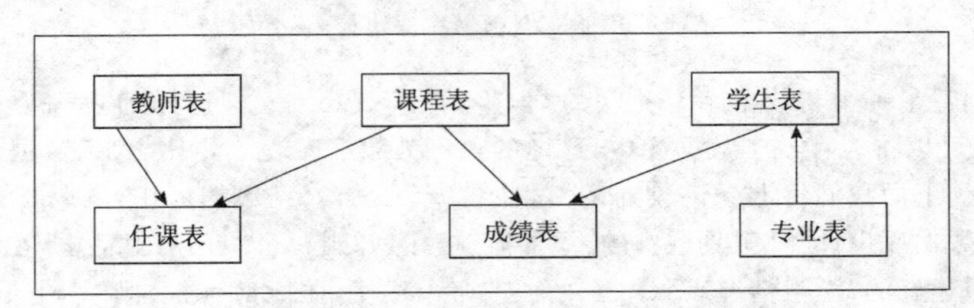

图 4 - 1　教学管理数据库中各表之间的关系

4.2.5　设计的改进

进一步改进设计,查找其中的错误,是相当重要的。创建表,在表中加入几个示例数据记录,看能否得到想要的结果。需要时可调整设计。

上述的教学管理数据库,设计比较简单,离实际的应用还有一定的距离,要真正为具体的学校设计一个教学管理数据库,我们还要改进设计。比如,系科信息是否要独立成一张表?能否从现有的表中得到所需的结果?等等。

在实际的应用中,用户面临的数据关系可能更加复杂。但只要掌握好数据库的一般方法,就可以设计出比较规范的数据库。

4.3　建立数据库文件

一、“文件”菜单设计

选择系统“文件”菜单中的“新建…”菜单项,打开“新建”对话框,在该对话框的文件类型选项按钮中选中“数据库”,单击“新建”命令按钮,系统将弹出一个“创建”对话框,在“创建”对话框中,输入数据库文件的路径和名称(如 SJK),单击“创建”命令按钮关闭“创建”对话框,就出现了如图 4 - 2 所示的“数据库设计器”窗口,同时“数据库”菜单条也自动增加到系统菜单中,这时就能通过工具栏和“数据库”菜单对数据库进行操作了。

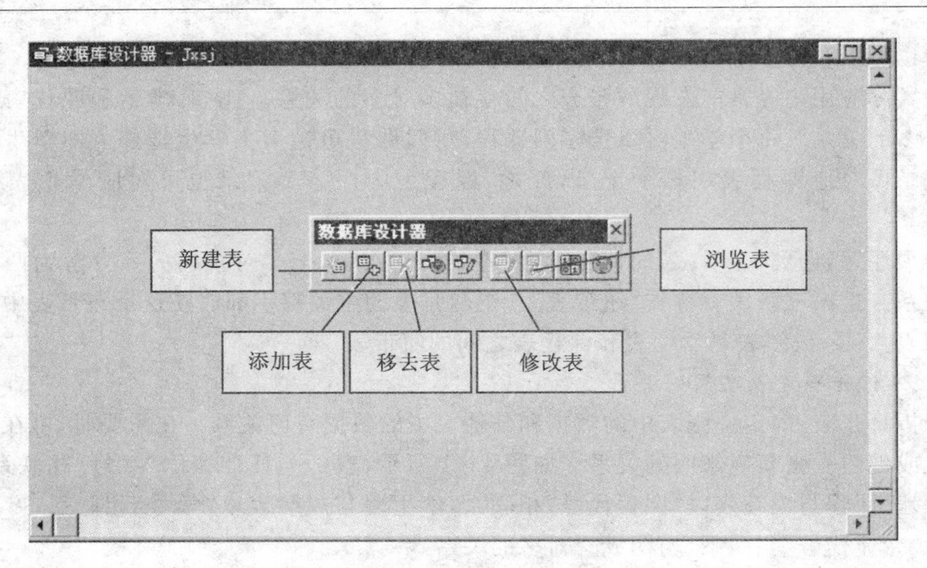

图 4-2　数据库设计器

前面创建了一个与数据库无关联的“学生情况”表(xs 表),这样的表称为自由表。在 VFP 中,还可以将表存放于数据库中,这样的表称为数据库表。相比之下,数据库表增加了许多新功能,下面我们将上一讲创建的“学生情况”表加入到数据库中,并另建两个数据库表。单击“数据库设计器”工具栏中的“添加表”按钮,弹出一个“打开”对话框,在对话框中选择上一章中建好的“学生情况表”,单击“确定”命令按钮,关闭对话框,则“学生情况表”被添加到 jxsj 数据库中。

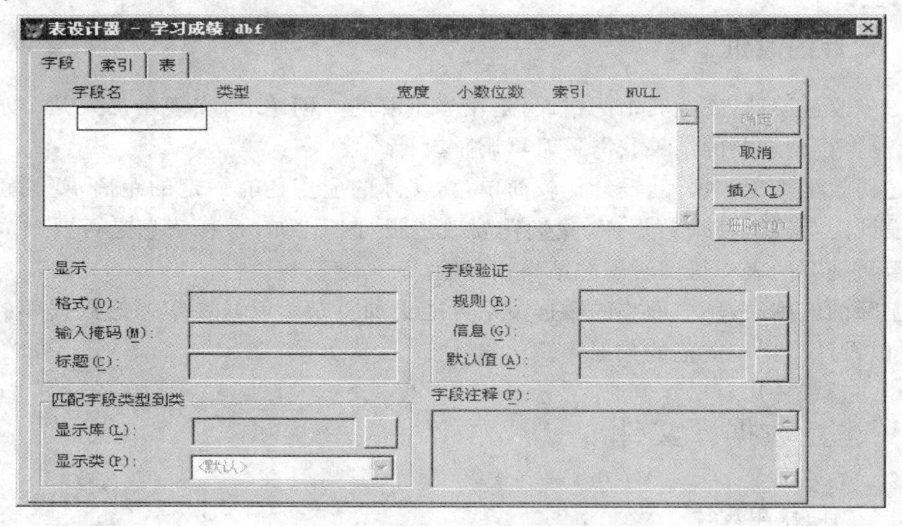

图 4-3　数据库表的表设计

此外,再新建两个数据库表,表的结构如表 4-5 和表 4-6 所示。接着,单击“数据库设计器”工具栏中的“新建表”命令按钮,在“新建表”对话框中选取“新表”命令按钮,在“创建”对话框中输入表名“学习成绩”,单击“保存”命令按钮,出现如图 4-3 所示的“表设计器”窗口,按照表 4-5 中列出的内容,输入“学生成绩”表的字段名、类型、宽度,输入完成后,单击“确定”命令按钮。按照同样的步骤,输入表 4-6 中“班级情况”的内容。

表 4-5　学生成绩表

字段名	字段含义	数据类型	宽度
Xh	学号	字符型	9
Kcdh	课程代号	字符型	2
Cj	成绩	数值型	4,1
Bkcj	补考成绩	数值型	4,1

表 4-6　班级情况表

字段名	字段含义	数据类型	宽度
Bjdh	班级代号	字符型	4
Bjmc	班级名称	字符型	10
Zydh	专业代号	字符型	4

二、利用项目管理器设计

(1) 在“项目管理器”窗口中依次单击“数据”选项卡、“数据库”选项、“新建”命令按钮。

(2) 在出现“新建数据库”对话框后，单击该对话框中的“新建数据库”命令按钮。

(3) 在出现“创建”对话框后，输入数据库名“SJK1”，单击“保存”命令按钮，这时 VFP 主窗口中显示“数据库设计器”窗口。

(4) 关闭“数据库设计器”窗口。从“项目管理器”窗口中单击“数据库”选项前的加号(“+”)可以看出，目前项目中已含有数据库 SJK2。

三、利用命令创建数据库

在“命令”窗口中输入并执行下列命令，可以创建一个名为 jxsj 的数据库：

```
CREATE DATABase jxsj
```

四、数据库的打开和关闭

在创建、修改数据库时，系统会自动地打开数据库，当前打开的数据库可以从“常用”工具栏上看到(工具栏上的一个下拉列表框)。命令方式示例如下：

```
CLOSE DATABase ALL          && 关闭所有数据库
OPEN DATABase SJK           && 打开数据库 SJK
OPEN DATABase SJK1          && 打开数据库 SJK1
OPEN DATABase SJK2          && 打开数据库 SJK2
SET DATABase TO SJK1        && 设置当前数据库为 SJK1
CLOSE DATABase              && 关闭当前数据库 SJK1
SET DATABase TO SJK2        && 设置当前数据库为 SJK2
CLOSE ALL                   && 关闭所有数据库
SET DATABase TO SJK         && 再设置当前数据库为 SJK 时，
                               系统出现错误提示
```

4.4　数据字典

数据字典(Data Dictionary)是包含数据库中所有表信息的一张表。存储在数据字典中的信息称之为元数据，也就是说，其记录是关于数据的数据。比如，长表名或长字段名，有效性规则和触发器，及有关数据库对象的定义，如视图和命名连接等。

数据库不仅将多张表收集到一个集合中，而且在数据库中的表可以享受到数据字典的各种功能。数据字典使得对数据库的设计和修改更加灵活。使用数据字典，可以创建字段级规则和记录级规则，保证主关键字字段的内容的唯一性。如果不用数据字典，这些功能用户自己编程实现。VFP 数据字典可以创建和指定以下内容：主关键字和候选索引关键字，表单中使用的默认控件类，数据库表之间的永久性关系，字段的输入掩码和显示格式，长表名和表中的长字段名,字段级和记录级有效性规则,表中字段的默认值,字段的标题和注释,存储过程,插入、更新和删除事件的触发器。

4.5 数据库表字段的扩展属性

打开数据库表设计器,如图 4-3 所示,可以看到数据库表的表设计器比第 3 章中自由表的表设计器又多了许多新属性(扩展属性):字段的显示格式、输入掩码、默认值、标题、注释以及字段的验证规则等,这些属性会作为数据库的一部分保存起来,并且一直为表所拥有,直到表从这个数据库中移去为止。下面就来体验一下数据库表的新属性。

4.5.1 字段的显示属性

字段的显示属性是用来指定输入和显示字段的格式属性,包括格式、输入掩码和标题。

一、字段的格式

如表 4-7 所示,可以用字段的格式字母指定表达式使得在"浏览"窗口、表单或报表中,确定字段显示时的大小写和样式。

表 4-7　字段的格式

设置	说　明
A	只允许字母字符(不允许空格和标点符号)
D	使用当前的 SET DATE 格式
E	以英国日期格式编辑日期型数据
K	当光标移动到文本框上时,选定整个文本框
L	在文本框中显示前导零,而不是空格。仅用于数值型数据
M	允许多个预设置的选择项。选项列表存储在 InputMask 属性中,列表中的各项用逗号分隔。列表中独立的不能再包含嵌入的逗号。如果文本框的 Value 属性并不包含此列表中的任何一项,则它被设置为列表中的第一项。此设置只用于字符型数据,且只用于文本框
R	显示文本框的格式掩码,掩码字符并不存储在控制源中。此设置只用于字符型或数值型数据,且只用于文本框
T	删除输入字段前导和结尾空格
!	把字母字符转换为大写字符。只用于字符型数据,且只用于文本框
^	使用科学记数法显示数值型数据。此设置只用于数值型数据
$	显示货币符号。此设置仅用于数值型或货币型数据

二、输入掩码(InputMask)

指定字段中输入数据的格式。字段的输入掩码及其作用见表 4-8。

表 4-8　字段的输入掩码

设置	说　明	设置	说　明
X	可输入任何字符	*	在值的左侧显示星号
A	只允许字母(不包括空格、标点符号)	.	指定小数点的位置
9	可输入数字和正负符号	,	用来分隔小数点左边的整数部分
#	可输入数字、空格和正负符号	$$	在微调控制或文本框中,货币符号显示时不与数字分开
$	在某一固定位置显示当前货币符号(由 SET CURRENCY 命令指定的)		

三、字段的标题(Caption)和注释(Comment)

标题和注释多是为了使表具有更好的可读性。

在取字段名时，首先应该考虑其可读性，但为了使字段更方便地参与运算，也常常采用简练的形式，或用英文简称来代替汉字，如“学号”的字段名取为“xh”。如果没有给字段设置标题，则在浏览时，将以字段名作为列的标题。

需要注意的是，标题和注释不是必须的。如果字段名不能明确表达列的含义，可以为字段设置一个标题。如果标题还不能充分表达含义或者需要给字段加以详细的说明，还可以给字段加上注释。

为字段设置新的显示标题方法是：在“数据库设计器”中选定学生情况表，然后选择工具栏中的“修改表”命令按钮。选定需要指定标题的字段(如“xm”)，在“标题”框中，输入为字段选定的标题(如“姓名”)(图 4－3)。请按照下表给所有字段加上标题。

表 4－9　字段标题对照表

字段	xh	xsxm	xb	Csrq	bjdh	rxzf	xszp	xsjl
标题	学号	姓名	性别	出生日期	班级代号	入学总分	照片	简历

输入完毕后，选择“确定”命令按钮，退出“表设计器”对话框。在“数据库设计器”中选定“学生情况”表，单击工具栏中“浏览表”命令按钮，可以发现“浏览”窗口中列头上的拼音简写已被替换为刚才输入的标题了。

4.5.2　字段的有效性规则

一、字段级规则

可以使用字段级有效性(验证)规则，来控制用户输入到字段中的信息类型，或检查一个独立于此记录的其他字段值的字段数据。字段级规则在字段值改变时发生作用。字段级有效性规则将把所输入的值用所定义的规则表达式进行验证，如输入值不满足规则要求，则拒绝该值。

例如，在学生情况表中，以“XB”字段为例，因为性别只有“男”或“女”两种情况，输入其他的任何值都是非法的，也不能允许。通过设置该字段的验证规则可以防止输入非法值。

在表设计器中选择“XB”字段为当前字段，在“规则”文本框中输入：

XB = "男" or XB = "女"

为了在输入错误时给用户一个提示，在“信息”文本框中输入：

“性别字段只能为男或女两者之一。”

在使用 CREATE TABLE 命令创建表时，可以用 CHECK 子句来指定字段的规则。例如：

CREATE TABLE xs(xh C(9),xsxm C(8),xb C(2)) CHECK XB="男" or XB="女"

如果表已存在，可用 ALTER TABLE 命令的 SET CHECK 子句设置一个字段的规则：

ALTER TABLE xs ALTER COLUMN xb SET CHECK　XB="男"or XB="女"

在成绩表中，以“CJ”字段为例，因为成绩必须在 0～100 分之间，输入其他的任何值都是非法的，也不能允许。

在表设计器中选择“CJ”字段为当前字段，在“规则”文本框中输入：

CJ>=0 AND CJ<=100

为了在输入错误时给用户一个提示，在“信息”文本框中输入：

“成绩必须在 0～100 之间，请重新输入!”

二、为字段设置默认值

如果某个表的字段在大部分记录中都有相同的值,则可以为该字段预先设定一个默认值,以减少数据输入,加快数据的录入速度,当然用户也能够随时修改设定的默认值。

如果没有设置默认值,则在追加新记录时,各数据类型的字段的默认值如表 4－10 所示。

表 4－10　各种数据类型字段的默认值

字段数据类型	默认值
字符型、字符型(二进制)	长度与字段宽度相等的空串
数值型、整型、双精度型、浮点型、货币型	0
备注型、备注型(二进制)、通用型	(无)
逻辑型	.F.
日期型、日期时间型	空的日期或日期时间格式

特别地,如果字段允许设置为“.NULL.”,则字段的默认值可设置为“.NULL.”,否则,字段的默认值不可设置为“.NULL.”。

为字段指定的默认值可以是一个具体的值或是一个 VFP 表达式,无论是在表单或浏览窗口中输入数据,还是以编程方式输入数据,默认值都起作用。

在“学生情况表”中有一个“XB”字段,一般情况下,一个学校的学生不是男性居多就是女性居多,因此可以为“XB”字段设置一个默认值,在此设置为“男”。在表设计器中,选定“XB”字段,在“默认值”文本框中输入“男”。

也可以用如下命令设置默认值:

```
ALTER TABLE XS ALTER xb SET DEFALT "男"
```

使用 VFP 表达式还可以动态设置字段的默认值,例如在图书馆的图书管理数据库中,需要保存读者的借书、还书日期,这个日期也是当天的微机系统日期(该日期是变化的),所以如果为借书日期和还书日期设置默认值为 DATE(),则就不需要图书管理员手工输入日期了。

4.6　数据库表的表属性

数据库表不仅可以设置字段的高级属性,而且可以为表设置属性。

表属性有:长表名、表的注释、表记录的有效性规则与说明及触发器等。设置表属性可以在“表设计器”中的“表”选项卡上进行(见图 4－4)。

4.6.1　长表名

在创建表时,每张表的表文件名就是表名。表文件名的长度首先受操作系统的限制(Windows 95/98/XP 为 255 个字符,而 MS－DOS、Windows3.x 中为 8 个字符),其次,VFP 规定数据库表及自由表的表名最大长度为 128 个字符。

如果给数据库表设置了长表名属性,则该数据库表在各种对话框、窗口中均以长表名代替表名。在打开数据库时长表名和文件名可以同样使用。比如,可以给 STU 表设置长表

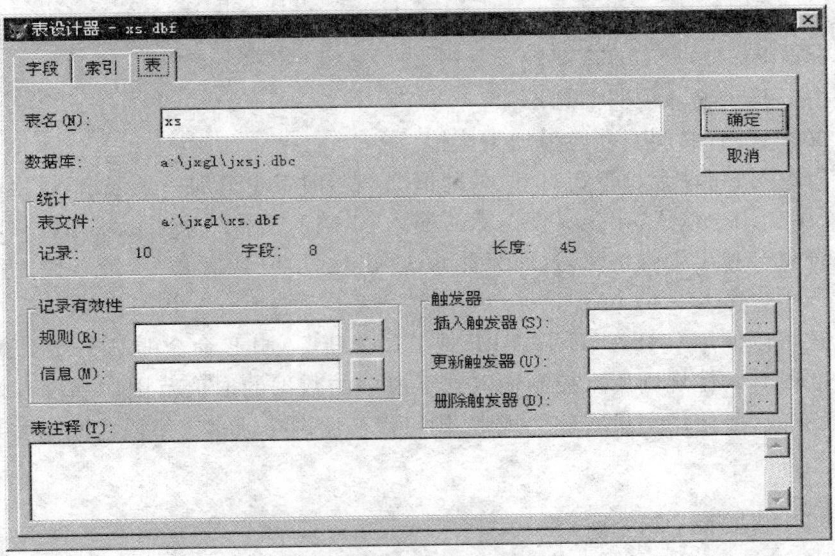

图 4-4　表设计器的“表”选项卡

名“学生情况表”，则以后打开此表可有两种方法：

　　USE xs　　　　　　　　　　&& 此时表的别名是“xs”

或者

　　USE 学生情况表　　　　　　&& 此时表的别名是“学生情况表”

需要注意的是，使用长表名打开表时，该表所属的数据库必须是打开的，并且是当前数据库，否则将不能成功打开它。而使用表文件名打开表时，如果所属数据库未打开，将会自动打开数据库。

数据库表的长表名的设置，可在“表设计器”的“表”选项卡中的“表名”文本框中输入长表名(图 4-4)。也可以在使用 CREATE TABLE 命令创建表时，用 NAME 子句指定长表名。

4.6.2　表记录的有效性规则

一、何时设置

使用记录有效性(验证)规则可以控制输入到记录中的数据，通常是比较同一记录中两个或多个字段的值，以确保它们遵守一定的规则。

二、何时被激活

与字段验证规则不同，记录验证规则是当记录的值被改变后，记录指针准备离开该记录时被激活的。

如果对一张已有记录数据的表增设记录有效性规则，则在设置结束时，要按此规则对所有记录进行规则检查，如果有记录不符合规则，则设计的规则将不被认可。

三、如何设置

在“教师情况”表中，每个记录的工龄加上 20 必须小于年龄，在数据录入时，操作员有可能不注意而发生错误，为此可以设置记录级的验证规则：必须年满 20 周岁才能参加工作，从而避免这种错误的发生。

在打开的“教师情况”表的表设计器中，选择“表”选项卡，在“规则”框中，输入如下一行代码：

year(date())- year(js. csrq)＞gl＋20

然后，在"信息"框中输入说明信息：

"必须年满 20 周岁才能参加工作!"

单击"确定"命令按钮保存设置。打开"教师情况"表，向表中追加一条记录，以检验记录验证规则是否产生作用。输入"出生日期"，然后输入"工龄"，输入结束当记录指针移动到下一条记录时，系统就会弹出警告信息，这时只能修改"出生日期"或者是"工龄"，使之符合记录验证规则。

另外，还可以使用 CREATE TABLE 或 ALTER TABLE 命令的 CHECK 子句来设置。

说明：字段有效性规则用来控制输入到字段中的数据的取值范围。字段有效性规则只对当前字段有效，而使用记录有效性规则，则可以校验两个或多个字段之间的关系是否满足某种规则。

4.6.3　表的触发器(Trigger)

一、表的触发器的基本概念

表的触发器是在一个插入、更新或删除操作之后运行的记录级事件代码。不同的事件可以对应不同的操作。

触发器是绑定在表上的表达式，当表中的任何记录被指定的操作命令修改时，触发器被激活。当数据修改时，触发器可执行数据库应用程序要求的任何操作。

如果从数据库中移去一张表，则同时删除和该表相关联的触发器。触发器在进行了其他所有检查之后(比如，主关键字的实施，有效性规则)被激活。触发器不对缓冲数据起作用，这一点与字段级和记录级规则不同。

二、触发器的创建

可用"表设计器"或 CREATE TRIGGER 命令来创建触发器，对于每一张表，可为：插入(INSERT)、更新(UPDATE)和删除(DELETE)3 个事件各创建一个触发器。

插入触发器：每次向表中插入或追加记录时触发该规则。

更新触发器：每次在表中修改记录时触发该规则。

删除触发器：每次在删除记录时触发该规则。

触发器必须返回"真"(. T.)或"假"(. F.)。触发器在记录的验证规则之后运行，并且在缓冲更新时不运行，除非发布 TABLEUPDATE()命令。

创建触发器的过程为：在如图 4 - 4 所示的"表设计器"的"表"选项卡里，在"插入触发器"、"更新触发器"或"删除触发器"框中，输入触发器表达式或包含触发器表达式的存储过程名。

或用 CREATE TRIGGER 命令创建各触发器。

创建插入触发器，格式如下：

CREATE TRIGGER ON 表名 FOR INSERT AS 逻辑表达式

创建更新触发器，格式如下：

CREATE TRIGGER ON 表名 FOR UPDATE AS 逻辑表达式

创建删除触发器，格式如下：

CREATE TRIGGER ON 表名 FOR DELETE AS 逻辑表达式

例如，在 js 表中创建一个更新触发器，防止 GL 字段的值大于 50，其命令如下：

CREATE TRIGGER ON gl FOR UPDATE AS js. gl＜＝50

三、移去或删除触发器

可以在界面中或使用 DELETE TRIGGER 命令从数据库表中删除触发器。

在“表设计器”的“表”选项卡的“触发器”区中，从“插入触发器”、“更新触发器”或“删除触发器”框里选定触发器表达式，并删除它。

使用 DELETE TRIGGER 命令移去或删除触发器的格式如下：

DELETE TRIGGER ON 表名 FOR DELETE | INSERT | UPDATE

如果从数据库中移去或删除表，则所有属于该表的触发器都从数据库中删除。但是，由被移去或删除的触发器引用的存储过程并没有被删除。

4.6.4　约束机制及其激活时机

数据库表的字段级和记录级规则以及表的触发器，为数据的输入和修改实施了约束。

表 4－11 列出了数据有效性约束，它们按照 VFP 引擎实施的顺序、应用级别以及引擎何时激活有效性的顺序进行排列。

表 4－11　数据有效性约束

约束机制	级　别	激活时机
NULL 有效性	字段/列	当从浏览中离开字段/列，或在执行 INSERT 或 REPLACE 更改字段值时
字段级规则	字段/列	当从浏览中离开字段/列，或在执行 INSERT 或 REPLACE 更改字段值时
记录级规则	记　录	发生记录更新时
VALID 子句	表　单	移出记录时
候选/主索引	记　录	发生记录更新时
触发器	表	在 INSERT、UPDATE 或 DELETE 事件中，表中的值改变时

4.7　表之间的关系

通过链接不同表的索引，“数据库设计器”可以很方便地建立表之间的关系。因为这种在数据库中建立的关系被作为数据库的一部分而保存起来，所以称为永久关系。每当用户在“查询设计器”或“视图设计器”中使用表，或者在创建表单时所用的“数据环境设计器”中使用表时，这些永久关系将作为表之间的默认链接。

在 jxsj 数据库中，“学生情况”表与“学习成绩”表具有一对多的关系，即一个学生可以有多门功课的成绩。两张表之间通过“学号”字段来建立关联。

在建立表之间的永久关系之前，需要为表创建索引，按上一章中建立索引的方法，为“学生情况”表中的“XH”建立一个主索引，为“学生成绩”表中的“XH”建立一个普通索引。建好索引后，回到“数据库设计器”，在主表(学生情况表)的“XH”索引标识上按下左键不放，拖动到子表(学生成绩表)的“XH”索引标识上，释放鼠标按钮，在数据库设计器中，我们可以看到两个表的索引标识之间有一条黑线相连接，表示出这两个表之间的永久关系，如图 4－5 所示。双击此线还能够打开“编辑关系”对话框来编辑关系。

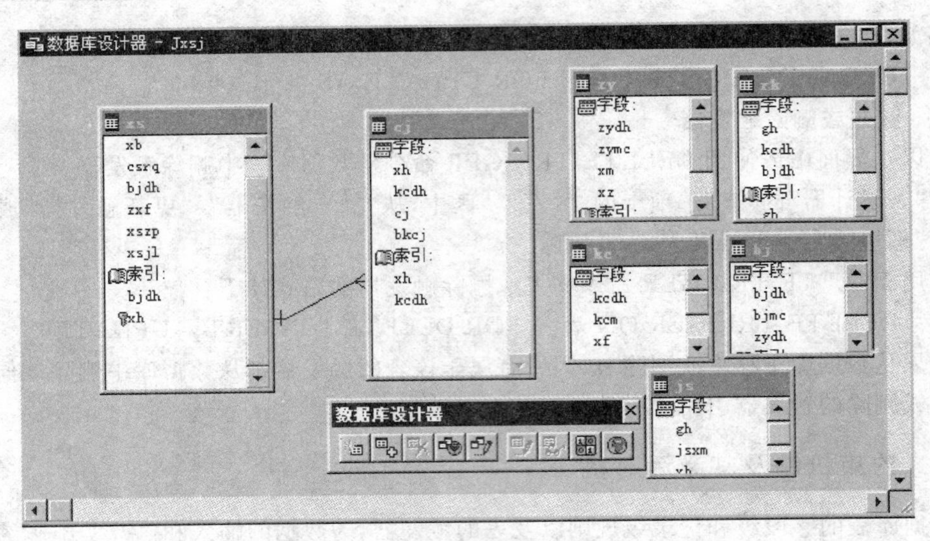

图 4-5　建立两个表的永久关系

上一章我们阐述了临时关系的概念。临时关系与永久关系既有一定的联系,也存在着很大的区别。它们存在着如下联系:

(1) 无论是建立临时关系还是永久关系,都必须明确建立关系的两张表之间确实在客观上存在着一种关系(一对一或一对多关系)。

(2) 永久关系在许多地方可以用来作为默认的临时关系。例如,在表单和报表的数据环境中。

它们的不同之处在于:

(1) 临时关系可以在自由表之间、数据库表之间或自由表与库表之间建立,而永久关系只能在库表之间建立。

(2) 临时关系是用来在打开的两张表之间控制相关表之间的访问;而永久关系则主要是用来存储相关表之间的参考完整性,附带地可作为默认的临时关系或查询中默认的联结条件。

(3) 临时关系在表打开以后,使用 SET RELATION 命令创建,随表的关闭而解除;而永久关系则永久地保存在数据库中,不必每次使用表时重新创建。

(4) 临时关系中一张表不能有两张主表,而永久关系则不然。

4.8　参照完整性

4.8.1　参照完整性概念

"参照完整性"(Referential Integrity,简称 RI)是用来控制数据的一致性,尤其是控制数据库相关表之间的主关键字和外部关键字之间数据一致性的规则。

在具有关联关系的父子表之间编辑修改记录时可能出现以下问题:

(1) 如果在父表中删除了一条记录,则当子表中有相关的记录时,这些记录就成了孤立的记录。

(2) 当在父表中修改了索引关键字的值(如在"学生情况"表中修改"XH"的值),那么还需要修改子表中相应记录的关键字值，否则就会产生错误。反过来也一样。

(3) 在子表中增加记录时，如果所增加记录的关键字值是父表中没有的，则增加在子表中的记录也成了孤立的记录。

出现以上的任何一种情况，都会破坏关系表的完整性。在 VFP 中通过建立参照完整性，系统可以自动完成这些工作，防止这些问题的出现，我们所要做的只是用鼠标在对话框中做一些选择就行了。

数据一致性要求相关表之间必须满足如下 3 个规则：

(1) 子表中的每一个记录在对应的主表中必须有一个父记录。

(2) 在父表中修改记录时，如果修改了主关键字的值，则子表中相关记录的外部关键字值必须同样修改。

(3) 在父表中删除记录时，与该记录相关的子表的记录必须全部删除。

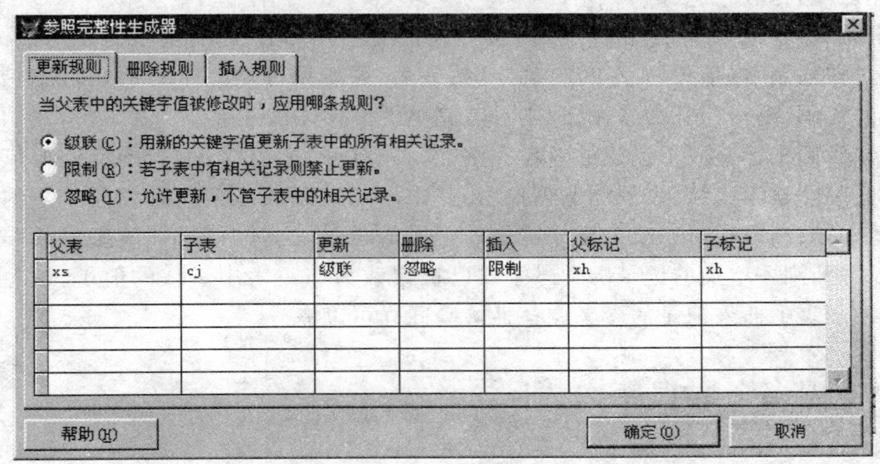

图 4-6 “参照完整性生成器”

4.8.2 设置参照完整性

相关表之间的参照完整性规则是建立在表的永久关系基础之上的。参照完整性规则被设置在主表或子表的触发器中，其代码则被保存在数据库的存储过程中。

在“数据库设计器”中的空白处，按下鼠标右键，打开快捷菜单，从快捷菜单选择“编辑参照完整性…”，打开如图 4-6 所示的“参照完整性生成器”对话框。或在“数据库设计器”中用鼠标右击永久性关联线，出现快捷菜单，单击快捷菜单中的“参照完整性”项。

VFP 中的参照完整性规则包括更新、删除和插入规则 3 种。每一种规则又有“级联”、“限制”和“忽略”3 种设置。具体说明见表 4-12。

“参照完整性生成器”对话框中有 3 个选项卡：“更新规则”、“删除规则”和“插入规则”。在每个选项卡上都具有同一张含 7 列的表格，其中的一行为数据库的一个关系，从左到右各列依次如下：

“父表”列：显示一个关系中的父表名。

“子表”列：显示一个关系中的子表名。

“更新”、“删除”和“插入”列：显示相应规则的设置值。设置的结果能反映在下面的“删除规则”选项卡中，反之亦然。

表 4-12　参照完整性规则

	更新规则	删除规则	插入规则
	当父表中记录的关键字值被更新时触发	当父表中记录被删除时触发	当在子表中插入或更新记录时触发
级联	用新的关键字值更新子表中的所有相关记录	删除子表中所有相关记录	
限制	若子表中有相关记录,则禁止更新	若子表中有相关记录,则禁止删除	若父表中不存在匹配的关键字值,则禁止插入
忽略	允许更新,不管子表中的相关记录	允许删除,不管子表中的相关记录	允许插入

“父标记”列:显示父表的主索引标识名或候选索引名。

“子标记”列:显示子表的索引名。

在“更新规则”选项卡和“删除规则”选项卡下,选择“级联”选项按钮。在“插入规则”选项卡下,选择“限制”选项按钮。单击“确定”按钮后,系统回弹出一个对话框,说明要生成参考完整性的代码,单击“是”命令按钮,则参考完整性的代码被建立。

现在让我们来检验一下创建的参考完整性。先打开“学生情况”表的浏览窗口,添加一条记录,再打开“学生成绩”表的浏览窗口,在其中增加一条或多条具有相同学号的记录,回到“学生情况”表浏览窗口。改变刚才增加的记录的学号,这时再激活“学生成绩”表的浏览窗口,可以看到刚才增加的记录的学号字段已被修改为与主表中一致的值了。在主表中删除记录和在子表中插入记录的参考完整性检验同样可以完成。

4.9　使用多个数据库

如同可以打开多张表一样,也可以打开多个数据库,只是 VFP 并不是使用一种类似与工作区的机制来保护数据库而已。

4.9.1　打开多个数据库

打开多个数据库的方法很简单,只要多次使用打开数据库的命令即可。比如,要同时打开 3 个数据库 sjk1、sjk2 和 sjk3 的命令是:

```
OPEN DATABASE  sjk1
OPEN DATABASE  sjk2
OPEN DATABASE  sjk3
```

4.9.2　设置当前数据库

所有打开的数据库中,只有一个数据库是当前数据库。在打开数据库时,最后一个打开的数据库(sjk3)是当前数据库。也可以把其他数据库设置为当前数据库。

在“常用”工具条的“数据库”下拉列表中,显示了所有已打开的数据库。可在列表中选择一个作为当前数据库。

也可以使用 SET DATABASE TO 命令设置当前数据库。比如,把 sjk1 设置为当前数据库的命令为:

```
SET DATABASE TO sjk1
```

可以用函数来测试。函数 DBC( )返回当前打开的数据库的完整文件名。函数 DBUSED(数据库名)则返回指定的数据库文件是否已经打开的状态,如果已打开,则返回值为.T.;否则返回值为.F.。

4.9.3　数据库中表的使用

使用 USE 命令可打开数据库表和自由表。但如果打开的是数据库表,则系统会首先自动打开所在的数据库。

要打开非当前数据库中的表,则可使用"!"符号。例如:

```
USE sjk4!xs1
```

4.9.4　关闭数据库

可以使用项目管理器或 CLOSE DATABASE 命令关闭一个已打开的数据库。

一、使用项目管理器

从项目管理器中选定要关闭的数据库,然后选择"关闭"按钮。

二、用 CLOSE DATABASE 命令

1. CLOSE DATABASE

关闭当前数据库和表。如没有当前数据库,则关闭所有工作区内所有打开的自由表、索引和格式文件,并选择工作区 1 为当前工作区。

例如,关闭 sjk2:

```
SET DATABASE TO sjk2
CLOSE DATABASE
```

2. CLOSE DATABASE ALL

指定关闭所有打开的数据库和其中的表、所有打开的自由表、所有工作区内所有索引和格式文件。

3. CLOSE ALL

该命令除了不关闭"命令窗口"、"调试窗口"、"跟踪窗口"和"帮助"外,将关闭所有的数据库、表、索引以及各种设计器。

4.10　查看和设置数据库的属性

利用 DBGETPROP()函数,可以返回当前数据库的属性,或者返回当前数据库中字段、表或视图的属性。

利用 DBSETPROP()函数,可以给当前数据库或其中表的字段、表或视图设置属性。该函数只能设置部分属性,对表而言可设置字段的标题和注释。

4.10.1　DBGETPROP( )函数

格式:

DBGETPROP(*cName* ,*cType* ,*cProperty*)

参数:

cName ——指定数据库、字段、表或视图的名称,DBSETPROP()函数返回有关信息。

如要返回表或视图中字段的信息,则可将包含该字段的表或视图的名称放在该字段名前面。例如,要返回 stu 表中 sno 的信息,可指定*cName* 为 stu. sno。

cType ——指定*cName* 是否为当前数据库,或者为当前数据库的一个字段、表或视图。其允许值如表 4-13。

表 4-13　DBSETPROP()函数测试类型的允许值

cType	说　明
DATABASE	cName 是当前数据库
FIELD	cName 是当前数据库中的一个字段
TABLE	cName 是当前数据库中的一张表
VIEW	cName 是当前数据库中的一张视图

cProperty ——指定属性名称,DBSETPROP()函数返回该属性的信息。*cProperty* 的部分常用的允许值、返回值类型以及属性说明见表 4-14。

表 4-14　DBSETPROP()函数测试对象的属性名称

CProperty	类　型	说　明
Caption	C	字段标题
Comment	C	数据库、表、视图、字段的注释文本
DefaultValue	C	字段的默认值
DeleteTrigger	C	删除触发器表达式
InsertTrigger	C	插入触发器表达式
Path	C	表的路径
PrimaryKey	C	主关键字的标识名
RuleExpression	C	字段规则表达式
RuleText	C	字段规则错误文本
SQL	C	打开视图时执行的 SQL 语句
UpdateTrigger	C	更新触发器表达式
Version	N	数据库的版本号

如果要查看 xs 表的 xsxh 的标题,则命令为:

```
? DBGETPROP("xs. xsxh","FIELD","Caption")
```

4.10.2　DBSETPROP()函数

格式:

DBSETPROP(*cName* ,*cType* ,*cProperty* ,*ePropertyValue*)

参数:

cName 、*cType* 和*cProperty* 的作用与 DBGETPROP()函数相同,但*cProperty* 的允许值要比 DBGETPROP()函数的少,常用的是:Caption、Comment、RuleExpression、RuleText 等。

ePropertyValue ——指定*cProperty* 的设定值,*ePropertyValue* 的数据类型必须和属性的数据类型相同。

例如:设置 xs 表的 xh 字段的标题属性的命令为:

```
=DBSETPROP("XS. XSXH","FIELD","Caption","学号")
```

练　习　题

一、选择题

1. 设计数据库时，可使用纽带表来表示表与表之间的________。
   A. 多对多关系　B. 临时性关系　C. 永久性关系　D. 继承关系
2. 下列说法正确的是________。
   A. 当数据库打开时，该库中的表将自动打开
   B. 当打开数据库中的某个表时，该表所在的数据库将自动打开
   C. 如果数据库以独占方式打开，则库中的表只能以独占方式打开
   D. 如果数据库中的某个表以独占方式打开，则库中的其他表也只能以独占方式打开
3. 在向数据库添加表的操作中，下列叙述中不正确的是________。
   A. 可以将一张自由表添加到数据库中
   B. 可以将一个数据库表添加到另一个数据库中
   C. 可以在项目管理器中将自由表拖放到数据库中使它成为数据库表
   D. 欲使一个数据库表成为另一个数据库表，则必先使其成为自由表
4. 如果要在数据库的两个表之间建立永久性关系，则至少要求在父表的结构复合索引文件中创建一个________，子表的结构复合索引文件中建立任何类型的索引。
   A. 唯一索引　B. 候选索引　C. 普通索引　D. 主控索引
5. 数据库表之间创建的永久性关系是保存在________。
   A. 数据库表中　B. 数据库文件中　C. 表设计器中　D. 数据环境设计器中
6. 要在两个相关的表之间建立永久关系，这两个表应该是________。
   A. 同一数据库内的两个表　B. 两个自由表
   C. 一个自由表和一个数据库表　D. 任意两个数据库的表
7. 当要求在输入数据时，只允许输入数字、空格和正负符号，则输入掩码应为________。
   A. X　B. 9　C. #　D. $
8. 表记录的验证规则在________时被激活。
   A. 输入记录的字段值时
   B. 修改记录的字段值时
   C. 当光标从一个字段移到另一个字段时
   D. 当记录被录入或修改，且指针离开当前记录或者关闭表时
9. 当库表移出数据库后，仍然有效的是________。
   A. 字段的默认值　B. 表的验证规则　C. 结构复合索引　D. 记录的验证规则
10. 数据库表的长表名最多为________个字符。
    A. 10　B. 127　C. 128　D. 255

二、填空题

1. 数据字典是包含数据库中所有表信息的一张表，存储在数据字典中的信息称之为________。
2. 数据库表中的双向链接，其中前链保存在________文件中。
3. 要切断数据库表和数据库之间的后链，可以使用________命令。
4. 当字段的格式设置为“A”时，它表示________。

5. 触发器指定一个规则,这个规则是一个________表达式。
6. 记录级的有效性规则,当________时被激活。
7. 不允许子表增加或修改记录后出现“孤立记录”,则参照完整性的________规则应设置为________。
8. 参照完整性只有在________之间才能建立,以保持不同表之间数据的________。
9. 参照完整性规则被设置在主表或子表的________中,规则的代码被保存在数据库的________中。
10. 使用________函数测试指定的数据库文件是否已经打开。

第 5 章　查询和视图

5.1　SQL 语言和查询技术

5.1.1　SQL 语言概述

SQL 是结构化查询语言 Structure Query Language 的缩写，从字面看 SQL 只是一个查询语言，而实际上不仅仅如此，SQL 还包含数据定义、数据操纵和数据控制功能等部分。SQL 已经成为关系数据库的标准数据语言，现在几乎所有的关系数据库管理系统都支持 SQL。在 VFP 中提供了功能强大的结构化查询语言(SQL)，前面介绍的 SQL 命令有 CREATE TABLE、ALTER TABLE 用于数据定义，INSERT、DELETE、UPDATE 命令用于数据操纵，下面将要介绍的 SELECT 命令用于数据查询，VFP 中 SQL 命令采用 Rushmore 技术来优化系统性能，一个 SQL 命令可以用来代替多个 VFP 内部命令。

SQL 最初于 1974 年由 Boyce 和 Chamberlin 提出，在 IBM 公司的关系数据库系统 System - R 上得到实现。1987 年国际标准化组织(ISO)颁布了关系数据库语言标准:结构化查询语言 SQL，称为 SQL - 86。1989 年 ISO 颁布增强了完整性特征的标准 SQL - 89。在 SQL - 89 的基础上，经过 3 年多的研究和修改，ISO 于 1992 年颁布了功能更为强大的 SQL2(又称 SQL - 92)。为了适应数据库领域中不断变化的需求，SQL 也在不断地发展，在 SQL2 的基础上又增加了面向对象的内容，形成新标准 SQL3(又称 SQL - 99)。

SQL 语言集数据定义、数据查询、数据操纵、数据控制功能于一体，语言简洁，易学易用，以面向集合的操作方式，高度地非过程化，既可以作为交互式语言独立使用，也可以作为子语言嵌入到宿主语言中使用，增强了应用程序的数据处理能力。

目前，大多数数据库管理系统能够支持 SQL2(SQL - 92)，有少部分支持 SQL3(SQL - 99)，在这些数据库管理系统产品中又都或多或少地对 SQL 增加了自己独特的功能和语句，以方便用户使用。VFP 在 SQL 方面支持数据定义、数据查询和数据操纵功能，由于 VFP 自身在安全控制方面存在缺陷，所以它尚未提供数据控制方面的功能。

5.1.2　SELECT - SQL 查询命令

数据库中的数据查询最简单、最具效率的方式是通过 SELECT - SQL 命令进行。SELECT - SQL 命令语法格式如下：

```
SELECT [ALL | DISTINCT] [TOP n [PERCENT]]
    [别名.]列表项 [AS 列名] [,[别名.]列表项 [AS 列名] …]
    FROM [数据库!]表名 [别名] [,[数据库!]表名 [别名] …]
        [INNER | LEFT | RIGHT | FULL JOIN 表名 ON 联接条件]
    [[INTO ARRAY 数组名 | CURSOR 临时表名 | DBF 表名 | TABLE 表名]
        | [TO FILE 文件名 [ADDITIVE] | TO PRINTER [PROMPT] | TO SCREEN]]
    [NOCONSOLE]
```

[NOWAIT]
[WHERE　筛选条件]
[GROUP BY 分组列 [,分组列…]]
[HAVING　筛选条件]
[UNION [ALL] SELECT 命令]
[ORDER BY 排序列 [ASC | DESC] [,排序列 [ASC | DESC]…]]

从 SELECT 查询语句的命令格式来看似乎非常复杂,实际上只要理解了命令中各个子句的含义,SELECT - SQL 命令还是很容易掌握的,SELECT 语句主要有 SELECT 列表项、FROM 子句、INTO 和 TO 子句、WHERE 子句、GROUP BY 子句、ORDER BY 子句和 UNION 子句组成,其中各子句的含义如下:

(1) SELECT 列表项用于指明查询输出的项目,可以是字段、表达式。利用表达式可以查询表中未直接存储但可以通过计算出来的结果,表达式可以为常量、变量、函数及它们的组合,特别是字段函数及其组合可以实现功能十分强大的查询和统计操作。

(2) FROM 子句指明被查询的自由表、数据库表或视图名,及其他们之间的联接情况。

(3) INTO 子句指明查询结果保存在何处,可以是数组、临时表或表。TO 子句指明查询结果输出到何处,可以是文本文件、打印机或 VFP 主窗口。如果在同一个查询语句中同时包括了 INTO 子句和 TO 子句,则 TO 子句不起作用。如果缺省 INTO 子句和 TO 子句,则默认输出到浏览窗口。

(4) WHERE 子句指明查询的联接条件或筛选条件。满足条件的查询结果可能不止一个,在 SELECT 列表项中若有 DISTINCT 可选项,则消除查询结果中的重复项。TOP n [PERCENT]为输出的最前面的 n 条记录,若有 PERCENT 可选项,则指定输出百分之几的记录,需注意的是 TOP 短语必须与 ORDER BY 子句联合使用。

(5) GROUP BY 子句表示将查询结果按指定列的值分组,列值相同的分在一组,主要应用于统计操作中。

(6) HAVING 子句指明在最终查询结果中必须满足的筛选条件。一般情况下同 GROUP BY 子句一起使用,在 HAVING 子句中可以使用列名和字段函数,符合条件的组才能输出。HAVING 子句也可以单独使用,此时可代替 WHERE 子句的功能,对记录进行筛选处理。

(7) ORDER BY 子句可对查询结果按子句中指定的列的值排序,ASC 表示升序,DESC 表示降序,默认情况下为升序。

(8) UNION 子句把一个 SELECT 语句的查询结果同另一个 SELECT 语句查询结果组合起来。默认情况下,系统排除重复的输出行,若不要删除组合结果中重复的行,需加 ALL 选项。

其中 SELECT 列表项和 FROM 子句是每个 SQL 查询语句所必须的,其他子句则是根据需要可选。

5.1.3　SELECT - SQL 应用举例

SELECT 查询命令的使用非常灵活,用它可以构造各种各样的查询,SELECT 列表项、FROM 子句、WHERE 子句构成最常用的、最基本的 SQL 查询语句,下面举例说明其应用方法。

一、单表查询

1. 查询全部信息

例5-1:查询学生基本情况表的全部信息。

```
SELECT  *  FROM xs
```

符号“*”表示选定表的全部字段。

2. 不包括重复信息

例5-2:查询学生中所有的专业代号,对于重名的专业代号只显示1次。

```
SELECT DISTINCT  zydh  FROM  xs
```

使用DISTINCT可消除重复的值,这里表示去掉查询结果中专业代号重复的记录。

3. 输出字段表达式

例5-3:查询学生的学号、姓名和年龄。

```
SELECT xsxh as 学号, xsxm as 姓名, YEAR(DATE())-YEAR(csrq) as 年龄;
    FROM xs
```

SELECT列表项中列表项格式为“表达式 as 列名”形式,表达式可以是常量、变量、函数及它们的组合,列名用来指定查询结果中列表项的标题。若未用AS指定列名,对于任意表达式列表项、存在同名的字段列表项,系统自动为其定义列名。

4. 记录的筛选处理

例5-4:查询工龄在10～15年之间(包括10年和15年)的教师的工号、姓名和工龄。

```
SELECT jsgh, jsxm, gl FROM js;
    WHERE gl >= 10 and gl<=15
```

WHERE子句用来指定筛选记录的条件,有多个条件时,可用AND或OR连接。

SELECT-SQL的查询方式很丰富,它还可以使用量词和谓词来实现查询,主要量词有ANY、ALL、SOME,主要谓词有BETWEEN、IN、LIKE和EXIXT,本例也可以用下列SELECT语句实现:

```
SELECT jsgh, jsxm, gl FROM js;
    WHERE gl BETWEEN 10 AND 15;
    ORDER BY gl DESC
```

在查询中,若要求某列的数值在某个区间内,可用BETWEEN…AND…表示;若要求某列的数值不在某个区间内,可用NOT BETWEEN…AND…。

例5-5:查询学生名字中包含“林”字的学生学号、姓名。

```
SELECT xsxh, xsxm FROM xs;
    WHERE xsxm LIKE "%林%"
```

在查找中,有时需要对字符串比较。LIKE提供两种字符串匹配方式,一种是使用下划线符“_”,匹配任意一个西文字符或中文字符,另一种是用百分号"%",匹配0个或多个字符的字符串。同样可以使用NOT LIKE表示与LIKE相反的含义。

5. 查询结果的排序

例5-6:查询工龄在10～15年之间(包括10年和15年)的教师的工号、姓名和工龄,并按工龄由高到低列出。

```
SELECT jsgh, jsxm, gl FROM js;
    WHERE gl IN (10,11,12,13,14,15);
```

```
    ORDER BY gl DESC
```

ORDER BY 子句用来指明查询结果的顺序,可以用列数、字段或列名表示,选项 DESC 表示由大到小输出。缺省情况下,以升序排序输出查询结果。

在查询中,经常会遇到要求表的列值是某几个值中的一个,这时可用 IN 表示。同样可以使用 NOT IN 来表示与 IN 完全相反的含义。

二、多表查询

在日常事务处理中,往往要涉及多个表之间的关联查询。SQL 语言提供了连接多个表的操作,可以在两个表之间按指定列的值将一个表中的行与另一表中的行连接起来,从而大大增强了其查询能力。

例 5-7:查询学生的学号、姓名、课程、成绩,并按学号排升序。

使用 WHERE 子句的筛选条件实现如下:

```
SELECT Xs.xsxh, Xs.xsxm, Kc.kcmc, Cj.cj;
    FROM xs, cj, kc;
    WHERE Xs.xsxh = cj.xsxh  AND  Cj.kcdh = kc.kcdh;
    ORDER BY Xs.xsxh
```

使用 FROM 子句的联接条件实现如下:

```
SELECT Xs.xsxh, Xs.xsxm, Kc.kcmc, Cj.cj;
    FROM  xs INNER JOIN cj INNER JOIN kc ;
          ON  Cj.kcdh = Kc.kcdh  ON  Xs.xsxh = Cj.xsxh;
    ORDER BY Xs.xsxh
```

对于上述查询,学号、姓名在学生表中可以查到,课程在课程表中可以查到,而成绩需到成绩表中才能查到,所以需按照学号相等联接学生表和成绩表,按照课程号相等联接成绩表和课程表。由于某些字段在多个表中都出现,所以为了防止二义性,在其字段名前必须加上表的别名作为前缀,以示区别。如果字段名是唯一的,可以不必加前缀。相关联的表中联接字段通常为同名字段,也可以为不同名字段,甚至可以为相应表达式,联接运算符通常为相等运算符,也可以为其他关系运算符。

三、统计处理

SELECT 语句不仅可以通过 WHERE 子句筛选满足条件的数据,还可以通过字段函数对满足条件的数据进行统计处理。下列 5 种字段函数可以应用于统计处理:

MIN　求(字符、日期、数值)列的最小值
MAX　求(字符、日期、数值)列的最大值
COUNT　对一列中的值计算个数
SUM　计算数值列的总和
AVG　计算数值列的平均值

例 5-8:查询教师人数、最高工龄、最低工龄和平均工龄。

```
SELECT COUNT(*) AS 人数, MAX(gl) AS 最高工龄,;
        MIN(gl) AS 最低工龄, AVG(gl) AS 平均工龄;
    FROM js
```

COUNT(*)表示统计记录条数,在教师表中记录条数可以表示教师人数。

例 5-9:查询每个部门教师的人数、最高工龄、最低工龄和平均工龄,并按部门排升序,

部门由工号的第 1 位数据表示。

```
SELECT substr(gh,1,1) as 部门, count(*) as 人数, max(gl) as 最高工龄,;
        min(gl) as 最低工龄, avg(gl) as 平均工龄;
    FROM js;
    GROUP BY 1;
    ORDER BY 1
```

字段函数是从基表的一组值中计算出一个汇总结果，基表中的一组记录在查询结果中生成一条统计记录，GROUP BY 子句用来定义组，列表项的值相同的记录分在一组。通常情况下，统计计算列表项不能作为分组依据，一般将非统计计算列表项作为分组依据（若未作分组依据，则此列表项在统计中只起一些修饰作用），若在非统计计算列表项中有多个相关字段，则选择关键字段作为分组依据，以提高系统处理效率。本例中共有 5 列数据，2～5 列为统计计算列表项，因此第 1 列为分组依据。

例 5－10：统计各班各门课程的考试情况，输出字段包括：班级编号、班级名称、课程名称、考试人数、优秀率、不及格率，查询结果按班级编号升序排序。（注：优秀率＝成绩 90 分以上（包括 90 分）的人数/总人数，不及格率＝不及格（成绩小于 60 分）人数/总人数）

```
SELECT bj.bjdh, bjmc, kcmc, COUNT(*) AS 总人数,;
        SUM(IIF(cj>=90,1,0))/COUNT(*) AS 优秀率,;
        SUM(IIF(cj<60,1,0))/COUNT(*) AS 不及格率;
    FROM  bj INNER JOIN xs INNER JOIN cj INNER JOIN kc;
        ON cj.kcdh=Kc.kcdh ON xs.xsxh=cj.xsxh ON bj.bjdh=xs.bjdh;
    GROUP BY bj.bjdh, kcmc;
    ORDER BY bj.bjdh
```

在统计计算中一般求和处理使用 SUM（计算字段），计数处理使用 COUNT（字段）或 COUNT（*），而对于按条件求和处理，则需要构造表达式 SUM（IIF（条件表达式，计算字段，0）），按条件计数处理，需要构造表达式 SUM（IIF（条件表达式，1，0））来实现。本例中共有 6 列数据，4～6 列为统计计算列表项，1～3 列为非统计计算列表项，所以可设 bjdh、bjmc、kcmc 为分组依据，但 bjdh 可决定 bjmc，因此分组依据设为 bj.bjdh 和 kcmc，能够提高处理效率。

例 5－11：在教师表中查询出各部门中有 3 人以上具有相同职称的部门和职称名称。

```
SELECT SUBSTR(jsgh,1,1) as 部门, zc as 职称名称;
    FROM js;
    GROUP BY 1, zc;
    HAVING COUNT(*) >= 3
```

要特别注意 HAVING 子句和 WHERE 子句的区别。WHERE 子句用来指定表中记录所应满足的条件，而 HAVING 子句用来指定表中每一分组所应满足的条件，只有满足 HAVING 子句的条件的那些组才能在查询结果中被显示。即 HAVING 用于去掉不符合条件的若干组，如同 WHERE 用于去掉不符合条件的若干行一样。

上例中按部门和职称进行分组统计，然后在每个分组中检测其记录个数是否大于等于 3，如果满足条件，则该组的部门和职称才被输出。

实质上，WHERE 子句是对基表记录的筛选处理，HAVING 子句是对中间的查询结果进一步作筛选处理。因此,HAVING 子句可以使用列表项中的列名,或使用字段函数来表示条件表达式,而 WHERE 子句不可以使用列名。此外,在无 GROUP BY 子句的情况下,HAVING 子句也可独立使用,此时可代替 WHERE 子句的功能,对记录进行筛选处理。

四、嵌套查询

如果一个 SELECT 命令无法完成查询任务,而需要一个子 SELECT 的结果作为条件语句的条件,即在一个 SELECT 命令的 WHERE 子句中出现另一个 SELECT 命令,则称为嵌套查询或称为子查询,必须将子查询部分用圆括号括起来。

例 5-12:查询成绩表中孤立的记录(即成绩表中的学号在学生表中不存在的记录)。

通常情况下,可用下列 SELECT-SQL 语句实现:

```
SELECT * FROM cj ;
    WHERE cj. xsxh NOT IN (SELECT xs. xsxh FROM xs)
```

也可以利用相关子句查询实现:

```
SELECT * FROM cj ;
    WHERE NOT EXISTS (SELECT xs. xsxh FROM xs WHERE xs. xsxh=cj. xsxh)
```

还可以利用相应联接和空值查询加以实现:

```
SELECT cj. * FROM cj LEFT JOIN xs ON cj. xsxh=xs. xsxh ;
    HAVING xs. xsxh IS NULL
```

在 SQL 语言标准中,嵌套查询可以在 FROM 子句、WHERE 子句和 HAVING 子句实现,允许多层嵌套。但在 VFP 中,子查询只能限定在 WHERE 子句中,子 SELECT 语句的结果必须有确定的内容,在 WHERE 子句中,最多出现两个并列的子 SELECT 语句,并且子查询只能嵌套一次。

五、联合查询

在 SQL 语言中可以将两个或多个查询结果进行并操作(UNION)。需要注意的是两个查询结果进行并操作时,它们必须具有相同的列数,并且对应的列应有相同的数据类型和宽度(对应的列名可以不同)。默认情况下,UNION 运算自动去掉重复记录。

例 5-13:查询具有“教授”职称和“副教授”职称的教师的编号、姓名和职称。

```
SELECT Js. jsgh, Js. jsxm, Js. zc;
    FROM sjk! js;
    WHERE Js. zc = "教授";
UNION;
SELECT Js. jsgh, Js. jsxm, Js. zc;
    FROM sjk! js;
    WHERE Js. zc = "副教授"
```

合并后,自动按第 1 列排序,也可以最后使用 ORDER BY 子句指定排序列。

六、别名与自联接查询

* **例 5-14:**在成绩表中查询成绩超出每门课程成绩平均分 10 分以上的学生,输出学号、课程代号、成绩,根据课程代号排升序,并将查询结果输出到 cjtemp 自由表中。

```
SELECT a. xsxh,a. kcdh,a. cj FROM cj a ;
    WHERE a. cj - 10 >= (SELECT avg(b. cj)  FROM cj b WHERE b. kcdh=a. kcdh);
    ORDER BY kcdh;
```

```
        INTO TABLE cjtemp
```

* **例 5－15**:在学生表中查询所有同年同月同日生的男女学生对。

```
    SELECT a.xsxm as 男方姓名, b.xsxm as 女方姓名, b.csrq as 出生日期;
        FROM xs a, xs b;
        WHERE a.xsxm<>b.xsxm and a.csrq=b.csrq ;
              and a.xb="男" and b.xb="女"
```

或者:

```
SELECT a.xsxm as 男方姓名, b.xsxm as 女方姓名, b.csrq as 出生日期;
        FROM xs a INNER JOIN xs b ON a.csrq=b.csrq;
        WHERE a.xsxm<>b.xsxm   and a.xb="男" and b.xb="女"
```

SQL 不仅可以对多个表实行联接操作,也可以将同一关系与自身进行联接,这种联接称为自联接,在自联接操作中,别名是必不可少的。在本例中,学生表一个实例使用别名为 a,另一个实例使用别名为 b。

5.2　查询的创建和使用

5.2.1　查询的本质

所谓"查询",是指向一个数据库发出的检索信息的请求,它使用一些条件提取特定的记录。查询的运行结果是一个基于表和视图的动态的数据集合。

创建查询必须基于确定的数据源。从类型上讲,数据源可以是自由表、临时表、数据库表或视图,从数量上讲,可以是单表或多张数据表。

事实上,一个查询可以用一条 SELECT－SQL 语句来完成。一个查询保存为一个扩展名为.QPR 的文件。文件中保存的是实现查询的 SELECT－SQL 命令,而非查询的结果。查询和视图设计器在本质上都是 SELECT－SQL 命令的可视化设计方法。

在 VFP 中创建查询可以有 3 种方法:一是使用查询设计器;二是使用查询向导;三是直接使用 SELECT－SQL 语句。

5.2.2　查询设计器的使用

在 VFP 中,数据保存在表中。数据库将多个表组织起来,并在表之间建立关系,使这些表在逻辑上成为一个整体。保存数据的目的是为了使用数据和快速查询数据。使用查询功能,可以方便地实现对各种数据的查询。

一、建立单表查询

例 5－16:通过对学生表的查询,了解查询设计器的应用。试查询所有在 18～20 岁之间的学生的学号、姓名、年龄,并按学号升序排序。

1. 启动查询设计器

启动查询设计器有下列方法:

(1) 在"项目管理器"中选择"数据"选项卡,在项列表中选择"查询",单击"新建"按钮,选择"新建查询"。

(2) 选择"文件"菜单中"新建"命令或者"常用"工具栏"新建"按钮,在单选框中选择"查询",选择"新建文件"按钮。

(3) 使用 CREATE QUERY 命令。

在新建查询时,系统会提示从当前数据库或自由表中选择表或视图,选择了相关表(本例为 Sjk 数据库中的 xs 表)或视图后,则打开查询设计器,查询设计器界面如图 5-1 所示。同时可打开查询设计器工具栏。系统还自动增加了一个"查询"主菜单,如图 5-2 所示。另外,单击鼠标右键,还可弹出快捷菜单。系统提供的多种操作方式的功能基本相同,都是为了方便查询操作。

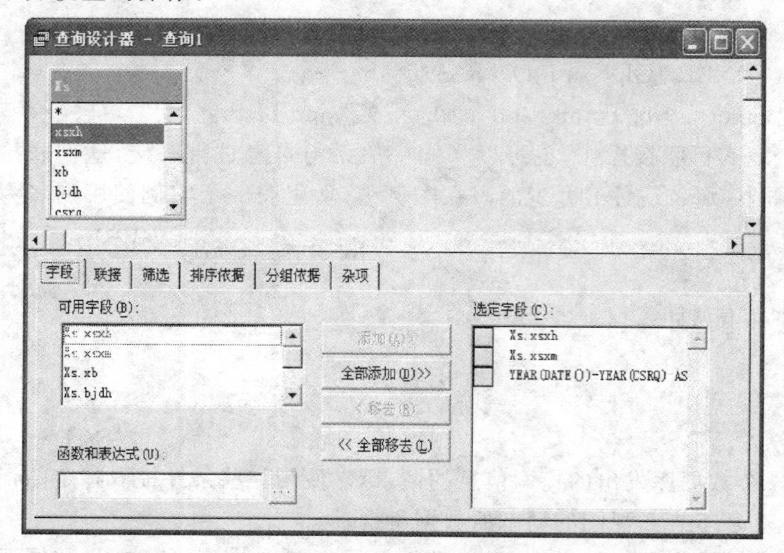

图 5-1 查询设计器

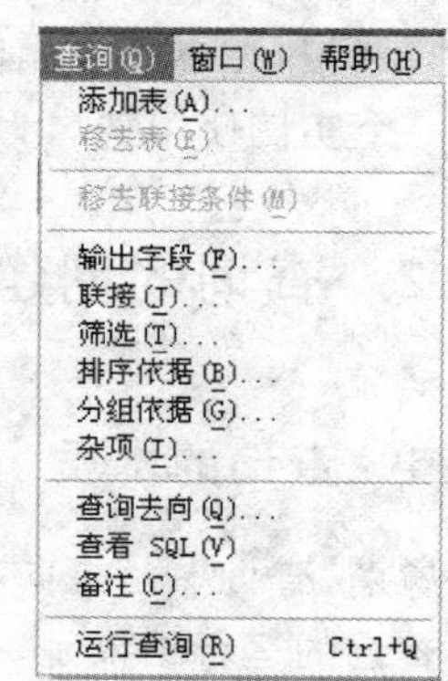

图 5-2 查询主菜单

查询设计器对话框的上半部分为数据环境显示区,可看到所选择的工作表。下半部分包括 6 个选项卡,各个选项卡的功能及对应 SELECT 命令子句见表 5-1。

表 5-1 查询设计器与 SQL 查询语句的功能对照表

查询设计器	功 能	SQL 查询语句
定义数据环境	设置数据源表	FROM 子句
联接选项卡	设置表间的联接条件	…JOIN…ON…子句
字段选项卡	设置输出字段和表达式	SELECT 列表项
筛选选项卡	筛选源表记录	WHERE 子句
排序依据选项卡	设置结果顺序	ORDER BY 子句
分组依据选项卡设	设置记录的分组和筛选分组	GROUP BY 子句
杂项选项卡	指定有无重复记录 指定结果的范围	ALL/DISTINCT TOP n [PERCENT]
设置查询去向	设置输出类型	INTO 和 TO 子句

查询设计器工具栏的按钮说明如表 5-2。

2. 定义查询的输出内容

在"查询设计器"中,选择"字段"选项卡,在"可用字段"框中列出了数据环境中相关数据表的所有字段;在"选定字段"框中显示出需查询输出的字段或表达式:"函数和表达式"框用来建立查询结果中输出的表达式。"选定字段"框中行的顺序就是查询结果中列的顺序,可用左边 ⇕ 按钮上下调整输出列的顺序。

表 5-2　查询设计器工具栏的按钮说明

按钮名称	说　明
添加表	为查询添加表或视图
移去表	从查询设计器中移去指定的表
添加联接	为查询中的两个表创建联接
显示/隐藏 SQL 窗口	显示/隐藏当前查询语句的窗口
最大化/最小化上部窗格	放大/缩小查询设计器的数据环境窗口
查询去向	指定查询结果的输出对象

在"可用字段"框和"选定字段"框之间有 4 个按钮："添加"、"全部添加"、"移去"和"全部移去"按钮，用于选择或取消选定字段。

在"函数和表达式"框中，可以用来输入一个表达式，或单击"…"按钮，打开"表达式生成器"对话框，用于生成一个表达式，单击"添加"按钮，表达式就出现在"选定字段"框中。还可以给选定的字段或表达式起一个列名，方法是在"函数和表达式"框中字段名或表达式后输入" AS 列名"，查询结果中就以列名作为该列的标题。

本例中，为了输出年龄，可以在"函数和表达式"框中加入下列表达式：

YEAR(DATE())- YEAR(Xs. csrq)　AS 年龄

然后，按"添加"按钮，可见表达式出现在"选定字段"框中，通常情况下，若系统给输入的表达式自动加上双引号，则说明输入的表达式有错误。对于单独的字段也可以起列名，例如在"函数和表达式"框中输入"Xs. xsxm　as 姓名"，这样查询表中标题将显示"姓名"字样。

3. 设置查询的筛选条件

查询既可以查询所有记录，也可以查询满足某个条件的记录。指定选取记录的条件可以使用查询设计器的"筛选"选项卡，如图 5-3 所示。其中，"字段名"框用于选择要比较的字段；"条件"框用于设置比较的类型(见表 5-3)；"实例"框用于指定比较的值；"大小写"框用于指定比较字符值时，是否区分大小写；"逻辑"框用于指定多个条件之间的逻辑运算关系。如果用逻辑与运算符"AND"连接两个条件组成筛选条件，则只有同时满足这两个条件的记录才能出现在查询结果中；如果用逻辑或运算符"OR"连接两个条件组成筛选条件，则满足这两个条件中的任何一个的记录就能出现在查询结果中。"筛选"卡中的一行就是一个关系表达式，所有的行构成一个逻辑表达式。

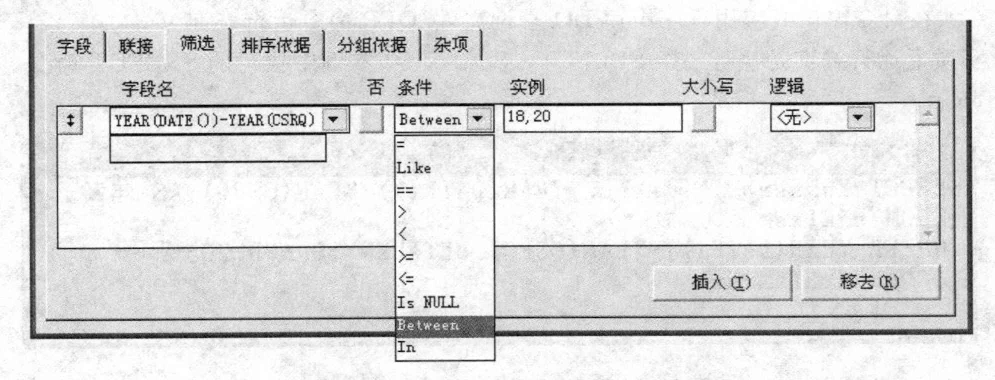

图 5-3　查询设计器的"筛选"选项卡

表 5－3　条件类型

条件类型	说　　明
＝	字段值等于实例值
Like	字段值与实例值匹配
＝＝	字段值与实例值严格匹配
＞(＞＝)	字段值大于(大于或等于)实例的值
＜(＜＝)	字段值小于(小于或等于)实例的值
Is NULL	字段值为“空值”
Between	字段值在某个值域内。值域由实例给出，实例中给出两个值，两值之间用逗号分开
In	字段值在某个值表中，值表由实例给出，实例中给出若干值，值与值之间用逗号分开

4. 设置查询结果的排序依据

使用查询设计器，可以对查询结果中输出的记录排序。“排序条件”列表框中的顺序决定了排序的优先权。排序可以是升序，也可以是降序。本例中，选择学号(Xs. xsxh)排升序，如图 5－4 所示。

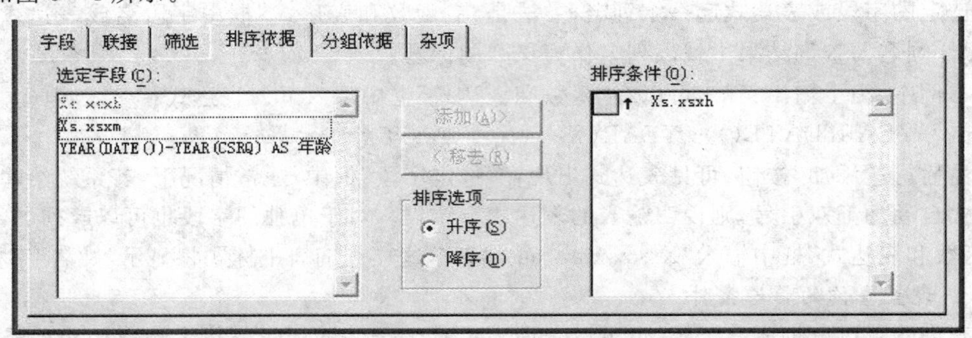

图 5－4　查询设计器的“排序依据”选项卡

5. 运行查询

运行查询的方法有多种：

(1) 在项目管理器打开的情况下，选择要运行的查询文件，单击项目管理器上的“运行”按钮，即可运行查询。

(2) 在查询文件打开的情况下，单击“常用”工具栏上的“运行”按钮或“查询”菜单(或者快捷菜单)中的“运行查询”项即可运行查询。

(3) 在命令窗口或应用程序中用 DO 查询文件. QPR 命令运行查询。

实质上运行查询是执行一条 SELECT－SQL 命令，本例中执行的 SELECT 命令，如图 5－5 所示。

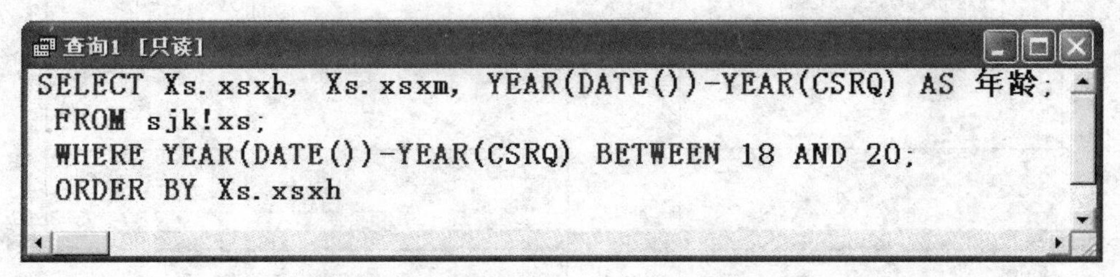

图 5－5　例 5－16 的 SELECT－SQL 语句

二、统计处理

例 5－17：对教师表统计各部门教授、副教授的人数，要求输出部门、职称、人数，按部门代号排升序，部门代号相同的按职称排升序。(**注意：教师工号的第 1 位表示部门。**)

本例中，先按要求设置好“字段”选项卡，加入“部门”字段(Substr(Js. jsgh，1，1) as 部门)、“职称”字段、“人数”(Count(＊))字段；设置“筛选”选项卡，字段名为 zc，条件为 In，实例为教授，副教授；设置“排序依据”选项卡，按部门升序、职称升序；然后设置“分组依据”选项卡。

1. 设置查询结果的分组依据

在查询设计器中有一个“分组依据”选项卡。所谓分组就是将一组类似的记录压缩成一个结果记录，以便完成对这一组记录的计算。下面来看一下“分组依据”的使用。

本例中需按照部门和职称进行分组，利用 COUNT()、SUM()和 AVG()函数可以对每一组记录进行计数、求和及求平均计算。另外还有 MAX()是求最大值函数，MIN()是求最小值函数。

在“分组依据”选项卡中，把“可用字段”中的“SUBSTR(Js. gh，1，1) as 部门”字段和“Js. zc”字段添加到“分组字段”中，如图 5－6 所示。

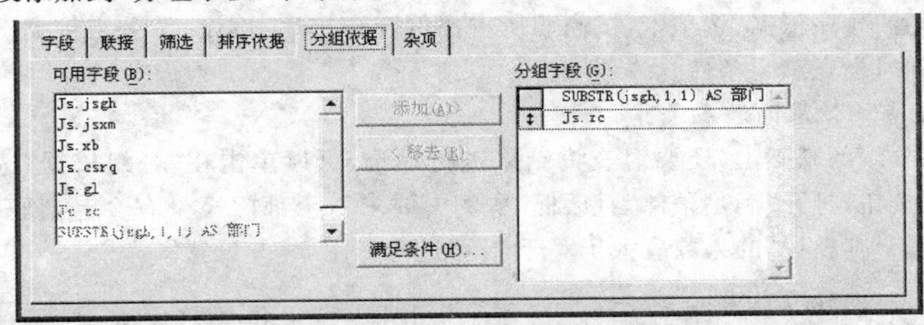

图 5－6　查询设计器“分组字段”选项卡

实现例 5－17 的 SELECT－SQL 语句及运行结果分别如图 5－7、图 5－8 所示。

例5-17.qpr [只读]

```
SELECT SUBSTR(jsgh,1,1) AS 部门, Js.zc AS 职称, COUNT(*) AS 人数;
 FROM sjk!js;
 WHERE Js.zc IN ("教授","副教授");
 GROUP BY 1, Js.zc;
 ORDER BY 1, Js.zc
```

图 5－7　例 5－17 的 SELECT－SQL 语句

查询

部门	职称	人数
A	副教授	2
B	教授	1
C	副教授	1
D	副教授	2
E	副教授	2
E	教授	1
G	副教授	1
H	副教授	1
H	教授	1

图 5－8　例 5－17 的运行结果

例 5 - 18:对教师表各部门作统计处理,统计各部门的总人数、教授、副教授、讲师、助教的人数及高职所占比例,要求输出至少有 2 名高职人员的部门,将其中高职所占比例最高的前 2 个部门的相关数据输出至临时表 jstotal。(**注意:工号的第 1 位表示部门,高职所占比例=((教授+副教授)/总人数)*100%。**)

本例中的统计和上例统计略有不同,我们按要求先设置好"字段"选项卡,在函数和表达式框处前后添加表达式:

① SUBSTR(Js.jsgh,1,1) AS 部门;

② COUNT(*) AS 总人数;

③ SUM(IIF(Js.zc="教授",1,0)) AS 教授;

④ SUM(IIF(Js.zc="副教授",1,0)) AS 副教授;

⑤ SUM(IIF(Js.zc="讲师",1,0)) AS 讲师;

⑥ SUM(IIF(Js.zc="助教",1,0)) AS 助教;

⑦ STR(SUM(IIF(zc="教授" OR zc="副教授",1,0))/COUNT(*)*100,5,1)+"%" AS 高职所占比例;

然后设置"排序依据"选项卡,按高职所占比例降序排序;再设置"分组依据"选项卡,按部门分组,同时设置满足条件。

2. 设置查询结果的满足条件

如果在分组的基础上,还要对查询结果进行筛选,可以单击在"分组依据"选项卡中的"满足条件"按钮,打开"满足条件"对话框,本例中要求一个部门至少有 2 名高职人员,就是说组中"教授+副教授"的人数应大于等于 2,可进行如图 5 - 9 设置。

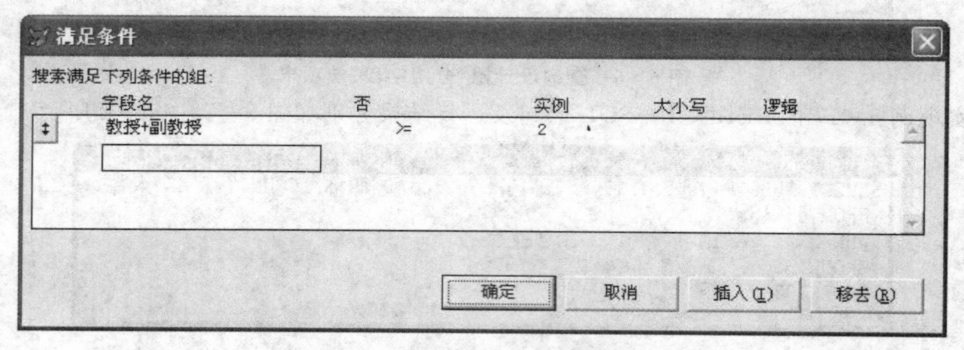

图 5 - 9　"分组依据"中的"满足条件"对话框

需要注意的是,"分组依据"选项卡的"满足条件"是对查询结果中的组进行的进一步筛选,"筛选"选项卡的"筛选条件"是对基表的记录进行的筛选。

最后,还需要设置查询杂项及输出去向。

3. 设置查询杂项

在"查询设计器"的"杂项"选项卡中,去除"全部"前复选框,记录个数处输入 2,如图 5 - 10 所示。在此选项卡中,可以进行下列选项的设置:

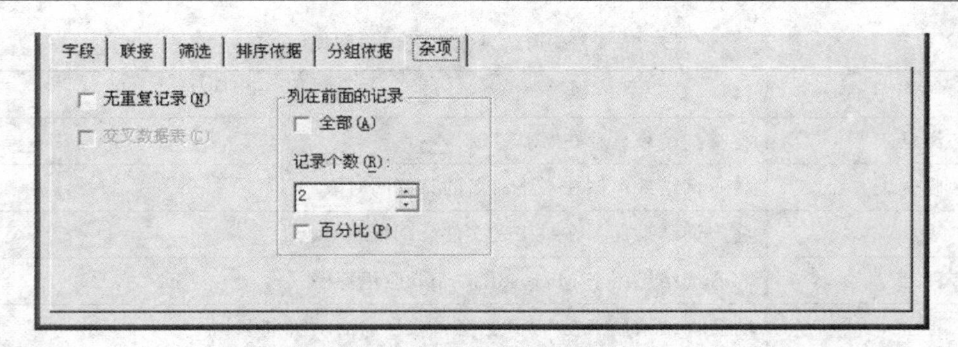

图 5－10　查询设计器的“杂项”选项卡

(1) 如果选择复选框“无重复记录”，则查询结果中将排除所有相同的记录；否则，将允许重复记录的存在。

(2) 如果选择复选框“交叉数据表”，将把查询结果以交叉表格式传送给 Microsoft Graph、报表或表。只有当“选定字段”刚好为 3 项时，才可以选择“交叉数据表”复选框，选定的 3 项代表 X 轴、Y 轴和图形的单元值。

(3) 如果选择复选框“全部”，则满足查询条件的所有记录都包括在查询结果中，这是查询设计器的默认设置。只有在取消对“全部”复选框的选择的情况下，才可以设置“记录个数”和“百分比”。“记录个数”用于指定查询结果中包含多少条记录。当没有选定“百分比”复选框时，“记录个数”微调框中的整数表示只将满足条件的前若干条记录包括到查询结果中；当选定“百分比”复选框时，“记录个数”微调框中的整数表示只将最先满足条件的百分之多少记录包括到查询结果中。

4. 选择查询结果的输出去向

从“查询”菜单中选择“查询去向”，或在“查询设计器”工具栏中单击“查询去向”按钮，屏幕上将出现“查询去向”对话框，如图 5－11 所示，本例中选择临时表，并输入表名为 JSTOTAL。

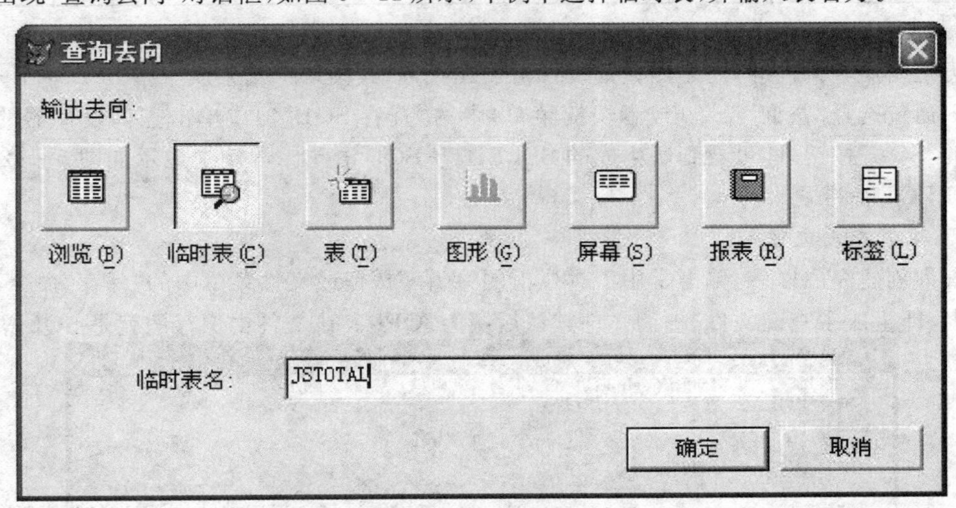

图 5－11　查询设计器的“查询去向”对话框

在“查询去向”对话框中，根据需要可以把查询结果输出到表 5－4 所示的不同的目的地。如果没有选定输出类型，系统默认查询结果显示在浏览窗口中。

表 5－4　查询结果输出去向类型说明

输出去向类型	说　　明
浏览	将查询结果显示在"浏览"窗口
临时表	将查询结果存储在一张命名的只读临时表中
表	将查询结果保存在一张表文件(.DBF)中
图形	将查询结果用于 Microsoft Graph 应用程序
屏幕	将查询结果显示在 VFP 主窗口或当前活动窗口中
报表	将查询结果输出到一个报表文件(.FRX)
标签	将查询结果输出到一个标签文件(.LBX)

在 SELECT－SQL 语句中使用 INTO 子句或 TO 子句来定向查询结果。表 5－5 列出了几种输出类型的示例：

表 5－5　SELECT－SQL 输出去向

输出去向	SELECT－SQL 相应子句
浏览	缺省
临时表	INTO CURSOR 临时表
表	INTO TABLE 表
数组	INTO ARRAY 数组
屏幕	TO SCREEN
文本文件	TO FILE 文本文件.TXT
打印机打印	TO PRINTER

5. 查看 SQL 语句

无论是用查询向导，还是用查询设计器创建查询，其结果都是生成一条 SELECT－SQL 语句。通过选择"查询"菜单(或者快捷菜单)中的"查看 SQL"项或单击查询设计器的工具栏上的"SQL"按钮，即可看到所生成的 SELECT－SQL 语句。本例中显示如图 5－12 所示的 SELECT 命令。

6. 生成查询文件

查询创建完成以后，单击常用工具栏上的"保存"按钮或文件菜单中的"保存"命令，输入文件名，即生成了查询文件，查询文件默认后缀为.QPR。该文件中保存的就是 SQL 语句。

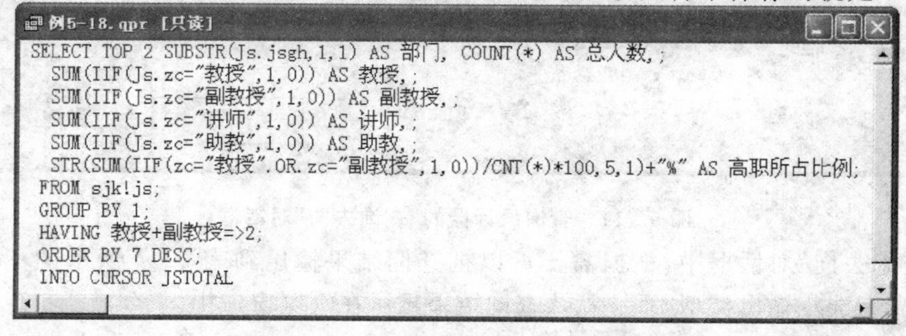

图 5－12　例 5－18 的 SELECT－SQL 命令

本例运行查询后，表面上无反应，打开“数据工作期”窗口，可见一别名为“Jstotal”的表，选择此表浏览，如图 5－13 所示。

Jstotal

部门	总人数	教授	副教授	讲师	助教	高职所占比例
E	5	1	2	1	1	60.0%
D	4	0	2	1	1	50.0%

图 5－13　例 5－18 中输出的临时表 Jstotal

三、多表查询

例 5－19：查询每个学生的班级、学号、姓名、总学分、最高成绩、最低成绩和平均成绩数据，并按班级、学号排升序。**（注意：成绩＞＝60 分，计学分；成绩＜60 分，学分计 0 分）**

一般来说，对于查询问题，首先要分析查询哪些字段？有没有需要计算的表达式？以及计算将涉及哪些字段？然后，找出这些字段分别在哪个表或视图中？如果涉及多个表，就需要找出表之间的联接关系。至此，查询所需要的数据环境、联接条件、输出字段或表达式已经确定。最后，看一看查询结果是否需要排序，是否需要分组等等。

本例中，班级名称来自于“班级（BJ）”表，学号、姓名来自“学生（XS）”表，成绩数据来自“成绩（CJ）表”，学分来自“课程（KC）”表，且需分组统计计算，因此本查询涉及 4 张表中的数据，首先需要定义数据环境和设置联接条件。

1. 定义数据环境

查询设计器的对话框的上半部分为数据环境显示区，用来显示所选择的表或视图，在新建查询时，系统会提示从当前数据库或自由表中选择表或视图。当“查询设计器”处于打开时，可以使用“查询设计器”工具栏的“添加表”按钮或“查询”菜单中的“添加表”项，或选择快捷菜单中的“添加表”项，打开“添加表或者视图”对话框，添加多张表或视图。同样，也可以使用“移去表”功能从数据环境中移去表。

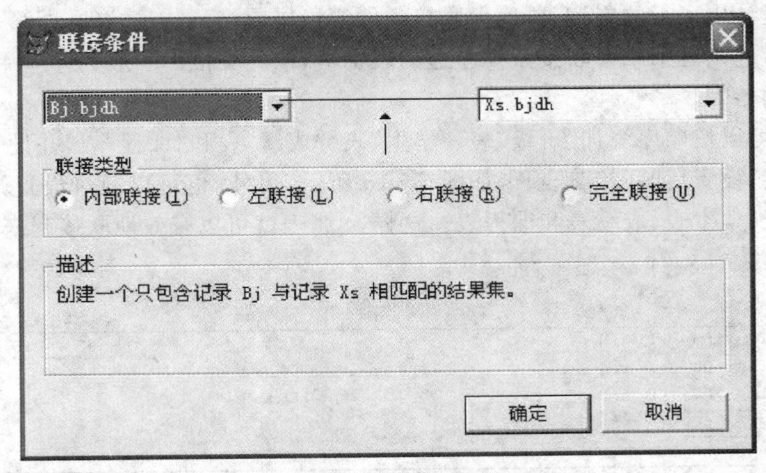

图 5－14　“联接条件”对话框

2. 设置联接条件

进行多表查询时，需要把所有有关的表或视图添加到查询设计器的数据环境中，并为这些表建立联接。这些表可以是数据表、自由表或视图的任意组合。

当向查询设计器中添加多张表时,如果新添加的表与已存在的表之间在数据库中已经建立永久性关系,则系统将以该永久性关系作为默认的联接条件。否则,系统会打开“联接条件”对话框,并以两张表的同名字段作为默认的联接条件,如图 5－14 所示。

在该对话框中有 4 种联接类型:内部联接(Inner Join)、左联接(Left Outer Join)、右联接(Right Outer Join)和完全联接(Full Join),其意义见表 5－6。系统默认的联接类型是“内部联接”,可以在“联接条件”对话框中更改表之间的联接类型。

对于已存在于查询中的表或视图,可以拖动一张表中的字段到另一张表中的字段上建立联接条件。也可以从“查询设计器”工具栏上选择“添加联接”按钮,打开“联接条件”对话框,建立联接条件。或者在“查询设计器”对话框的“联接”选项卡中,修改、添加或删除联接条件。

表 5－6 联接类型

联接类型	说 明
内部联接	两个表中的字段都满足联接条件,记录才选入查询结果
左联接	联接条件左边的表中的记录都包含在查询结果中,而右边的表中的记录只有满足联接条件时,才选入查询结果,若右表中无满足联接条件的记录,则用空值联接,产生一条记录,合并到查询结果中
右联接	联接条件右边的表中的记录都包含在查询结果中,而左边的表中的记录只有满足联接条件时,才选入查询结果,若左表中无满足联接条件的记录,则用空值联接,产生一条记录,合并到查询结果中
完全联接	两个表中的记录不论是否满足联接条件,都选入查询结果中

对于已存在的联接,在“查询设计器”对话框的数据环境显示区中将看到表之间的联接线;在“联接”选项卡中将看到一行对应的条件。

联接不必基于完全匹配的字段,可使用“Like”、“＝＝”、“＞”或“＜”等运算符,设置灵活的联接条件。联接两表的字段名可以同名,也可以不同名,甚至还可以为表达式,但含义必须相同。

查询或视图设计器中生成的 SELECT－SQL 语句,格式比较特殊,ON 子句集中在一起。因此要设计出可行的查询,要确保联接条件的格局应该是“链式”的,即第一个联接条件右边的表别名应该是第二个联接条件左边的表别名,依此类推。一般具体应用时,需按上述要求顺序添加各表。

本例中,可以按顺序添加“班级”表、“学生”表、“成绩”表和“课程”表,并设置它们相应字段之间的联接,设置后“联接”选项卡如图 5－15 所示;另外,也可以通过设置筛选条件来进行联接班级表、学生表、成绩表和课程表。这样,4 张表就可以有效地联接起来。

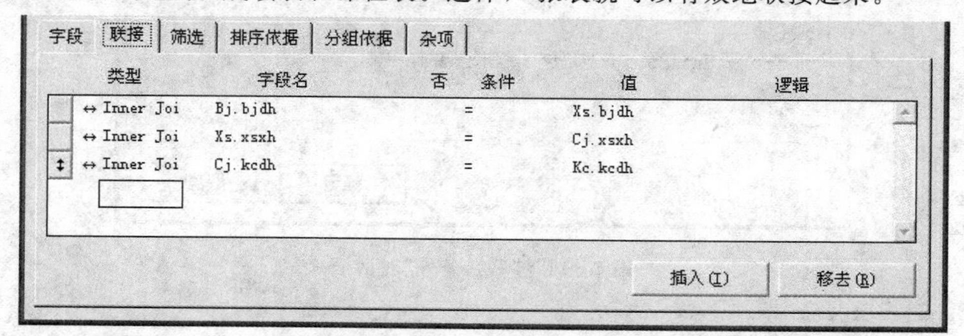

图 5－15 查询设计器“联接”选项卡

然后,根据要求设置查询输出的各字段或表达式,如图 5－16 所示。

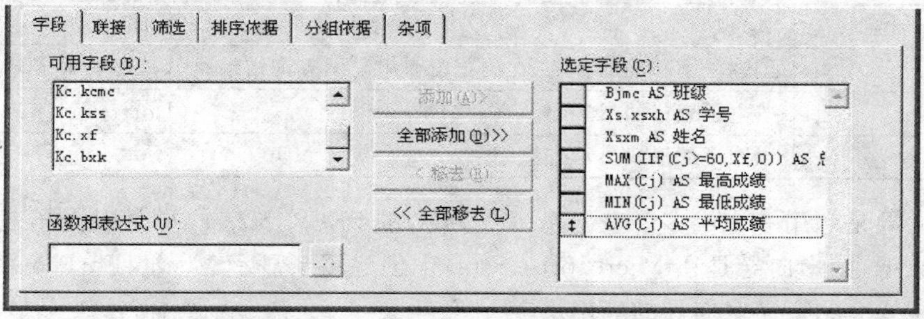

字段 | 联接 | 筛选 | 排序依据 | 分组依据 | 杂项

可用字段(B):
Kc.kcmc
Kc.kss
Kc.xf
Kc.bxk

添加(A)>>
全部添加(D)>>
<移去(R)
<< 全部移去(L)

函数和表达式(U):

选定字段(C):
Bjmc AS 班级
Xs.xsxh AS 学号
Xsxm AS 姓名
SUM(IIF(Cj>=60,Xf,0)) AS 总
MAX(Cj) AS 最高成绩
MIN(Cj) AS 最低成绩
AVG(Cj) AS 平均成绩

图 5－16　查询设计器"字段"选项卡

再设置"分组依据"选项卡,根据班级和学号进行分组。

最后,设置查询结果的排序条件:先按班级名称排序,再按学号排升序。

本例查询的 SELECT－SQL 语句,如图 5－17 所示。

例5-19.qpr [只读]

```
SELECT Bjmc AS 班级, Xs.xsxh AS 学号, Xsxm AS 姓名,;
  SUM(IIF(Cj>=60,Xf,0)) AS 总学分, MAX(Cj) AS 最高成绩,;
  MIN(Cj) AS 最低成绩, AVG(Cj) AS 平均成绩;
 FROM  sjk!bj INNER JOIN sjk!xs;
    INNER JOIN sjk!cj;
    INNER JOIN sjk!kc ;
   ON  Cj.kcdh = Kc.kcdh ;
   ON  Xs.xsxh = Cj.xsxh ;
   ON  Bj.bjdh = Xs.bjdh;
 GROUP BY 1, Xs.xsxh, 3;
 ORDER BY 1, Xs.xsxh
```

图 5－17　例 5－19 的 SELECT－SQL 语句

本例中,若添加表的顺序不正确,则链接就会有问题,将得不到正确结果,但可以删除联接条件或不联接,通过添加筛选条件实现,查询的 SELECT－SQL 语句,如图 5－18 所示。

例5-19.qpr [只读]

```
SELECT Bj.bjmc AS 班级, Xs.xsxh AS 学号, Xs.xsxm AS 姓名,;
  SUM(IIF(cj=>60,xf,0)) AS 总学分, MAX(Cj.cj) AS 最高成绩,;
  MIN(Cj.cj) AS 最低成绩, AVG(Cj.cj) AS 平均成绩;
 FROM sjk!bj, sjk!xs, sjk!cj, sjk!kc;
 WHERE Bj.bjdh = Xs.bjdh;
   AND Xs.xsxh = CJ.xsxh;
   AND Cj.kcdh = Kc.kcdh;
 GROUP BY Bj.bjmc, Xs.xsxh;
 ORDER BY Bj.bjmc, Xs.xsxh
```

图 5－18　例 5－19 通过筛选条件实现的 SELECT－SQL 语句

5.2.3　查询向导的使用

使用查询向导,可以根据向导交互创建一个查询。通过引导用户回答一系列的问题逐步建立查询。VFP 查询提供了 3 种向导:查询向导、交叉表向导、图形向导。各种向导的功能见表 5－7 所示。

表 5-7　3 种查询向导的功能

查询向导类型	功能说明
查询向导	创建一个标准的查询,在浏览窗口中显示查询结果
交叉表向导	按电子表格的形式显示查询结果
图形向导	以图形的形式显示查询结果

查询向导是利用一个或多个表创建一个 SQL 查询。交叉表向导是以电子表格的形式显示查询数据,图形向导是在 Microsoft Graph 中创建用于显示 Visual ForPro 表数据的图形。下面主要介绍交叉表向导的应用。

交叉表查询是查询的一种,这种查询能以电子表格的形式显示出总结性的数据。例如,在成绩表中,一个学生的成绩分布在多个记录中,因而不能清楚地表达每个学生的成绩情况,最好是将每个学生的成绩放在一行中。这个要求可以通过交叉表查询来实现,操作如下。

在"项目管理器"中新建一个查询,在"新建查询"对话框中选择"查询向导",在"向导选取"中选择"交叉表向导","交叉表向导"具体操作步骤如下:

(1) 字段选取

"交叉表向导"的第一个步骤是字段选取,选择添加"CJ"表的 3 个字段:XSXH、KCDH 和 CJ。

(2) 布局

"交叉表向导"的第二个步骤是布局,可以用鼠标把"XSXH"字段拖到"行"框中,把"KCDH"字段拖到"列"框中,把"CJ"字段拖到"数据"框中。这样,成绩表中有多少个学生,则在交叉表中就会有多少行;有多少门课程,则在交叉表中就会有多少列。

(3) 加入总和信息

"交叉表向导"的第三个步骤是加入总和信息。在这里,可以为查询结果指定一个"总计"列,这个"总计"列将会被加入到查询结果的最右侧。我们选择了系统的默认值。

(4) 完成

"交叉表向导"的第四个步骤是完成。在这里,单击"预览"按钮可以查看查询的结果,如果对结果满意,就可以单击"完成"按钮。本例选择保存并运行交叉表查询,去除显示 Null 值复选框,按"完成"按钮,以 Cross_cj. QPR 为文件名存盘,在"浏览"窗口中显示出结果,如图 5-19 所示。

Query

Xsxh	C_01	C_02	C_06	C_08	总和
042108102	85.0	75.0	88.0	65.0	313.0
042108105	56.0	77.0	84.0	73.0	290.0
042108107	85.0	86.0	74.0	59.0	304.0
042108111	86.0				86.0
042108136	84.0	88.0	92.0	63.0	327.0
042108209	84.0	75.0	89.0	62.0	310.0
042116110	90.0	89.0	94.0	82.0	355.0
042116202	63.0	56.0	42.0	80.0	241.0
042116204	80.0	84.0	69.0	78.0	311.0
042116206	93.0	89.0	87.0	83.0	352.0
042116208	85.0				85.0

图 5-19　交叉表查询运行结果

实际上生成交叉表是通过系统内部提供的 VFPXTAB.PRG 程序自动生成的,使用方法是:

DO (_GENXTAB) WITH 参数列表

即通过 SELECT 命令查询记录,然后使用 VFPXTAB.PRG 程序自动生成交叉表。

5.3　视图的创建和使用

设计数据库时,其相关的表是综合所有用户的需要,使用规范化理论来进行设计的。这些相关的表是数据库的全局逻辑结构和特性的描述,称为模式。但是,在实际应用过程中,不同的用户,对数据库的需求是不同的。每个用户只关心自己的应用,只需要通过用户视图完成各自的应用即可。因此,视图是数据库全局逻辑模式的子集,是数据的局部逻辑结构,是用户看到的数据视图。它是外模式,又称用户模式。

5.3.1　视图的实质

视图是一种数据库对象。它允许用户从一个表或多个相关联的表中提取有用信息,建立一个"虚表"。视图兼有"表"和"查询"的特点。与表相类似的地方是,视图可以用来更新其中的数据,并将更新结果永久保存在基表中;与表的不同之处是视图中并不存储数据,而仅仅是一条 SELECT - SQL 查询语句,打开视图时按此查询语句检索数据,并以表的形式表示。事实上,如果不告诉用户是在视图中的话,还以为是在表中工作。可见视图是操作表的一种手段,通过视图不仅可以查询表,而且还可以更新表,视图具有如下方面优点:

1. 视图可以提供附加的安全层

由于视图是建立在基表之上的一种"虚表",通过在基表上定义视图,可以向用户提供他所需要的信息而隐藏这些用户不应存取的信息,这样视图有效地保护了敏感数据,对表提供了附加的安全层。

2. 视图可以隐蔽数据的复杂性

数据库是按规范化理论来进行设计的,它由若干相关联的表组成。在执行联接操作时,可以从几个表中抽取数据。但这些联接操作常常把最终用户,甚至专家也搞糊涂。在这种情况下,建立了联接多表信息的视图,将表之间数据的复杂性隐藏起来,使人们的操作更加方便。

3. 视图带来更改的灵活性

在数据库的设计中,根据应用的需要可能会更改数据库的全局逻辑结构,引入视图后,只需重新定义视图,使原视图结构不变,就可以不用更改应用程序;反之,更改了应用程序,重新定义视图,也可以保证数据库的模式不变。因此,视图可以实现数据库的逻辑独立性,带来更改的灵活性。

4. 使用视图可以更新数据库

使用视图不仅可以查询数据库中的数据,而更重要的是可以通过视图更新数据库信息。这一点非常重要,也是视图的突出优点之一。另外,在很多场合下,视图的作用就等同于表。数据库提供给表的一些特性,例如,给字段设置标题、添加注释、设置字段的有效性规则等,对视图同样适用。

VFP 中可以创建两种类型的视图:本地视图和远程视图。

(1) 本地视图使用 VFP 的 SQL 语法从视图或表中选择信息,并可以更新其中的信息。可以将一个或多个远程视图添加到本地视图中,以便能在同一个视图中同时访问 VFP 数据和远程 ODBC 数据源中的数据。

(2) 远程视图使用远程 SQL 语法从远程 ODBC 数据源表中选择信息,主要用于访问远程服务器中的数据。一般情况下,使用远程视图,无需将所有的记录下载到本地计算机上即可提取远程 ODBC 服务器上的数据子集,并可以将更改或添加的值回送到远程的数据源中,因此,对于远程表的操作,利用远程视图是非常有效的手段。

ODBC(开放式数据互连)是一种联接数据库的通用标准,通过 ODBC 可访问多种数据库中的数据,例如访问 SQL - Server、Oracle 数据库中的数据。为了定义 ODBC 数据源,必须首先安装多种数据库的 ODBC 驱动程序,从而使 VFP 可以与该数据库相连,访问数据库中的数据。利用 ODBC 驱动程序不仅可以定义远程数据库的数据源,也可以定义本地数据库的数据源。

5.3.2 创建本地视图

VFP 中,创建本地视图,可以采用以下方式之一进行:

(1) 在“项目管理器”中选定一个数据库,单击“数据库”符号旁的加号,选定“本地视图”,然后单击“新建”按钮,打开“视图设计器”。

(2) 在数据库已打开时,使用“文件”菜单中的“新建”项或常用工具栏的“新建”按钮,选择“视图”单选框,按“新建文件”按钮。

(3) 在命令窗口中,数据库已打开时使用 CREATE SQL VIEW 命令显示“视图设计器”。

(4) 在命令窗口中,数据库已打开时使用带有 AS 子句的 CREATE SQL VIEW 命令。

一、使用向导创建视图

用户可以使用本地视图向导创建本地视图。若要在 ODBC 数据源的表上建立可更新的视图,可以使用远程视图向导。使用向导创建视图的步骤如下:

(1) 在项目管理器中选择一个数据库。

(2) 选定“本地视图”或“远程视图”,然后选择“新建”按钮。

(3) 选择“视图向导”按钮。

(4) 按照向导屏幕上的指令操作。

二、视图设计器创建视图

例 5 - 20:建立显示学生的学号、姓名、课程名称、成绩的视图。

创建视图的过程与创建查询的过程非常相似。图 5 - 20 给出了视图设计器对话框,同查询设计器一样,上方用来设置数据环境;下方有 7 个选项卡,用来设定视图选择数据的条件。

其中 6 个选项卡(字段、联接、筛选、排序依据、分组依据、杂项)的作用和查询设计器的基本一样,但多了一个更新条件选项卡,用于设置更新数据的条件。

视图设计好后,可退出保存。

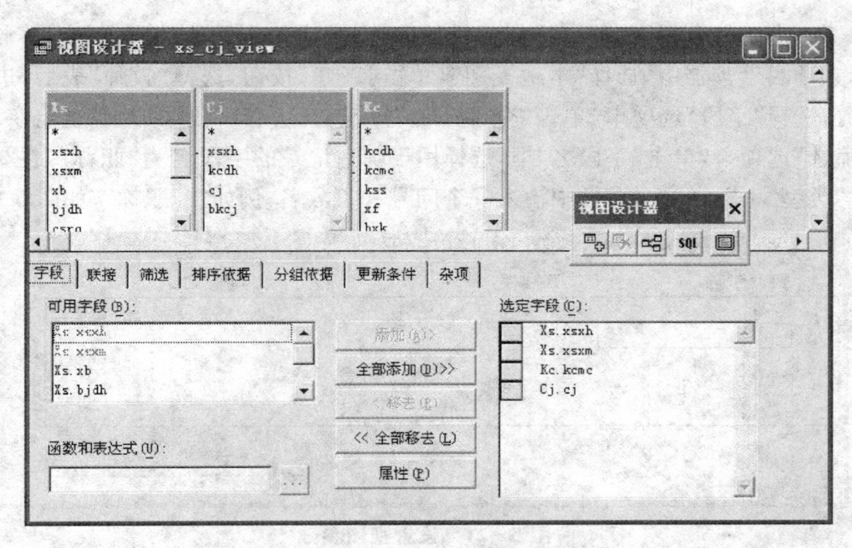

图 5－20　视图设计器

三、命令方式创建视图

对于视图也可以用下面的命令直接创建视图。格式：

　　OPEN DATABASE 数据库名

　　CREATE SQL VIEW 视图名 AS SELECT－SQL 语句

例 5－20 中创建上述视图 XS_CJ_View，命令如下：

```
OPEN DATABASE SJK
CREATE SQL VIEW xs_cj_view ;
    AS SELECT Xs. xsxh, Xs. xsxm, Kc. kcmc, Cj. cj;
              FROM   Sjk!xs INNER JOIN Sjk!cj;
                     INNER JOIN Sjk!kc ;
              ON   Cj. kcdh = Kc. kcdh ;
              ON   Xs. xsxh = Cj. xsxh;
              ORDER BY Xs. xsxh
```

四、运行视图

可在项目管理器中运行或在视图设计器中运行。

在项目管理器中运行视图：首先，打开视图所在的项目文件，进入项目管理器；然后，在项目管理器中选择要运行的视图，再单击“浏览”按钮，就可看到运行视图后的结果。

在视图设计器中运行视图有两种方法：在视图设计器中打开视图后，在“查询”菜单中选择“运行查询”命令；或在视图设计器中单击鼠标右键，在弹出的快捷菜单中选择“运行查询”命令。

5.3.3　创建参数化视图

为了使视图更加灵活，可以给视图的筛选条件设置参数，以避免每取一部分记录就创建一个视图的情况。这种带有参数的视图称为“参数化视图”。以后，运行视图时，VFP 将提示输入参数值，系统根据所输入的参数值，找出符合条件的记录。

例 5－21:建立一个视图,可以根据提供的职称,找出给定职称的职工的基本情况。

首先,在项目管理器中,选择"本地视图",单击"新建"按钮,选择"教师"表后,进入视图设计器。接着,选择"字段"选项卡,单击"全部添加"按钮,将所有字段添加到"选定字段"框。然后,选择"筛选"选项卡,单击"字段名"框,选择用于筛选记录的字段名为"职称",在"条件"框中选择比较的类型"=",在"实例"框中输入一个问号和参数名,例如"? 职称",如图 5－21 所示。

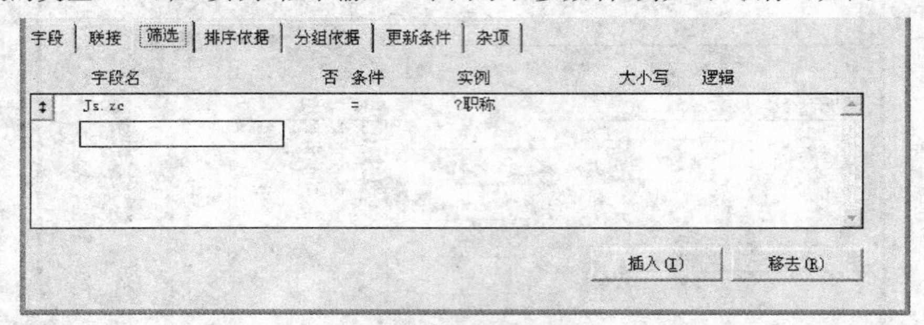

图 5－21　设置视图参数

保存视图,取视图名为 JS_VIEW,关闭视图设计器,返回项目管理器。选择本地视图 JS_VIEW,单击"浏览"按钮,这时会出现输入参数对话框,如图 5－22 所示。在该对话框中输入"教授"后,单击"确定"按钮,视图就显示职称为教授的教师的基本情况。如果再次运行,在输入参数对话框中输入"讲师",则显示职称为"讲师"的教师的基本情况。

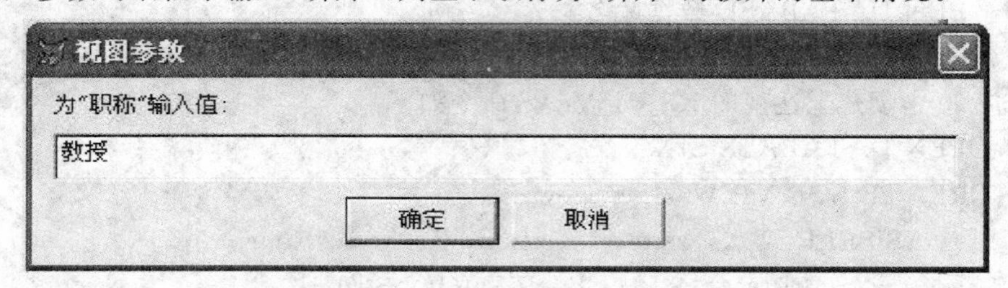

图 5－22　"视图参数"对话框

5.3.4　使用视图更新基表数据

视图不仅可以显示数据,而且可以更新数据。在视图中更新数据与在表中更新数据相似。并且,使用视图还可以对其基表进行更新,为此,需要在视图设计器的"更新条件"选项卡中设置关键字段、可更新字段和设置"发送 SQL 更新"选项。下面举例来说明如何使用视图的这个功能。

例 5－22:建立学生成绩视图,包含下列信息:学号、姓名、课程名称、成绩、补考成绩字段,并使"成绩"和"补考成绩"字段是可以更新的,其他字段为不可更新的(这里的更新是指对基表的更新)。

由于在视图设计器中,只有"更新条件"选项卡是查询设计器所没有的,其余选项卡的设置与查询设计器基本一样,所以,这里主要介绍"更新条件"选项卡的使用。

在视图设计器中,单击"更新条件"选项卡,设置更新条件。

其中,"表"框用于选择可更新的表;"字段名"框用于设置关键字段和可更新的字段,字段名左边钥匙图标列按钮用于设置关键字段,铅笔图标列按钮用于设置可以更新的字段,必须先设置关键字段,才能选取可修改的字段。视图根据关键字段的值来定位需要更新的记录。通常在 VFP 中,设置关键字段的原则为某一个表的关键字段;"发送 SQL 更新"复选框用来设置是否把视图中修改的结果传回到基表中。

本例中,在项目管理器中选择前面创建的视图 xs_cj_view,选择"修改"命令。

或者在命令窗口中输入命令:

```
OPEN DATABASE sjk
MODIFY VIEW xs_cj_view
```

显示"视图设计器",可以对 xs_cj_view 视图作相应修改处理。

由于要更新的表是"成绩表"的成绩和补考成绩字段,因此,在"字段"选项卡中,首选添加成绩表的学号、课程代号、补考成绩字段,移去学生表的学号字段,并调整相应位置;在"更新条件"选项卡中,设置的关键字段为成绩表中的学号和课程代号字段,可更新的字段设置为成绩和补考成绩字段。选择"发送 SQL 更新"复选框,设置表为可更新的,如图 5－23 所示,将修改后的视图存盘。

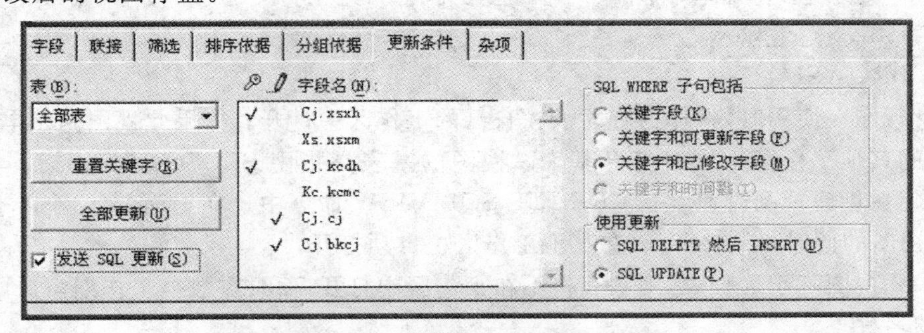

图 5－23　视图设计器的更新条件对话框

为了验证视图更新基表数据的效果,可做如下实验。

在项目管理器中选择视图 xs_cj_view,单击"浏览"按钮,然后修改一个学生的姓名、课程、成绩字段,在视图中可看到这些字段的值都已被改掉。关闭视图浏览窗口,选择"学生"表,单击"浏览"按钮。这时,可以看到视图中对姓名字段的修改并没有影响基表,因为,没有设定它们为可更新字段;选择"成绩"表,相应学生的成绩字段被更新,表示设定的可更新字段是有效的。这说明了如果视图中的某个字段没有设置为可更新的,运行视图时,虽然也可以在浏览窗口中修改这个字段,但修改的结果不会送到它所引用的基表中。

更新字段也可以用命令方式来进行设置:

(1) 设置关键字段

```
=DBSETPROP("视图名.字段名","Field","KeyField",.T.)
```

(2) 设置可更新字段

```
=DBSETPROP("视图名.字段名","Field","UpdateName","基表.字段名")
=DBSETPROP("视图名.字段名","Field","Updatable",.T.)
```

(3) 设置"发送 SQL 更新"

```
=DBSETPROP("视图名","View","SendUpdates",.T.)
```

5.3.5　视图的操作

视图建立之后,用户不但可以用它来显示和更新数据,而且还可以通过调整它的属性来提高性能。处理视图类似于处理表,允许进行下列各种操作:

(1) 使用 USE 命令打开或关闭一个视图。

(2) 在“浏览”窗口中,显示或修改视图记录。

(3) 数据库打开状态下,在“数据工作期”窗口中打开、浏览、关闭视图。

(4) 用视图作为数据源,如在查询、视图、表格控件、表单或报表中应用。

一、视图的打开与浏览

用户既可以通过“项目管理器”,也可以借助 VFP 语言来使用视图。要使用一个视图,可以采用以下方式之一:

(1) 在“项目管理器”中先选择一个数据库,再选择视图名,然后选择“浏览”按钮,在“浏览”窗口中显示视图。

(2) 使用 USE 命令以编程方式访问视图。

例 5-23:在浏览窗口中显示 xs_cj_view:

```
OPEN DATABASE SJK
USE xs_cj_view
BROWSE
```

一个视图在使用时,将作为临时表在自己的工作区中打开。如果此视图基于本地表,则在 VFP 的其他工作区中同时打开基表。视图的基表是指由 SELECT-SQL 语句访问的表,此语句在创建视图时包含在 CREATE SQL VIEW 命令中。在上面的示例中,使用 xs_cj_view 视图的同时,xs、cj、kc 表在其他工作区也自动打开。

如果此视图基于远程表,则基表将不在工作区中打开,而只在数据工作期窗口中显示远程视图的名称。

当基表数据变化时,可以重新打开视图,或使用 REQUERY() 函数,使基表的数据变化反映到视图中。

同表操作一样可以在不同的工作区中打开视图的多个实例。在默认情况下,每次使用视图时,都要去取一个新的数据集合。若不必重新查询数据源就可以再次打开视图的另一个实例,可以在命令窗口中使用 USE 视图 NOREQUERY 命令,或用 USE 视图 AGAIN 命令。这对于在多个工作区中打开一个远程视图的情况特别有用,因为不需要等待从远程数据源下载数据。

二、关闭视图与基表

关闭视图可以在“数据工作期”窗口中用“关闭”按钮、或在命令窗口中用 USE 命令、或用 CLOSE TABLE 命令、或用 CLOSE DATABASE 等命令关闭,同对表的操作一样。但在使用视图时,自动打开的基表并不在关闭视图时自动关闭,必须另外发出命令关闭它们,这与 SELECT-SQL 命令保持一持。同样,关闭基表也不会自动关闭视图,对于可更新的视图,若更新了数据,先前关闭的基表又会自动打开,这说明了视图的更新是采用 SQL 语句来完成的。

三、显示视图结构

显示表结构使用 MODIFY STRUCTURE 命令,而视图结构的显示不能使用 MODIFY STRUCTURE 命令,可以使用 USE 命令打开,用 BROWSE 命令浏览视图结构,若带 NODATA 子句的 USE 命令,可以仅打开视图而不下载数据。当想要看到远程视图的结构而又不想等待下载数据时,此选项非常有用。

例5-24:在浏览窗口中显示不带数据的 xs_cj_view 视图:

```
OPEN DATABASE SJK
USE xs_cj_view NODATA
BROWSE
```

四、创建视图索引

可以使用 INDEX ON 命令,为视图创建本地索引,创建过程与表一样。与表的索引不同,在视图上创建的本地索引非永久保存,它们随着视图的关闭而消失。

五、创建视图的临时关系

使用 SET RELATION 命令,可在视图索引之间或视图索引与表索引之间创建临时关系。

在使用 SET RELATION 命令对一个视图与一个表进行关联时,若要获得较好的性能,要在关系中设视图为父表,设表为子表。这是因为在临时关系中,子对象必须按其索引排序。表的结构索引是不断被维护的,因此可以快速访问;而对于视图,VFP 要在视图每次激活时为其重建索引,因此很浪费时间。此外,如果使用数据环境,视图将不能被当作子对象,因为子对象的索引必须是定义的一部分,而视图并不支持此功能。

六、定制视图

同表一样,可以给视图字段设置标题、注释、默认值和规则。

若要设置视图字段属性,可在视图设计器对话框的字段选项卡中,选定要设置属性的一个字段,并选择"属性",即可打开"视图字段属性"对话框,可以为该字段设置一些属性。

也可以用 DBSETPROP()函数来设置字段属性。例如,用 DefaultValue 属性为视图字段指定默认值;用 RuleExpression 和 RuleText 属性为视图字段创建规则。

七、修改视图

修改视图,可以采用以下方式之一进行:

(1) 在"项目管理器"中选择视图名,再选择"修改"按钮,打开"视图设计器"。

(2) 打开数据库,在命令窗口中,使用带视图名的 MODIFY VIEW 命令。

(3) 打开数据库,在命令窗口中,使用 CREATE SQL VIEW 视图名 AS SELECT <语句>等命令,以编程方式修改视图的 SQL 命令串,保存视图定义并覆盖原先的旧视图。

八、重新命名视图

可以使用项目管理器或 RENAME VIEW 命令重新命名视图:

(1) 在"项目管理器"中先选择一个数据库,再选择要重命名的视图,然后从"项目"菜单中选择"重命名文件"。

(2) 打开数据库,在命令窗口中,使用 RENAME VIEW 命令。

九、删除视图

可以使用"项目管理器"或 DELETE VIEW 命令从数据库中删除视图定义:

(1) 若要删除视图,可在"项目管理器"中先选择一个数据库,再选定要删除的视图,然后选择"移去"。

(2) 打开数据库,在命令窗口中,使用 DELETE VIEW 或 DROP VIEW 命令。

十、集成视图

可以在其他视图的基础上再创建视图。这样做的理由是:有时需要从多个其他视图中获取一部分信息,或者需要将本地和远程数据集成到单个视图中。一个基于视图的视图,或基于集成了本地表、本地视图或远程视图的视图,被称为多级视图。集成了其他视图的视图为顶层视图。在顶层视图与本地基表或远程基表之间,可以有多层次的视图。在使用多级视图时,顶层视图所基于的视图和各级视图的 VFP 基表将出现在"数据工作期"窗口中,远程表不会出现在"数据工作期"窗口中。

练　习　题

一、选择题

1. 在 VFP 中,要实现多表查询,需在多张表之间建立联接条件,若希望联接的结果中包含左边表中的所有记录和右边表中所有满足条件记录,应使用的联接是________。
   A. 内联接　　B. 左联接　　C. 右联接　　D. 完全联接
2. 在 SELECT - SQL 语句中,ORDER BY 子句根据列的数据对查询结果进行排序,关于排序依据的说法中不正确的是________。
   A. 只要是 FROM 子句中表的字段即可
   B. 是 SELECT 主句(不在子查询中)的一个选择项
   C. 一个数值表达式,表示查询结果中列的位置(最左边列编号为 1)
   D. 默认是升序(ASC)排列,可有其后加 DESC 指定查询结果以降序排列
3. 若需在"成绩"表中按降序排列查询前 3 名的学生,下列语句正确的是________。
   A. SELECT 学号, 成绩 TOP 3　FROM 选课;
      ORDER BY 成绩 DESC
   B. SELECT 学号, 成绩 TOP　3　PERCENT FROM 选课;
      ORDER BY 成绩 DESC
   C. SELECT 学号,成绩 TOP 3　FROM 选课 DESC;
   D. SELECT 学号,成绩 TOP 3　PERCENT FROM 选课 DESC
4. 下列说法中错误的是________。
   A. 视图中的源数据表也称为基表
   B. 视图是数据库的一个组成部分
   C. 视图设计器只比查询设计器多一个"更新条件"选项卡
   D. 远程视图使用 SQL 语言从视图或表中选择信息
5. 不可以作为查询与视图的数据源是________。
   A. 自由表　　B. 查询　　C. 视图　　D. 数据库表
6. 下列关于查询和视图的描述中,说法正确的是________。
   A. 均保存在数据库中　　B. 均可以更新基表
   C. 均可以用 USE 命令打开　　D. 查询或视图均会自动打开基表
7. 不可以作为查询和视图的输出类型是________。
   A. 自由表　　B. 表单　　C. 数组　　D. 临时表
8. 有关查询与视图,下列说法不正确的是________。
   A. 查询是只读型数据,而视图可以改变数据源
   B. 查询可以更新源数据,视图也有此功能
   C. 视图具有许多数据库表的属性,利用视图可以创建查询和视图
   D. 视图可以更新源表中的数据,存在于数据库中

9. 下列说法中正确的是________。

A. 视图文件的扩展名是.VCX

B. 查询文件中保存的是查询的结果

C. 查询设计器本质上是 SELECT-SQL 命令的可视化设计方法

D. 查询是基于表的并且可更新的数据集合

10. 在 VFP 中,关于查询的说法中不正确的是________。

A. 查询得到的是一个只读型的检索结果

B. 查询的数据源可以是自由表、数据库表和视图,甚至还可以是查询

C. 一个查询可以用一条 SELECT-SQL 语句来完成

D. 查询文件的扩展名为.QPR,保存的是实现查询的 SELECT-SQL 命令

二、填空题

1. 在 SELECT-SQL 语句中,________子句按列的值对查询结果的行进行分组。分组依据可以是常规的表字段名,也可以是一个包含 SQL 字段函数的字段名,还可以是一个数值表达式,指定查询结果表中的列位置(最左边的列编号为 1)。

2. 在某教务信息管理数据库(SJK)系统中,有两个表 TEACHER.DBF 和 JKXX.DBF,它们的结构如下表所示。

表 TEACHER.DBF 和表 JKXX.DBF 结构

TEACHER 表的结构				JKXX 表的结构			
字段名	字段类型	宽度	小数位	字段名	字段类型	宽度	小数位
JSH(教师号)	C	6	0	JSH(教师号)	C	6	0
XM(姓名)	C	8	0	KCH(课程号)	C	3	0
XB(性别)	C	2	0	KCM(课程名)	C	20	0
DEPA(系名)	C	20	0	KSS(课时数)	N	3	0
ZC(职称)	C	10	0				

下列命令用来查询各种职称的教师的任课平均时数,并按平均课时数从大到小排序。

```
Select   Teacher.ZC, ________ AS 平均课时;
    FROM   Teacher   Inner Join   JKXX;
    ON ________;
    INTO CURSOR   JSKSSZJ;
    GROUP   BY ________;
    ORDER   BY   2   DESC
```

3. 在 SELECT-SQL 语句中,________子句指定包括在查询结果中的组必须满足的筛选条件。该子句一般同 GROUP BY 一起使用。如果没有使用 GROUP BY 子句,则它的作用与 WHERE 子句相同。

4. 在 SELECT-SQL 语句中, UNION 子句把一个 SELECT 语句的最后查询结果同另一个 SELECT 语句的最后查询结果组合起来。默认情况下,该子句检查组合的结果并排除重复的行。要组合多个 UNION 子句,可使用括号。若想在 UNION 组合结果中不删除重复的行,可在 UNION 后加上________。

5. 利用查询设计器设计查询,可以实现多项功能,查询设计器最终实质上是生成一条

________语句。

6. 在数据库 sjk 中,有一个表 SCORE,它有一个字段 KCDH,现在要根据该字段建立参数化视图,参数为变量“课程代号”,只有 SCORE 表中的 KCDH 值和“课程代号”变量值一致的记录才在视图中出现,使用的命令如下,请填空。

```
OPEN  DATABASE SJK
CREATE  SQL  VIEW  KCDH_VIEW;
      AS SELECT * FROM sjk! SCORE ;
      WHERE SCORE. KCDH ________
```

7. 执行下列程序,屏幕上显示的值是________。

```
CLOSE  ALL
SELECT  5
USE  cj
SELECT  xh,xm FROM xs INTO CURSOR temp
? SELECT("xs"),SELECT("temp"),SELECT()
```

第6章　报表和标签

若要在打印的文档中显示并总结数据,可使用报表和标签。报表包括两个基本组成部分:数据源和布局。数据源通常是数据库中的表,也可以是视图、查询或临时表。报表布局定义了报表的打印格式。在定义了一个表和一个视图或查询后,便可创建报表或标签。

建立报表的过程包括定义报表的样式以及把这个定义存储在报表文件中,报表文件的扩展名为.FRX,每个报表文件还有一个相关的报表备注文件为.FRT文件。报表文件指定了相关数据源的字段、要打印的文本以及信息在页面上的位置。若要在页面上打印数据库中的一些信息,可通过打印报表文件达到目的。报表文件不存储每个数据字段的值,只存储待打印数据在报表中的位置和格式信息。每次运行报表,值都可能不同,这取决于报表文件所用数据源的字段内容。

标签实质上是一种多列布局的特殊报表,具有匹配特定标签纸的特殊设置,标签保存在.LBX文件中,相关的标签备注文件为.LBT。

设计报表有4个主要步骤:

(1) 决定要创建的报表类型。

(2) 创建报表布局文件。

(3) 修改和定制布局文件。

(4) 预览和打印报表。

6.1　报表类型

报表类型主要是指报表布局类型。创建报表之前,应该确定所需报表的常规格式。报表可能同基于单表的电话号码列表一样简单,也可以复杂得像基于多表的发票那样,还可以是特殊种类的报表。例如,邮件标签便是一种特殊的报表,其布局必须满足专用纸张的要求。表6-1列出了常规布局的一些说明,它们的一般用途及示例。

表6-1　常规布局的说明

布局类型	说　　明
列报表	报表中每行打印一条记录,字段从左到右顺序排列,类似于在浏览窗口浏览数据
行报表	报表中多行打印一条记录,字段从上到下的顺序排列,类似于在浏览窗口编辑数据
一对多报表	用于打印具有一对多关系的多表数据。报表中每打印一条主表记录,子表中就打印多条记录。类似于一对多表单显示数据
多栏报表	报表中每行打印多条记录的数据

当确定了满足需求的常规报表布局后,便可用“报表设计器”创建报表布局文件。

6.2　创建报表

Visual FoxPro 提供了 3 种可视化的方法来交互创建报表:

(1) 用报表向导创建基于单表的报表或基于一对多表的报表。

(2) 用快速报表从单表中创建一个简单报表。

(3) 用报表设计器修改已有的报表或创建自己的报表。

报表向导使创建报表的工作程式化;用快速报表功能建立报表最为迅速,但格式简单;而通过报表设计器则可以任意定制报表。因此,经常先使用报表向导或快速报表功能创建一个简单的报表,然后,再利用报表设计器对这个报表进行修改,使它更美观,这样,可以使创建报表的过程更方便、快捷。此外,还可通过 VFP 命令来创建报表。

6.2.1　用报表向导创建报表

无论何时想创建报表,都可使用"报表向导"。向导提出一系列问题并根据您的回答来创建报表。

VFP 提供了下列报表向导:

(1) 报表向导,针对单一表或视图进行操作

(2) 一对多报表向导,针对多表或视图操作

应根据常规布局和报表的复杂程度选择向导。使用了向导之后,还可以使用"报表设计器"对报表进行进一步的补充和修改处理。

例 6-1:利用"报表向导"创建 xs 表的相关记录报表,建立报表文件 xs_report。

(1) 执行"文件"菜单的"新建"命令,选单选按钮"报表",单击"向导"按钮,选择"报表向导"选项,确定后,启动"报表向导"。

(2) 第一步,字段选取,选择 xs 表的相应字段。

(3) 第二步,分组记录,直接选择"下一步"按钮。

(4) 第三步,选择报表样式,选择"帐务式"样式。

(5) 第四步,定义报表布局,直接选择"下一步"按钮。

(6) 第五步,排序记录,选择 xsxh 字段,按学号排序。

(7) 第六步,完成,将报表保存为 xs_report 文件。

"报表向导"各步骤的相应设置,如图 6-1 所示。

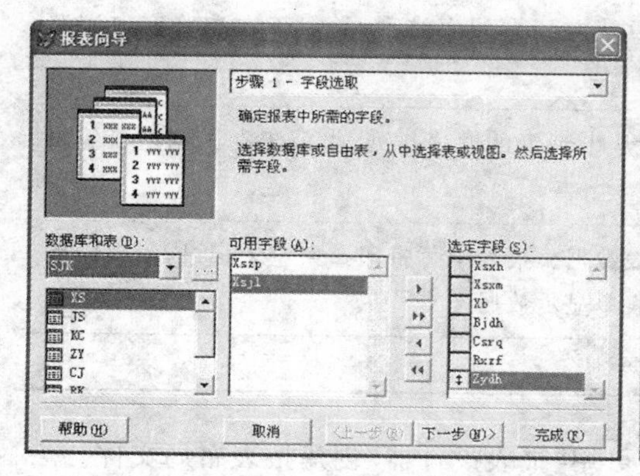

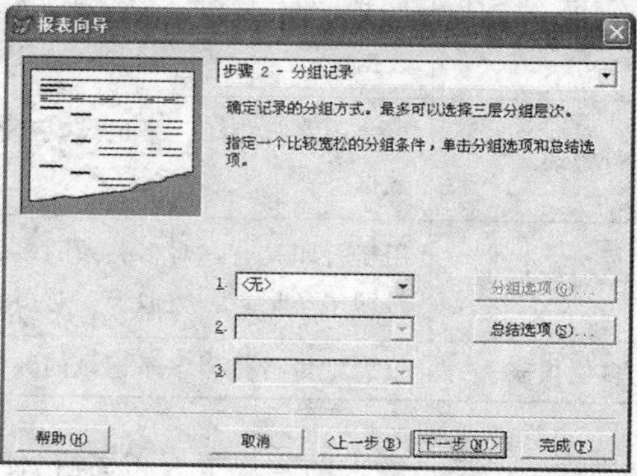

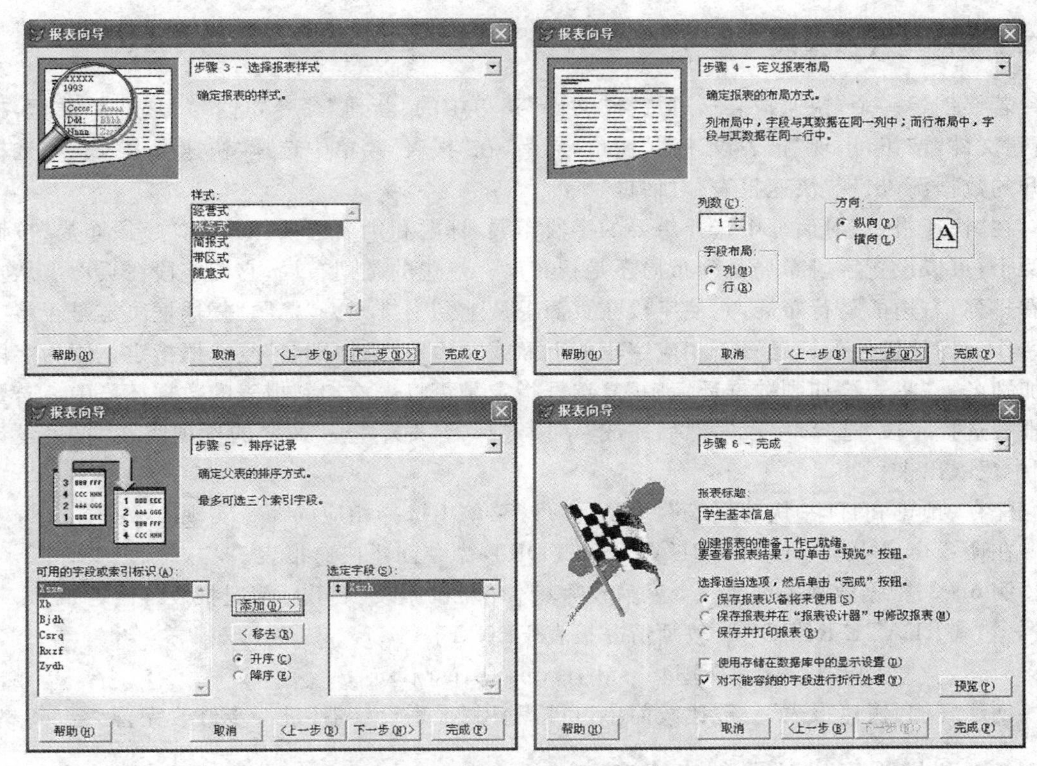

图 6-1 "报表向导"各步骤相应设置

如果希望看到报表的输出效果，可以在"文件"菜单中，选择"打开"命令，设定打开的文件类型为报表，选择刚建立的 xs_report 报表文件，按"确定"按钮，则在报表设计器中打开 xs_report 报表文件。再在"文件"菜单中选择"打印预览"命令，则可以看到报表的输出效果，还可以利用"打印预览"工具栏，进行报表页面的切换、报表缩放、关闭预览、直接打印等操作。

预览报表也可以在命令窗口中，执行：REPORT FORM xs_report PREVIEW 命令直接"预览"报表，如图 6-2 所示。

打印预览　100%

学生基本信息

06/26/05

学号	姓名	性别	班级代号	出生日期	入学总分	专业代号
042108101	张 翠	女	0421081	01/06/82	617.5	2108
042108102	李 兰	女	0421081	10/12/82	570.0	2108
042108103	周 新	男	0421081	09/08/82	712.5	2108
042108105	陆 涛	男	0421081	10/09/82	712.5	2108
042108107	林丹风	男	0421081	05/04/82	686.4	2108
042108111	李丽文	女	0421081	01/06/83	646.0	2108

图 6-2　报表 xs_report 打印预览效果

6.2.2 创建快速报表

若要创建一个“快速报表”,可选择“文件”菜单中的“新建”命令,选择“报表”单选框,按“新建文件”按钮,出现“报表设计器”窗口,然后,在“报表”菜单中选择“快速报表”命令,选择打开的数据源,出现“快速报表”对话框。

在“快速报表”对话框中选择想要的字段布局、标题和别名选项。其中,“字段布局”按钮有两个,可以设置字段布局是列布局还是行布局。左边的是列布局,它使字段在页面上从左到右排列;右边的是行布局,它使字段在页面上从上到下排列。“标题”复选框决定是否将字段名作为标签控件的标题置于相应字段的上面或左边。“添加别名”复选框指定是否为字段添加别名。“将表添加到数据环境中”复选框指定是否将表添加到报表的数据环境中。若要为报表选择字段,选择“字段”,然后完成“字段选择器”对话框。选定的选项将在“报表设计器”中反映出来。

保存、预览和打印“快速报表”,可从“文件”菜单中选择相应的命令实现。

在命令窗口中也可使用 CREATE REPORT 命令创建快速报表。

例 6-2:根据教师表创建一个显示教师基本情况的报表—“教师情况报表”,代码如下:

```
CREATE REPORT 教师情况报表 FROM js;
        COLUMN FIELDS jsgh,jsxm,xb,csrq,zc
```

创建好的“快速报表”一般比较简单,可以利用“报表设计器”进一步修改完善。

6.2.3 利用报表设计器创建报表

一、报表设计器

如果您不想使用“报表向导”或“快速报表”,可使用“报表设计器”,从空白报表开始,然后添加各种组件,生成报表;当然“报表设计器”也可用于修改已经存在的报表。新建报表打开报表设计器可以采用以下方式之一进行,“报表设计器”窗口见图 6-3。

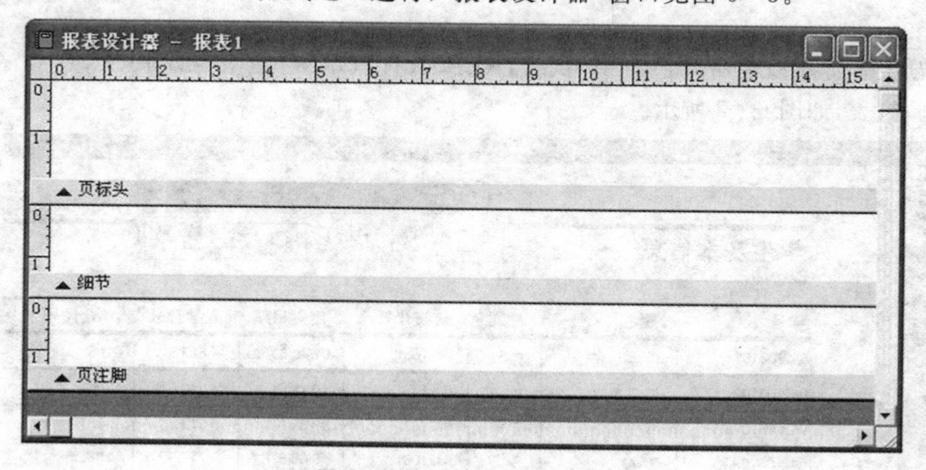

图 6-3 “报表设计器”窗口

(1) 在“项目管理器”中选择“文档”下的“报表”项目,单击“新建”按钮,选择“新建文件”按钮。

(2) 使用“文件”菜单中的“新建”项或常用工具栏的“新建”按钮,选择“报表”单选框,按“新建文件”按钮。

(3) 使用 CREATE REPORT 命令。

1. 报表的带区

默认情况下,“报表设计器”显示三个带区:页标头、细节和页注脚。报表带区(report band)是指报表中的一块区域,可以包含文本、来自表字段中的数据、计算值、用户自定义函数、图片、线条等。

报表上可以有各种不同类型的带区,每一个带区的底部有一个带区指示栏。带区名称显示在靠近蓝箭头的指示栏上,蓝箭头指示该带区位于指示栏之上。

设计报表需要把数据放在报表的合适位置上,利用不同的报表带区,可以控制数据在报表页面上的打印位置。各种报表带区的说明见表6-2。

表6-2　报表的带区说明

带区	打印次数	使用方法
标题	每报表一次	从“报表”菜单中选择“标题/总结”带区
页标头	每页面一次	默认可用
列标头	每列一次	从“文件”菜单巾选择“页面设置”,从中设置“列数＞1”
组标头	每组一次	从“报表”菜单中选择“数据分组”
细节	每记录一次	默认可用
组注脚	每组一次	从“报表”菜单中选择“数据分组”
列注脚	每列一次	从“文件”菜单中选择“页面设置”,从中设置“列数＞1”
页注脚	每页面一次	默认可用
总结	每报表一次	从“报表”菜单巾选扦“标题/总结”带区

在“报表设计器”窗口活动时,可以利用“报表”菜单和“报表设计器”工具栏和“报表控件”等工具栏,进行报表的设计处理工作。

2. “报表”菜单

报表菜单中包含了创建和修改报表的命令。报表菜单中各选项及其说明见表6-3。

表6-3　“报表”菜单中各选项的说明

菜单项	说明
标题/总结	指定是否将“标题”、“总结”带区包括在报表中
数据分组	创建数据分组并指定其组属性
变量	创建报表中的变量
默认字体	指定标签和字段控件的永久字体、字体式样和字体大小
私有数据工作期	在私有工作期中打开报表使用的表
快速报表	自动将选定字段放入一个空的“报表设计器”窗口中
运行报表	显示“打印”对话框,将报表传送给打印机

3. “报表设计器”工具栏和“报表控件”工具栏

在报表的设计环境中,最常用的工具栏是“报表设计器”工具栏和“报表控件”工具栏。如果在启动“报表设计器”时没有出现如图6-4所示的两个小窗体,可通过“显示”菜单下的“工具栏”选项来打开。

图6-4　“报表设计器”和“报表控件”控件

“报表设计器”工具栏和“报表控件”工具栏所包括的按钮及其说明分别见表 6 - 4 和表 6 - 5。

图 6 - 4　“报表设计器”工具栏的按钮说明

按　钮	说　　明
数据分组	显示“数据分组”对话框,创建数据分组并指定其组属性
数据环境	显示“数据环境”窗口,创建或修改报表的数据环境
“报表控件”工具栏	显示或隐藏“报表控件”工具栏
“调色板”工具栏	显示或隐藏“调色板”工具栏
“布局”工具栏	显示或隐藏“布局”工具栏

表 6 - 5　“报表控件”工具栏的按钮说明

按　钮	说　　明
选定对象	移动或更改控件的大小。在创建了一个控件后,会自动选定“选定对象”按钮,除非按下了“按钮锁定”按钮
标签	创建一个标签控件,用于显示字符串
域控件	创建一个域控件控件,用于显示表字段、内存变量或其他表达式的内容
线条	创建一个线条控件,用于在设计报表时画直线
矩形	创建一个矩形控件,用于在报表上画矩形
圆角矩形	创建一个圆角矩形控件,用于在报表上画椭圆和圆角矩形
图片/OLE 绑定控件	创建一个图片控件,用于显示图片或通用型字段的内容
按钮锁定	允许在添加多个同类的控件时,不需多次按相应控件的按钮

4. 标尺

“报表设计器”中设有标尺,利用标尺和“显示”菜单的“显示位置”命令一起使用,可以在带区中精确地定位对象的垂直位置和水平位置。“显示”菜单中有选择是否设置“网格线”命令,“格式”菜单中还有选择“设置风格刻度”命令,可以设置网格大小和标尺的刻度。

二、向报表中添加数据源

报表的数据源是用来填充报表中的控件,作为打印输出的数据的。若要控制报表的数据源,可以定制与报表一起存储的数据环境,或者每次运行报表时在代码中激活指定的数据源。

如果报表总是使用同一数据源,可以将表或视图添加到报表的数据环境中。数据环境通过下列方式管理报表的数据源:

(1) 运行报表时自动打开数据环境中的表或视图。

(2) 基于相关表或视图收集报表所需数据集合,供报表输出使用。

(3) 关闭报表时自动关闭数据环境中表或视图。

若要向数据环境中添加表或视图,在“显示”菜单中选择“数据环境”命令,数据环境设计器出现,如图 6 - 5 所示,在“数据环境”菜单中选择“添加”命令,将相关数据表添加到数据环境。在使用向导或快速报表功能创建报表时,选择表或视图的操作即为设置报表数据环境的过程。

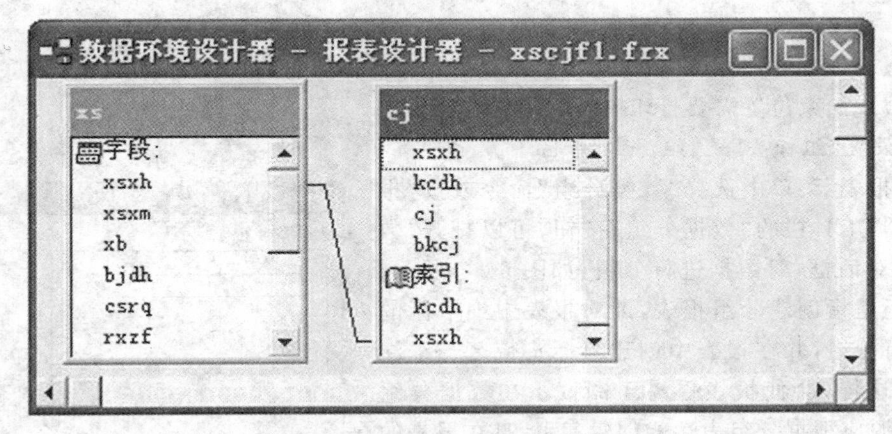

图 6-5　用数据环境定义报表的数据源

如果报表并不固定地使用同一个数据数据源，可以将打开数据源的 USE <表文件名>/USE <数据库！视图名>/DO <查询文件名. qpr >/SELECT - SQL 语句添加到报表数据环境的 INIT 事件代码中或其他位于报表输出前的代码中。

报表是按数据源中记录出现的顺序处理数据的。如果报表中的数据需要排序，应在数据源中进行相应的设置。例如为数据环境中的表设置排序，可按以下步骤进行：

(1) 在"显示"菜单中选择"数据环境"命令，出现"数据环境设计器"窗口。

(2) 在"数据环境设计器"中右击鼠标，从快捷键菜单中选择"属性"命令，出现"属性"窗口。

(3) 在属性窗口中选择"对象"框中的相应表，例如："Cursorl"。

(4) 选择"数据"选项卡，然后选定 Order 属性。

(5) 输入索引名，或者从可用索引列表中选定一个索引。

若要防止其他设计器中对全局数据工作期的更改影响报表数据工作期，可以从"报表"菜单中，选择"私有数据工作期"命令，将数据工作期设置为私有的。

三、设计报表布局

设计报表需要将数据放在报表的合适的位置上。在报表设计器中，报表共包括 9 个带区，各带区的作用及使用方法见表 6-2 说明，报表设计器中带区名称位于带区指示栏中，系统在输出报表时，会以不同的方式来处理各个带区中的数据。

在启动报表设计器后，报表设计器只显示了"页标头"、"细节"、"页注脚"3 个默认带区。如果要使用其他带区，可以由用户自己设置。设置报表其他带区的操作方法如下：

1. 设置"标题"或"总结"带区

在"报表"菜单中选择"标题/总结"命令，将打开"标题/总结"对话框，如图 6-6 所示，在对话框中选择"标题带区"复选框，则在报表中添加一个"标题"带区。系统会自动把"标题"带区放在报表的头部，若希望将标题内容单独打印一页，可以选择"报表标题"框下的"新页"复选框。同样选择"总结带区"复选框，则在报表中添加一个"总结"带区。系统将自动把"总结"带区放在报表的尾部，若希望将总结内容单独打印一页，可以选择"报表总结"框下的"新页"复

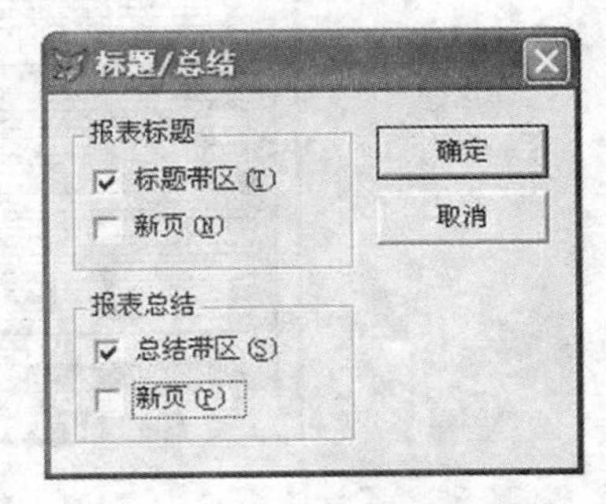

图 6-6　"标题/总结"对话框

选框。

在报表设计中,“标题”带区用于在报表开始位置需要打印一次的信息内容,“总结”带区用于有报表结束位置需要打印一次的信息内容。

2. 设置“组标头”或“组注脚”带区

在“报表”菜单中选择“数据分组”命令或按“报表设计器”工具栏的“数据分组”按钮,可以打开“数据分组”对话框,对数据进行分组,如图 6 - 7 所示。数据分组是指创建分组报表,即对报表中细节区的数据进行分组,并在报表中创建组标头带区与组注脚带区,这样,会使报表更易于阅读。在数据分组时,数据源应根据分组表达式创建索引,且在报表的数据环境中进行排序设置(设置 Order 属性),通常情况下,组标头带区包含组使用的字段的“域控件”控件。组注脚带区包含组总计和其他组总结性信息。

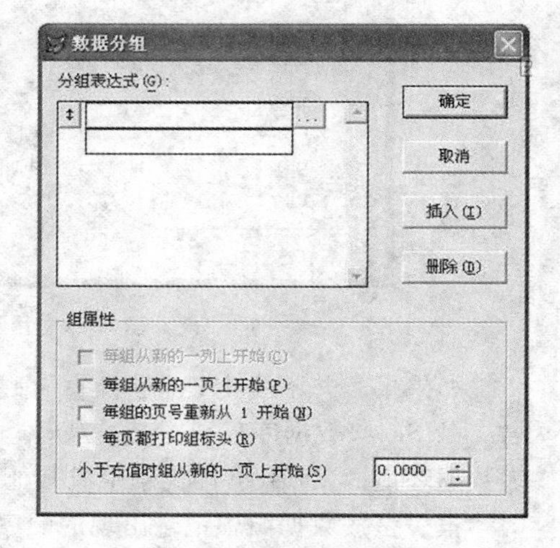

图 6 - 7 “数据分组”对话框

在报表中最多可定义 20 级数据分组,嵌套分组有助于组织不同层次的数据和总计表达式,一般情况下,实际应用中往往只用到 3 级分组。例如,报表可能要求数据输出按地区分组,地区相同的再按城市分组。因此,城市应该是两个组中的第一个,地区就是第二个。在这个多组报表内,相关表必须在“地区+城市”的关键值表达式上排序,或者索引并设置其为主控索引。

数据分组属性可以指定当分组数据跨页时的分组布局控制。插入按钮用于在多级分组中间插入一个分组。删除按钮用于删除一个分组表达式。

3. 设置“列标头”和“列注脚”带区

在“文件”菜单中选择“页面设置”命令,出现如图 6 - 8“页面设置”对话框,将“列数”微调器的值调整为大于 1 的值,报表设计器将添加一个“列标头”带区和“列注脚”带区。

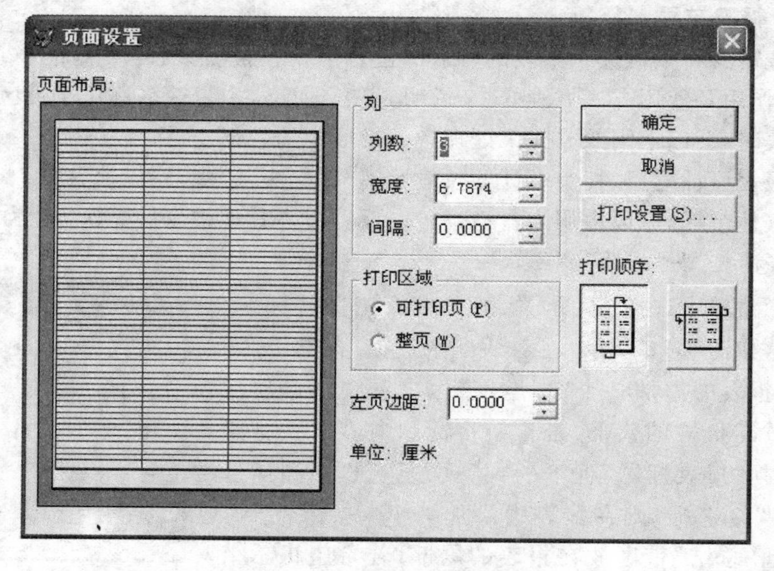

图 6 - 8 “页面设置”对话框

设置“列标头”和“列注脚”带区，主要用于创建多栏报表，设置后，“细节”带区的宽度相应缩短，若报表中有多列，可以调整列的宽度和间隔，在向多栏报表添加控件时，应注意不要超过报表设计器中带区的宽度，否则可能使打印的内容相互重叠。

四、向报表中添加报表控件

利用“报表控件”工具栏(各按钮说明见表 6－5)，可以向报表中插入各种类型的报表控件以创建报表或修改报表，但其操作方法与向表单中添加控件有所不同。

1. 标签控件

在报表中通常需要许多说明性文字、固定文本，此时可以用标签控件在报表中输入文字信息，因此标签控件在报表中的运用非常广泛，可以使用在各个带区中表示说明性文字。

向报表中添加标签控件与添加其他控件不同，其操作方法为：在“报表控件”工具栏上单击“标签”控件按钮，在需要插入文本的位置(报表的某带区中)单击，输入文本内容，再在其他区域单击以结束该控件的标签输入。

2. 线条、矩形、圆角矩形

向报表中添加线条、矩形、圆角矩形控件时，其操作方法为：在“报表控件”工具栏上单击相应的控件按钮，在报表中通过鼠标的拖放操作产生大小合适的相应控件。对于各控件，双击该控件或点击快捷菜单中的“属性”后，弹出相应控件的对话框，可以设置各控件的样式等属性。

3. 域控件

域控件用于打印表、视图或查询中的字段、变量和表达式的计算结果。

利用数据环境或“报表控件”工具栏可以向报表中添加字段控件(也称为域控件)。当需要添加的字段控件的数据源为表或视图的字段时，可以从数据环境中直接将相应字段拖放到报表中。利用“报表控件”工具栏向报表中添加字段控件时，其操作方法为：在“报表控件”工具栏上单击“域控件”控件按钮，在需要插入控件的位置(报表的某带区中)通过拖放操作定义控件的位置与大小，再在出现的“报表表达式”对话框中设置该控件需打印的内容，可以为字段、变量和表达式的计算结果。

4. OLE 对象

在“报表控件”工具栏中单击“图片/ActiveX 绑定控件”按钮，在需要插入控件的位置(报表的某带区中)通过拖放操作，产生图文框，同时弹出“报表图片”对话框。图片来源有文件或字段两种形式。若选择“文件”，并输入一个图片文件的位置和名称，或单击对话按钮来选择一个图片，图片类型可以为. jpg、. gif、. bmp、. ico 文件类型，这些图片是静态的、固定不变的图片。若选择“字段”，则在“字段”框中，键入通用型字段的名称，或单击对话按钮来选取通用型字段。如果通用型字段包含的内容是图片、图表或 Word 文档内容，则报表直接输出相应内容，否则输出代表此对象的图标。

五、美化报表

1. 调整带区高度

在添加控件的过程中，如果相应带区的高度不够，可以在“报表设计器”中调整带区的高度以放置需要的控件，优化版面设计。

调整带区高度的最简单方法是用鼠标选中某一带区标识栏，然后上下拖曳该带区，直到达到满意的高度为止。另一种方法是双击需调整高度的带区标识栏，系统出现相应带区对话框，在该对话框中可以精确设置带区的高度，还可选中“带区高度保持不变”复选框，以防带区高度自动改变。

2. 设置输出字体及文本对齐方式

选定要更改字体的标签控件或域控件。可以选择单一控件,更有效率的方式是同时选择多个控件加以处理。有两种方法可以同时选定多个控件,其一是按住＜Shift＞键再依次选定多个控件,其二是圈选,主要选定相邻的多个控件,即在控件周围拖动鼠标画出选择框,选定控件后,每个被选定的控件显示相应的 8 个控点,表示当前在选定状态。

在“格式”菜单中,执行“字体”命令,在弹出的“字体”对话框中作相应的设置,按“确定”按钮退出对话框。

在“格式”菜单中,可以选择“文本对齐方式”选项下:左、居中、右其中的一种对齐方式。

3. 调整控件

标签控件的大小由其字型、字体及磅值决定。

对于其他控件,如果控件宽度、高度比较小,其内容可能无法完整输出。要调整控件的大小,先选定控件,然后拖动控件四周的某个控点,就可以改变控件的宽度和高度。对于宽度有限制的域控件,还可以双击该控件,在弹出的“报表表达式”对话框中,选中“溢出时伸展”复选框,以用于报表中输出完整数据。

要调整控件的位置,最简单的方法是直接拖动控件,到适当位置处。“格式”菜单中“对齐网格线”选中时,可能会影响对控件的绝对定位,对此选项,可作适当设定。对多个控件定位,也可以执行“格式”菜单中的“对齐”、“水平间距”、“垂直间距”中的相应命令,来自动调整到相关位置。

对于线条、矩形、圆角矩形控件,可以选择“格式”菜单中的“绘图笔”相关选项,改变其线宽、线形,对于矩形、圆角矩形控件,还可以选择“格式”菜单中的“填充”相关选项,作多种简单填充选择。双击圆矩形控件,可以设置圆角的样式。

要制作完全相同的控件,例如画多个水平线,最方便的方式是复制控件。先选定控件,在“编辑”菜单中选择“复制”命令,然后再选择“粘贴”命令,即可。

对于不需要的控件,可以选定后按＜Delete＞键,加以删除。

4. 设置打印条件

为了清晰地表达报表的输出结果,可以有条件地对打印内容作取舍处理。

双击控件,在弹出的“报表表达式”、“文本”、“矩形/线条”、“报表图片”等对话框中,都有一个“打印条件”按钮,该按钮的主要功能是精确地设置要打印内容,确定什么条件下打印。单击“打印条件”按钮,出现图 6 - 9“打印条件”对话框。

在打印报表时,若连续几条记录的某一个字段出现相同值,此时为了版面美观,又不希望打印相同值,则可在“打印条件”对话框的“打印重复值”框下选择“否”单选按钮,报表将对相同值的数据仅输出一次。

在“有条件打印”框下有三个复选框,可以进行打印细节的设置。甚至还可以设定一个逻辑表达式,仅当表达式的值为真时才进行打印,这样可以做到有区别地输出相关数据的特除效果。例如,在学生成绩数据报表中,把表示成绩的域控件再复制一个,将一个成绩控件字体设置为蓝色、四号字,设置打印条件为“成绩＞＝60”;将另一个成绩控件字体设置为红色、三号字,设置打印条件为“成绩＜60”;将两个控件重叠放置,这样输出数据时,不及格成绩显示为特殊的红色、三号字。

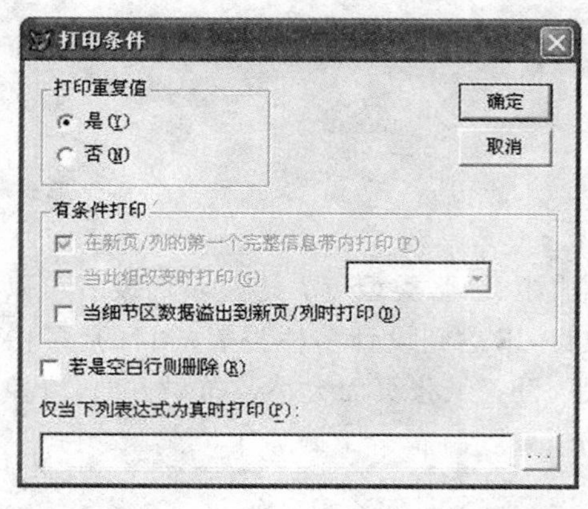

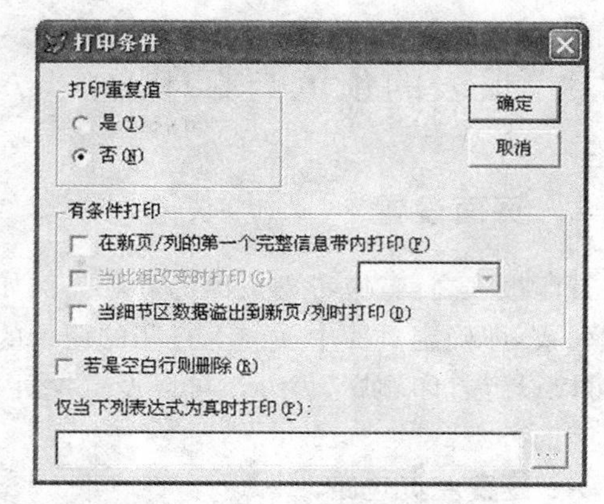

图 6-9　“打印条件”对话框

经过这几个步骤，一张简单的报表就可以呈现较美观的画面了，可以在“显示”菜单中选择“预览”命令，或在“文件”菜单中选择“打印预览”命令，浏览一下设计的效果。在“文件”菜单下选择“保存”或“另存为”命令，可以将所设计的报表保存起来。

6.2.4　创建一对多报表

创建一对多报表可以使用报表设计器或一对多报表向导将相关的多张表中的记录打印在一张报表中。要使用报表设计器，可以按照如下步骤进行：

(1) 确定要在一对多报表中显示的信息包含在哪些表中，打开相关表所在的数据库。

(2) 启动“报表设计器”。

(3) 在“显示”菜单中选择“数据环境”命令，并添加主表和子表，这两张表应是相关联的一对多关系的表，然后，由拖动主表的关键字段，到子表的相关字段或索引上，创建表之间的关系。

(4) 在“数据环境”中右击鼠标，从快捷菜单中选择“属性”，为表之间的关系、主表与子表，以及数据环境分别设置相应属性。

(5) 在“属性”窗口的“对象”框中选择关系“Relationl” 对象，并在“数据”选项卡中设置 OneToMany 属性为“. T.”。

(6) 在“对象”框中选择主表“Cursorl” 对象。在“数据”选项卡中选择 Order 属性，并从下拉列表框中选择一个索引以设置主表的主控索引。使用同样的步骤设置子表 Cursor2 的主控索引。两张表应使用同样的索引进行排序。

(7) 在“对象”框中，选择数据环境“Dataenvironment”对象，选择 InitialSelectedAlias 属性，然后在下拉列表中选择主表。

(8) 在“报表设计器”中，将主表的相应数据添加到报表中组带区，报表的组注脚可以添加组的统计信息。

(9) 将子表的相应数据添加到报表中细节带区。这些操作可以在“数据环境”中直接将相应字段拖放到报表设计器的相应带区。

这样一对多报表已基本完成，再进行适当修饰，即可“打印预览”、“保存”报表，供以后打印输出之用。

6.3　报表的预览与打印

6.3.1　页面设置

打印报表之前,应考虑页面的外观。例如页边距、纸张类型等。通过页面设置可以定义报表列数,即确定页面中横向上打印的记录的数目,以达到设计多栏报表的目的,多栏情况下,可以设置打印顺序,另外还可以设置左页边距,设置纸张页面大小及布局方向,以控制报表页面的外观。

一、设置左页边距

若要设置左页边距,需要从“文件”菜单中,选择“页面设置”命令,弹出“页面设置”对话框,如图 6-8 所示。在“左页边距”框中输入一个边距数值。如果报表中有多列,当更改左边距时,列宽将自动更改来调节出新边距。页面布局将按新的页边距显示。

二、设置纸张大小和方向

可更改纸张大小和方向设置,以确保方向对所选纸张大小的正确匹配。若要进行纸张大小和方向的设置,按以下步骤进行:

(1) 在“文件”菜单中,选择“页面设置”命令。

(2) 在“页面设置”对话框中,单击“打印设置”按钮,出现“打印设置”对话框。

(3) 在“打印设置”对话框中,从“大小”下拉列表中选定纸张大小。

(4) 在“方向”区域框下,选择纸张布局方向,最后按“确定”按钮,返回“页面设置”。

6.3.2　打印预览

输出报表时,若报表未在数据环境中设置相应的数据源,则在输出报表之前必须使用 USE Table/USE View/DO QUERY/SELECT - SQL 命令,打开相关的数据源。若当前工作区未打开相应数据源,则显示“打开”对话框,要求用户选择相应的数据表进行报表输出处理。

通过预览报表,不用真正打印就能看到报表的输出效果,这样可以及时检查报表设计是否达到预期的效果。若要预览报表输出效果,可以在“显示”菜单中或“常用”工具栏中选择“预览”,或者在“文件”菜单中选择“打印预览”命令。在预览报表状态下,“预览”窗口有相应的“打印预览”工具栏,利用“打印预览”工具栏的按钮可以切换报表页面、对缩放报表大小、退出预览状态、还可以直接打印输出到打印机。

6.3.3　打印报表

若要打印报表,在报表设计器环境下可以利用“报表”菜单中“运行报表”命令,或从“文件”菜单中选择“打印”,系统将打开“打印”对话框,通常,按“确定”按钮,即可在打印机上输出报表。

若需要对打印内容进行适当控制,可以按“打印”对话框中的“选项”按钮,打开“打印选项”对话框,再在“类型”框中选定“报表”,在“文件”框中输入报表名,利用“打印选项”对话框中的“选项”按钮可以打开“报表与标签打印选项”对话框。通过在这三个对话框中的设置,可以选择报表或报表中打印的记录,如图 6-10 所示。

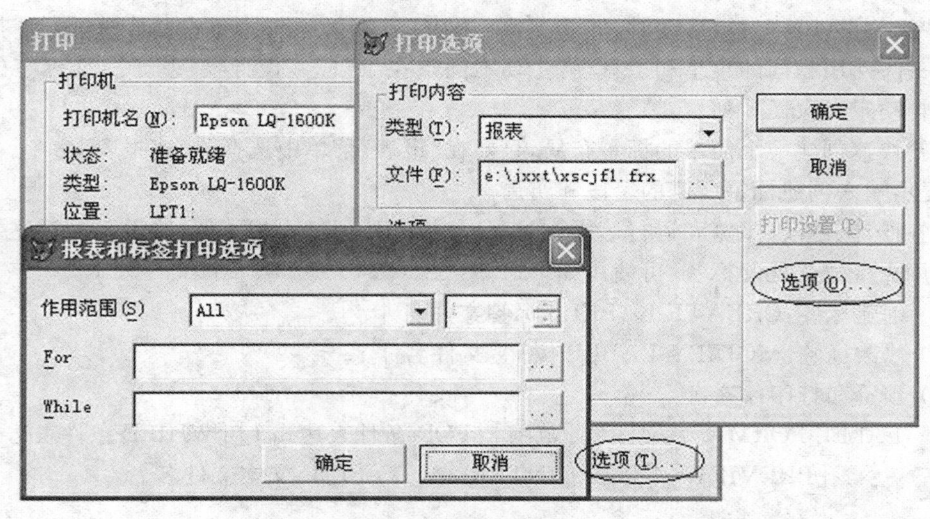

图 6－10　打印选项设置对话框

此外，在命令窗口中，利用 REPORT 命令可以预览或打印报表。该命令的格式如下：

REPORT FORM 报表文件名［范围］［FOR 条件表达式 1］［WHILE 条件表达式 2］
　　［PREVIEW］［TO PRINTER｜TO FILE 文本文件名］

6.4　设计标签

标签是多列报表布局，它具有为匹配特定标签纸而对列的特殊设置。在 VFP 中，可以使用标签向导或标签设计器迅速创建标签，也可以使用命令方式对标签处理。

6.4.1　标签类型

VFP 系统提供了 86 种标准标签类型，其中“英制”尺寸的标签为 58 种、“公制”尺寸的标签为 28 种。不同类型的标签，其标签的高度、宽度、列数有所不同。

6.4.2　标签向导

使用标签向导可以从一张表中创建标签。其操作步骤如下：

(1) 表选取。

(2) 选择标签类型。从列出标准标签类型中选择所需标签的类型。

(3) 定义布局。按照在标签中出现的顺序添加字段。可以使用空格、标点符号、新行按钮格式化标签，使用“文本”框输入文本。当向标签中添加各项时，向导窗口中的图片会更新，近似地显示标签的外观。如果文本行过多，则文本行会超出标签的底边。

(4) 排序记录。

(5) 完成。完成之前可以选择“预览”以确认所作的选择，最后保存标签。

6.4.3　标签设计器

在“文件”菜单中选择“新建”命令或常用工具栏的“新建”按钮，选择“标签”单选框，按“新建文件”按钮，将启动标签设计器。

在“标签设计器”窗口活动时,VFP 显示“报表”菜单和“报表控件”工具栏,即与“报表设计器”一样,使用相同的菜单和工具栏,主要不同点在于“标签设计器”基于所选标签的大小(类型)自动定义页面和列。

若要快速创建一个简单的标签布局,只要在“报表”菜单中选择“快速报表”命令。“快速报表”提示输入创建标签所需的字段和布局。

标签设计、修改、预览和运行等操作过程,与报表处理过程相类似,这里不再赘述。

若用命令方式处理标签,可使用如下命令:

(1) 创建标签:CREATE LABEL [标签文件名 | ?]

(2) 修改标签:MODIFY LABEL [标签文件名 | ?]

(3) 预览和打印标签:

LABEL FORM 标签文件名 [范围] [FOR 条件表达式 1] [WHILE 条件表达式 2]
[PREVIEW] [TO PRINTER | TO FILE 文本文件名]

练 习 题

一、选择题

1. 在报表设计器,执行“报表”菜单中的“数据分组”命令,将出现的带区为________。

A. 列标头/列注脚　　B. 组标头/组注脚　　C. 页标头/页注脚　　D. 标题/总结

2. 在 VFP 的报表设计器中,报表的带区最多可以分为________个。

A. 3　　B. 5　　C. 7　　D. 9

二、填空题

1. 报表类型主要是指报表的布局类型。报表布局的常规类型有列报表、行报表、________、多栏报表等。用于打印具有一对多关系的多表数据。报表中每打印一条主表中记录,子表中打印多条记录。类似于一对多表单显示数据。

2. 报表带区是指报表中的一块区域,可以包含文本、来自表字段中的数据、计算值、用户自定义函数以及图片、线条等。默认情况下,“报表设计器”中显示三个带区:页标头、________和页注脚,根据需要设计的报表类型,可以给报表添加列标头/列注脚、组标头/组注脚、标题/总结等带区。

3. 为了创建一对多报表,可在报表设计器中的数据环境中添加相应的主表和从表,为确定父表,应在“对象”框中选择“数据环境”,选定________属性,然后在下拉列表框中选择父表。

4. VFP 中位于________和________带区中的信息仅在整个报表的输出中输出一次。

5. 假设存在一个报表文件 XS_Report,则使用 REPORT FORM ________命令可以预览该报表。

第 7 章　VFP 程序设计基础

VFP 是一个数据库管理系统，不仅具有很强的数据管理功能，而且可以创建应用程序来充分发挥它的全部功能。用户可利用其强大的开发功能编制各种类型的、复杂的应用程序，从而使得用户对数据管理更加方便、实用。本章主要讲解面向过程程序设计的基本命令语句及结构化程序设计方法，并以实例来介绍程序设计的方法。

7.1　创建、修改和运行应用程序

7.1.1　创建应用程序

VFP 程序是由若干有序的命令行组成的文本文件。在 VFP 环境中可以采用两类不同的方法来创建一个应用程序。扩展名为 .PRG。

一、菜单方式

1. 使用 VFP 系统菜单创建

从 VFP 系统主菜单中选择“文件”项，在其下拉菜单中选择“新建”菜单。进入新建文件窗口后，选择菜单中的“程序”项，进入应用程序正文编辑窗口，用户通过键盘在关闭编辑窗口时，根据提示将已经录入的应用程序按指定的文件类型、文件夹和文件名保存起来。

2. 用工具栏创建

点击常用工具栏的“新建”按钮，进入新建文件窗口后，选择菜单中的“程序”项，进入应用程序正文编辑窗口，即可录入程序。

3. 使用项目管理器创建

在“项目管理器”中，选定“代码”选项卡中的“程序”项创建应用程序。

二、命令窗口直接输入方式

在命令窗口中键入：

```
MODIFY  COMMAND  program1
```

VFP 打开了一个名为“program1. prg”的新窗口，然后可以通过这个窗口键入应用程序。

用 MODIFY　COMMAND 命令创建应用程序时，若给定程序名，关闭窗口时，系统不显示“另存为”对话框，反之则弹出“另存为”对话框。如果用户建立的程序文件不想存储在系统默认的路径上，必须在程序名前加上盘符和路径名。

三、VFP 程序行的规则

(1) 一个命令行内只能写一条命令，命令行以回车键结束。

(2) 一个命令行可以由若干个物理行组成，即一条命令在一个物理行内写不下时，可以分成几行。换行的方法有两种：一种是在物理行的末尾加续行符号“;”，表示下一行输入的内容是本行的继续；另一种是当输入的语句超过屏幕的最大行宽时，系统自动换行。在输入一行结束时按回车键。

(3) 为便于阅读，可以按一定的格式输入程序，即一般程序结构左对齐，而控制结构内的语句序列向右缩进若干格。

7.1.2 修改程序

程序保存后可以修改。首先，按以下四种方式之一打开想要修改的程序：

(1) 若程序包含在一项目中，则在“项目管理器”中选定它并选择“修改”命令。

(2) 在“文件”菜单中选择“打开”命令，这时弹出一个包含文件列表的对话框，在“文件类型”列表框中选择“程序”，然后在文件列表中选定要修改的程序，按下“确定”按钮。或用工具栏的“打开”按钮选定程序，进行修改。

(3) 在“命令”窗口中按如下方式键入要修改的程序名：MODIFY COMMAND 文件名

(4) 在“命令”窗口中键入：MODIFY COMMAND ?

然后，从文件列表中选择要修改的程序，选择“打开”。打开文件之后便可进行修改，修改完毕后请注意保存。

7.1.3 运行程序

程序创建之后便可运行。若要运行程序，有以下三种方法：

(1) 若程序包含在一个项目中，则在“项目管理器”中选定它并执行“运行”命令。

(2) 在“程序”菜单中选择“运行”菜单项。在程序列表中，选择想要运行的程序，单击“运行”按钮；如果已经打开一个程序，可以用工具栏中的“运行”按钮运行该程序。

(3) 在“命令”窗口中，键入 DO 以及要运行的程序名：

DO myprogram[WITH ＜参数表＞]

如果在应用程序运行的过程中发现错误，或者需要进一步完善，则可将程序按照创建程序的方法进行修改后再运行。

7.2 Visual FoxPro 基本语法结构

VFP 的结构化程序由三种基本结构组成：顺序结构、选择结构和循环结构。程序语句可以是命令、函数、表达式或 VFP 可以理解的任何操作。

7.2.1 程序中常用的命令

一、最基本的输入输出命令

? /?? 是 VFP 中最直接也是最简单的输出命令。“?”可以同时输出若干项数据，数据之间彼此用逗号分开。而这些数据可以是字段、表达式、常数、函数、变量等。

“??”命令的使用方法与“?”命令的区别在于“?”命令在输出数据前会先换行，而“??”命令不换行，紧接着上一个数据输出。

命令格式：? |?? ＜输出项 1＞ [,＜输出项 2＞]...

例如：? ‘Pi=’

?? 3.14159

二、常用辅助命令

1 清除屏幕命令

命令格式：CLEAR

命令功能：该命令用于清除屏幕。

2. 注释命令

格式一：NOTE | * <注释内容>

功能：上述命令不作任何操作，只是注释标记，用于说明程序或命令的功能等。注释内容不需要用定界符定界，执行时也不显示。注释信息如果在一行内没有写完，换行时也必须再写注释命令。NOTE 或 * 是用于整行注释的，因此，它必须写在每一个注释行的开头；

格式二：……&&<注释内容>

该注释一般加在某条语句的末尾。

例如：以下程序段使用了 3 条注释语句。

```
NOTE 显示学生表的信息
* 先打开学生表
USE XS
LIST xh,xm      && 仅显示 xh、xm 字段的值
```

3. 运行中断和结束命令

格式一：QUIT

功能：关闭所有的文件，并结束当前 VFP 系统的运行，返回到 Windows 桌面。

格式二：CANCEL

功能：该命令用于中止程序的执行，返回到命令窗口。

格式三：RETURN

功能：该命令用于结束所在程序的执行，详见 7.4 节

4. 赋值命令 STORE

格式：STORE　<表达式>　TO　变量 1，变量 2 ……

功能：将数据存入内存变量、数组或数组元素中。

例如：STORE 100 TO A,B,C,D

该句的功能是将 100 同时存入 A、B、C、D 4 个变量中。

STORE 命令和赋值语句“=”的主要不同点在于：STORE 命令能将一个数据同时存入多个变量中，而赋值语句“=”每次只能将一个数据存入一个变量中。

三、程序交互命令

1. 等待命令(WAIT)

命令格式：

WAIT [cMessageText] [TO VarName][WINDOW [AT nRow, nColumn]][TIMEOUT nSeconds]

命令功能：在程序执行到该命令时，系统首先在屏幕上显示用户设置的提示信息，然后等待用户从键盘输入一个字符，并将其保存到指定的内存变量中。

命令说明：

- cMessageText 参数为用户设置的提示信息。
- VarName 参数为内存变量。
- WINDOW 子句用于在屏幕上显示一个窗口以显示用户设置的提示信息。
- AT nRow, nColumn 子句用于设置 WINDOW 子句所显示的窗口在屏幕上的位置。nRow 参数为行坐标，nColumn 参数为列坐标。如果省略 AT nRow, nColumn 子句，那么将在屏幕右上角显示提示信息。

● TIMEOUT nSeconds 子句用于设置等待用户从键盘输入字符的时间。nSeconds 参数为等待的秒数。如果在指定的时间内用户未输入任何字符,那么系统将中止该命令的执行。

● WAIT 命令在接受了用户输入的任意一个字符以后,自动执行其后的命令。

例如: WAIT WINDOW “请按任意键继续…” TIMEOUT 6 && 延迟 6 秒

2. 输入命令 (INPUT)

格式:INPUT [“提示信息”] TO ＜内存变量＞

功能:暂停程序运行,等待键盘输入数据并存入指定的内存变量,当键入回车符后结束输入,继续下面的程序运行。INPUT 命令允许从键盘输入数值型数据,也可以输入字符型数据,但输入字符型数据时必须加引号。

INPUT “输入数据” TO vname

3. 接受命令(ACCEPT)

格式:ACCEPT [“提示信息”] TO ＜内存变量＞

该命令功能与 INPUT 命令基本相同,但只能接受字符型数据。输入时,不需要加引号。

7.2.2 顺序结构程序设计

顺序结构程序也称直接程序或简单程序。程序是按照语句排列的先后次序逐条执行的。它是任何一种语言程序中最基本、最普遍的结构形式。

例如:
```
USE XS
LIST
RETURN
```

VFP 的程序或函数因以下任一情况而正常结束:

· 遇到 RETURN 命令;

· 遇到文件尾(EOF);

· 遇到另一个 PROCEDURE 或 FUNCTION 关键字。

例 7-1:显示学生表中任意一个学生的姓名和系名。

```
CLEAR
USE xs
INPUT "输入记录号:" TO r
GO r
? xm,ximing
RETURN
```

例 7-2:在不增加变量的前提下,将变量 A、B 的值互换。

```
CLEAR
INPUT "ENTER A:" TO a
INPUT "ENTER B:" TO b
? "输入的 A、B 值:","a=",LTRIM(STR(a)) , "b=",LTRIM(STR(b))
a=a+b
b=a-b
a=a-b
```

? "交换后的 A、B 值：","a＝", LTRIM(STR(a)) , "b＝", LTRIM(STR(b))

7.2.3　分支结构程序设计

条件分支根据条件的测试结果执行不同的操作，VFP 中有两条命令实现条件分支：

IF … ELSE … ENDIF

DO CASE … ENDCASE

一、IF…ELSE…ENDIF 语句

命令格式：

```
IF 条件表达式
   命令组 1
ENDIF
```

或

```
IF 条件表达式
   命令组 1
ELSE
   命令组 2
ENDIF
```

命令功能：

该语句指定当条件表达式结果为. T. 或 . F. 时，程序执行语句的顺序。若含有 ELSE 子句，则条件表达式结果为. T. 时，执行命令组 1，否则执行命令组 2 ；若不含有 ELSE 子句，则条件表达式结果为. T. 时，执行命令组 1 ，否则执行 ENDIF 后面的语句。

命令说明：

① ＜条件表达式＞参数是一个关系表达式或逻辑表达式。

② ELSE 子句是可选项。当 ELSE 子句缺省时，如果＜条件表达式＞条件不成立，那么该命令将不执行任何语句，直接执行 ENDIF 后面的命令。

③ IF 和 ENDIF 必须配对使用。

④ IF…ELSE…ENDIF 语句可以嵌套使用。也就是说，在 IF 语句中又包含了另外的 IF 语句。

IF … ENDIF 的流程图如图 7－1 所示，IF…ELSE…ENDIF 的流程图如图 7－2 所示。

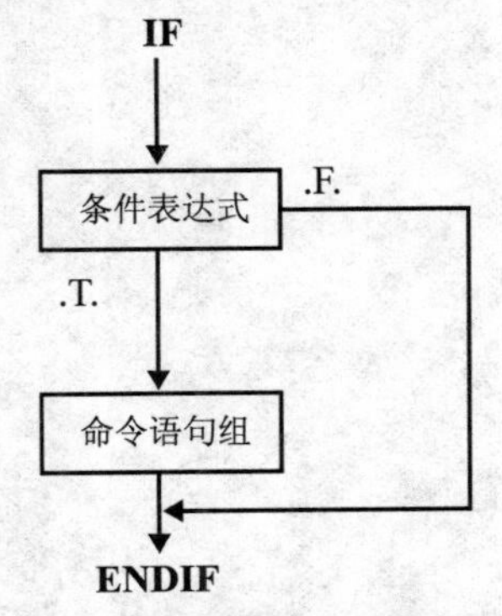

图 7－1　IF…ENDIF 语句流程图

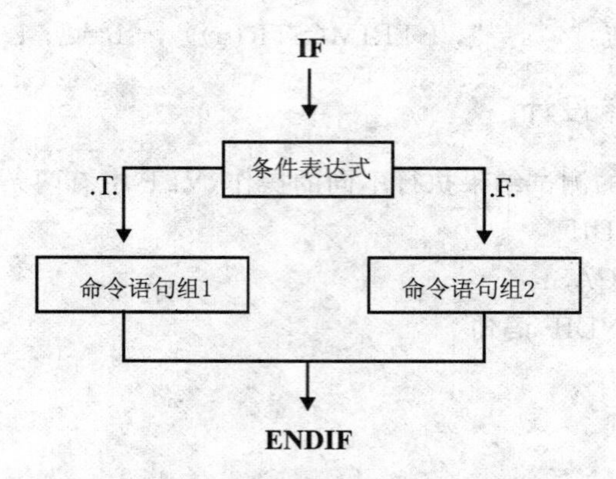

图 7-2 IF…ELSE…ENDIF 语句流程图

例如,判定 cj 表中的学生某门课的成绩是否及格的程序段:

```
IF cj>=60
    ? "该门成绩及格"
ELSE
    ? "该门成绩不及格"
ENDIF
```

再如,根据变量 X 的正负符号情况决定变量 Y 的值为 1 还是-1:

```
IF X>0
    Y=1
ELSE
    Y=-1
ENDIF
```

IF…ELSE…ENDIF 语句最多只能判断两种情况,即二分支。若要判断多于两种可能的情况,有两种方法可以实现:一是在 IF…ELSE…ENDIF 语句中嵌套 IF…ELSE…ENDIF 语句块,即在命令组 1 处或命令组 2 处再插入 IF…ELSE…ENDIF 语句,这种方法虽然可行,但结构不是很清晰。第二种方法就是使用下面的 DO CASE…ENDCASE 语句结构。

二、DO CASE…ENDCASE 语句

命令格式:

```
DO CASE
    CASE 条件表达式 1
          命令组 1
    [ CASE 条件表达式 2
          命令组 2
     CASE 条件表达式 n
          命令组 n ]
    [ OTHERWISE
          其他命令组 ]
ENDCASE
```

命令功能:

该命令用于依次判断给定的条件表达式是否成立，如果条件表达式 1 成立，那么执行命令组 1，然后执行 ENDCASE 后面的其他语句；如果条件表达式 1 不成立，条件表达式 2 成立，那么执行命令组 2，然后执行 ENDCASE 后面的其他语句；依此类推，直到判断条件表达式 n；如果条件表达式 1 至条件表达式 n 均不成立，并且存在 OTHERWISE 子句，那么将无条件地执行语句序列 n+1。

命令说明：

① <条件表达式>是一个关系表达式或逻辑表达式。

② DO CASE 与第一个 CASE 之间不能有任何语句。

③ DO CASE 和 ENDCASE 必须配对使用。

④ DO CASE…ENDCASE 语句可以嵌套使用。

DO CASE…ENDCASE 语句流程图如图 7-3 所示。

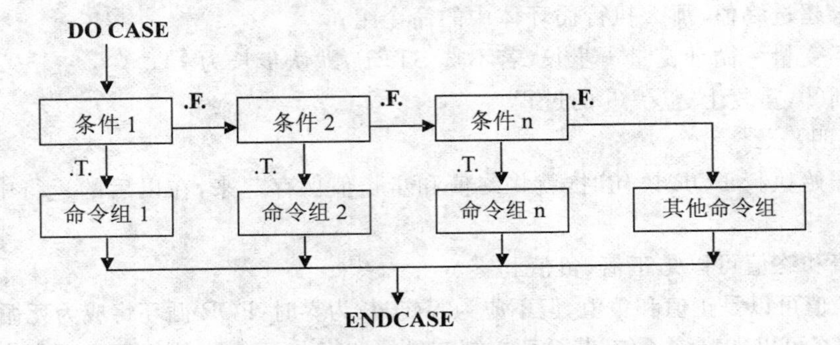

图 7-3　DO CASE … ENDCASE 语句流程图

例如，对 cj 表中的学生成绩进行分类的程序段：

```
DO CASE
    CASE cj>=60 AND cj<70
        ?"该门成绩及格"
    CASE cj>=70 AND cj<85
        ?"该门成绩良好"
    CASE cj>=85
        ?"该门成绩优秀"
ENDCASE
```

7.2.4　循环结构程序设计

循环能重复执行一组语句。可以预先指定要循环的次数，也可以预先不指定次数，只要某个条件成立，就可以一直循环下去，直到该条件不成立。

循环语句有三种：FOR…ENDFOR、DO WHILE…ENDDO、SCAN…ENDSCAN。

循环语句都是配对出现的，循环开始的语句称为循环的入口语句，如 SCAN、FOR 和 DO WHILE 语句；循环结束的语句称为循环的出口语句，如 ENDSCAN、ENDFOR、ENDDO 语句。在这个配对结构中间的一组语句常称为循环体。

一、FOR … ENDFOR

若事先知道循环的次数，可以使用 FOR 循环。

命令格式：

```
FOR 循环控制变量=初值 TO 终值 [STEP 步长]
    [LOOP]
    [EXIT]
ENDFOR/NEXT
```

命令功能:

循环控制变量也叫计数器,每执行一次循环,循环变量就加一次步长,通过循环变量循环计数,控制重复执行循环体内命令组的次数,一直到循环控制变量大于终值时结束循环。

FOR 循环的执行过程如下:

① 首先将初值赋给循环变量,并保存终值和步长值;

② 判断循环变量的值是否超过终值;

③ 若超过终值,即结束循环,执行 ENDFOR | NEXT 之后的语句;

④ 若未超过终值,那么执行循环体中的命令组;

⑤ 循环变量=循环变量+步长(若不选 STEP,默认步长为 1);

⑥ 转到②,重复上述②-⑤的过程。

命令说明:

① 在开始执行 FOR 语句时,就将终值和步长值保存起来,在以后的运行中,不可能被改变;

② 初值和终值可以是正值、负值和零。

③ 步长值可以是正值和负值,但不应为零(步长为零时,FOR 循环将成为死循环),如果步长值为 1,那么可以省略该子句,若循环控制变量的初值大于终值,则 STEP 项应为负值。

④ LOOP 语句和 EXIT 语句是循环体中的特殊语句,其功能,将在后面加以说明。

⑤ FOR 和 ENDFOR | NEXT 必须配对使用。FOR 可以和 ENDFOR 配对使用,也可以和 NEXT 配对使用。

⑥ FOR…ENDFOR | NEXT 语句可以嵌套使用。也就是说,在 FOR 语句中又包含了另外的 FOR 语句,即多重循环。

FOR … ENDFOR 结构流程图如图 7-4 所示。

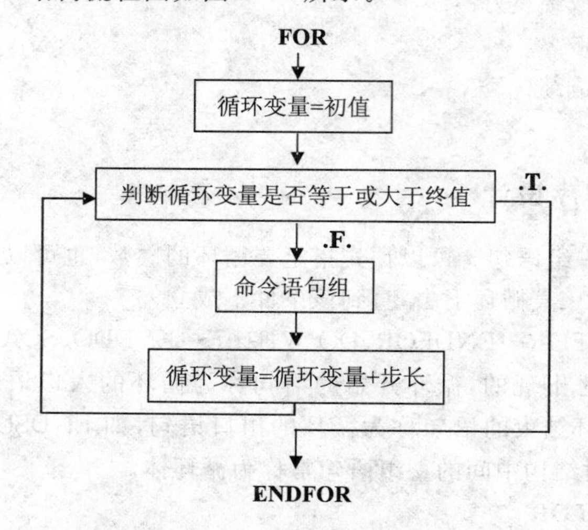

图 7-4 FOR … ENDFOR 语句流程图

例7-3:计算1～100的累加和。

```
CLEAR
s=0
FOR i=1 TO 100                    && 或 for i=1 to 100 step 1
    s=s+i
ENDFOR
? "s=",s
```

例7-4:输出几何图形——等腰三角形。

```
CLEAR
FOR  i=1 TO  5
    ? SPACE(20-i)
    FOR  j=1 TO  2*i-1
        ?? "*"
    ENDFOR
ENDFOR
```

例7-5:计算一个字符串中包括多少个汉字。

其基本算法是从字符串中依次取一个字符,如果其ASCII码值大于127,则为一个汉字内码的第一个字节。

```
CLEAR
cString='学习 Visual FoxPro 数据库管理系统'
nCount=0
FOR I=1 TO LEN(cString)
    IF ASC(SUBSTR(cString,I,1))>127
        nCount=nCount+1
    I=I+1                    && 一个汉字为2个字节,则跳过一次循环
ENDIF
ENDFOR
?'汉字个数为',nCount
```

二、DO WHILE … ENDDO

如果循环次数未知,而是根据某一条件决定是否结束循环,可以使用DO WHILE…ENDDO语句。

命令格式:

```
DO WHILE 条件表达式
    命令组
ENDDO
```

命令功能:

在执行DO WHILE语句时,系统首先判断给定的条件(条件表达式)是否成立。如果不成立,那么执行ENDDO之后的语句,即结束循环;如果成立,那么执行循环体中的语句,当执行到ENDDO(循环结束语句)时,系统将返回到DO WHILE(循环开始语句),重新判断给定的条件是否成立,如果仍然成立,那么将再次执行循环体中的语句,依此往复,直到条

件不成立时即结束循环,执行 ENDDO 之后的语句。

DO WHILE … ENDDO 结构流程图,如图 7-5 所示。

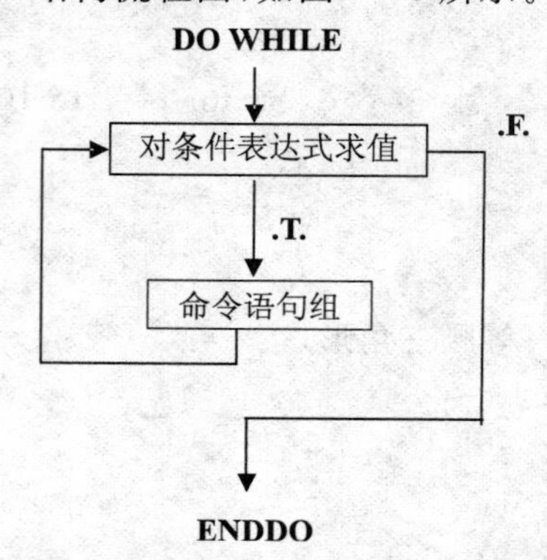

图 7-5 DO WHILE … ENDDO 语句流程图

例 7-6:计算 1—100 的偶数和与奇数和。

```
CLEAR
even=0
odd=0
i=1
DO WHILE i<=100
    IF  i%2=0
        even=even+i
ELSE
        odd=odd+i
ENDIF
i=i+1                                  && 改变循环控制变量的值
ENDDO
?"偶数和=",even
?"奇数和=",odd
```

例 7-7:将十进制数转换成二进制数表示,其基本算法是利用除 2 取余法,先得到低位,后得到高位。

```
CLEAR
d=INT(RAND() * 100)+1
? d
binary=SPACE(0)
DO WHILE d#0
    b=MOD(d,2)
    binary=STR(b,1)+binary         && 将后得到的高位放在前面
    d=INT(D/2)                     && 余数
ENDDO
? binary
```

三、基于表的循环命令：SCAN … ENDSCAN

命令格式：

SCAN ［NOOPTIMIZE］［范围］［FOR ＜条件表达式 1＞］［WHILE ＜条件表达式 2＞］

　　命令组

ENDSCAN

命令功能：

对当前表中符合条件的所有记录执行循环体内的代码块。

在执行 SCAN 语句时，系统首先将记录指针定位到指定范围内满足给定条件的首条记录上，然后判断 EOF()函数是否为真。如果为真，那么执行 ENDSCAN 之后的语句，即结束循环；如果为假，那么执行循环体中的语句，当执行到 ENDSCAN（循环结束语句）时，系统将记录指针自动定位到指定范围内满足给定条件的下一条记录上，并返回到 SCAN（循环开始语句），重新判断 EOF()函数是否为真，如果为假，那么将再次执行循环体中的语句，依此往复，直到 EOF()函数为真时即结束循环，执行 ENDSCAN 之后的语句。

说明：

①［NOOPTIMIZE］参数，禁用 Rushmore 技术（内部优化数据访问技术）。

②［范围］参数，可以使用 ALL、NEXT n、RECORD n、REST 等子句，限定扫描记录的范围，其默认值为 ALL。

③［FOR ＜条件表达式 1＞］限定对所有满足条件的记录进行操作。

④［WHILE ＜条件表达式 1＞］限定对所有连续满足条件的记录进行操作。

⑤ 必须先打开一个表。

SCAN … ENDSCAN 结构流程图，如图 7－6 所示。

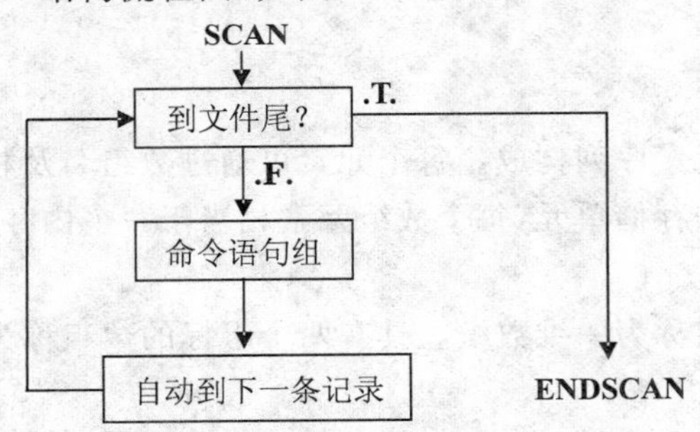

图 7－6　SCAN … ENDSCAN 语句流程图

例 7－8：逐条显示 xs 表中的记录。

```
CLEAR
USE  xs
SCAN
    DISP
    INKEY(0.6)                    && 延时 0.6 秒
ENDSCAN
```

例 7－9：逐条显示 xs 表中前 10 条记录内的偶数行记录。

```
CLEAR
USE  xs
```

```
SCAN FOR recno()%2=0 WHILE recno()%10! =0
    DISP
    INKEY(0.6)
ENDSCAN
```

四、循环结构中的 LOOP 命令与 EXIT 命令

(1) 如果循环体中含有 LOOP 语句,则当执行到 LOOP 语句时,将跳过 LOOP 语句与循环出口语句之间的所有命令,返回到执行循环的入口语句(如 SCAN、FOR 和 DO WHILE 语句),进入下一次循环。

(2) EXIT 是退出语句,如果循环体中含有 EXIT 语句,则当执行到 EXIT 语句时,无论循环结束条件是否满足,都将退出循环,程序转到出口语句外。

(3) LOOP 语句和 EXIT 语句通常与选择结构语句搭配使用,即只有在满足给定条件的情况下才能执行这两条语句。

五、多重循环

多重循环就是循环语句中又包含着另一个循环语句,也称为循环嵌套。嵌套有几层循环,就称为几重循环。外层的循环语句称为外循环,被包含的循环语句称为内循环。前面介绍的三种循环语句可以相互嵌套,形成多重循环,在 Visual FoxPro 系统中,循环嵌套的层次不限。

需要注意的是:循环嵌套时,内循环必须完全包含在外循环中,不能出现交叉的情况。

循环结构与分支结构允许混合嵌套使用,同样不允许交叉。其入口语句与其相应的出口语句必须成对出现。

7.3 数组

数组由一组有序的元素序列构成。每个元素可通过数组名及相应的下标来访问。数组在内存中占用一片连续的存储单元,每个数组元素相当于一个内存变量,可以很方便地进行各种操作。

具有一个下标的数组称为一维数组。具有两个下标的数组称为二维数组。下标的个数就是数组的维数。

7.3.1 数组的声明

在绝大多数情况下,数组在使用时必须预先声明。数组的声明(又称数组的定义)指定了数组的名称、维数和下标的上界。在 VFP 中,下标的下界规定为 1。数组的声明方式有如下几种:

```
DIMENSION    数组名称(下标 1,下标 2,…)
DECLARE      数组名称(下标 1,下标 2,…)
PUBLIC       数组名称(下标 1,下标 2,…)
LOCAL        数组名称(下标 1,下标 2,…)
```

前两种方式声明的数组属于"私有数组",使用 PUBLIC 命令声明的数组属于"全局数组",而使用 LOCAL 命令声明的数组属于"局部数组"。

例如,命令 DIMENSION a(4),b(3,4)定义了两个数组:

一维数组 a 含有 4 个数组元素 a(1)、a(2)、a(3)、a(4)。

二维数组 b 含有 12 个数组元素 b(1,1)、b(1,2)、b(1,3)、b(1,4)、b(2,1)、b(2,2)、b(2,3)、b(2,4)、b(3,1)、b(3,2)、b(3,3)、b(3,4)。

二维数组的各个数组元素在内存中按行主序顺序排列。每个数组元素既可以用二维数组的形式访问,也可以用一维数组的形式访问。如数组元素 b(2,3)按行主序排列的顺序是第 7 位,故也可用 b(7)来表示,它们是等价的。

7.3.2　数组元素的赋值

数组在声明之后,每个数组元素被系统默认地赋予逻辑假值.F.。在 VFP 中,一个数组中各个数组元素的数据类型可以不相同。

1. 给单个数组元素赋值

```
DIMENSION   xs(10),st(4,5)
xs(1)='080001'
xs(3)=18
xs(4)=DATE()
st(3,4)=2008
```

2. 给整个数组赋值

```
DIMENSION   x(10)
x=0
```

数组 x 的 10 个元素被赋予了同一个值。此方式常用来给数组整体赋初值。

3. 利用循环控制数组元素的赋值

```
DIMENSION x(10),y(3,4)
FOR i=1 TO 10
  x(i)=INT(60+RAND() * 41)    && 产生 10 个 60～100 之间的随机整数
ENDFOR
FOR i=1 TO 3
  FOR j=1 TO 4
          Y(i,j)=STR(I,1)+STR(j,1)
  ENDFOR
ENDFOR
DISP   MEMORY LIKE   x
DISP   MEMORY LIKE   y
```

7.3.3　数组与表之间的传送数据

1. 将当前记录传递给数组

```
SCATTER   TO   数组名
```

这里的数组可以是未定义的新数组。

2. 将数组中的数据传递给当前记录

```
GATHER   FROM   数组名
```

3. 将当前表中的数据传递给二维数组

COPY TO ARRAY 数组名

将表中所有记录存入二维数组,一条记录存入一行。

4. 将二维数组中的数据追加到当前表

APPEND FROM ARRAY 数组名

5. 将查询结果传递给数组

SELECT 字段名列表 FROM 表名 INTO ARRAY 数组名

6. 将数组中的数据以一条记录的方式插入指定的表中

INSERT INTO 表名 FROM ARRAY 数组名

7.4 过程和用户自定义函数

在编写程序时,将可能多次重复使用的、有特定功能的程序模块或能单独使用的程序,编制成可供其他程序调用的独立程序段,称为子程序;VFP 中的过程和用户自定义函数也属于子程序。在 VFP 中,过程和函数的区别不大。

一、过程和用户自定义函数的创建与调用

通常,把经常执行的功能的一段代码独立出来,创建一个过程或函数。这样,如果在一个程序中多次用到该功能,就不必多次编写代码,只需调用这个过程或函数即可。这样减少了代码量,也使程序易读易维护。这正是结构化程序设计方法的精髓所在。

但是,VFP 支持面向对象的程序设计方法,其精髓是类和对象的使用。因此,上述结构化设计方法只能用于一般的程序文件或对象的事件和方法代码中。使用 VFP 进行程序设计时,应尽量使用类的继承性来实现功能的重用。

1. 过程的定义:

```
PROCEDURE <过程名>
  命令组
ENDPROC
```

在命令组语句之后,过程自动执行一条隐含的 RETURN 命令,也可以在过程最后一行中包含 RETURN 命令。

2. 函数的定义:

```
FUNCTION <函数名>
  命令组
ENDFUNC
```

3. 过程文件

将若干个过程或用户自定义函数归并到一个程序中,可以同时调入内存,以减少读盘的次数,提高运行速度,这个程序文件称为过程文件。

(1) 用 SET PROCEDURE TO <过程文件名> 打开一个过程文件,然后才可以调用过程,使用完后,必须关闭过程。

(2) 用命令 CLOSE PROCEDURE 关闭过程。

4. 调用过程或函数

(1) 可以将过程和函数保存在独立的程序文件中,也可以放在一般程序的底部,但不能

把可执行的主程序代码放在过程和函数之后；

(2) 如果创建的过程或函数是用来处理数据库中的表，如为记录的有效性规则创建的过程，可以将过程保存在数据库的存储过程中；

(3) 调用过程，一般用DO命令，调用一个函数，则与VFP中的标准函数的调用方法完全相同，可直接用该函数的名称和随后的一对括号来调用。在VFP中可以用DO命令调用函数，也可以用调用函数的方法调用过程。

例7-10：调用过程和函数。

```
CLEAR
?   "用 DO proc1 的形式调用过程 proc1"
DO  proc1
?   "用 proc1() 的形式调用过程 proc1"
proc1()
?   "用 DO func1 的形式调用函数 func1"
DO  func1
?   "用 func1() 的形式调用函数 func1"
func1()
RETURN
****************************************
* 定义过程 proc1
PROCEDURE  proc1
?"运行 Visual FoxPro 过程 proc1"
RETURN
* 定义用户自定义函数 func1
FUNCTION  func1
?"运行用户自定义函数 func1"
RETURN
```

例7-11：使用过程文件，调用过程。

```
CLEAR
SET PROCEDURE TO procfile           && 打开过程文件 procfile.prg
?  "调用过程文件中的函数"
f1()
?  "调用过程文件中的过程"
DO  p1
CLOSE PROCEDURE                     && 关闭过程文件
RETURN
```

以下过程文件procfile.prg中包含一个函数和一个过程。

```
FUNCTION  f1
?   "运行函数"
ENDFUNC
PROCEDURE  p1
```

```
?   "运行过程"
ENDPROC
```

二、参数传递

1. 向过程或函数传递参数

为了使过程或用户自定义函数具有一定的灵活性,可以向过程或函数传递一些参数,使得函数根据接受到的不同参数返回不同的值。

(1) 参数的接收

为了使一个过程或用户自定义函数能够接收一定的参数,在 PROCEDURE 或 FUNCTION 命令后面的第一个可执行语句必须是 PARAMETERS 语句。语法如下:

PARAMETERSE ＜参数表＞

＜参数表＞指定接收数据的内存变量或数组的列表,其中的参数用逗号分隔,最多可传递 27 个参数。例如:

```
PROCEDURE myfunction
  PARAMETERS p1,p2,p3
  * ...
ENDPROC
```

(2) 调用时使用参数

当使用 DO 命令调用一个过程时,可以使用 WITH 子句传递参数;按函数方式调用时,则在括号内填写相应的参数。如:

```
DO myfunction WITH tp1,tp2,tp3
```

或:

```
= myfunction(tp1,tp2,tp3)
```

上面所举参数传递的例子中,在主调程序一方的参数称为“实际参数”,在被调用程序一方的参数称为“形式参数”。

自定义函数并非一定要有参数传递的行为,当有“实际参数”就一定要有“形式参数”,否则将发生错误。但是有形式参数并不一定要有实际参数。

在 VFP 中,传递给过程或函数的参数数量是可变的,可用 PARAMETERS()函数返回传递给最近执行程序的参数数目。

在调用过程或函数时,传递的参数数目一般应与 PARAMETERS 语句中的参数数目相等。也可以少于 PARAMETERS 语句中的参数数目,在这种情况下,剩余的形式参数就被初始化为“假”(.F.),若实际参数多于 PARAMETERS 语句中的形式参数,则 VFP 将产生“错误的参数数目”的错误信息。

2. 参数传递的两种方式

有两种方式将参数传送给过程或函数:引用传递方式和值传递方式。

引用传递方式即地址传递方式是将作为参数的变量和数组元素的地址传递给过程或函数,由于主调程序的实际参数与被调程序的形式参数使用了相同的存储器地址,当形式参数的内容一经改变,实际参数的内容也跟着改变,相当于将参数值传递该主调程序中相关的变量或数组元素。

值传递方式是把变量和数组元素的值直接传递给过程或函数,当过程或函数中参数的值发生变化时,原来的变量或数组元素的值不发生变化。

默认情况下,用 DO 命令调用过程或函数时的参数传递是引用传递,以函数调用的方式调用过程或函数时的参数传递是值传递。

例 7-12:参数的引用传递。

```
CLEAR
p=10
DO func1 WITH p
? "p=",ltrim(str(p))                && 实际参数跟随着形式参数内容的变化而变化
*************
RETURN
FUNCTION func1
parameters p1
p1=p1 * 10                          && 形式参数的内容发生变化
RETURN
```

3. 改变传递方式

有两种方法可以改变默认的参数传递方法:

(1) 使用 SET UDFPARMS TO 命令来强制改变自定义函数的参数传递方式。

① 若要按引用方式传递参数,在调用用户自定义函数之前,先执行如下命令:

SET UDFPARMS TO REFERENCE

② 若要按值方式传递参数,在调用用户自定义函数之前,先执行如下命令:

SET UDFPARMS TO VALUE

例 7-13:按值传递和引用传递内存变量。

```
CLEAR
fact=10
SET UDFPARMS TO REFERENCE                && 设置引用传递内存变量
square(fact)
? "函数返回值改变实参:",ltrim(str(fact))
fact=10
SET UDFPARMS TO VALUE                    && 设置按值传递内存变量
square(fact)
? "函数返回值不改变实参:",ltrim(str(fact))
RETURN
 * * * 定义 square 函数,计算实在参数的平方 * * *
FUNCTION square
parameters void
void=void * void
RETURN
```

(2) 使用@来强制采用地址传递方式。

如上例的主程序部分改为:fact=100

```
square(@fact)      && 强制采用地址传递方式
? "函数返回值改变实参:",ltrim(str(fact))
```

(3) 用"()"号来强制采用值传递方式。

如上例的主程序部分改为:

```
CLEAR
fact=10
SET UDFPARMS TO REFERENCE          && 设置引用传递内存变量
square((fact))                     && 强制采用值传递方式
? "函数返回值不改变实参:",ltrim(str(fact))
```

SET UDFPARMS 命令改变整个程序中参数传递规则,而强制方式只能改变当前语句的传递方式。

三、函数的返回值

函数用 RETURN 命令将值返回到主程序,命令格式:

RETURN [eExpression | TO MASTER | TO ProcedureName]

命令功能:

该命令用于结束所在程序的执行,如果该程序被另外一个程序调用,那么系统将程序控制返回到调用程序,并执行调用处的下一条语句;如果该程序没有被另外一个程序调用,那么系统将程序控制返回到命令窗口。

命令说明:

① eExpression 参数是一个表达式,用于将表达式的值作为函数值返回到调用程序。eExpression 参数适用于用户自定义函数。

② TO MASTER 子句用于将程序控制直接返回到主程序。如果省略该子句,那么系统将逐层返回。

③ TO ProcedureName 子句用于将程序控制返回到指定的过程。ProcedureName 参数为过程名。

在用户自定义函数中,返回值可由"函数"、"变量"、"表达式"、"常数"等所组成,如果在 RETURN 命令后未加入任何值,将会自动返回 .T.,且一次只能返回一个数据。如:

```
RETURN datetime()                  && 返回内部函数值
RETURN "函数返回值"                 && 返回一个字符串
RETURN  PI * 2                     && 返回表达式
RETURN .T.                         && 返回常数
```

例 7-14:定义一个函数 ntoc(),当传递给一个 0~9 之间的阿拉伯数字时,返回一个中文的"零~九"。

```
CLEAR
DO WHILE .t.
INPUT "输入阿拉伯数字(0~9):" TO tDigit
IF tDigit<0 .OR. tDigit>9
   RETURN
ENDIF
? ntoc(tDigit)                     && 输出中文零~九
ENDDO
RETURN
```

```
* * *  函数 ntoc 接受输入阿拉伯数字 0～9,返回中文零～九
FUNCTION ntoc
Parameters pDigit
LOCAL cString
cString="零一二三四五六七八九"
RETURN substr(cString,pDigit * 2+1,2)
```

四、子程序

子程序是结构化程序设计的主要特点,一个应用程序的许多功能可以编写成一个个独立的子程序、过程或用户自定义函数,然后把它们组装到一个主程序中。在一个 VFP 程序中,可以用 DO 命令调用其他的程序。一个主程序可以调用任意多个子程序。子程序还可以再调用其他的子程序,VFP 允许嵌套的 DO 调用层数为 128 层。

7.5　变量的作用域

内存变量除了数据类型和取值之外,还有一个重要的属性就是它的作用域。内存变量的作用域指的是内存变量在什么范围内有效。内存变量的作用域分全局变量、局部变量和私有变量三类。

1. 全局变量

全局变量是指在任何模块中都有效的变量,又称公共变量。全局变量必须预先使用 PUBLIC 命令定义。例如:

```
PUBLIC  a,b,c          && 定义变量 a、b、c 为全局变量
```

在命令窗口中直接创建的任何变量都是全局变量,系统默认为它们赋予逻辑假值.F.。

全局变量一经创建就一直有效,即使程序运行结束后也不会消失。只有当执行 CLEAR MEMORY、RELEASE、QUIT 等命令后,全局变量才被释放。

2. 局部变量

局部变量只能在创建它们的模块中使用,不能被更高层或更低层的模块访问,当创建它们的模块运行结束时,局部变量自动释放。例如:

```
LOCAL  n               && 定义变量 n 为局部变量
```

3. 私有变量

如果当前模块中的某个变量与调用它的模块中的变量同名时,可使用 PRIVATE 命令将调用它的模块中定义的同名变量暂时隐藏起来,当前模块中同名变量的使用不会影响到调用它的模块中变量的取值。一旦当前模块运行结束,所有被隐藏的内存变量自动恢复,并保持原有的取值。例如:

```
PRIVATE  x,y           && 定义变量 x、y 为私有变量
```

7.6　综合应用

VFP 基本程序设计的命令语句并不多,但只要灵活应用,就可以编制出各种功能强大的生动活泼的应用程序,同时,在面向对象的程序设计方法设计中,是编制对象的事件和方法代码的基础。通过多上机练习编制各种程序,可以加深对 VFP 的理解。分类举例

如下。

例 7-15:输入一个数字(0~6),用中英文显示星期几。

```
CLEAR
n=0
INPUT  "输入数字(0~6):"  TO  n
DO CASE
    CASE n=1
          m="星期一(Monday)"
    CASE n=2
          m="星期二(Tuesday)"
    CASE n=3
          m="星期三(Wednesday)"
    CASE n=4
          m="星期四(Thursday)"
    CASE n=5
          m="星期五(Friday)"
    CASE n=6
          m="星期六(Saturday)"
    CASE n=0
          m="星期日(Sunday)"
    OTHERWISE
          m="重新输入!"
ENDCASE
?"数字 "+LTRIM(STR(n))+" 是:"+m
```

例 7-16:有一道趣味数学题:有 30 个人在一家小饭馆里用餐,其中有男人、女人和小孩。每个男人花了 3 元钱,每个女人花了 2 元钱,每个小孩花了 1 元钱,一共花去 50 元钱。问男人、女人和小孩各有几人?

分析:设有 x 个男人,y 个女人,z 个小孩。依题意,列出以下方程组:

$$x+y+z=30$$

$$3x+2y+z=50$$

由于 2 个方程式中有 3 个未知数,属于不定方程,无法直接求解。可以用“穷举法”来进行“试根”,即将各种可能的 x、y、z 组合一一进行测试,将符合条件者输出即可。

考虑到最多只能有 16 个男人,最多只能有 24 个女人,设计程序如下:

```
CLEAR
FOR x = 1 TO 16
    FOR y = 1 TO 24
          z = 30 - x - y
          IF 3 * x + 2 * y + z = 50
               ? x,y,z
       ENDIF
```

```
    ENDFOR
ENDFOR
```

例 7 - 17:设有一个 50 个同学的班级,要随机地抽出 10 个同学组成“计算机兴趣小组”,编制程序如下。

```
CLEAR
dime student[10]
FOR i=1 TO 10
    x=int(rand() * 50)+1          && 产生1—50的随机数
    FOR j=1 TO i-1
      IF x=student(j)
         i=i-1                    && 如果数据重复,则退回到上一次循环
         exit
      ENDIF
    ENDFOR
    IF  j<>i
     loop
    ENDIF
student(i)=x
ENDFOR
? "计算机兴趣小组成员如下:"
FOR i=1 TO 10
    ? student(i)
ENDFOR
RETURN
```

说明:

① 本例首先必须产生出 1—50 的随机数,用 DO WHILE 循环剔除范围外的数;

② 10 个随机数必须互不相同,用逐个比较法进行判定。

例 7 - 18:用选择排序法对 10 个 2 位随机数进行递增排序。

算法说明:设对 n 个数进行递增排序(升序),首先用第一个数与第二个数比较,若第一个数比第二个数大,则交换 2 数的位置,再用第一个数与第三个数比较,若不符合递增规律,则交换位置,以此类推,直到第一个数与第 n 个数比较,经过一遍循环,找到 n 个数据中的最小的数据,存放在第一个数据位;然后再用第二个数据与其后的各个数据比较,再经过一轮循环找到余下的数中最小的数,以此类推,经过 n - 1 遍的循环就将数据排列好。选择排序方法比较简单,比较次数与数据原先的次序无关,总的比较次数是:$\frac{n}{2}(n-1)$次。

程序代码如下:

```
CLEAR
dime a(10)
?   "产生并输出10个随机数"
FOR i=1 TO 10
```

```
    a(i)=int(rand() * 90)+10          && 产生 2 位的位随机数
    ?? a(i)
ENDFOR
?
FOR i=1 TO 9
    FOR j=i+1 TO 10
        IF a(i)>a(j)
            Temp=a(i)                 && 将 a(i)暂存入临时变量 Temp
            a(i)=a(j)
            a(j)=Temp
        ENDIF
    ENDFOR
ENDFOR
? "输出 10 个递增排序后的数"
FOR i=1 TO 10
    ?? a(i)
ENDFOR
```

例 7-19:用冒泡排序法对 10 个 2 位随机数进行递增排序。

算法说明:设对 n 个数进行递增排序(升序),采用相邻的两数,两两相比的方法,如果两个数据元素的次序相反时即进行交换,直到没有反序的数据元素为止。首先用第一个数与第二个数比较,若第一个数比第二个数大,则交换 2 数的位置,再用第二个数与第三个数比较,若不符合递增规律,则交换位置,以此类推,直到 n-1 个数与第 n 个数比较,经过一遍循环,将最大的数移向数组的尾端,再重头开始,比较到 n-1 个数,以此类推,在程序中预设交换标志,直到判断没有发生数据交换时结束循环。

程序代码如下:

```
CLEAR
dime a(10)
?  "产生并输出 10 个随机数"
FOR i=1 TO 10
    a(i)=int(rand() * 90)+10
    ?? a(i)
ENDFOR
?
FOR i=10 TO 1 step -1
Change=.F.                            && 设置交换标志初值
    FOR j=1 TO i-1
        IF a(j)>a(j+1)
            Temp=a(j)                 && 将 a(i)暂存入临时变量 Temp
            a(j)=a(j+1)
            a(j+1)=Temp
```

```
            Change=.T.
          ENDIF
        ENDFOR
        IF not Change
          EXIT                              && 若没有交换,则结束循环
        ENDIF
    ENDFOR
    ? "输出 10 个递增排序后的数"
    FOR i=1 TO 10
        ?? a(i)
    ENDFOR
```

例 7-20:打印杨辉三角形的前 10 行。杨辉三角形各行的系数有以下的规律:

① 各行第一个数都是 1;

② 各行最后一个数都是 1;

③ 从第 3 行起,除上面指出的第一个数和最后一个数外,其余各数是上一行同列和前一列两个数之和。例如第 4 行第 2 个数(3)是第 3 行第 2 个数(2)和第 3 行第 1 个数(1)之和。可以这样表示:a(i,j)=a(i-1,j-1)++a(i-1,j),其中 i 为行数 j 为列数。

程序清单如下:

```
CLEAR
dimension a(10,10)
FOR i=1 TO 10
    a(i,1)=1                             && 每行第一个数
    a(i,i)=1                             && 每行最后一个数
ENDFOR
FOR i=3 TO 10
    FOR j=2 TO i-1
        a(i,j)=a(i-1,j-1)+a(i-1,j)       && 计算第 3 行以后的其他元素
    ENDFOR
ENDFOR
FOR i=1 TO 10
    FOR j=1 TO i
        ?? subst(str(a(i,j)),6,6)
    ENDFOR
    ?
ENDFOR
```

运行结果:

```
1
1   1
1   2   1
1   3   3  1
1   4   6   4    1
1   5  10  10    5    1
1   6  15  20  15    6    1
1   7  21  35  35  21    7   1
1   8  28  56  70  56   28   8   1
1   9  36  84 126 126   84  36  9    1
```

例 7－21:矩阵转置,即将矩阵行、列互换。

```
LOCAL a(6, 5),b(5,6)
?" 原矩阵:"
?
FOR I=1 TO 6
  FOR J=1 TO 5
     a(I,J)=INT(RAND() * 90)+10
     ?? str(a(I,J),4)
  ENDFOR
  ?
ENDFOR
?" 转置矩阵:"
?
FOR n = 1 TO 5
  FOR m = 1 TO 6
    b(n,m) = a(m,n)
    ?? str(b(n,m),4)
  ENDFOR
  ?
ENDFOR
```

例 7－22:求方阵的两个对角线元素和。

解:若 a(i,j)是方阵的主对角线上的元素,则有:i=j,若 a(i,j)是方阵的次对角线上的元素,则有:i=n+1－j,其中 n 是方阵的阶数。

首先定义一个二维数组创 a(n,m),利用循环和随机函数产生各元素的值。然后通过两次循环分别计算两条对角线元素之和。

根据以上分析,设计程序如下:

```
CLEAR
DIME  a(6,6)
FOR k = 1 TO 36
    a(k) = INT(RAND() * 10)
```

```
ENDFOR
FOR k = 1 TO 6
    p = ""
    FOR m= 1 TO 6
        p = p + STR(a(k,m),3)
    ENDFOR
    ? p
ENDFOR
?
m = 0
FOR i = 1 TO 6
    m = m + a(i, i)
NEXT
? "主对角线元素之和="+LTRIM(STR(m))
q = 0
FOR i = 1 TO 6
    q = q + a(i, 7 - i)
NEXT
? "次对角线元素之和="+LTRIM(STR(q))
RETURN
```

练　习　题

一、选择题

1. 以下程序的运行结果为________。

```
x=2.5
DO CASE
    CASE x>1
        y=1
    CASE x>2
        y=2
ENDCASE
? y
RETURN
```

A. 1　　B. 2　　C. 0　　D. 语法错误

2. 以下循环体共执行了________次。

```
FOR I=1 TO 10
    ? I
    I=I+1
ENDFOR
```

A. 10　　B. 5　　C. 0　　D. 语法错误

3. 循环结构中 LOOP 语句的功能是________。
   A. 放弃本次循环,重新执行该循环结构
   B. 放弃本次循环,进入下一次循环
   C. 退出循环,执行循环结构的下一条语句
   D. 退出循环,结束程序的运行
4. 在 FOR…ENDFOR 循环结构中,如省略步长则系统默认步长为________。
   A. 0　　B. -1　　C. 1　　D. 2
5. 设有下列程序段:

```
      …
1 DO WHILE <逻辑表达式 1>
      …
2     DO WHILE <逻辑表达式 2>
          …
3         EXIT
          …
4     ENDDO 2
      …
5 ENDDO 1
```

   则执行到 EXIT 语句时,将执行________。
   A. 第 1 行　　B. 第 2 行
   C. 第 4 行的下一个语句　　D. 第 5 行的下一个语句

二、填空题:

1. 如果事先知道循环的次数,可使用________循环语句。
2. 仅在本程序或其下级程序中使用的变量称为________。
3. 下列程序统计一个句子中含有字母个数最多的单词。

```
cString='This is one of the best books'
____(1)____
cResult=SPACE(0)
DO WHILE LEN(cString)>0
    n=AT(SPACE(1),cString)
    cWord=ALLT(IIF(n=0,cString,____(2)____))          && 取一个单词
    cString=ALLT(IIF(n=0,SPACE(0),SUBS(cString,n)))
    IF LEN(cWord)>nCount
        nCount=____(3)____
        cResult=cWord
    ENDIF
ENDDO
WAIT WINDOW '含有字母个数最多的单词是'+cResult
```

4. 下列自定义函数 DeleteA()的功能是将一个字符串中的所有 A(不分大小写)删除,完善下列程序。

```
FUNCTION DeleteA
PARAMETERS cStr
cResult=SPACE(0)
FOR n=1 TO LEN(cStr)
    IF ___(1)___
        ___(2)___
    ENDIF
        ___(3)___
ENDFOR
RETURN cResult
ENDFUNC
```

5. 下面自定义函数 CWEEK()将所传递的日期参数，转化为中文字符“星期几”。其中 DOW(日期表达式)函数返回指定日期是在一周中的第几天。

```
FUNCTION CWEEK
PARAMETERS pDate
LOCAL cString,pWeek,pDateX
pDateX=___(1)___
cString="日一二三四五六"
pWeek=SUBSTR(cString,___(2)___)
pWeek="星期"+___(3)___
RETURN pWeek
ENDFUNC
```

6. 下列程序的功能是将十进制数转换成十六进制数。

```
nNumber=328
cResult=SPACE(0)
IF nNumber#0
  DO WHILE nNumber>0
      n=___(1)___
      nNumber=INT(nNumber/16)
      IF ___(2)___
          cResult=STR(n,1)+cResult
      ELSE
          cResult=CHR(ASC('A')+n-10)+cResult
      ENDIF
  ENDDO
ELSE
      cResult=___(3)___
ENDIF
WAIT WINDOWS  cResult
```

7. 统计 101～999 之间“水仙花数”的个数。

```
N=____(1)____
For   I=101 to 999
    G=I%10
    S=____(2)____
    B=int(I/100)
    If   I=G^3+S^3+B^3
            N=N+1
            ? I
    Endif
Endfor
Wait windows "水仙花的个数为"+____(3)____
Return
```

8. 利用下列公式计算 π 的近似值,要求精确到前后两次的差<=1e-6。

$$\pi=2\cdot\frac{2}{\sqrt{2}}\cdot\frac{2}{\sqrt{2+\sqrt{2}}}\cdot\frac{2}{\sqrt{2+\sqrt{2+\sqrt{2}}}}\cdots$$

提示:设第 n 项的分母为 P_n,则第 n+1 项的分母为 $P_{n+1}=\sqrt{2+P_n}$

设第 n 项的乘积为 S_n,则第 n+1 项的乘积为 $S_{n+1}=2S_n/P_{n+1}$。

```
t=2
s=____(1)____
pi=2 * 2/s
do while ____(2)____ >1e-6
    t=pi                        && 前一次 Pi 的值
    s=sqrt(2+s)                 && 第 n+1 项的分母
    pi=pi * 2/s
____(3)____
? 'pi=',pi
```

第8章 表单

一个应用程序系统不仅要具有完备的功能，而且要具有一个友好的用户界面。VFP中的表单(Form)类似于Windows中的各种标准窗口或对话框，是应用程序和用户交互的主要界面。因此，表单设计是应用程序设计中的一项重要工作。

8.1 创建表单

在VFP中，创建表单的方法有4种：

(1) 用表单向导(Form Wizard)创建表单。

(2) 使用表单设计器(Form Designer)创建或修改表单。

(3) 执行"表单"菜单中的"快速表单(Quick Form)"命令，创建一个简单表单。

(4) 利用程序创建表单。

8.1.1 用表单向导创建表单

利用表单向导，可以很方便地创建基于一张表的表单或基于具有一对多关系的两张表的表单。用户只需按照向导的提示，作一些简单的回答或选择。

启动"向导"的方法有以下3种：

(1) 执行"文件"菜单中的"新建"命令或单击常用工具栏上的"新建"按钮，出现"新建"对话框，在"文件类型"中选择"表单"选项，再点击"向导"按钮。

(2) 在项目管理器中选择"文档"选项卡中的"表单"项，点击"新建"按钮后再点击"表单向导"按钮。

(3) 在"工具"菜单的"向导"子菜单中选择"表单"。

此时，屏幕上会出现"向导选取"对话框，以便用户决定创建单表表单还是一对多表单，如图8-1所示。

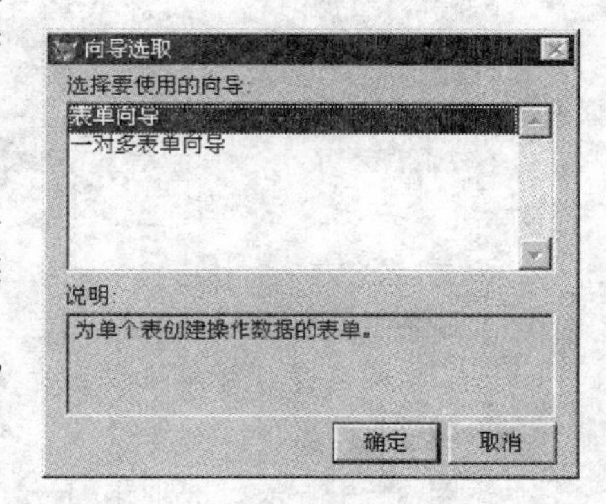

图8-1 表单向导

一、单表表单

这里以创建一个基于教师(JS)表的单表表单为例。首先，利用前述方法打开"向导选取"对话框，选择"表单向导"后单击"确定"按钮。

步骤1:字段选取

在图8-2所示的对话框中选择表单所基于的JS表，如果当前有数据库文件打开，系统将自动显示该数据库中的表。否则应点击"…"按钮，启动"打开"对话框，从中选择表，在"可用字段"列表框中选择所需的字段。如果希望表中的字段全部显示在表单中，在选择表后应点击双箭头按钮。字段选取结束后，单击"下一步"按钮。

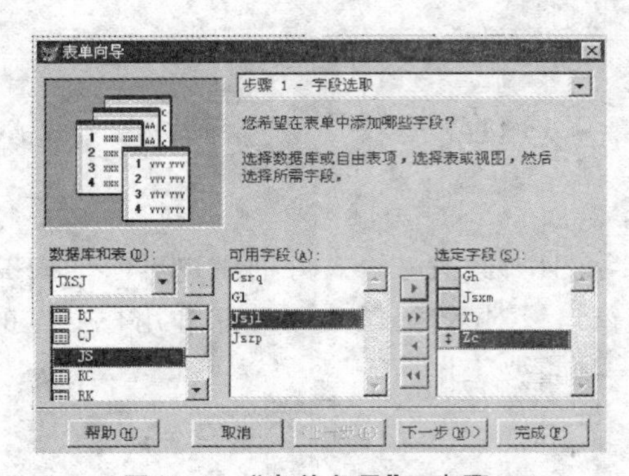

图 8-2 “表单向导”—步骤 1

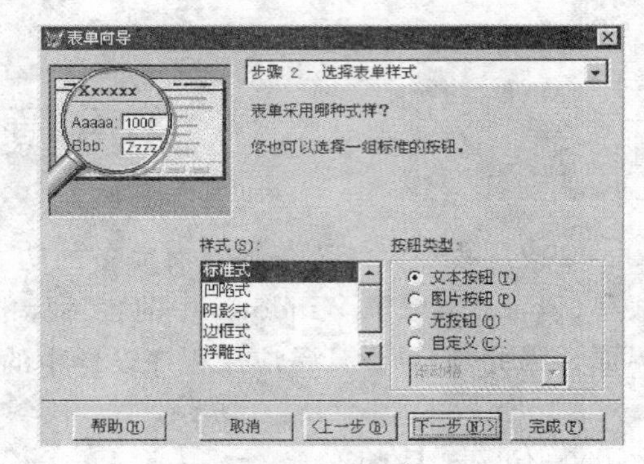

图 8-3 “表单向导”—步骤 2

步骤 2:选择表单样式

在图 8-3 所示的对话框中选择表单的样式为“标准式”,向导将在放大镜中显示该样式的示例。设置按钮类型为“文本按钮”,按钮类型用于设定表单上定位按钮的外观。再单击“下一步”按钮。

步骤 3:排序记录

在图 8-4 所示对话框中选择 Gh 字段为记录输出的排序字段,单击“下一步”按钮。

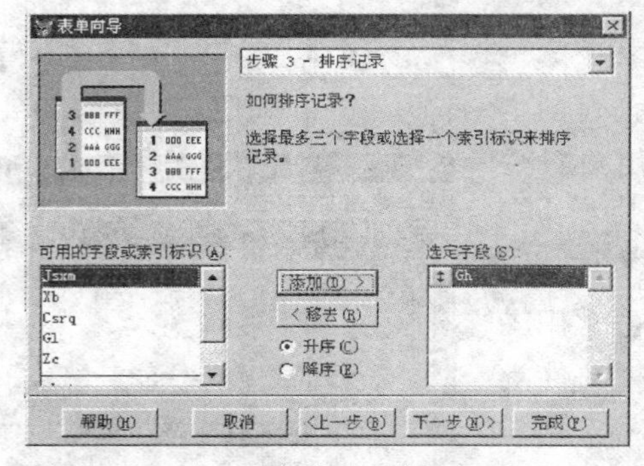

图 8-4 “表单向导”—步骤 3

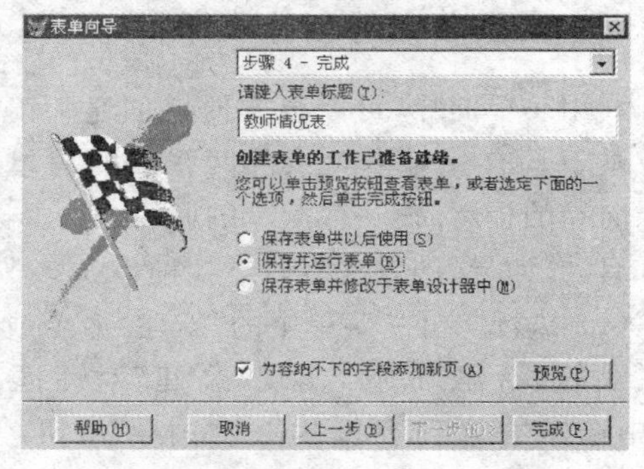

图 8-5 “表单向导”—步骤 4

步骤 4:完成

在图 8-5 所示对话框中,输入表单的标题“教师情况表”后,设置保存表单后的工作方式为“保存并运行”。点击“预览”按钮可预览表单生成的效果,如不满意可逐步返回重新设置。点击“完成”按钮后,系统将打开“另存为”对话框供用户保存表单。保存后系统自动生成表单文件和表单备注文件。

创建表单的运行结果如图 8-6 所示。

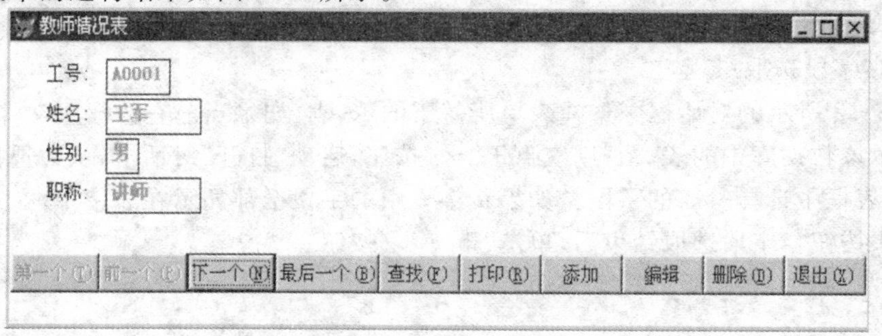

图 8-6 用表单向导创建的单表表单

二、一对多表单

用"一对多表单向导"创建表单的过程与前面的相似，所不同的是要从两个表中选取字段，还要建立两个表之间的关系。这里以创建一个基于教师(JS)表和任课(RK)表的一对多表单为例。

首先，利用前述方法打开"向导选取"对话框，选择"一对多表单向导"后单击"确定"按钮。

步骤 1：从父表中选定字段。

在图 8－7 所示的对话框中选择"一对多"关系中的父表 JS 表，并从父表中选定字段，然后单击"下一步"按钮。

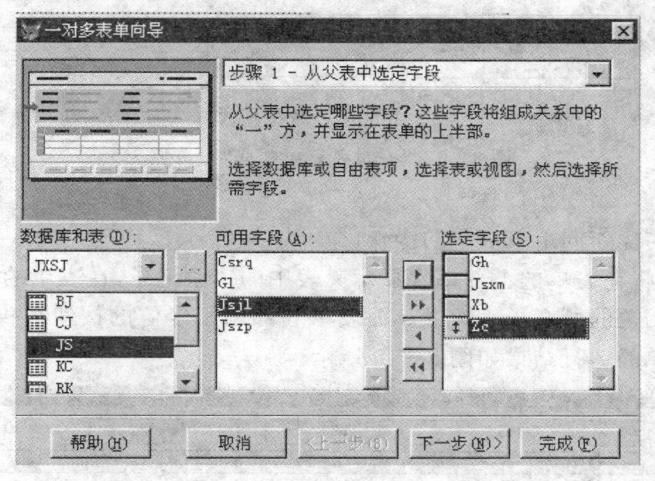

图 8－7　"一对多表单向导"—步骤 1

步骤 2：从子表中选定字段。

在图 8－8 所示对话框中选择"一对多"关系中的子表 RK 表，并从子表中选定字段，然后单击"下一步"按钮。

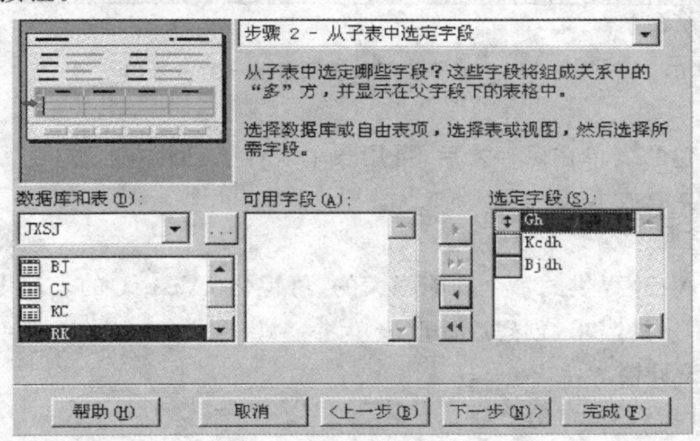

图 8－8　"一对多表单向导"—步骤 2

步骤 3：建立表之间的关系。

如图 8－9 所示,从每个表中选择一个匹配字段,建立两表之间的关系。两个匹配字段的名称并不要求相同,只要类型相同即可。一般情况下,匹配字段为两表的共同字段。

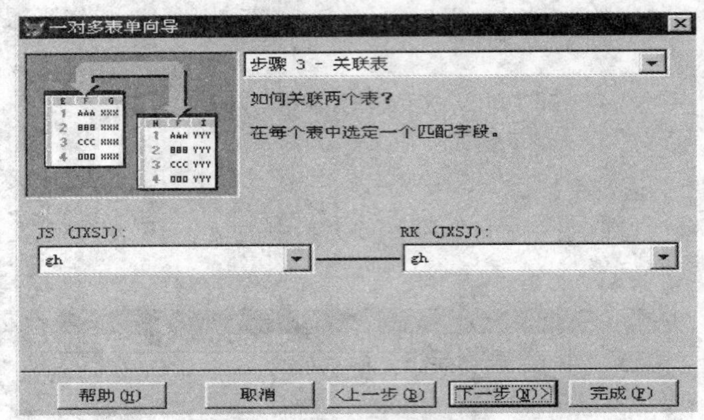

图 8－9　"一对多表单向导"—步骤 3

步骤 4、5、6 的操作同单表表单的操作。

表单运行时,将在表单的上部每次显示父表中的一条记录,在表单的下部以表格的形式显示与父表记录相关的所有子表记录。而表单底部用于定位的按钮组仅对父表产生控制。创建的一对多表单的运行结果如图 8－10 所示。

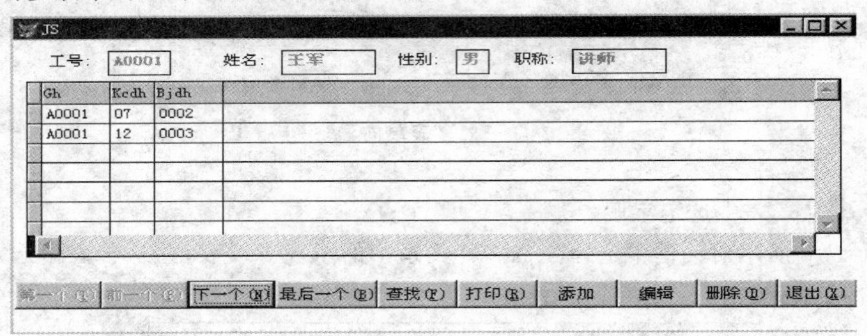

图 8－10　基于教师和任课表的一对多表单

用表单向导创建的表单在保存之后,可用表单设计器打开并修改。

8.1.2　用表单设计器创建表单

表单设计器是 VFP 提供的一个功能强大的、可视化(Visual)的表单设计工具。利用该设计器,可以根据用户的需求,创建或修改表单。

一、打开表单设计器

打开"表单设计器"的方法有 3 种:

(1) 执行"文件"菜单中的"新建"命令或单击常用工具栏上的"新建"按钮,出现"新建"对话框,在"文件类型"中选择"表单"选项,再点击"新建文件"按钮。

(2) 在项目管理器中选择"文档"选项卡,点击"表单"项,再点击"新建"按钮。

(3) 在命令窗口中执行命令:CREATE FORM [表单文件名]

或　MODIFY FORM [表单文件名]

"表单设计器"打开后,VFP 显示表单设计器窗口、"表单"动态菜单、表单控件工具栏、表单设计器工具栏、布局工具栏、属性窗口等,如图 8-11 所示。

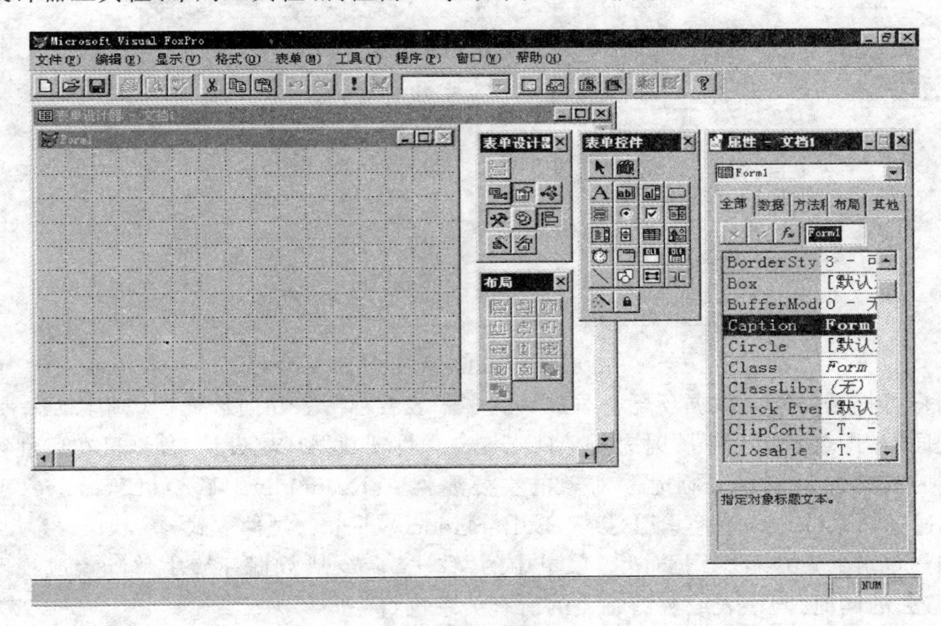

图 8-11　表单设计窗口

二、设置表单的数据环境

在创建表单时,如果表单中所用到的数据来源于表或视图,则必须先设置表单的数据环境。反之,如果表单中的数据与表或视图无关,则无须设置表单的数据环境。

对于使用向导创建的表单,从操作过程上看并没有直接地设置表单的数据环境,但根据向导提示选择字段(含选择数据库/表)、确定一对多关系(对一对多表单向导而言),就是一个设置表单的数据环境的过程。

数据环境(Dataenvironment)是一个为表单提供数据但又独立于表单的一个对象。表单的数据环境包含与表单交互作用的表和视图,以及表与表之间的关系。在"数据环境设计器"中,可以可视化地查看、设置和修改数据环境,并将它和表单一起保存。

1. 数据环境设计器

打开"数据环境设计器"的方法有 3 种:

(1) 启动表单设计器后,执行"显示"菜单中的"数据环境"命令。

(2) 从表单(集)的快捷菜单中选择"数据环境"命令。

(3) 单击"表单设计器"工具栏上的"数据环境"按钮。

2. 向数据环境中添加表或视图

打开"数据环境设计器"后,执行"数据环境"菜单中的"添加"命令,或从快捷菜单中选择"添加"命令,在随后出现的"添加表或视图"对话框(如图 8-12 所示)中选择一张表或视图,点击"添加"按钮。用户也可以将表或视图直接从项目管理器中拖放到"数据环境设计器"中。

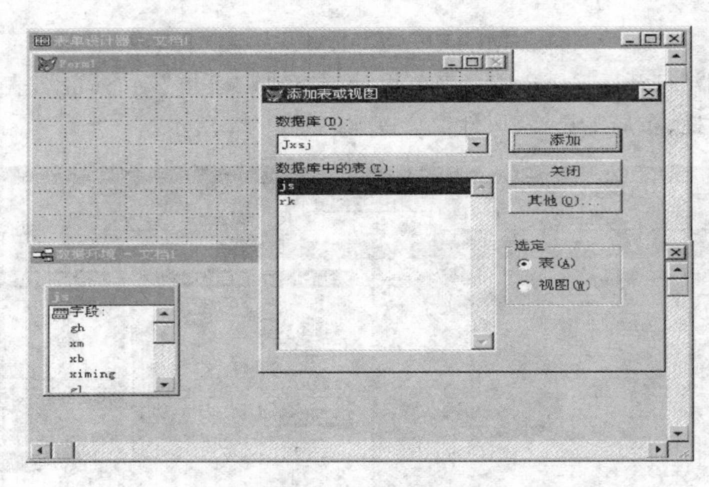

图 8-12 数据环境设计器

用户可根据需要向数据环境中添加一到多张表或视图。在向数据环境中添加一张表或视图的同时,即创建了一个临时表对象(Cursor)。打开数据环境设计器后,可在属性窗口中设置临时表对象的属性。临时表对象的主要属性有 ReadOnly(只读)、Exclusive(独占)、Filter(过滤器)、Order(主控索引)以及 BufferModeOverride(缓冲方式)等。

用户也可通过执行"数据环境"菜单中的"移去"命令从数据环境中移除表或视图。当然,在移去的同时,与该表或视图有关的所有关系也将一同移去。

3. *在数据环境中设置关系*

如果添加到"数据环境设计器"中的两个表之间具有在数据库中设置的永久关系,这些关系将自动地添加到数据环境中。如果表中没有永久关系,则可通过将字段从主表拖动到相关子表中的相匹配的索引标识或字段上来设置这些关系。如果和主表中的字段对应的相关表中没有索引标识,系统将提示用户是否创建索引标识。

在"数据环境设计器"中设置了一个关系后,在表之间将有一条连线指明这个关系,如图 8-13 所示。设置一个关系,也就创建了一个关系对象(Relation)。打开数据环境设计器后,可在属性窗口中设置关系对象的属性。关系对象的主要属性有 RelationalExpr、ChildOrder 和 OneToMany 等。RelationalExpr 属性的默认设置为主表中主关键字段的名称,如果相关表是以表达式作为索引的,就必须将 RelationalExpr 属性设置为这个表达式。ChildOrder 属性设置子表的索引标识。OneToMany 属性设置两表间的关系是否为一对多关系。如果 OneToMany 属性值为"真"(.T.),则浏览父表时,在浏览完子表中所有的相关记录之前,记录指针一直停留在同一父记录上。

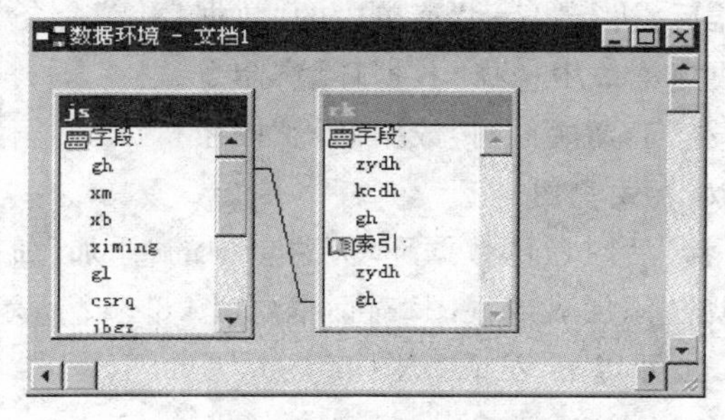

图 8-13 在数据环境中设置关系

三、添加控件

一个表单可以看做是由多个控件组成的窗口，表单及其控件均称为“对象”。表单设计的一个主要工作就是向表单上添加各种控件。VFP 的“表单控件”工具栏中提供了表单设计所需要的各种控件。点击某控件按钮后，在表单的适当位置上拖动，即可创建一个相应的新对象。除了各种控件以外，工具栏中还有以下按钮：

选定对象：可以选定一个或多个对象，以便移动或改变控件的大小。在创建了一个对象之后，“选定对象”按钮被自动选定。选定多个对象时，应按住 Shift 键。也可按住鼠标左键在表单上拖动，出现选择框，选择框所包容的对象全部被选中。

查看类：可以选择不同的类库以使用更多的控件，包括自定义类。选择一个类库后，工具栏只显示选定类库中相应类的按钮。

生成器锁定：新增控件时，自动打开生成器窗口（如果该控件具有相应的生成器）。

按钮锁定：可以添加多个同种类型的控件，而不需多次点击该控件按钮。

四、设置属性值

表单设计的另一个主要工作就是设置每个控件的有关属性。对于直接利用“表单控件”工具栏添加到表单上的控件，用户必须设置这些控件的有关属性以及事件和方法。而对于利用向导、生成器创建的表单及其控件，由于系统自动地设置了相应的（默认的）属性、事件和方法，无需用户再行设置。当然用户也可根据需要进行修改。

控件的属性、事件及方法的设置一般在属性窗口中进行。单击鼠标右键，在弹出的快捷菜单中选择“属性”，点击“表单设计器”工具栏中的“属性窗口”按钮或执行“表单”菜单中的“属性”命令，均可打开“属性”窗口，如图 8 - 14 所示。

在“表单设计器”中选择某个对象（表单或某个控件）后，就可以在属性窗口中查看、修改或设置该对象的属性值、事件代码和方法代码。属性窗口主要由以下内容组成：

(1) 对象下拉列表框：标识当前选定的对象（表单或控件）。单击右端的下拉箭头，可看到包括当前表单（或表单集）及其所包含的全部对象的列表。如果打开数据环境设计器，可以看到对象中还包括数据环境和数据环境的全部临时表及其关系。在列表中也可选择要查看、修改或设置其属性的对象。

(2) “全部”选项卡：显示全部属性、事件和方法等。

(3) “数据”选项卡：显示有关对象如何显示或怎样操纵数据的属性。在利用向导或生成器创建表单时，系统自动地利用数据环境设置。

(4) “方法程序”选项卡：显示方法和事件。该选项会根据选定的对象的不同而变化。

(5) “布局”选项卡：显示所有的布局属性。各个对象的布局可以由用户通过“布局”工具栏可视化地设计。

(6) “其他”选项卡：显示其他和用户自定义的属性。

(7) “属性”设置框：设置属性列表中选定属性的属性值。如果选定的属性有系统预定义的属性值，则在右边出现一个下拉箭头。如果需要指定一个文件名或设定一种颜色，则在右边出现三

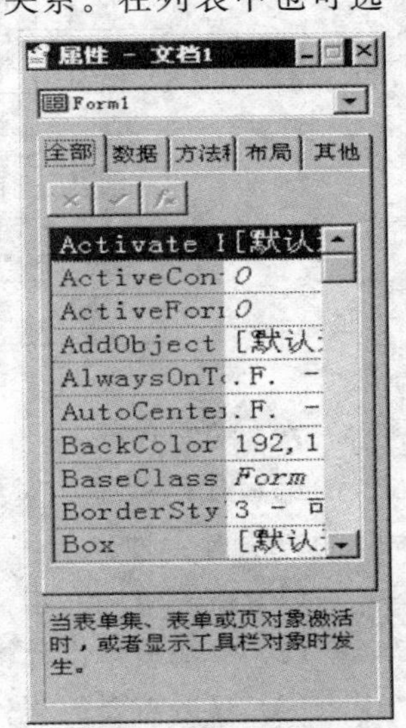

图 8 - 14　属性窗口

点按钮,允许从一个对话框中设置属性。单击"接受"按钮(√号标记)来确认对此属性的更改(也可直接按回车键)。单击"取消"按钮(×号标记)取消更改,恢复以前的值。单击"函数"按钮(fx 标记),可打开表达式生成器。

(8)"属性"列表:显示所有属性及其当前值。选定任意属性后按[F1]键,可得到此属性的帮助信息。对于具有预定义值的属性,双击该属性可遍历所有预定义值。如果以表达式作为属性值,则表达式的前面具有等号"="。只读的属性、事件和方法以斜体显示。

注意:

① 在设置属性值时,必须明确当前的对象,以免张冠李戴。

② 在"属性"窗口的其他部位右击鼠标,将弹出快捷菜单。在该快捷菜单中,可设定属性列表显示的字体大小以及选定属性的说明信息。特别是属性说明信息,对初学者极有帮助。

五、控件的布局

当表单上具有多个控件时,可使用"布局工具栏"对控件进行布局调整。在表单设计器工具栏中单击"布局工具栏"按钮可打开"布局"工具栏。此时,布局工具栏上的按钮全部处于灰色不可用状态,这是因为还没有控件被选中。

布局工具栏中有 13 个按钮,各按钮的功能详见表 8-1 所示。

表 8-1 布局工具栏各按钮的功能

按 钮	名 称	功 能
	左边对齐	被选择的控件靠左边对齐
	右边对齐	被选择的控件靠右边对齐
	顶边对齐	被选择的控件靠顶端对齐
	底边对齐	被选择的控件靠底端对齐
	垂直居中对齐	被选择的控件往垂直的中心对齐
	水平居中对齐	被选择的控件往水平的中心对齐
	相同宽度	被选择的控件设置相同的宽度
	相同高度	被选择的控件设置相同的高度
	相同大小	被选择的控件设置相同的大小
	水平居中	被选择的控件按表单的水平中心线对齐
	垂直居中	被选择的控件按表单的垂直中心线对齐
	置前	被选择的控件放在其他控件之前
	置后	被选择的控件放在其他控件之后

六、编写代码

编写代码就是为对象编写事件过程或方法。该工作在"代码"窗口中进行,打开代码窗口的方法有 4 种:

(1)在表单中右击需要编写代码的对象,在快捷菜单中选择"代码"。

(2)单击表单设计器中的"代码"按钮。

(3)双击需要编写代码的对象。

(4)"属性"窗口中双击相应的事件等。打开的代码窗口如图 8-15 所示。

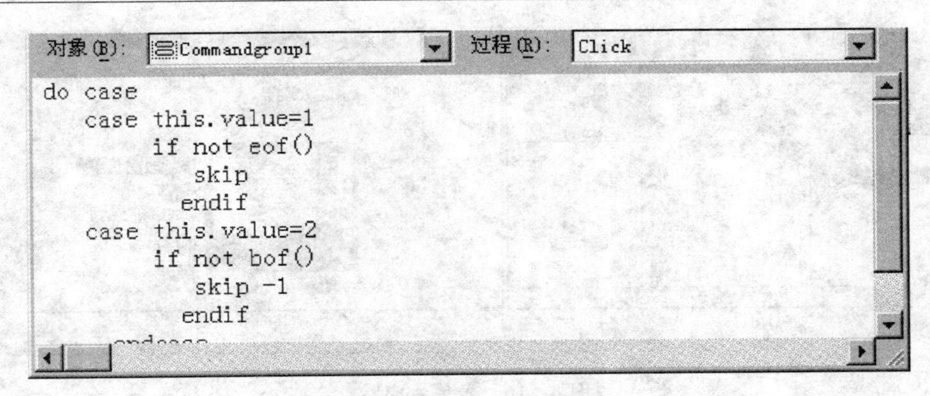

图 8-15　代码窗口

窗口中"对象"下拉列表框列出当前表单所包含的所有的对象,"过程"下拉列表框列出了所选对象的所有方法及事件名称。用户应先在这两个框中选择好对象和事件方法,然后在代码窗口输入相应的代码。输入完毕,关闭代码窗口即可。

七、表单的保存和运行

1. 表单的保存

执行"文件"菜单中的"保存"或"另存为"命令,第一次单击常用工具栏上的"保存"按钮,或单击"表单设计器"窗口右上角的"关闭"按钮,系统将提示是否保存所作的更改。回答"是",将打开"另存为"对话框进行存盘操作。系统将以.scx扩展名保存表单文件,同时生成扩展名为.sct的表单备注文件。

此外,用户还可以使用"文件"菜单中的"另存为类"命令将表单或表单上的控件保存为类。

2. 表单的运行

有几种方法运行设计好的表单:

(1) 在项目管理器中选择要运行的表单后,点击"运行"按钮。

(2) 在未退出"表单设计器"时,单击常用工具栏上的"运行"按钮。

(3) 在命令窗口中键入DO　FORM 表单名命令。

(4) 如要在程序中运行表单,则需在程序代码中包含DO　FORM 表单名命令。DO FORM命令执行时是执行表单或表单集的Show方法。

8.1.3　创建快速表单

在打开"表单设计器"后,执行"表单"菜单中的"快速表单"命令、点击"表单设计器"工具栏上的"表单生成器"按钮、点击快捷菜单中的"生成器"选项,都将打开"表单生成器"对话框。利用该生成器可快速地创建一个简单的表单,事后用户可打开"表单设计器"来修改、完善该表单。"表单生成器"对话框由两个选项卡组成,如图8-16所示,具体操作同前面一样。与表单向导不同的是,表单生成器创建的表单无定位按钮。

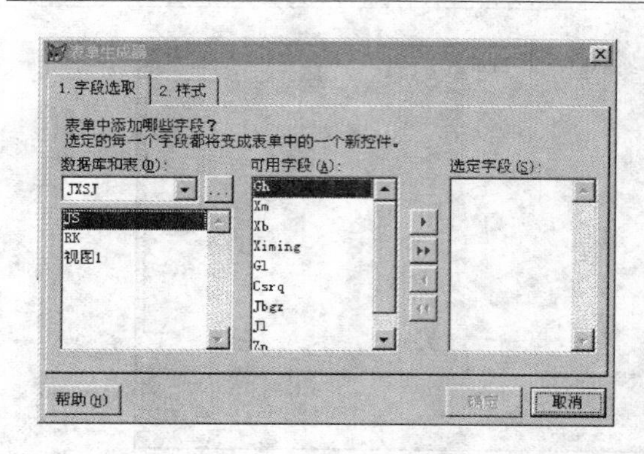

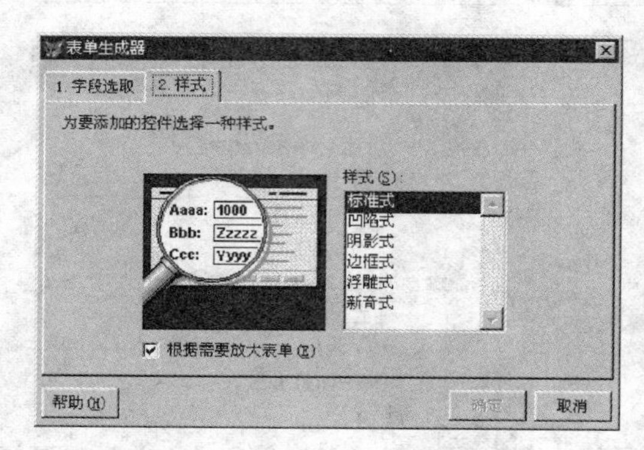

图 8-16 表单生成器

8.1.4 创建表单集

一个表单集(Formset)由一个或多个相关表单组成。这些表单存储在同一个表单文件中,而不是每个表单独自存储为一个文件。使用表单集可以将表单集中的多个表单作为一组进行操作,用户可以同时显示或隐藏表单集中的所有表单、控制表单间的相对位置、通过设置表单集的数据环境以控制各个表单间数据的同步处理等。如果不想将多个表单作为一组使用,则无需创建表单集。

一、创建表单集

在打开“表单设计器”时,执行“表单”菜单中的“创建表单集”命令,即可创建一个表单集。创建了表单集后,该表单集中包含原有的一个表单。

执行“表单”菜单中的“添加新表单”命令可向该表单集中添加表单。

在“属性”窗口的“对象”下拉列表框中选择待移除的表单,再执行“表单”菜单中的“移除表单”命令,即可从该表单集中移去表单。如果表单集中只有一个表单,则无法移除该表单,但可执行“表单”菜单中的“移除表单集”命令将表单集移去,从而得到一个独立的表单。

注意:

(1) 必须先有表单,然后才可以创建表单集。也只有在“表单”菜单项中才可以向表单集添加新表单。

(2) 表单集是一个包含若干个表单的父层次的容器,该容器直观上是不可见的。

二、表单集的引用

通过 ThisFormset 可以对表单集的对象进行引用,其语法是:

ThisFormset. PropertyName|ObjectName

其中,参数 PropertyName 指定表单集的属性,ObjectName 指定表单集中的对象。ThisFormset 提供了在方法中对对象所在表单集或表单集属性的引用。ThisFormset 允许引用表单集上的对象或表单集的属性,而不需要使用多个 Parent 属性。例如,可在表单集的 Activate 事件代码中包含如下代码:

ThisFormset. Form2. Backcolor=RGB(255,0,0)

表单集的 FormCount 属性中存放了表单集中的表单对象的数目,可利用这个属性循环遍历表单集中的所有表单,并执行某些操作。该属性是设计时不可用、运行时只读,其引用语法是:

ThisFormset. FormCount

8.2　对象的属性、事件和方法

对象(Object)是一个具有属性(数据)和方法(行为方式)的实体。如现实生活中的一个人就是一个对象、一辆卡车也是一个对象。在 VFP 中,一张表单、一个文本框、一个按钮等都是常见的对象。

每个对象都具有其自身的属性以及与之相关的事件和方法。用户可通过设置对象的属性、事件和方法来对对象进行各种操作。

一、对象的属性

属性(Property)定义对象的特征或某一方面的行为。如卡车的颜色、吨位等都是用来描述卡车的某些特征的属性。对象的某些属性值既能在属性窗口中设置,也能通过编程的方式在运行阶段进行设置。但也有些属性不能被设置或修改,因为它们是只读的,这些属性在属性窗口中以斜体显示。在程序中设置属性的一般格式是:

　　引用对象·属性=属性值

例 8-1:创建一个表单,按以下各属性值设置有关的属性,并注意观察表单的变化。

标题(Caption):我的表单;

图标(Icon):c:…\devstudio\vfp\samples\graphics\icons\elements\earth.ico;

名称(Name):myform;

背景色(Backcolor):255,0,0;

前景色(Forecolor):0,255,0;

最大化按钮(Maxbutton):.F.;

最小化按钮(Minbutton):.F.。

二、对象的事件

事件(Event)是由 VFP 预先定义好的、能够被对象识别的特定动作。通常事件是由一个用户动作产生,如单击(Click)事件等。也可以由程序代码或系统产生,如计时器(Timer)事件等。

1. 核心事件

不同的对象所能识别的事件虽然有所不同,但事件集合是固定的,用户不能创建新的事件。

无论什么对象,至少拥有 Init、Destroy 和 Error 等 3 个事件,这就是所谓的对象的最小事件集。

为满足系统和用户的各种不同需要,VFP 提供了丰富的内部事件。表 8-2 列出了大多数对象的核心事件。

表 8-2　对象的核心事件

事件	事件触发后的动作
Load	表单或表单集被加载到内存中
Unload	从内存中释放表单或表单集
Init	创建对象
Destroy	从内存中释放对象

续表 8-2

事件	事件触发后的动作
Click	用户使用鼠标左键单击对象
DbClick	用户使用鼠标左键双击对象
RightClick	用户使用鼠标右键单击对象
GotFocus	对象获得焦点,主要由用户动作引起,或在代码中使用 SetFocus 方法
LostFocus	对象失去焦点
KeyPress	用户按下或释放按键
MouseDown	当鼠标指针停在一个对象上时,用户按下鼠标按钮
MouseMove	用户在对象上移动鼠标
MouseUp	当鼠标指针停在一个对象上时,用户释放鼠标按钮
InteractiveChange	以交互方式改变对象值
ProgrammaticChange	以编程方式改变对象值

事件发生后,系统会执行相应的事件代码,以对此动作进行响应。事件代码又称为事件过程(Event Procedure),它是为处理特定的事件而编写的一段程序。当事件由用户触发(如 Click)或由系统触发(如 Load)时,对象就会对该事件做出响应(Respond),执行相应的事件代码。一个对象可以识别一个或多个事件,因此,可为一个对象设置一个或多个事件代码。

2. 事件触发的顺序

在 VFP 中,大多数事件的触发是用户与 VFP 交互操作时伴随着其他一系列事件发生的。但有些事件的触发顺序是固定的(如表单在创建或删除时发生的事件序列),还有一些事件是独立发生的(如 Timer 事件)。

VFP 中一个动作可能触发多个事件,甚至是多个对象的多个事件。表 8-3 给出了一些动作及其触发的多个事件的顺序。

表 8-3　一个动作触发多个事件顺序表

动作	动作可能触发的多个事件的顺序
单击对象	When,GotFocus,MouseDown,MouseUp,Click
双击对象	When,GotFocus,MouseDown,MouseUp,Click,DblClick
单击表单	表单的 Activate、表单的 MouseDown、表单中第一个对象的 When、表单中第一个对象的 GotFocus、表单的 MouseUp、表单的 Click
单击列表框	MouseDown,MouseUp,InteractiveChange,Click
单击表格中新的单元格	BeforeRowColChange, MouseDown, MouseUp, AfterRowColChange,Click

例如,当在表单中通过用鼠标单击对象 2 将焦点从对象 1 切换到对象 2 时,依次发生的事件是:

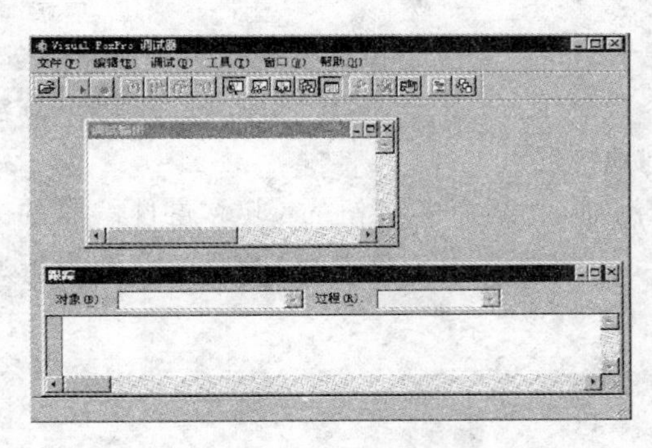

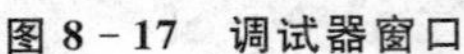
图 8－17　调试器窗口

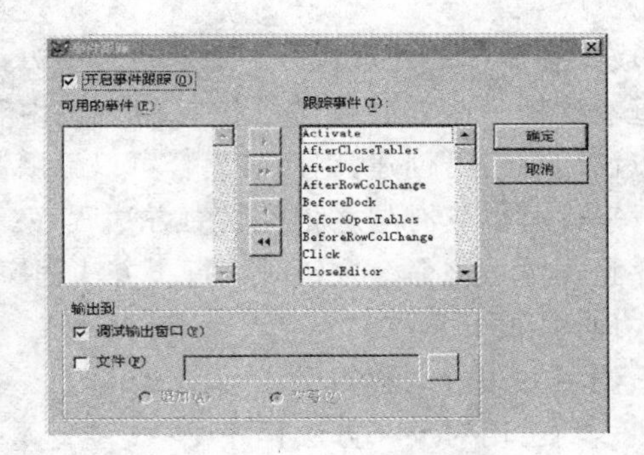

图 8－18　事件跟踪对话框

对象 1 的 Valid 事件、对象 2 的 When 事件、对象 1 的 LostFocus 事件、对象 2 的 GotFocus 事件、对象 2 的 MouseDown 事件、表单的 Paint 事件、对象 2 的 MouseUp 事件、对象 2 的 Click 事件。

要查看事件的触发顺序，可执行“工具”菜单中的“调试器”命令，打开“调试器”窗口，如图 8－17 所示。从调试器窗口的“工具”菜单中选择“事件跟踪”，打开“事件跟踪”对话框，并在其中选择“开启事件跟踪”，如图 8－18 所示。

例 8－2：设置表单的 Init、Activate、Load 的事件代码，运行表单并观察事件的触发顺序。

Init 事件的代码：

```
@ 5,5 SAY"这是 Init 事件"
WAIT
```

Activate 事件的代码：

```
@ 10,5 SAY"这是 Activate 事件"
WAIT
```

Load 事件的代码：

```
@ 15,5 SAY"这是 Load 事件"
WAIT
```

运行表单后，将会发现这 3 个事件的触发顺序是 Load、Init 和 Activate。

3. 事件循环

利用 VFP 进行应用程序设计时，必须创建事件循环(Event Loop)。在 VFP 中，事件循环由 READ EVENTS 命令建立，由 CLEAR EVENTS 命令终止。

当发出 READ EVENTS 命令时，VFP 启动事件处理，发出 CLEAR EVENTS 命令时停止事件处理。如果 CLEAR EVENTS 命令是位于某程序代码中且该命令后还有其他命令，则执行 CLEAR EVENTS 命令后，程序继续执行紧跟在 READ EVENTS 后面的那条语句。

在设计应用程序时，设置好环境并显示初始用户界面之后，就可以着手建立事件循环，以等待用户操作并进行响应。READ EVENTS 命令通常出现在应用程序的主程序中、主菜单的清理代码中、主表单的某事件代码中。在启动事件循环之前需要建立一种退出事件循环的方法，而且必须确保界面有这种发出 CLEAR EVENTS 命令的机制。否则，将会陷入死循环，此时可用 Esc 键强制中断程序的执行，或重新启动计算机。

三、对象的方法

方法(Method)是对象能够执行的一个操作。在 VFP 中，方法是与对象相关联的过程

(完成某种操作的处理代码),通常也称为方法程序,它紧密地和对象连接在一起。例如,列表框有这样一些方法程序维护它的列表内容:AddItem、RemoveItem 和 Clear 等。方法也可以由用户自己创建,因此其集合可以无限制地扩展。

事件可以具有与之相关联的方法程序。例如,为某命令按钮的 Click 事件编写的方法程序将在单击该命令按钮时执行。方法程序也可以独立于事件而单独存在,它在系统中被显式地调用。

调用方法的语法如下:

引用对象·方法程序

如:FormSet1. Form1. Text2. SetFocus

ThisForm. Release

四、对象的引用

对象的引用分绝对引用和相对引用两种。对象间用“.”分隔。

绝对引用是指从最高层次开始引用对象,给出对象的绝对地址。如:

_Screen. FormSet1. Form1. Text1

相对引用是指相对于某个层次的引用,给出对象的相对地址。如:

ThisForm. Text1

相对引用的关键字见表 8-4。

表 8-4　相对引用的属性和关键字

属性		关键字	
ActiveForm	当前活动表单	This	该对象
ActivePage	当前活动表单中的活动页面	ThisForm	包含该对象的表单
ActiveControl	当前活动表单中具有焦点的控件	ThisFormSet	包含该对象的表单集
Parent	该对象的父对象	_Screen	屏幕对象

8.3　常用的事件和方法

一、常用的事件

在 VFP 中,常用的事件可以归类于鼠标事件、键盘事件、表单事件、控件焦点事件和数据环境事件等类型。详见表 8-5。

表 8-5　常用的事件

事件分类	事件
鼠标事件	Click,DblClick,RightClick,MouseDown,MouseUp
键盘事件	KeyPress
表单事件	Load,Activate,Deactivate,QueryUnload,Unload,Paint,Resize
表格事件	BeforeRowColChange,AfterRowColChange,Scrolled
改变控件内容事件	InteractiveChange,ProgrammaticChange
控件焦点事件	When,GotFocus,Valid,LostFocus
数据环境事件	BeforeOpenTables,AfterCloseTables
其他事件	Init,Destroy,Error,Timer

1. KeyPress

在 VFP 中，与键盘操作相关的事件主要是 KeyPress 事件。当用户按下并释放某个键时发生此事件。KeyPress 事件常用于截取输入到控件中的键击，使用户可以立即检验键击的有效性或对键入的字符进行格式编排(使用 KeyPreview 属性可以创建全局键盘处理程序)。

通常具有焦点的对象接收该事件。在两种特殊情况下，表单可以接收 KeyPress 事件：

(1) 表单中不包含控件，或表单的控件都不可见或未激活。

(2) 表单的 KeyPreview 属性设置为“真”(.T.)，表单首先接收 KeyPress 事件，然后具有焦点的控件才接收此事件。

例如，编写某表单的相关事件代码如下：

表单的 activate 事件：

```
This.Text1.Setfocus
This.KeyPreview=.t.        && 该属性为.T.时，才可以接收 KeyPress 事件
```

表单的 KeyPress 事件：

```
LPARAMETERS nKeyCode, nShiftAltCtrl
This.Text2.Value=STR(nKeyCode)+"    "+STR(nShiftAltCtrl)
```

2. Load

在创建对象前发生。该事件应用于表单和表单集。

Load 事件先为表单集发生，然后再为其包含的表单发生。Load 事件发生在 Activate 和 GotFocus 事件之前。在 Load 事件发生时还没有创建任何表单中的控件对象，因此，在 Load 事件的处理程序中不能对控件进行处理。

3. UnLoad 事件

在对象被释放时发生。该事件的应用范围及其处理程序的语法同 Load 事件类似。

Unload 事件是在释放表单集或表单之前发生的最后一个事件，Unload 事件发生 Desttoy 事件和所有包含的对象被释放之后。

该事件的发生取决于对象的类型：

(1) 当释放引用表单的对象变量或该表单的表单集时，表单对象以代码形式释放。

(2) 当释放引用表单集的对象变量时，表单集对象以代码形式释放。

如果一个容器对象包含多个对象，则该容器对象的 Unload 事件发生在其所包含的对象的 Unload 事件之后。例如，一个表单集中包含一个表单，该表单中包含一个控件(一个命令按钮)，释放的顺序如下：表单集的 Destroy 事件、表单的 Destroy 事件、命令按钮的 Destroy 事件、表单的 Unload 事件、表单集的 Unload 事件。

4. Activate 事件

当激活表单、表单集或页对象，或者显示工具栏对象时，将发生 Activate 事件。该事件应用于表单、表单集、页面、工具栏。

此事件的触发取决于对象的类型：

(1) 当表单集中的一个表单获得焦点，或调用表单集的 Show 方法时，激活表单集对象。

(2) 当用户单击一个表单或单击一个控件，或者调用表单对象的 Show 方法时，激活表单对象。

(3) 当用户单击页面的选项卡，单击页面上的控件，或者将包含页对象的页框 Active-

Page 属性设置为此页对象对应页码时,激活页对象。

(4) 当调用工具栏的 Show 方法时,激活工具栏。

使用表单集的 Show 方法时,将显示所有 Visible 属性为“真”(.T.)的表单。Activate 事件触发后,首先激活表单集,然后是表单,最后是页面。

5. Paint

当表单或工具栏重画时发生。该事件应用于表单、工具栏。

当表单或工具栏移动或调整大小,或一个覆盖表单或工具栏的窗口移动,使得表单或工具栏部分或全部显露出时,重画该表单或工具栏。

在 Resize 事件中使用 Refresh 方法时,每次调整表单或工具栏大小时,都强制重画整个对象。完成某种任务时使用 Paint 事件会引起级联事件。通常,在下列情况下应避免使用 Paint 事件:

(1) 移动表单或控件,或调整它们的大小。

(2) 更改任何影响大小或外观的变量,例如,设置一个对象的 BackColor 属性。

(3) 调用 Refresh 方法。

对于这些任务,调用 Resize 事件可能更合适。

6. InteractiveChange

在使用键盘或鼠标更改控件的值时发生。该事件应用于复选框、组合框、命令组、编辑框、列表框、选项按钮组、微调框和文本框。

在每次交互地更改对象时,都要发生此事件,对于文本框,当用户在文本框中键入字符时,每一次击键都会触发该事件。

例如,创建一个表单使其拥有 2 个编辑框,当在第 2 个编辑框中输入字符时,要求即时显示在第 1 个编辑框中。

编写第 2 个编辑框的 InteractiveChange 事件代码:

```
This.Parent.Edit1.Value=This.Value
```

7. When

在控件接收焦点之前此事件发生。该事件应用于复选框、组合框、命令按钮、命令组、编辑框、表格、列表框、选项按钮组、微调框、文本框。

对于列表框控件,每当用户单击列表中的项或用箭头键移动,使焦点在项之间移动时,When 事件发生。

对所有其他控件,当试图把焦点移动到控件上时,When 事件发生。

8. Valid 事件

在控件失去焦点之前发生。该事件的应用范围及其处理程序的语法与 When 事件类似。若 Valid 事件返回“真”(.T.),表明控件失去了焦点;若返回“假”(.F.),则说明控件没有失去焦点。

Valid 事件也可以返回数值:若返回 0,则控件没有失去焦点;若返回正值,则该值指定焦点向前移动的控件数;若返回负值,则该值指定焦点向后移动的控件数。

9. GotFocus

当用户通过操作或执行程序代码使对象接收到焦点时,此事件发生。

对象接收到焦点时,GotFocus 事件用来指定要发生的动作。例如,通过为表单中的每个控件附加 GotFocus 事件,可以显示简单说明或状态栏信息以指导用户;也可以通过激活、废止或显示依赖于拥有焦点控件的其他控件，提供可视化的提示。

当表单没有控件，或者它的所有控件已废止或不可见时，此表单才能接收焦点。只有当对象的 Enabled 属性和 Visible 属性均设置为“真”(.T.)时，此对象才能接收焦点。要为焦点的移动定制键盘操作方式，可以为表单上的控件设置“Tab 键次序”或指定访问键，在控件所在的容器 Activate 事件后，发生 GotFocus 事件。

10. Init

在创建对象时发生。对于表单集和其他容器对象来说，容器中对象的 Init 事件在容器的 Init 事件之前触发，因此，容器的 Init 事件可以访问容器中的对象。例如，在表单的 Init 事件处理程序中可以处理表单上的任意一个控件对象。容器中对象的 Init 事件的发生顺序与它们添加到容器中的顺序相同。

如果不创建控件，可在 Init 事件中返回“假”(.F.)，这时不触发 Destroy 事件。

11. Destroy

当释放一个对象的实例时发生。一个容器对象的 Destroy 事件在它所包含的任何一个对象的 Destroy 事件之前触发，容器的 Destroy 事件在它所包含的各对象释放之前可以引用它们。

12. Error

当某方法在运行出错时，此事件发生。

Error 事件使得对象可以对错误进行处理。此事件忽略当前的 ON　ERROR 例程，并允许各个对象在内部俘获并处理错误。

只有错误发生在代码中时，才调用 Error 事件。

如果正在处理错误时，Error 事件过程中又发生了第二个错误，VFP 将调用 ON ERROR 例程。如果 ON ERROR 例程不存在，VFP 将挂起程序并报告错误，如同 Error 事件和 ON ERROR 例程不存在一样。

二、常用的方法

VFP 中常用的方法详见表 8-6。

表 8-6　常用的方法

方法分类	方　法
表单、表单集	Cls，Hide，Release，Refresh，Show
表格	ActivateCell，AddColumn，DeleteColumn，Draw
组合框、列表框	AddItem，RemoveItem，Clear，Requery
容器	AddObject，RemoveObject，Box，Circle，Line
焦点	SetFocus
应用程序	DoCmd，Quit，SetVar
其他	ResetToDefault，Reset，SetAll

1. Refresh *方法*

Refresh 方法用于重画表单或控件，并刷新所有值。

可使用 Refresh 方法强制地完全重画表单或控件，并更新控件的值。若要在加载另一个表单的同时显示某个表单,或更新控件的内容时,Refresh 方法很有用。刷新表单的同时,也刷新表单上所有的控件;刷新页框时,只刷新活动的页。要更新组合框或列表框的内容,须用 Requery 方法。

2. Release *方法*

Release 方法用于从内存中释放表单集或表单。

当用 DO FORM 命令创建表单集或表单,并且不存在可引用该表单集或表单的变量时,Release 方法很有效。可以使用 Screen 对象的 Forms 集合找到表单集或表单,并调用其 Release 方法。

3. Show *方法*

Show 方法是显示一个表单,并且确定是模式表单还是无模式表单。其调用语法为:

[FormSet.]Object.Show([nStyle])

其中,参数 nStyle 确定如何显示表单。NStyle 参数为 1 时,表单为模式表单,只有隐藏或释放模式表单之后,用户的输入(键盘或鼠标)才能被其他表单或菜单接收;nStyle 参数为 2(默认值)时,表单为无模式表单,遇到 Show 方法之后出现的代码时就执行代码。如果 nStyle 省略,表单按 WindowType 属性指定的样式显示。

Show 方法把表单或表单集的 Visible 属性设置为“真”(.T.),并使表单成为活动的对象。

如果表单的 Visible 属性已经设置为“真”(.T.),则 Show 方法使它成为活动对象。如果激活的是表单集,则表单集中最近一个活动表单成为活动表单;如果没有活动表单,则第一个添加到表单集类定义中的表单成为活动表单。表单集中包含的表单保留 Visible 属性设置。

如果表单的 Visible 属性设置为“假”(.F.),表单集的 Show 方法不显示这个表单。所有表单集中的表单采取表单集的形式。例如,如果表单集为模式表单集,则所有的表单都为模式表单。

4. Hide *方法*

设置 Visible 属性=.F.,隐藏表单、表单集或工具栏。

表单被隐藏后,用户不可访问它的控件,但是这些控件仍然可用,并且可以在代码中访问它们。虽然这些控件是不可见的,但这些保存在不可见表单中的控件仍然保留自己的 Visible 属性设置值。

5. SetFocus *方法*

SetFocus 方法是为一个控件指定焦点。

如果控件的 Enabled 或 Visible 属性设置为“假”(.F.),或者控件的 When 事件返回“假”(.F.),则不能给一个控件指定焦点;如果 Enabled 或 Visible 属性已设置为“假”(.F.),则控件在使用 SetFocus 方法接受焦点之前,首先必须把它们设置为“真”(.T.)。

6. SetAll *方法*

SetAll 方法是为容器对象中的所有控件或某类控件指定一个属性设置。其调用语法为:

Container.SetAll(cProperty,Value[,cClass])

其中,参数 Cproperty 指定要设置的属性,Value 指定属性的新值,Value 的数据类型取决于要设置的属性;cClass 指定类名。

例如,创建一个表单,添加表格并绑定 XS 表,编写其 Click 事件代码如下:

ThisForm. Grid1. SetAll("BackColor",RGB(255,0,0),"COLUMN")

ThisForm. SetAll("ForeColor",RGB(0,255,0))

7. AddObject 方法

AddObject 方法是在运行时向容器对象中添加对象。其调用语法为：

Object. AddObject(cName,cClass[,cOLEClass][,aInit1,aInit2...])

其中，参数 cName 指定引用新对象的名称，cClass 指定添加对象所在的类，cOLEClass 指定添加对象的 OLE 类，aInit1、aInit2...指定传给新对象的 Init 事件的参数。

调用 AddObject 方法时，将触发新添加对象的 Init 事件。在表单集中加入表单时，Load 事件在 Init 事件之前发生。当用 AddObject 方法往容器中加入对象时，对象的 Visible 属性设置为"假"(.F.)，因此可以设置对象的属性，而不看更改对象外观时的一些中间效果。

8. RemoveObject 方法

RemoveObject 方法是运行时从容器对象中删除一个指定的对象。对象删除后，便从屏幕上消失，并且不能再引用。其调用语法为：

Object. RemoveObject(cObjectName)

其中，参数 cObject 指定要删除的对象名，如果指定对象不存在，则会出错。

例：ThisForm. RemoveObject("command3")

9. AddColumn 方法

AddColumn 方法是向表格控件中添加列对象。其调用语法为：

Grid. AddColumn(nIndex)

其中，参数 nIndex 指定一个表示位置的数，新列将添加到表格中的此位置上，原有的列向右移动，但是 ColumnCount 属性的值不增加。

10. DeleteColumn 方法

DeleteColumn 方法是从一个表格控件中删除一个列对象。其调用语法为：

Gride. DeleteColumn[(nIndex)]

其中，参数 nIndex 指定在表格中的列的编号。如果不指定 nIndex，就删除表格中活动的列。

11. AddItem 方法

AddItem 方法是在组合框或列表框中添加一个新数据项，并且可以指定数据项索引。其调用语法为：

Control. AddItem (cItem[,nIndex][,nColumn])

其中，参数 cItem 指定添加到控件中的字符串表达式；nIndex 指定控件中放置数据项的位置；Column 指定控件的列，新数据项加入到此列中。

12. RemoveItem 方法

RemoveItem 方法是从组合框或列表框中移去一项。其调用语法为：

Control. RmoveItem(nIndex)

其中，参数 nIndex 指定一个整数，它对应于被移去项在控件中的显示顺序。对于列表框或组合框中的第一项，nIndex＝1。

13. Box 方法

Box 方法是在表单对象上画矩形。其调用语法为：

Object. Box(nXCoord1,nYCoord1,nXCoord2,nYCoord2)

其中,参数 nXCoord1、nYCoordl 指定矩形起始点的坐标(如果省略了这些参数,则使用 CurrentX 和 CurrentY 值),度量单位由表单的 ScaleMode 方法确定。 nXCoord2、nYCoord2 指定矩形的终点。

矩形的线宽由 DrawWidth 属性确定,如何在背景上绘出一个矩形,取决于 DrawMode 和 DrawStyle 属性设置。

14. Circle *方法*

Circle 方法是在表单上画一个圆或椭圆。其调用语法为:

Object. Circle(nRadius,nXCood,nYCood[,nAspect])

其中,参数 nRadius 指定圆或椭圆的半径;nXCood、nYCoord 指定圆或椭圆的中心坐标,度量单位由表单的 ScaleMode 属性确定;nAspect 指定圆的纵横比,当纵横比等于 1.0 时(默认值),生成一个正圆(非椭圆);大于 1.0 时,将生成一个垂直方向的椭圆;小于 1.0 时,将生成一个水平方向的椭圆。

当激活 Circle 方法时,CurrentX 和 CurrentY 属性被设置为中心点参数:nXCoord,nYCoord。要控制所画圆或椭圆的线宽,可设置 DrawWidth 属性;要控制在背景中画圆的方式,可设置 DrawMode 和 Drawstyle 属性;要填充圆,可设置表单的 FillColor 和 FillStyle 属性。

15. Line *方法*

Line 方法是在表单对象中画一条线。其调用语法为:

Object. Line(nXCoord1,nYCoord1,nXCcord2,nYCoord2)

16. Clear *方法*

Clear 方法是清除组合框或列表框控件中的内容。

为使 Clear 方法有效,必须将 RowSource 属性设置为 0(无)或为 1(值)。

17. Cls *方法*

Cls 方法是清除表单中的图形和文本。其调用语法为:

Object. Cls

Cls 清除运行期间图形和打印语句生成的文本和图形。Cls 方法不影响设计期间用 Picture 属性和控件创建并放置在表单上的背景位图。Cls 方法将 CurrentX 和 CurrentY 属性重新设置为 0。

18. Reset *方法*

Reset 方法是重置计时器控件,让它从 0 开始。其调用语法为:

Timer. Reset

8.4 添加属性和方法程序

在 VFP 中,用户可以根据需要为表单(集)添加任意个数的属性和方法程序。

一、创建新属性

在表单设计器环境下,如果要向表单(集)中添加新属性,可从“表单”菜单中选择“新建属性”命令,打开“新建属性”对话框,如图 8-19 所示。

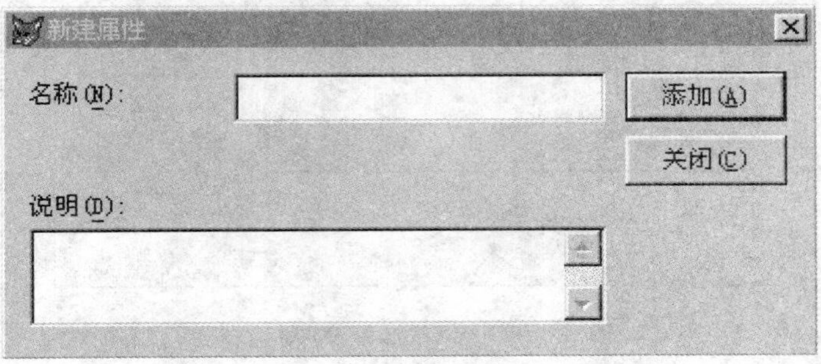

图 8-19　“新建属性”对话框

在“新建属性”对话框中，输入新属性的名称、说明信息，然后单击“添加”按钮，则新属性创建完毕，且系统自动地将该新属性添加到属性窗口中。新建属性的默认属性值为逻辑值“假”(.F.)，属性可以为任何类型的值。

创建的新属性可以是一个数组属性，在使用时可以利用数组命令或函数处理它。在创建数组属性时，在新属性的名称中应包含数组的维数和大小，如 xshx(3,5)。

如果表单中添加的新属性为数组属性，则该属性在属性窗口中是只读的，但可以在运行时管理和使用数组。

例如，为表单新建一个名称为 abc 的属性，在表单的 Click 事件代码中包含：

```
ThisForm.abc=myf( )
```

则运行时，单击表单将执行 myf.prg 程序代码。

例 8-3：创建一个表单，并为其创建新属性 b(2,2)

编写表单的 Activate 事件代码：

```
This.b(2,1)=20
This.b(2,2)=DATE( )
```

编写表单的 Click 事件代码：

```
@ 2,2 SAY This.b(2,1) Font "隶书",40 Color RGB(255,0,0)
@ 6,2 SAY This.b(2,2) Font "隶书",40 Color RGB(0,255,0)
```

二、创建新方法程序

在表单设计器环境下，如果要向表单(集)中添加新方法，可从“表单”菜单中选择“新建方法程序”命令，打开“新建方法程序”对话框，如图 8-20 所示。

在“新建方法程序”对话框中输入新方法程序的名称、说明信息，然后单击“添加”按钮，则新方法自动地添加到属性窗口中，系统提示该新方法程序为“默认过程”。在属性窗口中双击该方法，则系统打开其方法程序代码的编辑窗口。调用自定义的方法程序和调用基类方法程序一样。

自定义后，在属性窗口中将显示“[用户自定义过程]”字样，用户可以在代码窗口中编制程序。

例如，定义方法名称为 mypro，在 mypro 中定义：DO myf，在 Click 事件中引用

```
ThisForm.mypro
```

三、编辑属性/方法程序

对表单中添加的新属性和新方法程序可以进行编辑。编辑操作包括“移去”新的方法，或修改其说明等。

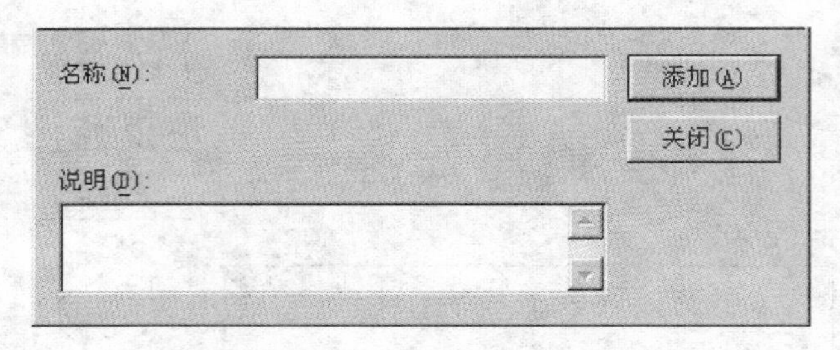

图 8-20　“新方法程序”对话框

如果要编辑自定义属性或方法程序,可执行“表单”菜单中的“编辑属性/方法程序”命令,打开“编辑属性/方法程序”对话框(如图 8-21 所示),并在其中进行相应的编辑操作。

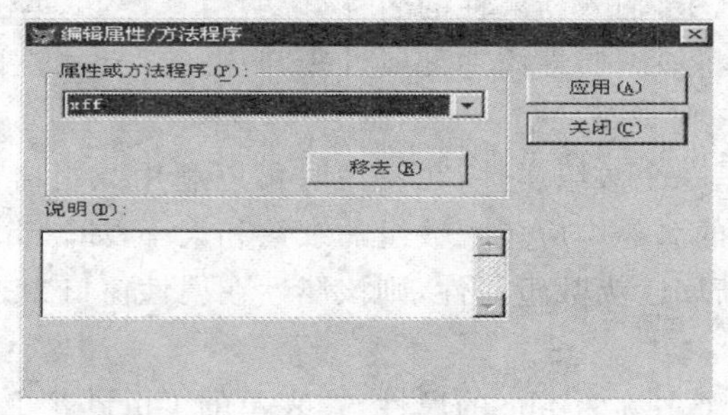

图 8-21　“编辑属性/方法程序”对话框

8.5　多文档界面与表单类型

在 VFP 中,允许创建两种类型的应用程序:单文档界面和多文档界面。

(1) 多文档界面:各个应用程序由单一的主窗口组成,且应用程序的窗口包含在主窗口中或浮动在主窗口的顶端。VFP 就是一个多文档界面的应用程序,主窗口中包含有命令窗口、编辑窗口和设计窗口等。

(2) 单文档界面:应用程序由一个或多个独立的窗口组成,它们在 Windows 的桌面上独立显示。

为了支持这两种类型的文档界面,在 VFP 中可以创建以下 3 种类型的表单,见图 8-22。

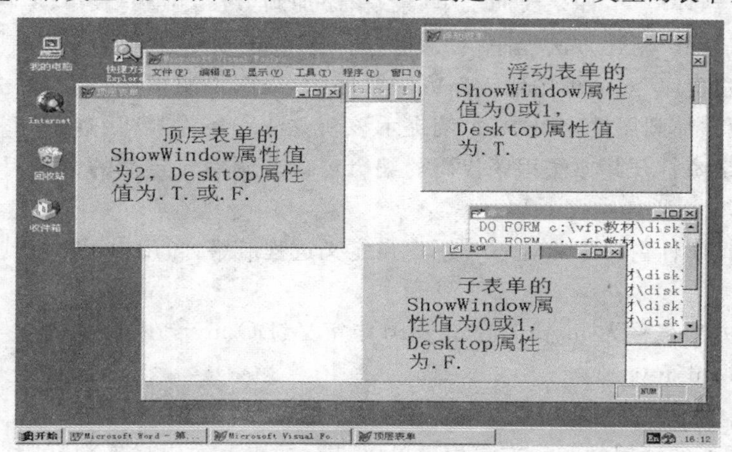

图 8-22　顶层表单、浮动表单和子表单

1. 子表单

指包含在其他窗口(称为父表单)中,用于创建 MDI(多文档界面)应用程序的表单。子表单不能移出父表单之外,当其最小化时,将显示在父表单的底部。如果父表单最小化,则子表单也一同最小化。子表单不出现在 Windows 的任务栏中。

2. 浮动表单

指可以在桌面上任意移动的表单。该表单由子表单变化而来,它与子表单一样,可用于创建多文档界面的应用程序,但它又不同于子表单。该表单属于父表单的一部分,可以不位于父表单中,但不能在父表单后台移动。当浮动表单最小化时,它显示在桌面的底部;当父表单最小化时,浮动表单也一同最小化。

3. 顶层表单

指无父表单的独立表单,通常用于创建 SDI(单文档界面)的应用程序,或用作多文档界面中其他子表单的父表单。顶层表单与其他 Windows 应用程序同级,可出现在前台或后台,并且显示在 Windows 的任务栏中。

顶层表单、浮动表单和子表单如图 8-22 所示。

利用 ShowWindow 属性和 Desktop 属性可以将表单设置为顶层表单、浮动表单或子表单。具体操作如下:

(1) 设置顶层表单:ShowWindow 属性值为 2。

(2) 设置浮动表单:ShowWindow 属性值为 0 或 1;Desktop 属性值为.T.。

(3) 设置子表单:ShowWindow 属性值为 0 或 1;Desktop 属性值为.F.。

其中,ShowWindow 属性值的含义为:

0——在屏幕中(默认值)　表单为子表单且其父表单为 VFP 的主窗口;

1——在顶层表单中　表单为子表单且其父表单为活动的顶层表单;

2——作为顶层表单　表单是可包含子表单的顶层表单。

Desktop 属性值的含义为:

"真"(.T.)——表单可放在 Windows 桌面的任何位置;

"假"(.F.)——表单包含在 VFP 主窗口中。

此外,在运行顶层表单时,用户可能不希望出现 VFP 主窗口。若要隐藏 VFP 主窗口,可作如下设置:

(1) 在表单的 Init 事件中,包含代码:Application.Visible=.F.。

(2) 在表单的 Destroy 事件中,包含代码:Application.Visible=.T.。

当然,也可在配置文件中包含 Screen=Off,用以隐藏 VFP 主窗口。

练　习　题

一、选择题

1. 若想选中表单中的多个控件对象,可按住________键的同时再单击欲选中的控件对象。

   A. Shift　　B. Ctrl　　C. Alt　　D. Tab

2. 表单集被相对引用时的名称是________。

   A. Form　　B. ThisForm

   C. ThisFormSet　　D. FormSet

3. 描述表单集中包含的表单数目的属性________。

A. 设计时可用,运行时可以读写　　B. 设计时可用,运行时只读
C. 设计时不可用,运行时可以读写　　D. 设计时不可用,运行时只读

4. 建立事件循环命令是________。
A. Begin　Events　　B. Read Events
C. Clear　Events　　D. End Events

5. 新建的属性默认属性值是________
A. .T.　　B. .F.　　C. 1　　D. 0

6. 以下________不是对象相对引用时的关键字。
A. Form　　B. ThisForm　　C. This　　D. ThisFormSet

7. 表单的________方法,用来从内存中释放表单,也就是终止此表单对象的存在。
A. Release　　B. Refresh　　C. Show　　D. Hide

8. This 是对________的引用。
A. 当前对象　　B. 当前表单
C. 任意对象　　D. 任意表单

9. 对于同一个对象,下列事件发生按先后顺序排列正确的是________
A. Init, Load, Activate, Destroy, Unload
B. Load, Init, Activate, Unload, Destroy
C. Load, Init, Activate, Destroy ,Unload
D. Load, Activate, Init, Unload, Destroy

10. 要向表单传递参数,可以利用________传递。
A. Activate 事件　　B. Load 事件
C. Init 事件　　D. Setup 事件

二、填空题

1.“表单”菜单中的移除表单命令仅当存在________时有效。
2. 结束事件循环命令是________。
3. 对象的特征和行为称为对象的________,对象能执行的操作称为对象的________,对象能识别的外界动作称为________。
4. 文本框一般用于________行文字的输入,而编辑框一般用于________行文字的输入。
5. 表格控件的计数属性和集合属性分别是________、________。
6. 显示表单的方法是________,隐藏表单的方法是________。
7. 要使表单中各个控件的 Tooltiptext 属性的值在表单运行中起作用,必须设置表单的 Showtips 属性的值为________。
8. 决定表单能否移动的属性是________。
9. 当 ShowWindow 属性值为________而且 DeskTop 属性值为________时,表单为浮动表单。
10. 当 ShowWindow 属性值为________而且 DeskTop 属性值为________时,表单为子表单。

第9章　控件

控件（Control）是添加在表单上用以显示数据、执行操作、增加表单易读性的一种图形对象。VFP 提供的控件主要有标签、命令按钮、文本框、编辑框、微调框、列表框、组合框、复选框、选项按钮组、命令按钮组、表格、页框、计时器、线条、形状、图像和 OLE 控件等。利用这些控件可以非常方便地、可视化地设计各种表单。要设计好表单，用户首先必须弄清各种控件的属性、事件和方法的具体含义及功能，然后根据任务的需要选择合适的控件类型，再向表单上添加这些控件、设置它们的属性和编写相应的事件代码。

9.1　标签

标签控件（Label）是用以显示文本的图形控件。标签中的文本不能被用户直接更改，通常用于显示提示信息。但是，标签控件也具有与其他控件相似的一系列属性、事件和方法，在运行时它也可以对事件做出反应，或者在运行时由程序代码动态地更改。标签控件的主要属性有：

Caption 属性：确定标签的显示内容。属性值为字符串，最大长度为 256，设置时无须输入字符串括号。

BackStyle 属性：设置标签的背景是否透明。若设置为透明，则标签的背景色将不起作用。

AutoSize 属性：确定标签是否可以自动地调整大小。

WordWrap 属性：确定标签上的文本能否换行。

AutoSize 属性和 WordWrap 属性应配合使用。当 AutoSize 属性值为. T. 而 WordWrap 属性值为. F. 时，文本不自动换行，标签在水平方向上缩放到恰好容纳文本的长度。当 AutoSize 属性值为. T. 且 WordWrap 属性值也为. T. 时，文本自动换行，标签在垂直方向缩放到恰好容纳文本的大小，而水平方向的尺寸不改变。

Alignment 属性：确定标签上文本的对齐方式（左，右，中央）。

FontName 属性：确定标签上文本的显示字体。

FontSize 属性：确定标签上文本的显示字号大小。

FontBold 属性：确定标签上文本以粗体显示。

FontItalic 属性：确定标签上文本以斜体显示。

ForeColor 属性：确定标签上文本的显示颜色。

BackColor 属性：确定标签的背景色。

以上关于文本的有关属性以及前景色和背景色的属性，一般控件都有，以后不再重复叙述。

常用事件有：

Click 事件：单击鼠标左键时触发。

DblClick 事件：双击鼠标左键时触发。

RightClick 事件：单击鼠标右键时触发。

Init 事件:对象建立时触发。

例 9-1:建立一个表单,在表单上显示散文“荷塘月色”的部分内容。

(1) 打开表单设计器,向表单上添加一个标签控件(Lable1),设置其 Caption 属性为:荷塘月色;FontName 属性为:隶书;FontSize 属性为:18;ForeColor 属性为:0,0,255。

(2) 向表单上添加另一个标签控件(Lable2),设置其 WordWrap 属性为:. T. ;AutoSize 属性为:. F. ;Caption 属性为:“曲曲折折的……”一段文字;FontName 属性为:幼圆;FontSize 属性为:12;ForeColor 属性为:0,255,0。

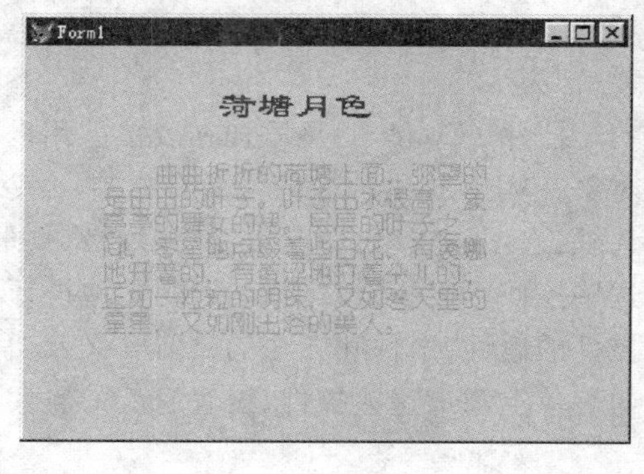

图 9-1 标签

(3) 运行表单,结果如图 9-1 所示。

(4) 逐步更改标签控件(Lable2)的 WordWrap 属性和 AutoSize 属性,重新运行表单,并注意观察表单的变化。

例 9-2:建立一个表单,当用户点击表单上的标签时,标签内容将发生变化。

(1) 打开表单设计器,向表单上添加一个标签控件(Label1),设置其 Caption 属性为:“欢迎你,未来的工程师!”;FontName 属性为:楷体;FontSize 属性为:20;Forecolor 属性为:255,0,0。如图 9-2 所示。

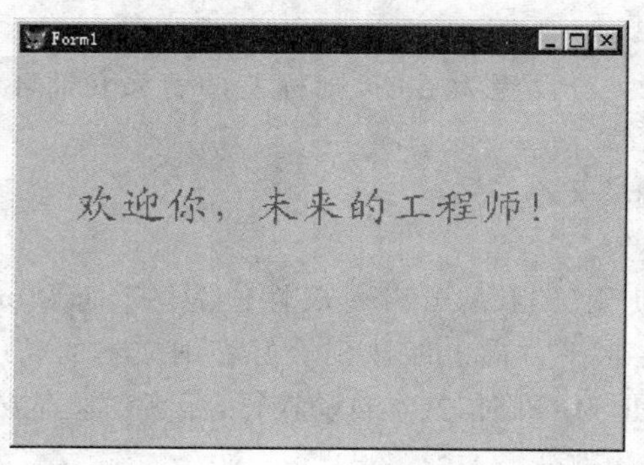

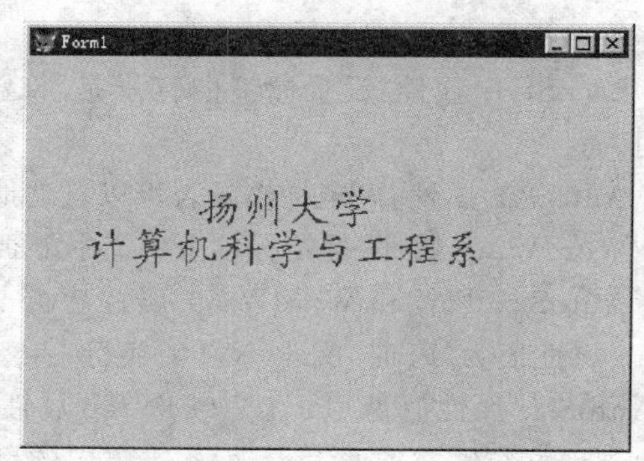

图 9-2 标签的 Click 事件

(2) 设置标签 Label1 的 Click 事件代码为:

```
This. ForeColor=RGB(0,0,255)
This. Caption="扬州大学"+CHR(13)+"计算机科学与工程系"
```

其中,CHR(13) 函数用来控制标签内容的换行。

(3) 保存并运行表单。注意观察点击标签区域与标签外区域的不同之处。

9.2 命令按钮

命令按钮(CommandButton)通常用来启动一个事件以完成某种功能,如关闭一个表单等操作。命令按钮的主要属性有:

Caption 属性:指定在命令按钮上显示的文本;若在该属性值的某个字母前加上一个反

斜杠和一个小于符号("\＜"),则可在表单中的任何地方通过按 Alt 键和该字母键来选择相应的控件,这就是通常所说的访问键。

Picture 属性:指定在命令按钮上显示的图片。

Default 属性:当该属性值设置为"真"(.T.)时,可按 Enter 键选择此命令按钮。

Cancel 属性:当该属性值设置为"真"(.T.)时,可按 Esc 键选择此命令按钮。

Enabled 属性:当该属性值设置为"假"(.F.)时,命令按钮变为灰色,禁止响应用户的操作。

ToolTipText 属性:确定当鼠标指向该控件时显示的提示文本。要实现该功能,还需将表单的 ShowTips 属性设置为真。这对于带有图标而无文字说明的按钮等控件来说,十分必要。

常用事件有:

Click 事件:单击鼠标左键时触发。

例 9-3:在例 9-2 的表单中添加两个命令按钮,一个用来显示日期,另一个用来释放表单(图 9-3)。

(1) 打开例 9-2 的表单文件,向表单中添加一个命令按钮(Command1)。设置其:

Caption 属性　退出 (E\＜xit);Default 属性:"真"(.T.);Cancel 属性:"真"(.T.);

Enabled 属性　"真"(.T.);ToolTipText 属性:释放表单;

Picture 属性　c:\…\devstudio\vfp\samples\tastrade\bitmaps\close.bmp。

(2) 向表单中添加另一个命令按钮(Command2)。设置其 Caption 属性:日期(\＜Date)。

(3) 编写事件代码:

Command1 的 Click 事件代码 ThisForm.Release。

Command2 的 Click 事件代码

ThisForm.Label1.Caption= '今天的日期是:'+CHR(13)+STR(YEAR(DATE()),4)+'年'+STR(MONTH(DATE()),2)+'月'+STR(DAY(DATE()),2)+'日'。

(4) 设置表单的 ShowTips 属性:"真"(.T.)。

图 9-3　命令按钮

9.3　文本框

文本框(TextBox)是用来显示、输入或编辑数据的一种常用控件。它可以输入/输出各种不同类型的数据,还可用以添加或编辑保存在表中的非备注型字段的数据。一般都在文本框的前面添加一个标签控件,用以说明该文本框的含义。

文本框的主要属性有:

ControlSource 属性:指定与文本框建立联系的数据源。设置该属性前,应为表单设置数据环境。如果设置了文本框的 ControlSource 属性为表中的字段,则显示在文本框中的值将保存在文本框的 Value 属性中,同时又保存在 ControlSource 属性指定的表(或临时表)的字段中。

Value 属性:设置文本框的当前值或存储文本框当前选定的值。

MaxLength 属性:设置文本框中可输入的最大字符数。文本框中该属性最大取值为 255。

ControlSource 属性和 Value 属性都可存储文本框中输入的数据。但是当表单释放时,Value 属性中的数据将不复存在,而 ControlSource 属性所绑定的字段、变量等数据源中的数据将保留。

ReadOnly 属性:设置文本框的内容是否只读。

PasswordChar 属性:用来设定当在文本框中输入信息时,屏幕上不显示相应内容,只显示相同个数的用户指定的字符(如"*")。为保证应用程序的安全,通常都在进入应用程序前设置用户口令,防止非法用户盗用。文本框的 PasswordChar 属性常用来设计口令的输入。

主要事件有:

InteractiveChange 事件:对象内容改变时触发。

Valid 事件:对象失去焦点前触发。

GotFocus 事件:对象获得焦点时触发。

LostFocus 事件:对象失去焦点时触发。

VFP 为许多控件提供了"生成器"。利用"生成器",可以方便、快捷、可视化地设置控件的有关属性。在实际操作时,用鼠标右键单击控件,从其快捷菜单中执行"生成器"命令即可。

表单中的控件通常可分为两类:数据绑定型控件和非数据绑定型控件。

(1) 数据绑定型控件是指与表或视图等数据源中的数据建立直接联系的控件,主要有文本框、编辑框、微调框、复选框、选项按钮组、命令按钮组、列和表格等。一般通过设置 ControlSource 属性来绑定控件和数据。此外,对于表格控件,则需通过设置其 RecordSourceType 属性及 RecordSource 属性来指定记录数据来源。而对于列表框和组合框控件,则需通过设置 RowSourceType 属性及 RowSource 属性来指定数据来源。

(2) 非数据绑定型控件是指不与数据建立直接联系的控件,主要有标签、命令按钮、线条和形状等控件。对于命令按钮控件,主要是通过编写其事件的处理代码来实现对数据的控制和处理。

例 9-4:设计一个表单,利用文本框对 JS 表中的记录进行编辑和浏览。

(1) 打开表单设计器,设置该表单的数据环境为 JS 表。运用拖动的方法将 JS 表中的有关字段从数据环境拖动到表单上。并向表单上添加 3 个命令按钮(图 9－4)。

(2) 设置命令按钮 Command1 的 Caption 属性:上一条。

编写 Click 事件代码:

```
IF BOF( )
      This. Enabled=. F.
ELSE
      SKIP －1
ENDIF
IF ThisForm. Command2. Enabled=. F.
      ThisForm. Command2. Enabled=. T.
ENDIF
ThisForm. Refresh
```

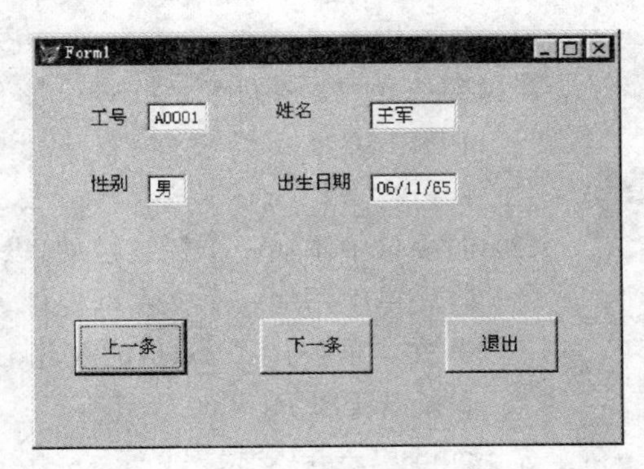

图 9－4　文本框

(3) 设置命令按钮 Command2 的 Caption 属性:下一条;

编写 Click 事件代码:

```
IF EOF( )
      This. Enabled=. F.
ELSE
      SKIP
ENDIF
IF Thisform. Command1. Enabled=. F.
   ThisForm. Command1. Enabled=. T.
ENDIF
Thisform. Refresh
```

(4) 设置命令按钮 Command3 的 Caption 属性:退出。

编写 Click 事件代码:thisform. release。

若要实现对文本框中输入数据的合法性检验,可编写其 Valid 事件的程序代码。例如,在一个输入职工的工作日期的文本框中,如果输入的日期小于该职工的出生日期或大于当前的系统日期,显然是不合法的。为此,可通过编写该文本框的 Valid 事件代码来避免输入错误,确保数据的正确性。

```
IF CTOD(This. Value)<csrq . AND. CTOD(This. Value)>date( )
        MESSAGEBOX("输入日期有误!",48,_Screen. Caption)
        RETURN . F.
ENDIF
```

如果想在文本框获得焦点时选中其中的所有文本,可在文本框的 GotFocus 事件中包含以下代码:

```
TextBox::GotFocus
This. SelStart=0
This. SelLength=LEN(ALLTRIM(This. Value))
```

其中,操作符::用来从子类方法中执行父类的方法。

在获得焦点事件中,TextBox::GotFocus 必不可少,它相当于再次激发 GotFocus 事件。而在其他事件(如 DblClick 事件)中则可免用 TextBox::GotFocus 语句。

例 9-5:设计一个输入口令的表单。要求口令最多只能输入 3 次。

(1) 打开表单设计器,设置表单的 Caption 属性:学生成绩管理系统。

编写表单(Form1)的 Activate 事件代码:

```
PUBLIC n
n=0
```

(2) 向表单中添加一个标签控件,设置其 Caption 属性:“请输入口令”;

(3) 向表单中添加一个文本框控件,设置其 PasswordChar 属性:* 。

编写文本框控件(Text1)的 Valid 事件代码:

```
pw=UPPER(This.Value)
cmess1='口令错误!'
cmess2='欢迎使用!'
cmess3='你无权使用'
ctitle='输入口令'
IF pw='YZUJSJ'
    MESSAGEBOX(cmess2,0,ctitle)
    ThisForm.Command1.Enabled=.T.
ELSE
    MESSAGEBOX(cmess1,48,ctitle)
    ThisForm.Command1.Enabled=.F.
    This.Value=''
    n=n+1
    IF n=3
        MESSAGEBOX(cmess3,16,ctitle)
        This.Enabled=.F.
    ENDIF
ENDIF
```

(4) 向表单中添加一个命令按钮控件,设置其 Caption 属性:关闭(\<Close),如图 9-5 所示。

编写命令按钮(Command1)的 Click 事件代码:ThisForm.Release。

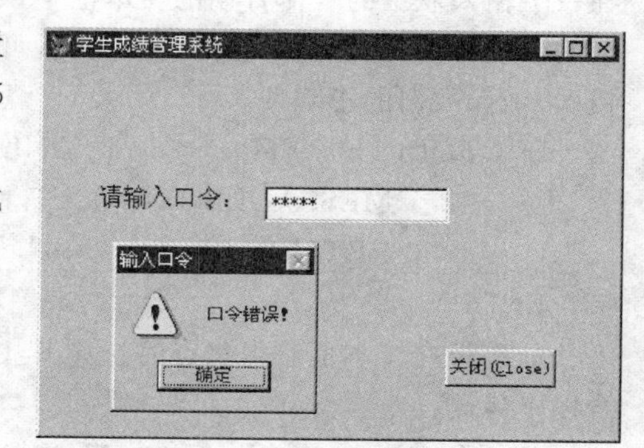

图 9-5 口令设计

为进一步加强对文本框中输入/输出数据的控制,文本框还具有以下格式控制属性:

InputMask 属性:指定控件中数据的输入格式和显示格式。其格式编辑符见表 9-1。

Format 属性:指定控件的 Value 属性的输入和输出格式,即指定数据输入的限制条件和显示格式。其格式控制符见表 9-2。

DateFormat 属性:指定日期的显示格式。

DateMask 属性:指定日期分隔符。

Format 属性的一个格式控制符即指定了整个输入/输出区域的格式,且多个格式控制符可以组合使用。该属性只限制字符类型,不限制字符个数。而 InputMask 属性的一个格式编辑符仅控制输入的一个字符,故而必须重复使用格式编辑符来控制若干位的输入数据。该属性既限制字符类型,又限制字符个数。

表 9-1　InputMask 属性的格式编辑符

格式编辑符	功　能
x	允许任何字母
A	只允许字母(不包括空格、标点符号)
9	只允许数字和正负号
#	只允许数字、空格和正负号
$	在数值型数据之前加一个货币符 $
*	用 * 添充数值型数据左边的所有空位
.	指定小数点位置
,	对数值型数据用“,”分组

表 9-2　Format 属性的格式控制符

格式控制符	功　能
!	将字母转换为大写字母
A	只允许字母(不包括空格、标点符号)
^	用科学计数法显示数值型数据
D	使用当前 SET DATE 的日期格式
E	使用欧洲日期格式(DD/MM/YY)
K	当控件获得焦点时,选择所有的文本
L	对数值型数据,用 0 替代前导空格
$	在数值型数据之前加一个货币符 $
T	去除数据的前导空格和尾部空格

例 9-6:设计一个表单,利用文本框的格式控制功能控制数据的输入/输出(图 9-6)。

(1) 打开表单设计器,向表单上添加一个标签控件(Label1)。设置其 Caption 属性:设备信息卡;FontName 属性:黑体;FontSize 属性:16。

(2) 向表单上添加一个标签控件(label2),设置其 Caption 属性:设备编号。再添加一个文本框控件(Text1),设置其 InputMask 属性:XXXX—99999-999;Format 属性:! K。

(3) 向表单上添加一个标签控件(label3),设置其 Caption 属性:设备金额。再添加一个文本框控件(Text2),设置其 InputMask 属性:999,999,999.99;Format 属性:$;Value 属性:0。

(4) 向表单上添加一个标签控件(label4),设置其 Caption 属性:购进日期。再添加一个文本框控件(Text3),设置其 DateMask 属性:-;DateFormat 属性:14 -汉语;Century 属性:开;Value 属性:=DATE( )。**注意:DATE( )前的"="不能省略。**

(5) 运行表单,并注意观察控件中数据的变化。操作时,对文本框的属性可设置一项即运行一次,以观察相互间的影响。

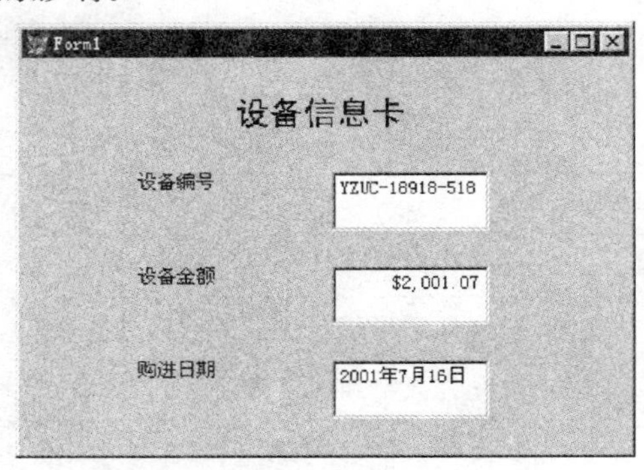

图 9-6　文本框的格式控制

9.4　编辑框

编辑框(EditBox)的功能与文本框相似,但它可以拥有垂直滚动条,进而可以输入或编辑备注型字段等较长的信息。在编辑框中,允许自动换行,允许用户使用光标移动键、滚动条来浏览文本。此外需要注意的是,编辑框只能输出字符型数据。如果将编辑框的 ControlSource 属性设定为备注型字段,就可以利用编辑框显示或编辑备注型字段,而文本框不能编辑备注型字段。

编辑框比文本框多了一个 ScrollBars 属性,该属性决定编辑框是否具有垂直滚动条。

主要事件同文本框。

例 9-7:设计一个"我的文字处理系统",要求能够输入文字,并具有保存文件的功能(图 9-7)。

(1) 打开表单设计器,向表单中添加一个标签控件。设置其 Caption 属性:我的文字处理系统;FontName 属性:隶书;FontSize 属性:18。

(2) 向表单中添加一个编辑框控件。设置其 ControlSource 属性:Thisform. tag。

(3) 向表单中添加一个命令按钮控件。设置其 Caption 属性:保存(\<s);Name 属性:cmd1。

编写 Click 事件代码:

```
cfile=ThisForm. Caption
IF cfile=="未命名"
    ThisForm. Cmd2. Click
ELSE
    nfile=FOPEN(cfile,1)
    =FWRITE(nfile,ThisForm. Tag)
    =FCLOSE(nfile)
ENDIF
```

```
ThisForm.Edit1.SetFocus
```

(4) 向表单中添加第二个命令按钮控件。设置其 Caption 属性：另存为(\<A)；Name 属性：cmd2。

编写 Click 事件代码：

```
cfile=ThisForm.Caption
cfile=PUTFILE("")
nfile=FCREATE(cfile,0)
nwrite=FWRITE(nfile,ThisForm.Edit1.Value)
=FCLOSE(nfile)
IF nwrite<0
=MESSAGEBOX("不能保存文件",16,"我的文字处理系统")
ENDIF
ThisForm.Caption=cfile
ThisForm.Edit1.SetFocus
```

(5) 向表单中添加第3个命令按钮控件。设置其 Caption 属性：退出(\<X)；Name 属性：cmd3。

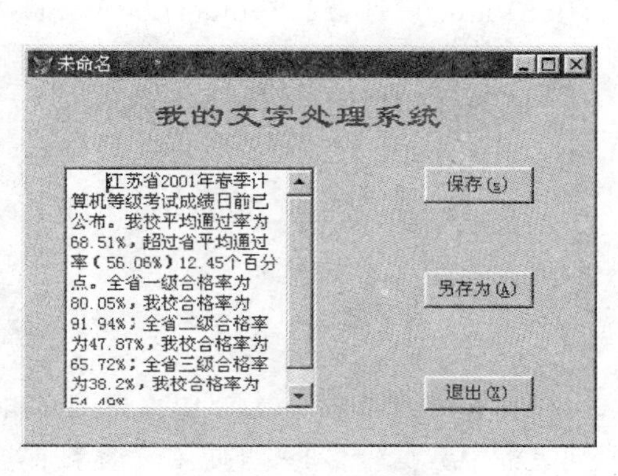

图 9-7 编辑框

编写 Click 事件代码：

```
ThisForm.Cmd1.Click
ThisForm.Release
```

说明：

① Tag 是对象提供给用户存储应用程序的额外数据的一种属性。

② FOPEN( )、FCLOSE( )、FCREATE( )、FWRITE( )、PUTFILE( )等函数均是 VFP 提供的低级文件操作函数。

9.5 微调框

微调框(Spinner)可以在一定范围内控制数据的变化，用户除了能够点击微调框右端的向上/向下箭头来增加或减少数值外，还能直接在微调框内输入一个数值。

微调框的主要属性有：

KeyBoardHighValue 属性：指定微调框从键盘输入的最大值。

KeyBoardLowValue 属性：指定微调框从键盘输入的最小值。

SpinnerHighValue 属性：指定微调框通过单击微调按钮输入的最大值。

SpinnerLowValue 属性：指定微调框通过单击微调按钮输入的最小值。

Increment 属性：指定点击微调框右端的向上/向下箭头时，微调框中数值的增加量或减小量，其默认值为 1.00。

此外，还有 ControlSource 属性和 Value 属性等。

主要事件同文本框。

例 9-8：创建一个表单，用微调框来改变输入文字的字号(图 9-8)。

(1) 打开表单设计器,向表单上添加一个标签控件和一个文本框控件。设置标签控件的 Caption 属性:请输入文字。设置文本框的 Alignment 属性:2 -中间。

(2) 向表单上添加一个标签控件和一个微调框控件。设置标签控件的 Caption 属性:字号。微调框控件的 KeyBoardHighValue 属性:72;KeyBoardLowValue 属性:5;SpinnerHighValue 属性:72;SpinnerLowValue 属性:5;Increment 属性:1;Value 属性:9。

(3) 编写微调框控件的 InteractiveChange 事件代码:

ThisForm. Text1. Fontsize= This. Value。

图 9-8　微调框

9.6　列表框

列表框(ListBox)主要用来显示一组预定的值,用户可以从中选择一项或多项数据。当列表框中数据较多时,可使用滚动条来浏览列表信息。列表框的主要属性有:

RowSource 属性:指定列表框的数据源。

RowSourceType 属性:确定列表框数据源的类型。其属性值及含义见表 9-3。

ControlSource 属性:用于指定用户从列表框中选择的数据保存在何处。

Value 属性:用于设置列表框的值。

ColumnCount 属性:用于指定列表框中列的数目。

ColumnWidth 属性:用于指定列表框中各列的宽度。

BoundColumn 属性:用于指定 Value 属性的值与列表框的哪一列相关。

List 属性:用于存取列表框中所有数据项的一个数组。

ListCount 属性:用于指定列表框中数据项的数目。

ListIndex 属性:指定列表框控件中选定数据项的索引值。该属性在设计时不可用,在程序代码中可用。

Selected 属性:用于判断列表框中某个数据项是否被选定。

Sorted 属性:用于指定列表框中数据项是否排序。

MoverBars 属性:用于指定列表框中数据项可否移动。仅当 RowSourceType 为“0 -无”或“1 -值”时才能设置。

MultiSelect 属性:用于指定是否可选择多行。

常用事件有:

Click、DblClick、RightClick 和 InteractiveChange 等事件。

常用方法有:

AddItem 方法:向列表框中添加一个新数据项。

RemoveItem 方法:从列表框中移去一个数据项。

表 9-3　RowSourceType 属性的取值及说明

设置	说　明
0	(默认值)无。如果使用了默认值,则在运行时使用 AddItem 或 AddListItem 方法填充列
1	值。使用由逗号分隔的列填充
2	别名。使用 ColumnCount 属性在表中选择字段
3	SQL 语句。SQL SELECT 命令创建一张临时表或一张表
4	查询(.qpr)。指定有.qpr 扩展名的文件名
5	数组。设置列属性,可以显示多维数组的多个列
6	字段。用逗号分隔的字段列表。字段前可以加上由表别名和句点组成的前缀
7	文件。用当前目录填充列。这时 RowSource 属性中指定的是文件梗概(诸如 *.dbf 或 *.txt 或掩码)
8	结构。由 RowSource 指定的表的字段填充列
9	弹出式菜单。包含此设置是为了提供向后兼容性

例 9-9: 用列表框显示 JS 表中的记录(图 9-9)。

(1) 打开表单设计器,向表单中添加一个列表框控件。设置其 RowSourceType 属性:6-字段;RowSource 属性:js.gh,jsxm,xb(**注意:不能在 jsxm 和 xb 前再加上"js."**);ColumnCount 属性:3。

(2) 保存并运行表单。再用表单设计器打开该表单,右击列表框控件,执行快捷菜单中的"生成器"命令。

(3) 在"生成器"对话框的"布局"选项卡中,选中"调整列表框的宽度来显示所有列",双击 xb 列标题隐藏该列(再双击又将恢复显示)。最后单击"确定"按钮。

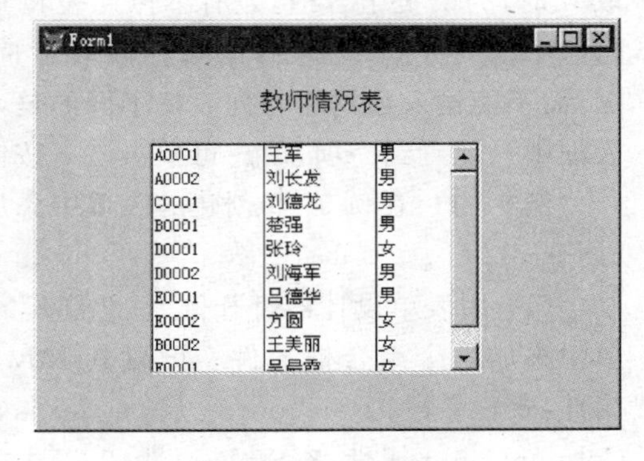

图 9-9　列表框

(4) 保存并运行表单。注意观察前后的变化。

例 9-10: 创建一个含有文本框和列表框的表单。要求:① 在文本框中输入数据,按回车键后将添加到列表框中;② 在列表框中双击某项目后,将从列表框中移除该项目并添加到文本框中(图 9-10)。

(1) 打开表单设计器,向表单中添加两个标签控件。设置两标签的 Caption 属性分别为"系名"和"系名列表"。

(2) 向表单中添加一个文本框控件。编写该文本框的 KeyPress 事件代码:

```
    LPARAMETERS nKeyCode, nShiftAltCtrl
IF nkeycode=13
ThisForm.List1.AddItem(This.Value)
This.Value=""
```

```
ENDIF
```

(3) 向表单中添加一个列表框控件。设置该列表框的 RowSourceType 属性:1 -值;RowSource 属性:计算机,电子,电气,机械,汽车。编写其 DblClick 事件代码:

```
ThisForm.Text1.Value=This.List(This.ListIndex)
This.RemoveItem(This.ListIndex)
ThisForm.Refresh
```

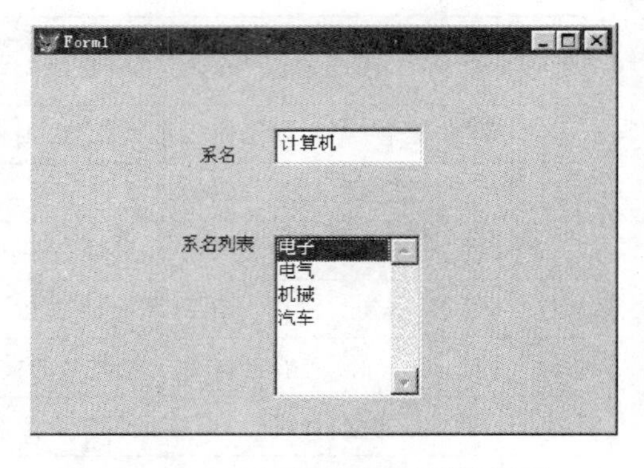

图 9-10　文本框与列表框的数据交流

9.7　组合框

组合框(ComboBox)类似列表框和文本框的组合,用户可以在其中输入值或从列表中选择条目。组合框的 RowSourceType 属性、RowSource 属性、ControlSource 属性、ColumnCount 属性和 ListIndex 属性的设置同列表框。

通过对 Style 属性进行设置,可以控制组合框是否允许用户输入数据。当 Style 属性值取 0 时,为下拉组合框,兼有下拉列表和文本框的功能,用户可以从列表中选择数据或在编辑区中输入数据。当 Style 属性值取 2 时,为下拉列表框,用户只能从下拉列表中选择数据,而不能输入数据。与列表框不同的是,列表框在任何时候都能看到多个项,而在下拉列表框中只能看到一项,用户可单击向下按钮来显示可滚动的下拉列表框。

例 9-11:在例 9-9 创建的表单中添加下拉列表框和下拉组合框,观察它们的异同之处(图 9-11)。

(1) 用表单设计器打开例 9-9 创建的表单,向表单中添加一个组合框控件。设置其 RowSourceType 属性:6 -字段;RowSource 属性:js.jsxm,gh,xb;ColumnCount 属性:3;Style 属性:2 -下拉列表框。

(2) 向表单中添加另一个组合框控件。设置其 RowSourceType 属性:6 -字段;RowSource 属性:js.jsxm,gh,xb;ColumnCount 属性:3;Style 属性:0 -下拉组合框。

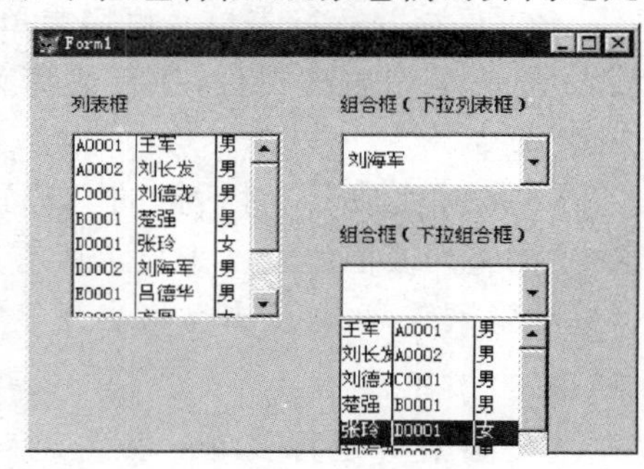

图 9-11　组合框

(3) 向表单中添加 3 个标签控件并设置它们的标题属性。

(4) 保存并运行表单,观察它们的异同之处。

例 9-12:将在列表框中选中的数据项添加到组合框中,并在文本框中显示选中数据项的数目。

(1) 向表单中添加列表框、文本框和组合框等 3 个控件,再添加 3 个标签控件并设置其 Caption 属性,如图 9-12 所示。

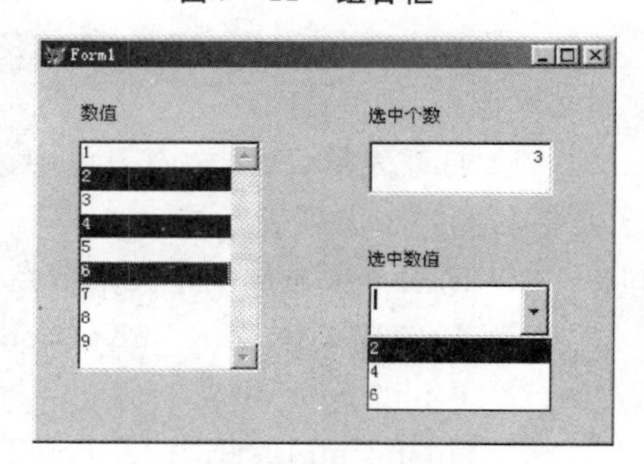

图 9-12　列表框与组合框

(2) 设置列表框的 RowSourceType 属性值为 1 -

值,RowSource 属性值为 1,2,3,4,5,6,7,8,9,MultiSelect 属性为.T.。

(3) 设置列表框的 InteractiveChange 事件代码如下:

```
nNumSelected=0
ThisForm.Combo1.Clear            && 清除组合框
FOR   n=1   TO   This.ListCount
    IF   This.Selected(n)
        nNumSelected= nNumSelected+1
        ThisForm.Combo1.AddItem(This.List(n))
    ENDIF
ENDFOR
ThisForm.Text1.Value= nNumSelected
ThisForm.Refresh
```

9.8　复选框

复选框(CheckBox)用来指定或显示一个逻辑状态:真/假、开/关、是/否。有时不能将问题的回答准确地归为"真"或"假"(例如,某调查表中的某项未作回答),这时可用 NULL 值。

复选框的主要属性有:

Caption 属性:指定出现在复选框旁边的文本提示信息。

ControlSource 属性:指定复选框的数据源。通常为表中的一个逻辑字段。

Style 属性:指定复选框的外观。当属性值取 0 时,为标准方式;当属性值取 1 时,为图形方式。若为图形方式,还可用 Picture 属性来指定图形按钮上的图像。

Value 属性:根据 Value 属性的取值不同,复选框有 3 种可能状态:当属性值取 0 或.F.时,复选框显示为未选中;当属性值取 1 或.T.时,复选框显示为选中;而当属性值取 2 或.NULL.时,复选框则变为灰色。

常用事件是 Click 事件。

例 9-13:在例 9-8 的表单上添加文字的修饰功能(图 9-13)。

(1) 打开例 9-8 的表单文件,向表单中添加一个标签控件,设置其 Caption 属性:修饰。

(2) 向表单中添加 3 个复选框控件。设置 Check1、Check2、Check3 的 Caption 属性分别为粗体、斜体和下划线。

(3) 编写 Check1 的 Click 事件代码:

```
Thisform.text1.FontBold=this.value
```

(4) 编写 Check2 的 Click 事件代码:

```
Thisform.text1.FontItalic=this.value
```

(5) 编写 Check1 的 Click 事件代码:

```
Thisform.Text1.FontUnderline=This.Value
```

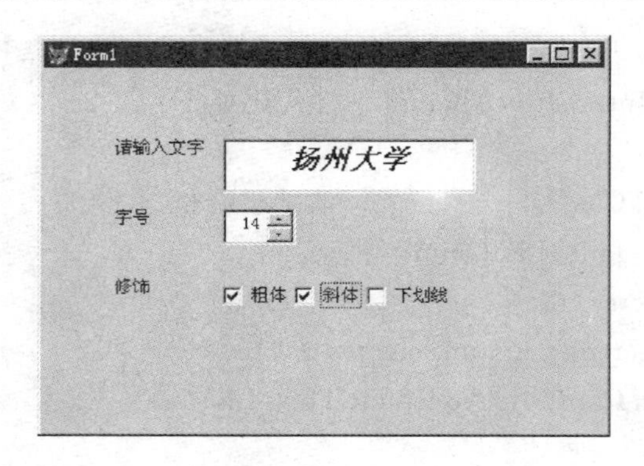

图 9 - 13　复选框

9.9　选项按钮组

选项按钮组(OptionGroup)允许用户从一组互相排斥的选项按钮中选择一个选项。选定某个选项按钮,将释放先前的选择,同时使选择成为当前值,选项按钮旁边的圆点指示当前的选择。选项按钮组的主要属性有:

ButtonCount 属性:设置选项按钮组中的选项按钮数目,系统默认为两个选项按钮。

Caption 属性:设置选项按钮旁边的提示文本信息。

Value 属性:存储用户所选择按钮的对应序号(数字序列或字母序列),一般使用数字序列。若选项按钮组有 4 个选项按钮,用户选择了第 3 个选项,选项按钮组的 Value 属性值为 3。

ControlSource 属性:指定与该控件相联系的数据源。若与之绑定的是数值型变量,则变量中保存的是用户所选择的选项按钮的序号。若与之绑定的是字符型变量或字段,则将用户所选择的选项按钮的 Caption 属性值保存在字符型变量或字段中,此时,Value 属性值应取'A','B','C','D'…字母序列。

常用事件是 Click 事件。

具体设计时,可从该控件的快捷菜单中选择“编辑”命令,然后逐个设置各按钮的有关属性,也可以在运行时来设置这些属性。请注意选项按钮组与选项按钮的区别,如选项按钮组无 Style 属性,但各选项按钮有 Style 属性。此外,利用其生成器可将按钮布局设置为水平。

VFP 中的控件可分为两大类型:容器类和非容器类。在容器类控件中可以包含其他的控件。在向表单中加入容器类控件后,无论在设计时还是在运行时,既可将该容器类控件作为一个整体进行操作,也可对其所包含的对象分别进行处理。如选项按钮组、命令按钮组、表格、列、页框、页面、容器、表单以及表单集等都是容器类控件。非容器类控件不再包含其他控件。如标签、文本框、编辑框、列表框、组合框、命令按钮、计时器、线条和形状等都是非容器类控件。

例 9 - 14:在例 9 - 13 的表单中添加字体控制功能(图 9 - 14)。

(1) 打开例 9 - 13 的表单文件,向表单中添加一个标签控件,设置其 Caption 属性:字体。

(2) 向表单中添加一个选项按钮组控件。用鼠标右击该控件,在弹出的快捷菜单中选择"生成器"命令，打开选项按钮组的"生成器"对话框。

在"生成器"对话框的"按钮"选项卡中，设置"按钮数目"为 4，在"抬头标题"中输入"宋体"、"黑体"、"隶书"和"幼圆"等标题。

在"生成器"对话框的"布局"选项卡中，设置"按钮布局"为"水平"，最后单击"确定"按钮。

(3) 编写选项按钮组的 Click 事件代码：

```
DO CASE
    CASE This. Value=1
        ThisForm. Text1. FontName="宋体"
    CASE This. Value=2
        ThisForm. Text1. FontName="黑体"
    CASE This. Value=3
        ThisForm. Text1. FontName="隶书"
    CASE This. Value=4
        ThisForm. Text1. FontName="幼圆"
ENDCASE
```

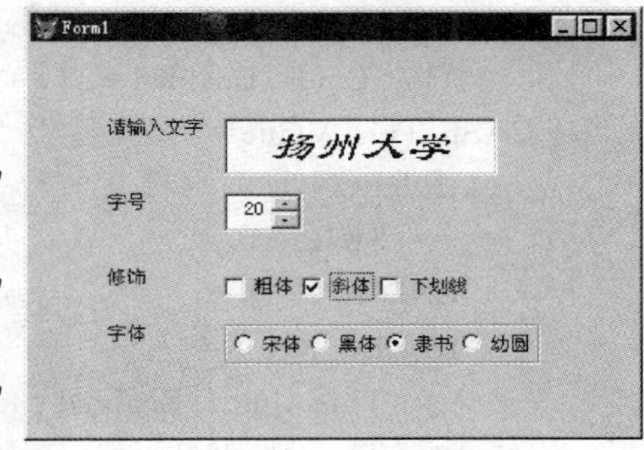

图 9-14　选项按钮组

9.10　命令按钮组

命令按钮组(CommandGroup)用来创建一组命令按钮。当表单上有多个按钮时，使用命令按钮组将使代码更加简洁，界面更加美观。

命令按钮组的主要属性有：ButtonCount 属性用于指定命令按钮组中命令按钮的数目。

若要分别设置命令按钮组中的各个命令按钮时，可以执行快捷菜单中的"编辑"命令或在属性窗口的"对象"下拉列表框中选择相应的命令按钮，然后再逐个设置各命令按钮。

对于命令按钮组来说，主要的设计工作是设计其事件(一般是 Click 事件)的处理代码。如要让按钮组中命令按钮的 Click 事件代码使用同一个方法程序，可将代码写入命令按钮组的 Click 事件代码中。此时，命令按钮组的 Value 属性指明单击了哪个按钮。如果为按钮组的某个按钮的 Click 事件编写了代码，则当单击此按钮时，将执行该按钮的代码而不是按钮组的 Click 事件代码。

请注意，命令按钮组与命令按钮虽有许多相似之处，但它们却是两种不同的控件。命令按钮组是容器型控件，命令按钮是非容器型控件。

例 9-15：创建一个表单，利用命令按钮组控制 JS 表记录的输出显示(图 9-15)。

(1) 打开表单设计器，设置表单的数据环境为 JS 表。并将 gh、jsxm、xb、csrq 等字段从数据环境拖动到表单中。

(2) 向表单上添加一个命令按钮组控件。设置其 ButtonCount 属性：5。

(3) 利用该控件快捷菜单中的"生成器"命令设置其所包含的命令按钮的 Caption 属性分别为"第一条"、"上一条"、"下一条"、"末一条"和"关闭"；并设置按钮布局为"水平"。利用该控件快捷菜单中的"编辑"命令设置各按钮的 Name 属性分别为"Cmd1"、"Cmd2"、"Cmd3"、"Cmd4"和"Cmd5"。

(4) 编写命令按钮组的 Click 事件代码：

```
DO CASE
CASE This. Value=1
    TO TOP
    This. Cmd1. Enabled=. F.
    This. Cmd2. Enabled=. F.
    This. Cmd3. Enabled=. T.
    This. Cmd4. Enabled=. T.
CASE This. Value=2
    IF RECNO( )<>1
        SKIP -1
    ENDIF
    IF RECNO( )=1
        This. Cmd1. Enabled=. F.
        This. Cmd2. Enabled=. F.
    ELSE
        This. Cmd1. Enabled=. T.
        This. Cmd2. Enabled=. T.
    ENDIF
    This. Cmd3. Enabled=. T.
    This. Cmd4. Enabled=. T.
CASE This. Value=3
    IF RECNO( )<>RECCOUNT( )
        SKIP
    ENDIF
    IF RECNO( )=RECCOUNT( )
        This. Cmd3. Enabled=. T.
        This. Cmd4. Enabled=. T.
    ELSE
        This. Cmd3. Enabled=. T.
        This. Cmd4. Enabled=. T.
    ENDIF
    This. Cmd1. Enabled=. T.
    This. Cmd2. Enabled=. T.
CASE This. Value=4
    TO BOTTOM
    This. Cmd1. Enabled=. T.
    This. Cmd2. Enabled=. T.
    This. Cmd3. Enabled=. F.
    This. Cmd4. Enabled=. F.
CASE This. Value=5
```

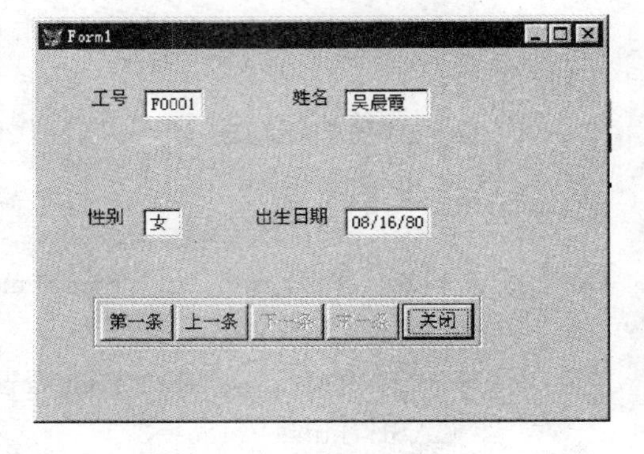

图 9-15　命令按钮组

```
        ThisForm. Release
    ENDCASE
    ThisForm. Refresh
```

9.11　表格

表格(Gride)是一个按行和列显示数据的容器对象,其外观与浏览窗口相似。表格包含若干列对象,列对象又包含标头(Header)、文本框和组合框等对象。列标头在列的最上面显示列标题,并且可以响应事件。

表格最常见的用途之一就是显示一对多关系中的子表(如利用一对多表单向导所创建的表单),当文本框显示父记录数据时,表格显示子表的记录;当用户在父表中浏览记录时,表格中的子表记录作相应的变化。

表格的主要属性有:

RecordSource 属性:指定与表格控件建立联系的数据源。

RecordsourceType 属性:指定表格的数据源的类型。

ColumnCount 属性:设置表格中的列数。如果属性值设置为-1(默认值),则在运行时表格将包含其源表中所有字段的列。

Columns 属性:用于存取表格对象中列控件的数组。

ReadOnly 属性:设置表格中的数据是否只读。

此外,表格的 DeleteMark、RecordMark、ScrollBars 和 SplitBar 等属性可用来设置表格是否具有删除标记列、记录选择器列、滚动条和拆分条。GridLines、GridLineWidth 和 GridLineColor 等属性可用来设置表格线的类型、粗细和颜色。BackColor 和 ForeColor 属性可用来设置表格的背景色和前景色。AllowAddNew、AllowHeaderSizing 和 AllowRowSizing 等属性可用来设置表格在运行时是否允许增加新记录、调整表头的高度和调整行的高度。用户可根据自己的需要有选择地作适当设置,或全部使用默认值。其实,用户只需向表单上添加一个表格控件,并为该表格设置好数据环境,一个简单的表格表单就建立成功了。

常用事件有:

Init 事件:创件一个对象时触发。

BeforeRowColChange 事件:当用户移到另一行或另一列,且新单元格还未获得焦点时触发。

AfterRowColChange 事件:当用户移到另一行或另一列,且新单元格获得焦点时触发。

Scrolled 事件:当用户滚动表格控件时触发。

若要切换到表格设计方式,从表格的快捷菜单中选择"编辑"命令,或者在属性窗口的"对象"框中,选择表格的一列。在表格设计方式中,表格周围将显示一个粗框。要切换出表格设计方式,只需选择表单或其他控件即可。

设置好表格的有关属性后,可根据需要进一步设置列及其所包含的控件的属性。列的 Bound 属性用来确定该列对象中的控件是否与其数据源建立联系。列也有自己的 BackColor 和 ForeColor 属性。列的 DynamicFontName、DynamicFontSize、DynamicForeColor 等属性可用在程序代码中动态地设置对象的字体、字号及前景色。

ColumnCount 属性是表格容器的计数属性。在 VFP 中,所有的容器对象都具有与之相关的计数属性以及集合属性。计数属性的值是一个数值,表明所包含对象的数目。集合属性是一个数组,用来指示包含在其中的每个对象。每个容器的计数属性和集合属性按照容器所包含的对象的类型来命名。表 9-4 列出了各容器的计数和集合属性。

表 9-4 计数属性与集合属性

容器	计数属性	集合属性
_SCREEN	FormCount	Forms
表单集	FormCount	Forms
表单	ControlCount	Controls
页框	PageCount	Pages
页面	ControlCount	Controls
表格	ColumnCount	Columns
列	ControlCount	Controls
命令按钮组	ButtonCount	Buttons
选项按钮组	ButtonCount	Buttons
工具栏	ControlCount	Controls
容器	ControlCount	Controls

这些属性可在程序中通过循环来控制所要操作的对象。例如,利用表格的计数属性和集合属性,可控制表格中各列的背景色红蓝相间。其代码如下:

```
FOR i=1 TO ThisForm.Grid1.ColumnCount
    IF i%2=0
        ThisForm.Grid1.Columns(i).BackColor=RGB(255,0,0)
    ELSE
        ThisForm.Grid1.Columns(i).BackColor=RGB(0,0,255)
    ENDIF
ENDFOR
```

例 9-16:设计一个表单输出 CJ 表中的数据。要求:① 不及格成绩用红色、12 号字体显示;② 表格中数据禁止修改;③ 表格中无删除标记列(图 9-16)。

(1) 创建一个新表单,Caption 属性为:学生成绩管理系统。

(2) 向表单上添加一个表格控件,设置其数据环境为 CJ 表。设置表格的 ReadOnly 属性为.T.,DeleteMark 属性为.F.。

(3) 编写表格的 Init 事件代码:

```
This.Column3.DynamicForeColor="IIF(cj.cj<60,RGB(255,0,0),RGB(0,0,0))"
This.Column3.DynamicFontSize="IIF(cj.cj<60,12,9)"
```

(4) 向表单上添加一个标签控件,设置其 Caption 属性为:学生成绩表,FontName 属性为幼圆,FontSize 属性为 18。

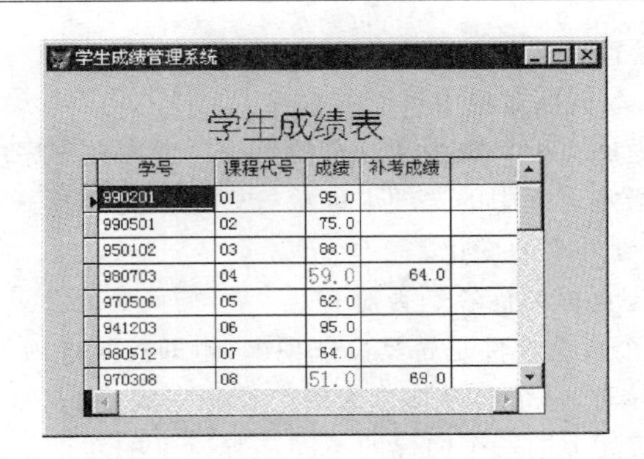

图 9 - 16　表格

例 9 - 17:创建一个基于 JS 表和 RK 表的一对多表单。将 RK 表格中的 KCDH 列的文本框用组合框替换,以便于编辑数据(图 9 - 17)。

(1) 打开表单设计器,向表单的数据环境中添加 JS 表、RK 表和 KC 表,并建立它们的关系。

(2) 从数据环境的 JS 表中将 GH、JSXM 和 ZC 字段拖动到表单上。

(3) 向表单上添加一个表格控件。利用其生成器设置基于 RK 表的表格控件。

(4) 执行表格控件的快捷菜单中的"编辑"命令来编辑表格。在"属性"窗口的对象下拉列表框中选择 Text1。单击表格的第 1 列,按 Del 键删除 Text1 控件。

(5) 点击控件工具栏上的"组合框"控件按钮,然后再单击表格的第 1 列,即在第 1 列添加了组合框控件。设置该组合框控件的 ControlSource 属性:RK. KCDH;ColumnCount 属性:2;RowSourceType 属性:2 -别名;RowSource 属性:RK。

(6) 向表单上添加一个命令按钮组控件,按例 9 - 15 设计该命令按钮组。

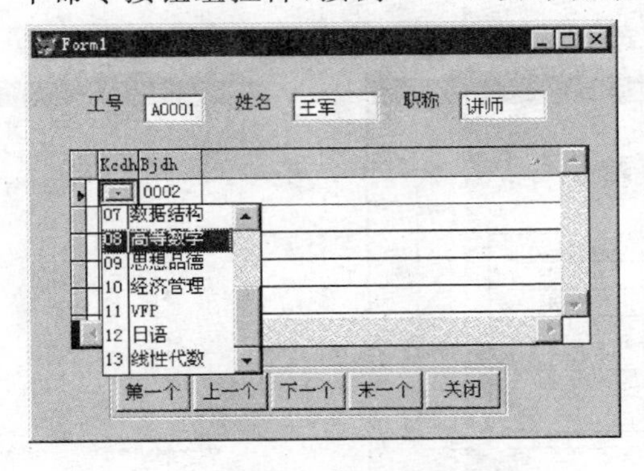

图 9 - 17　将表格中的文本框改为组合框

9.12　页框

为了扩展应用程序的用户界面,增加表单的信息容量,通常都采用页框的形式来设计表单。页框控件(PageFrame)是一个包含多个页面(又称选项卡)的容器对象,而其中的每个页面又可包含各种控件。

页框控件的主要属性有:

PageCount 属性:设置页框对象中所包含的页面的数目。

Pages 属性:用于存取页框对象中页面的数组

ActivePage 属性:返回页框对象中活动页的页码。常用在程序中切换活动页面。

TabStretch 属性:指定页框中的选项卡以单行还是多行的形式排列。当选项卡的数目较多或标题较长时能看到外观的变化。

TabStyle 属性:指定页框的标签是否对齐。

Tabs 属性:指定一个页框控件是否具有选项卡,也即控制选项卡是展开的还是重叠的。如运行 VFP 的各种向导时,每个向导均分为多个步骤完成,从表面上看每个步骤都使用了不同的表单(对话框),实际上同一个向导的不同步骤所见的对话框都是同一个页框中的不同页面,这些页面是重叠的;而项目管理器窗口中的 6 个“选项卡”页面就是展开的。

常用事件有 Init、Click 等。

设置完页框的有关属性后,还需从页框的快捷菜单中选择“编辑”命令,进一步设置页框中的各个页面。页框所包含的每个页面默认命名为 Page1、Page2、Page3…。页面的标题由其 Caption 属性设置。页面的常用事件是 Activate。

在向页框中添加控件时,如果没有将页框作为容器激活,所添加的控件将添加到表单中而不是页框的页面中,即使看上去好像是在页面中。

对页面所在的表单使用 Refresh 方法时,只刷新当前活动的页面。要刷新所有页面,则须在 Refresh 方法中添加代码:

```
LOCAL i,n
n=This.PageCount
FOF i=1 TO n
    This.Pages(i).Refresh
ENDFOR
```

例 9-18:创建一个表单,利用页框来显示学生情况和教师情况等信息(图 9-18)。

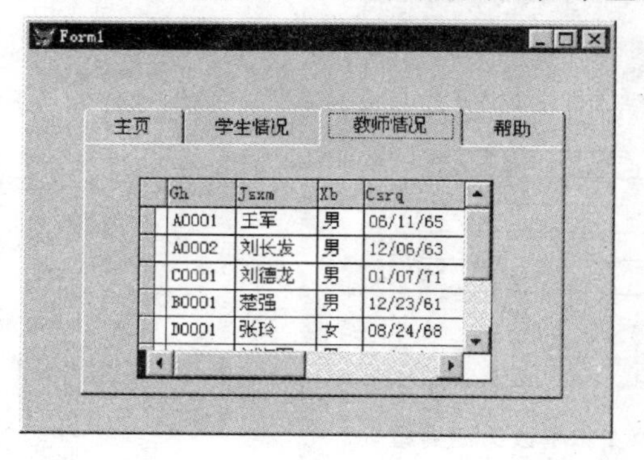

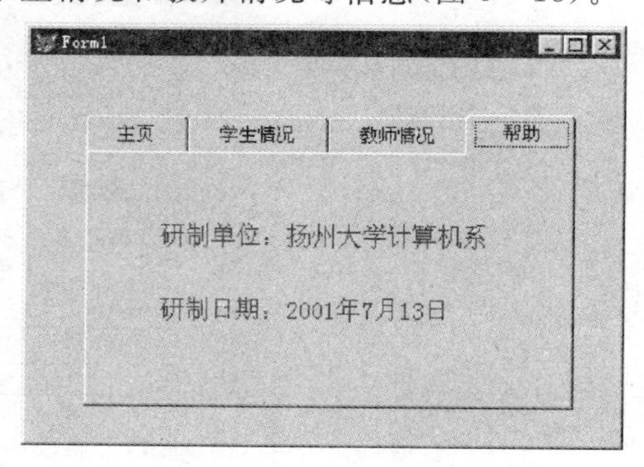

图 9-18　页框

打开表单设计器,向表单上添加一个页框控件。设置其 PageCount 属性:4;TabStretch 属性:1-单行;TabStyle 属性:0-两端。

鼠标右击页框控件,在快捷菜单中执行“编辑”命令。选择 Page1 页面,设置其 Caption 属性为“主页”,并在其中添加一个标签控件。设置标签控件的 Caption 属性:欢迎使用本系统;FontSize 属性:24;FontName:隶书;ForeColor 属性:255,0,0。

选择 Page2 页面，设置其 Caption 属性为“学生情况”，并在其中添加一个表格控件。利用表格的生成器设计基于 XS 表的表格。

选择 Page3 页面，设置其 Caption 属性为“教师情况”，并在其中添加一个表格控件。

利用表格的生成器设计基于 JS 表的表格。

选择 Page4 页面，设置其 Caption 属性为“帮助”，并在其中添加两个标签控件。设置其 Caption 属性分别为“研制单位：扬州大学计算机系”和“研制日期：2001 年 7 月 13 日”；FontSize 属性：12；ForeColor 属性：0，0，255。

9.13　计时器

计时器(Timer)控件是在应用程序中用来处理复发事件的控件。该控件由系统时钟控制，按指定的时间间隔执行操作。计时器控件在表单设计器中显示为一个小时钟图标，但在运行时不可见，常用于后台处理。计时器(Timer)控件的主要属性有：

Enabled 属性：控制计时器是否挂起。

Interval 属性：指定计时器控件的 Timer 事件之间的时间间隔，单位为毫秒。属性值为 0 时，计时器不响应 Timer 事件。通常将时间间隔设置成所需精度的一半。

常用事件 Timer 事件，经过 Interval 属性设定的时间间隔后触发。

常用方法是 Reset 方法，重置计时器控件从 0 开始计时。

在设计计时器时，除了设置 Interval 等属性外，还要编写 Timer 事件的处理代码，以确定处理什么复发事件。运行时还可调用 Reset 方法。

例 9-19：利用计时器每隔 1 秒钟，产生一个随机数并显示在文本框中。产生 10 个数后，计时器停止运行。最后在列表框中显示这 10 个数(图 9-19)。

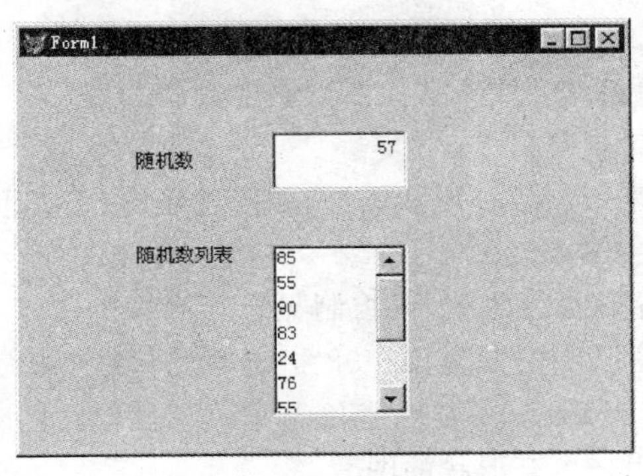

图 9-19　计时器

(1) 打开表单设计器，向表单中添加文本框、列表框及其对应的标签等控件。

(2) 向表单中添加计时器控件，设置其 Interval 属性：1000；Enabled 属性：.T.；

编写计时器的 Timer 事件代码：

```
a(i)=INT(RAND( ) * 100)
ThisForm.Text1.Value=a(i)
IF i=10
    FOR j=1 TO 10
```

```
            ThisForm.List1.List(j)=LTRIM(STR(a[j]))
        ENDFOR
        This.Enabled=.F.
    ENDIF
    i=i+1
```

(3) 设置表单的 Activate 事件代码:

```
    PUBLIC      a(10)
    PUBLIC      i
    i=1
```

9.14 图形控件

与图形有关的控件主要有线条控件和形状控件。利用图形控件可以将若干个对象人为分组,从而使表单界面更加直观清晰。

在表单上创建的线条与形状,通过鼠标的拖放只能更改其在表单上的位置和大小(即设置 Left、Top、Height 和 Width 属性)。

一、线条

线条(Line)控件用于绘制各种直线段。直线可以连接表单上的任意两点。

线条控件的主要属性有:

BorderWidth 属性:指定线条的线宽,其范围是 0～8 192 个像素点。

BorderStyle 属性:指定线条的线型。

BorderColor 属性:指定对象的边框颜色。

LineSlant 属性:指定线条的倾斜方向是从左上到右下还是从左下到右上。"\(默认值)"线条从左上到右下倾斜,"/"线条从左下到右上倾斜。

二、形状

形状(Shape)控件用来绘制各种形状图形,如各种矩形、正方形、椭圆和圆等。

形状控件的主要属性有:

Curvature 属性:设置形状的曲率,以控制显示什么样的图形,它的变化范围是 0～99。0 表示无曲率,用来创建矩形或正方形;1～98 指定圆角,数字越大,曲率越大;99 表示最大曲率,用来创建圆和椭圆(当 Height 属性值和 Width 属性值相同时为圆)。

FillStyle 属性:指定用来填充形状的图案。

SpecialEffect 属性:指定形状的外观是 3 维的还是平面的。

除了利用图形控件以外,还可调用 VFP 提供的 Pset(绘点)、Line(绘线)、Box(绘框)和 Circle(绘圆与椭圆)等方法来绘制图形。

例 9-20:利用微调框改变图形的形状(图 9-20)。

(1) 新建一个表单,向表单上添加"形状"控件、"微调器"控件、"标签"控件和"命令按钮"控件。

(2) 设置对象的属性和事件代码:

①"形状"控件(Shape1)的 Backcolor 属性:255,255,0

②"微调器"控件(Spinner1)的 SpinnerHighValue 属性: 99;

SpinnerLowValue 属性：0；

KeyboardHighValue 属性：99；

KeyboardLowValue 属性：0；

Increment 属性：5；

InputMask 属性：99。

InteractiveChange 事件代码：Thisform. Shape1. Curvature＝This. Value

③“标签”控件（Lable1）的 Caption 属性：曲率；FontName 属性：隶书；FontSize 属性：18。

④“命令按钮”控件（Command1）的 Caption 属性：退出（E\<xit）。

Click 事件代码：ThisForm. Release

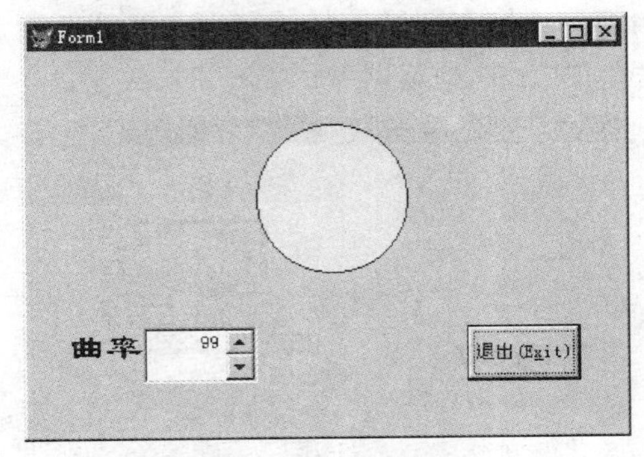

图 9－20　图形控件的设计

例 9－21：利用图形控件修饰表单的外观（图 9－21）。

打开例 9－14 创建的表单。向表单上添加两个形状控件。一个框住 3 个复选框按钮，另一个框住所有控件。分别设置两个形状按钮的 SpecialEffect 属性为“0～3 维”，并利用布局工具栏上的“置后”按钮将形状控件置于其他控件之后。再向表单上添加一个标签控件，设置其 Caption 属性为“文字格式控制：”。

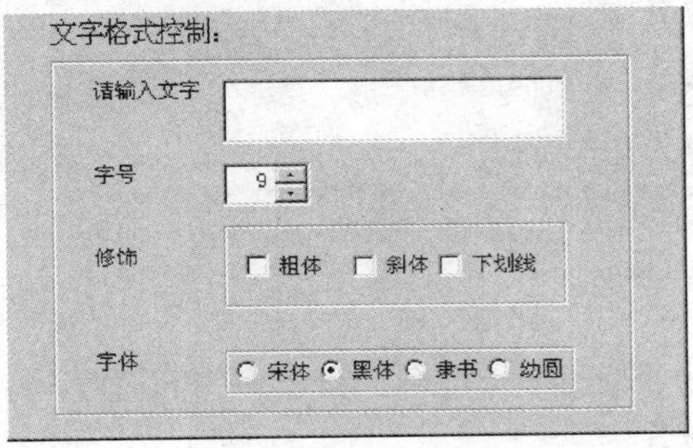

图 9－21　图形控件的修饰作用

注意：向表单上添加形状控件后，该控件将遮盖其覆盖区域的其他控件。为使其他控件显示出来，应使用布局工具栏上的“置后”按钮将形状控件置于其他控件之后。如果通过设置形状控件的 BackStyle 属性为“0－透明”来显示出其他控件，运行后将不能启动其他控件的有关事件。

9.15　图像控件

图像控件允许在表单中添加.BMP 图片文件。图像控件的主要属性有：

Picture 属性：指定待显示的图片文件。

BorderStyle 属性：确定图片是否具有可见的边框。

BackStyle 属性：确定图片的背景是否透明。

Stretch 属性：指定如何对图像进行尺寸调整以便放入图像控件中。如果属性值设置为 0—剪裁，那么超出图像控件范围的那一部分图像将不显示；如果属性值设置为 1—恒定比例，图片将保持原有比例并自动调整，在图像控件中显示最大可能的图像；如果属性值设置为 2—伸展，图片将自动调整到正好与图像控件的高度和宽度匹配。

例 9-22：设计一个简单的"图片浏览器"(图 9-22)。

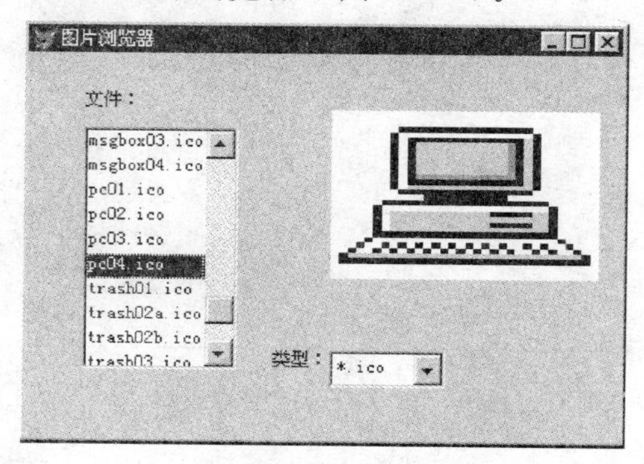

图 9-22　图像控件

(1) 打开表单设计器，向表单上添加一个图像控件，设置其 Stretch 属性：2-变比填充。

(2) 向表单上添加一个列表框控件，设置其 RowSourceType 属性：7-文件。

(3) 向表单上添加一个组合框控件，设置其 RowSourceType 属性：1-值；RowSource 属性：*.bmp，*.ico；ControlSource 属性：ThisForm.List1.RowSource。并在组合框的前面添加一个标签控件，设置其 Caption 属性为"类型："。

(4) 编写表单的 Activate 事件代码：

```
This.Combo1.DisplayValue=2
```

(5) 编写列表框的 InteractiveChange 事件代码：

```
a=This.ListIndex
IF a>4
    ThisForm.Image1.Picture=This.List(2)+This.List(a)
    CD This.List(2)
ENDIF
```

说明：

①ListIndex 属性指定列表框或组合框控件中选定数据项的索引值，也即数据项在列表框或组合框中显示的顺序号。a(=This.ListIndex)标记在列表框中选中项目的序号。

②当 RowSourceType 属性设置为"7-文件"时，List1.List(1)代表驱动器，List1.List(2)代表路径，List1.List(3)是一个分隔行，List1.List(4)是[..](单击它将返回上级目录)，

List1. List(a)代表所选中的文件名(a>4)。List1. List(2)+List1. List(a)表示"路径+文件名",也即要处理的对象。

9.16　OLE 控件

对象链接与嵌入(OLE)是一种协议。嵌入用于将一个对象的副本从一个应用程序插入到另一个应用程序中。对象副本嵌入后,不再与原来的对象有任何关联。如果原来的对象有所改变,嵌入的对象不受影响。链接表示在原文档与目标文档之间的一种连接。链接对象保存了来自原文档的信息,并对两文档之间的连接进行维护。当原文档中的信息发生变化时,这种变化将在目标文档中体现出来。OLE 控件可用来将 Excel 电子表格、Word 文档或图片等对象链接或嵌入到表单中。OLE 控件分为 OLE 容器控件和 OLE 绑定型控件两类。

一、OLE 绑定型控件

OLE 绑定型控件常用来在表单上显示表中的通用字段的内容,如照片等。OLE 绑定型控件的设计工作主要是设置其 ControlSource 属性(指定与该控件绑定的一个 VFP 表的通用字段)以及 Stretch 属性。

二、OLE 容器控件

OLE 容器控件用来向表单加入 OLE 对象。在向表单中添加 OLE 容器型控件的同时,系统弹出"插入对象"对话框,如图 9-23 所示。在"插入对象"对话框中,选项按钮组显示了可以使用的 3 种插入对象的方式:Create New(新建)、Create from File(从文件创建)和 Insert Control(插入控件)。

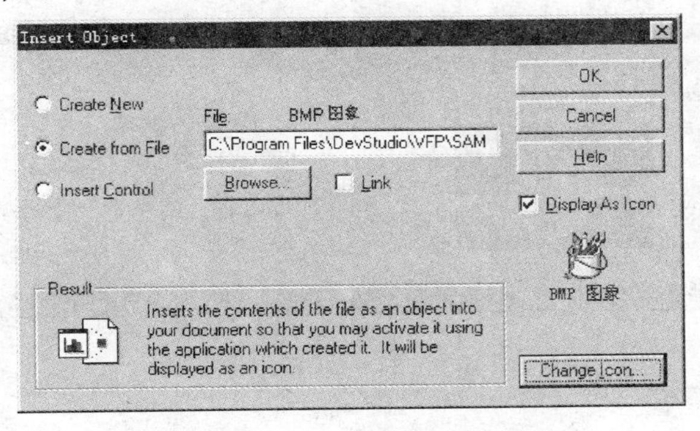

图 9-23　插入对象对话框

选择"Create New"选项按钮时,将出现"Object Type(对象类型)"列表框供用户选择 OLE 应用程序来创建新的对象。"Display As Icon(以图标方式显示)"指定对象在表单上仅以图标方式显示。

选择"Create from File"选项按钮时,将出现"File(文件)"文本框供用户从中指定对象文件的路径和文件名,或利用"Browse(浏览)"命令按钮定位对象文件。"Link(链接)"用于选择创建的对象是被链接到表单中还是被嵌入到表单中。对于从文件中创建的对象,在运行时可以双击该对象,以运行或打开相应的应用程序。

选择"Create Control"选项按钮时,将出现"Control Type(控件类型)"列表框供用户选择待插入的控件。

OLE 容器控件的主要属性有：

AutoVerbMenu 属性：确定当用户以鼠标右键单击 OLE 容器控件时是否显示包含对象动作的快捷菜单。

AutoSize 属性：指定控件是否根据其内容的大小自动调节尺寸。

AutoActivate 属性：指定如何激活 OLE 容器控件。AutoActivate 属性设置如表 9－5 所示。

表 9－5　AutoActivate 属性设置

设置	说　明
0	人工。控件不自动激活。可以在程序中使用 DoVerb 方法激活控件
1	获得焦点。如果控件中包含一个对象，那么当控件获得焦点时，提供对象的应用程序将被激活
2	(默认值)双击。如果控件中包含一个对象，那么用户双击控件，或在获得焦点时按 Enter 键将激活提供对象的应用程序。当 AutoActivate 设置为 2(双击)时，不发生 DblClick 事件
3	自动。如果控件中包含一个对象，基于对象的常规方法激活提供对象的应用程序

例 9－23：创建一个表单，在表单上显示教师的工号、姓名和照片，以及一幅可用原应用程序编辑的图片(图 9－24)。

(1) 利用表单向导创建一个基于 JS 表的表单，在表单上显示教师的工号和姓名。

(2) 用表单设计器打开该表单，向表单上添加一个 OLE 绑定型控件。设置其 ControlSource 属性：JS. JSZP；Stretch 属性：2－变比填充。

(3) 向表单上添加一个 OLE 容器型控件。选择“Create from File”选项按钮，用“Browse(浏览)”定位对象文件。设置其 AutoVerbMenu 属性：. T. ；AutoSize 属性：. T. ；AutoActivate 属性：2－双击。

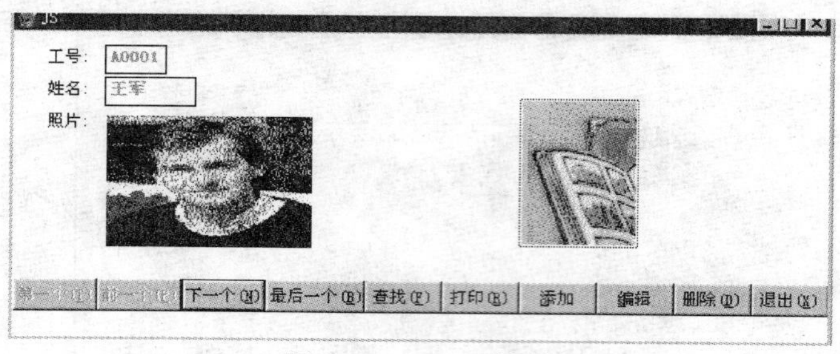

图 9－24　OLE 控件

练　习　题

一、选择题

1. 当用鼠标单击表单中的一个文本框对象时，文本框发生的 4 个事件的顺序是______。
   A. GotFocus、When、Valid 和 LostFocus
   B. When、GotFocus、Valid 和 LostFocus
   C. When、GotFocus、LostFocus 和 Valid
   D. GotFocus、When、LostFocus 和 Valid
2. Grid 的集合属性和计数属性是______。
   A. Columns 和 ColumnCount　　B. Forms 和 FormCount
   C. Pages 和 PageCount　　D. Controls 和 ControlCount

3. Grid 默认包含的对象是______ 。

A. Header　　B. TextBox　　C. Column　　D. EditBox

4. 如果要在列表框中一次选择多个项(行),必须设置______ 属性为.T.。

A. MultiSelect　　B. ListItem　　C. List　　D. Enabled

5. 下列控件不可以直接添加到表单中的是______ 。

A. 命令按钮　　B. 命令按钮组　　C. 选项按钮　　D. 选项按钮组

6. 将某个控件绑定到一个字段,移动记录后字段的值发生变化,这时该控件的______ 属性的值也随之变化。

A. Value　　B. Name　　C. Caption　　D. 没有

7. 与某字段绑定的复选框对象运行时呈灰色显示,说明当前记录对应的字段值为______ 。

A. 0　　B. .F.　　C. NULL　　D. “”

8. 拥有焦点的控件对象对应于表单的______ 属性。

A. Parent　　B. Controls　　C. ActiveControl　　D. This

9. 某表单 FrmA 上有一个命令按钮组 CommandGroup1,命令按钮组中有 4 个命令按钮:CmdTop,CmdPrior,CmdNext,CmdLast。要求按下 CmdLast 时,将按钮 CmdNext 的 Enabled 属性置为.F.,则在按钮 CmdLast 的 Click 事件中应加入______ 命令。

A. This.Enabled=.F.　　B. This.Parent.CmdNext.Enabled=.F.

C. This.CmdNext.Enabled=.F.　　D. Thisform.CmdNext.Enabled=.F.

10. 页框(PageFrame) 能包容的对象是______ 。

A. 页面(Page)　　B. 列(Column)

C. 标头(Header)　　D. 表单集(FormSet)

二、填空题

1. 要想把某个字母设置为对应的快捷键,则 Caption 属性中应该在该字母前加上________ 。

2. 若想让文本框对象中显示的内容不被误修改,可以设置文本框对象的________属性为________ 。

3. 选项按钮组的选项按钮个数由________ 属性决定。

4. 要使标签(Label)中的文本能够换行,应将________ 属性设置为.T.。

5. 计时器(Timer)控件中必须设置的时间间隔的属性为________ ,定时发生的事件为________ ,将计时器控件复位从 0 开始重新计数的方法是________ 。

6. 一个文本框 TextBox 对象,属性________ 设置为“*”时,用户键入的字符在文本框内显示为“*”。但属性 Value 中仍保存键入的字符串。

7. 微调框限制通过键盘修改值范围的属性是________ ,限制通过鼠标修改值范围的属性是________ ,修改增量属性是________ 。

8. 对象的 Enabled 属性的作用是________ ,Visible 属性的作用是________ 。

9. 页框对象的当前活动页面的属性名为________ 。

10. 为使刷新页框时,同时刷新页框内各个页面,对页框的 Refresh 方法可添加如下代码:

```
n=This.________
For  I=1  to  n
   This.________.Refresh
EndFor
```

第10章　类

面向对象程序设计引入的一个重要的概念就是类,前面介绍的表单、表单集及各种控件都是类的应用。在VFP中,用户不仅可以直接把这些基类对象作为重用部件,应用于应用程序的开发过程中,而且还可在此基础上创建自己的类,甚至在自定义类的基础上定义新的自定义类。

10.1　VFP的类层次

10.1.1　类

一、类

类是一种对象的归纳和抽象,类定义了对象特征以及对象外观和行为的模板,它刻画了一组具有共同特征的对象。我们在前面介绍对象的属性、事件和方法时,都是在类的定义中确定的。这就像是一张图纸或一个模具,所有对象均是由它派生出来的。它确定了由它生成的对象所具有的属性、事件和方法。例如,电话就是一个类,它抽取了各种电话的共同特性,与此同时,一个对象或类实例就是具体的一部电话。

二、类的性质

面向对象程序设计中之所以要引入类的概念,主要是为了更好地简化程序设计,因为类具有继承性、多态性、封装性和抽象性。

继承性就是子类沿用其父类特征的能力。如果父类的特征发生变化,则子类将继承这些新的特征。继承性体现并扩充了面向对象程序设计方法的共享机制。

多态性主要是指一些相关联的类包含同名的方法程序,但方法程序的具体内容可以不同。具体调用哪种方法程序,在运行时根据对象的类确定。在面向对象程序设计方法中,多态性使得相同的操作可以作用于多种类型的对象上并获得不同的结果,从而增强了系统的灵活性、维护性和扩充性。

封装性说明了包含和隐藏对象的内部信息,如内部的数据结构和代码的能力。封装将操作对象的内部复杂性与应用程序的其他部分隔离开来。封装和隐藏是面向对象技术的核心,使得软件具有很好的模块性,各模块具有明显的范围和边界,实现了模块的高内聚和模块间的低耦合。

抽象性是指提取一个类或对象与众不同的特征,而不是对该类或对象的所有信息进行处理。

三、子类、父类

类作为对象生成的一个蓝图或者模具保留了一个很重要的属性,即它能够根据先前的类生成一个新类——子类。子类具有派生它的类的全部属性和方法,并且用户可以任意添加和修改。如图10-1所示,前面讲的电话可以看做是一个类,那么各种各样的电话就可看成是由它派生出来的一个子类。

此外,由于继承性的存在,如果在某个类中发现问题,用户不需要逐个修改它的子类,只需将这个类本身作适当修改，这个修改就能够自动添加到它的所有子类中。

如前所述，既然类可以派生和继承，那么对每个类而言，派生该类的类为其父类，由该类派生的类为其子类。

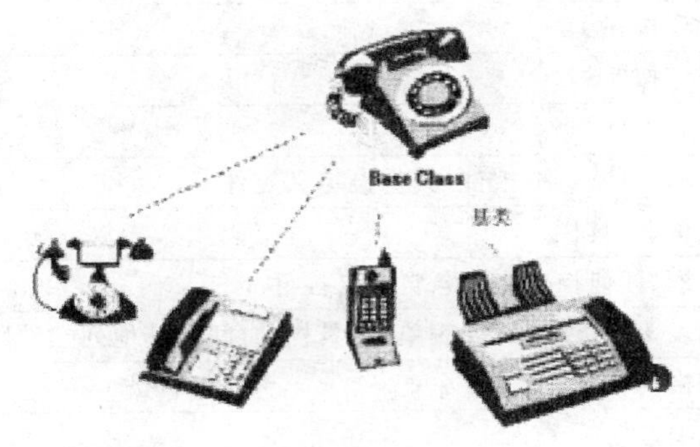

图 10－1　类和子类的继承关系

10.1.2　VFP 的类及其层次

一、VFP 基类

VFP 中的基类是 VFP 系统提供的内部定义类，可细分成两种，即对象类和控件类。其中控件类均被直接显示在“表单控件”工具栏上，用户可直接使用。对象类未被列在工具栏上，它在表单中只能作为对象使用，或将其设计成用户自定义类后通过“表单控件”工具栏使用。

二、容器类和非容器类

VFP 中的类分为两种类型，它们分别是容器类和非容器类或控件。容器类可以包含其他的对象，并且允许对所包含的对象的访问。例如创建具有两个列表和两个命令按钮的容器类，然后把控件加入表单中。那么在设计和运行时，都可以对容器里的列表和按钮进行访问。

控件的封装比容器严密。控件在设计和运行时，可以作为一个整体进行处理，但组成控件的组件不能单独的修改。

因此，容器类可以当作其他对象的父类，控件可以包含在容器中，但不能作为其他对象的父类，即不能包含其他的对象。

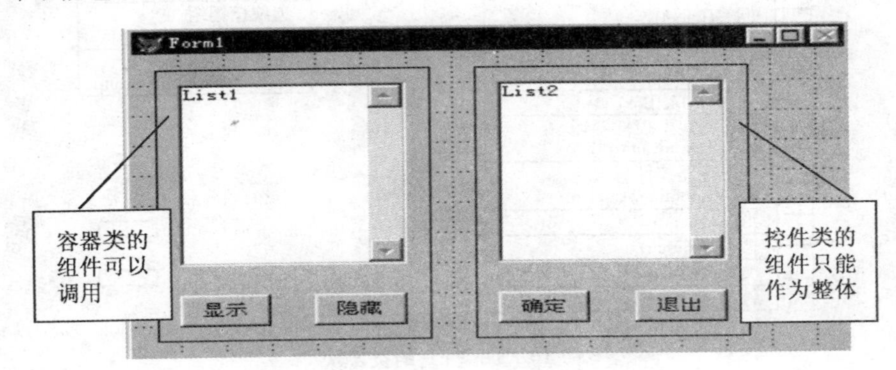

10－2　容器与控件

表 10－1 列出了每种容器可以包含的对象。

表 10－1 容器类所能包含的对象

容器类型	包含的对象
命令按钮组	命令按钮
容器	任何按钮
控制	任意控件
自定义控件	任何控件、页框控件、其他自定义控件
表单集	表单、工具栏
表单	页框、任何控件、容器、自定义控件
表格列	列表头和除表单集、表单、工具栏、时间和其他列控件以外的对象
表格	表格列
选项按钮组	选项按钮
页框	页面
页面	任何控件、容器和自定义控件
工具栏	任何控件、页框和容器

三、层次关系

VFP 中的类有一定的层次，这样当建立你自己的类时，可以从 VFP 中已经定义的类中派生。VFP 中对象的标准类层次图见图 10－3 所示。

从图中可以看到 VFP 中对象可以分为容器对象和控件对象，它们代表了具有不同特点的 VFP 对象。

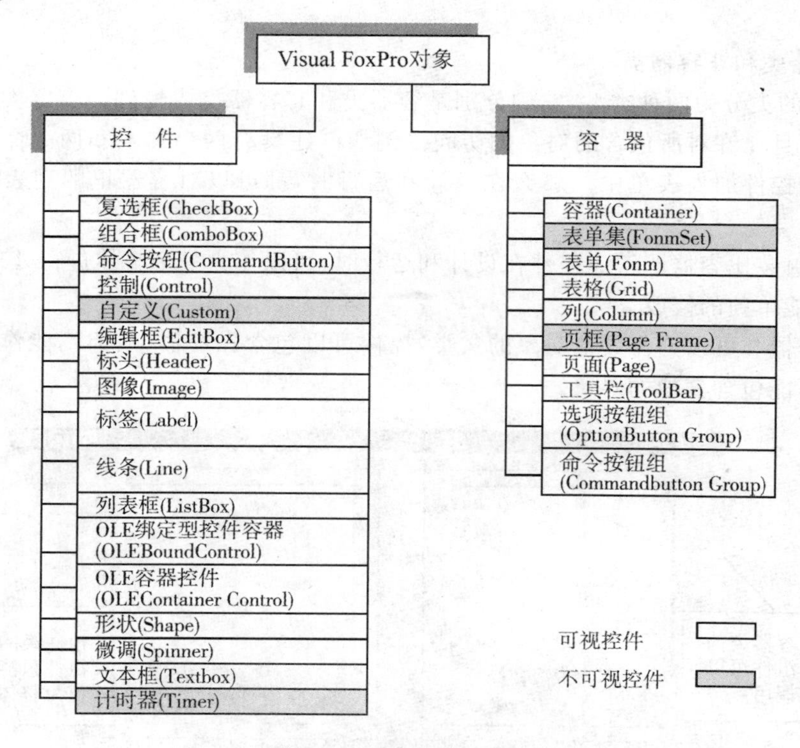

图 10－3 VEP 的类层次

10.2　类的创建与修改

10.2.1　何时使用类

如果想使用类来简化应用程序的结构，必须弄清楚什么时候使用类。当然，您可以为 VFP 中的每一个控件都建立一个类，但这样做毫无意义。

类是用于对公共任务的封装。例如在表单中，每一次都需要处理诸如记录的前移、后移、保存、关闭等通用的命令。此时就可以定义一个通用的按钮类来处理这些每一个表单都会遇到的功能，在需要的时候用这个按钮类创建一个对象加入表单。

每个应用程序都是一件精心设计的杰作。应用程序的界面，既要符合大众的操作习惯和公共的编程习惯，更应赋予它们独特的个性。这就要求应用程序界面具有统一的外观和风格。为了达到这个目的，可以给控件建立各自的模板及设计出特点的控件，在程序中使用这些类可以方便地实现。

在 VFP 中可创建类的类型有很多，在创建时可在新类对话框的“来源于”栏中选择或输入所需要创建的类的类型。

10.2.2　子类的创建

创建子类的方法有两种：类设计器和代码。这里仅讲解用类设计器设计类的方法。

一、类库及其使用

1. 类库

每一个以可视方式设计的类都存储在一个类库中。类库具有.VCX 文件扩展名。

2. 创建类库的方法

可以用 3 种方法创建类库：

① 在创建类时，请在新类对话框的“存储于”框中指定一个新的类库文件。新类对话框如图 10－4 所示。

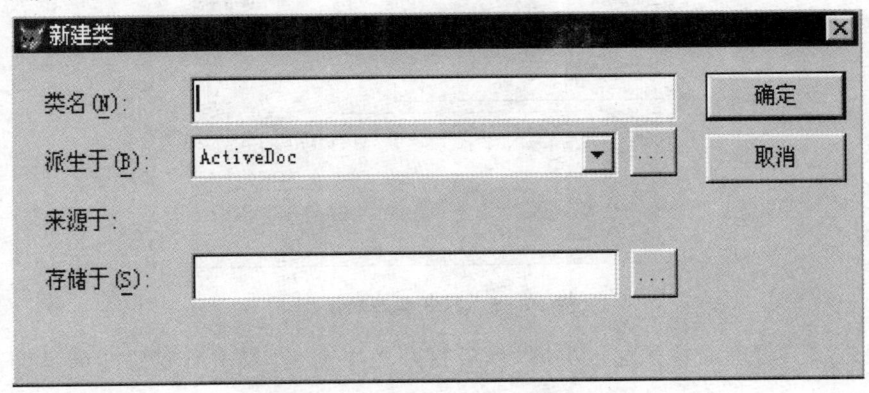

图 10－4　“新建类”对话框

② 使用 CREATE CLASS 命令，同时指定新建类库的名称。例如，下面的语句创建了一个名为 myclass 的新类和一个名为 new_lib 的新类库：

CREATE CLASS myclass OF new_lib AS Custom

③ 使用 CREATE CASSLIB 命令。例如,在命令窗口键入下面的命令,可以创建一个名为 new_lib 的类:

CREATE CLASSLIB new_lib

3. 类库的维护

类库维护通常涉及到 3 项任务:复制、编辑和删除类库中的类。

(1) 复制类库中的类

把类库添入项目后,您可以很容易地将类从一个类库复制到另一个类库。

若要将类从一个类库复制到另一个类库,可按下面的步骤进行:

① 确保两个类库都在项目中(不一定是同一个项目)。

② 在项目管理器中,选择"类"选项卡。

③ 单击包含类的类库左边的加号。

④ 将类从旧库中拖到新库中。

可以将类和基于这个类的所有子类都包含在一个类库中。如果一个类包含多个不同类库中的元件,那么在运行或设计时,最初加载这个类时将花费较长的时间,因为包含类元件的类库必须全部打开。

(2) 删除类库中的类

若要从库中删除一个类,只能通过项目管理器。请在项目管理器中选择这个需要删除的无用的类并选择"移去"按钮即可从可视类库中清除无用的。也可使用命令 REMOVE CLASS 来删除无用的类。

(3) 编辑类库中的类

编辑一存在的类,可使用如下方法:

① 通过"文件"菜单打开可视类库。在选定类库后,系统将显示图 10 - 5 所示"打开"对话框,用户可从中选择要编辑的类。双击类名列所要修改的类,系统将打开类设计器。

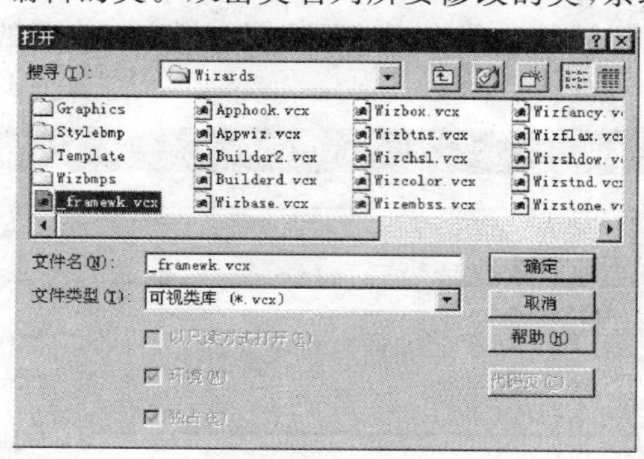

图 10 - 5　打开类库对话框

② 通过项目管理器首先加入类库,然后打开类库列表,双击所要修改的类即可打开类设计器。

用户可以通过选择"工具/类浏览器"选项来打开类浏览器窗口(参见图 10 - 6)。

用户还可通过该窗口上方的工具栏查看类对象成员、类属性、类方法和类代码,以及重定义类(更改选定类的父类)、重命名类、删除类和创建某个已存在的类的子类。

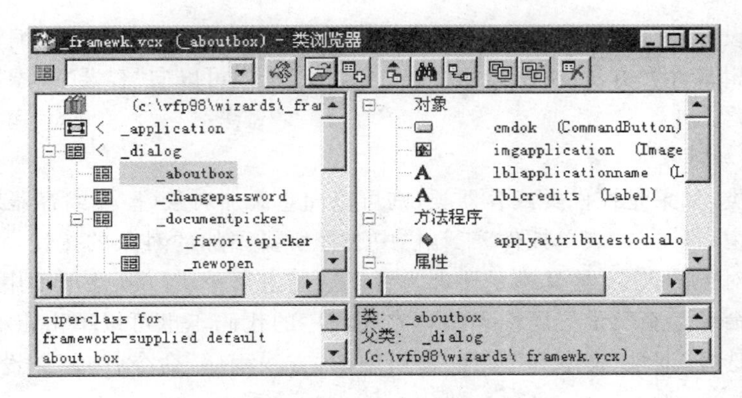

图 10－6　类浏览器

二、创建子类

1. 一般步骤

使用类设计器创建类时,需要对新类的基类进行说明,指明类库的名称、对于新建的类的说明等。在类设计器中创建的类,可以在“类设计器”中设置每个对象的外观。

用类设计器创建新类的操作步骤如下:

① 从“项目管理器”选择“类”选项卡。

② 按“新建”按钮。

③ 在“新类”对话框中的“类名”框中输入类名。

④ 在“新类”对话框中的“派生于”框中输入/选择基类名。

⑤ 在“新类”对话框中的“存储于”框中输入类库名。

⑥ 在“新类”对话框中按“确定”,如图 10－7 所示。

⑦ 这时会出现如图 10－8 所示的类设计器。

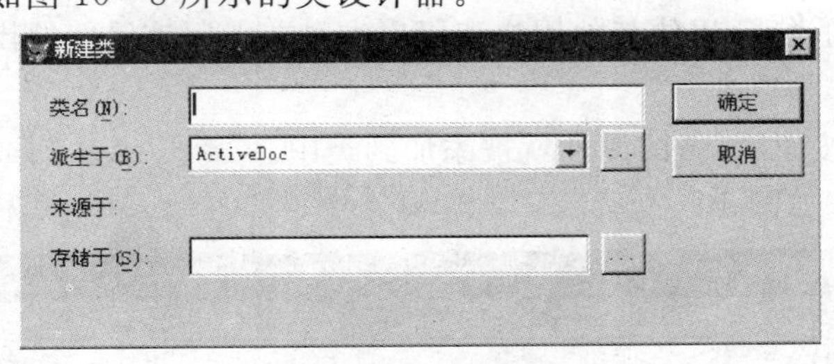

图 10－7　“新建类”对话框

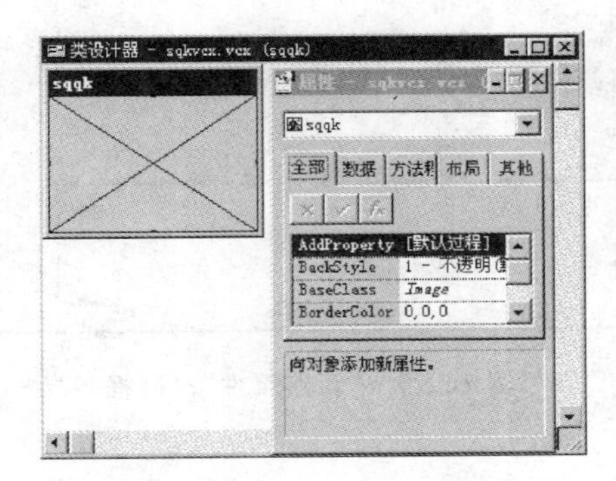

图 10－8　类设计器

说明:“类设计器”和“表单设计器”类似,您可以在“属性”窗口中观看、编辑类的属性,用“代码窗口”编辑事件和方法的代码,用“表单控件”工具栏可以向“容器”中添加控件。

⑧ 关闭“类设计器”。

2. 为类添加对象

创建的新类,如果是控件类或容器类,则可以向它添加对象(控件或容器)。首先必须打开“类设计器”窗口,再从“表单控件”工具栏中选择所要添加的对象的按钮,将它拖到“类设计器”中,调整对象的大小,使其满足要求。可以通过主菜单中“类”菜单项中的“新属性”和“新方法程序”命令为新类设置属性和编写方法程序的代码。也可以单击鼠标右键,从弹出的快捷菜单中选择“属性”命令和“属性”窗口中的“方法程序”命令,为新类设置属性和添加方法程序。

3. 为类添加新属性和新方法程序

对于新创建的类,继承了父类的属性和方法程序。同时,用户还可以为其添加新的属性和新方法程序。VFP 对于一个类所拥有的属性的数量不作限制,但添加的属性和方法必须有实际的意义,否则就没有必要添加。

(1) 添加新属性

① 打开“类设计器”,VFP 主菜单栏中将出现“类”菜单选择项,选择“类”菜单下的“新建属性”。

② 在弹出的“新建属性”对话框中,作如下操作:

a. 在“名称”栏内,输入属性的名称。

b. 在“可视性”栏内,指出可视性:公共、保护或隐藏。

c. 在说明栏内,填入有关属性的说明。

因为在用户设置新属性时,有可能输入一些无效的设置,而造成运行时出错,在“说明”中增加属性的设置的说明,以便其他用户和用户本身在引用该属性的代码中,检验属性的有效性。

d. 单击“添加”按钮后,新的属性就被添加到类中。

新建属性对话框如图 10-9 所示。

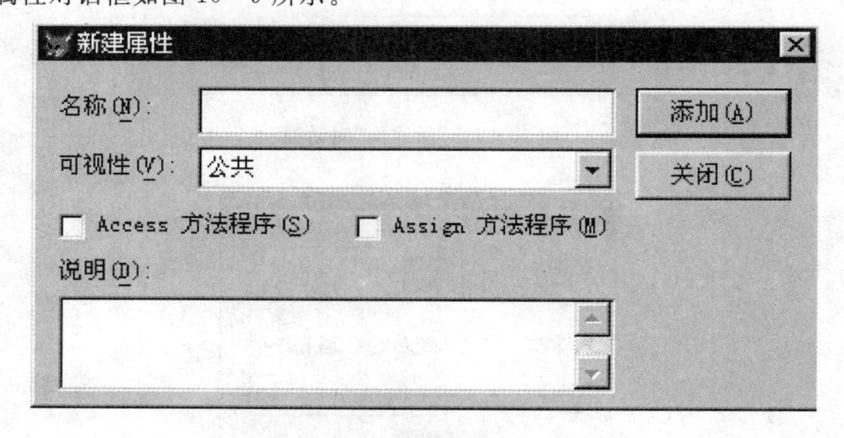

图 10-9 “新建属性”对话框

(2) 指定属性的默认值

创建了新属性以后,用户通常要为属性指定一个默认值。如果用户能指定默认值,VFP

默认其属性为“假”(.F.)

指定属性的默认值,操作如下:

① 在“类设计器”的控件上单击鼠标右键,在弹出的快捷菜单中选择“属性”,再在属性窗口中选择“其他”选项卡。

② 单击该属性栏,在“属性值”中输入需要设置的值。

③ 以后在把该类添加到表单或表单集中时,该值作为该对象的属性设置。

注意:若要设置的属性默认值这空字符串,可用鼠标单击属性名,在“属性”值框中删除原来的默认值。

VFP 系统不仅能为新类添加新属性,而且还可以为 VFP 的基类添加新的属性和重新设置基类的属性默认值。操作方法同为新类添加新属性的操作方法类似。当一个基类被添加了新属性或基类改变了默认值以后,基于这个类的对象添加到表单中时,对象将反映被修改和添加属性后的属性设置,而不是 VFP 某个基类原有的属性设置。

(3) 为属性创建 Access 和 Assign 方法程序

在“新建属性”对话框中,选择“Access 方法程序”复选框可为该属性创建一个 Access 方法程序,选择“Assign 方法程序”复选框可为该属性创建一个 Assign 方法程序。

Access 方法程序是指在查询属性值时执行的代码。查询的方式一般是:使用对象引用中的属性,将属性值存储到变量中,或使用问号(?)命令显示属性值。

Assign 方法程序是指更改属性值执行的代码。更改属性值一般用 Store 或“=”命令赋新值。

如图 10-9 所示的“新建属性”对话框中,选择“Access 方法程序”复选框或“Assign 方法程序”复选框,并确定后,在类的属性窗口中可以看到响应的方法程序。例如,为类新建一个名为“sqkprop”的属性,并选择了“Access 方法程序”复选框后,在该类的属性窗口中,除了可以看到“sqkprop”名外,还可以看到“sqkprop_Access”方法程序,如图 10-10 所示。

图 10-10 类“属性”窗口中的 Access 和 Assign 方法程序

(4) 创建数组属性

可以在“新建属性”对话框的“名称”框中指定数组名称和数组的行列大小。例如,创建一个 5 行 2 列的,名称为 sqkarray 的数组,在“名称”框中输入如下内容:

sqkarrary[5,2]

设计时数组为只读的,在“属性”窗口中“斜体”显示,但在运行时,可以被修改或重新声明。

(5) 添加新方法程序

与向类添加新的属性一样,也可以向类添加新的方法程序。方法程序所保存的是要调用时可以运行的进程代码。

添加新方法程序和添加新属性的操作相似。

首先打开"类设计器",然后选择 VFP 主菜单中的"类"菜单下的"新方法程序",在弹出的"新方法程序"对话框中作如下操作:

① 在"名称"栏内,输入方法程序的名称。

② 在"可视性"栏内,指定右视性值:公共、保护、隐藏。

③ 在"说明"栏内,可以加入有关方法程序的说明。

④ 按下"添加"按钮,新的方法程序将被添加到类中。

注意:类的属性和方法不能赋予同一个名字,已被使用过和属性名或方法名不能再作为新的属性名或方法程序名。

"新属性"和"新方法程序"对话框中的"可视性",框中有 3 个选择项:公共、保护和隐藏。其中,"公共"是默认值,其含义是可在对象设计时进行修改。若属性和方法程序设置为"保护",则仅能被该类定义内的方法程序或该类的派生类(子类)所访问,在由其产生的对象的属性中,该属性的值用斜体表示。若属性和方法程序设置为"隐藏",则只能被该类的定义内成员所访问,该类的子类不能引用它们。

为确保设计时所拥有的正确功能,防止用户使用编程时随意改变属性或从类外调用方法程序,可以将类的属性和方法程序设置为隐藏。

三、创建自定义类

我们可以通过对 VFP 中的基类进行扩展创建新类,但是有时还需要创建具有自己独特功能或风格的类,这时就需要创建自定义类。

要创建用户自定义类,有 3 种方法:一是通过选择文件菜单中的"新建"按钮,然后在"新建"对话框中选择文件类型为"类";二是在项目管理器中选择类库项后,单击项目管理器中的"新建"按钮;第三种创建新类的方法是在表单设计器中将表单或选定对象或对象组另存为类。

1. 用类设计器

对于前两种方法,系统都是激活类设计器,用它来设计类。系统均会显示"新建类"对话框(参见图 10 - 11)。

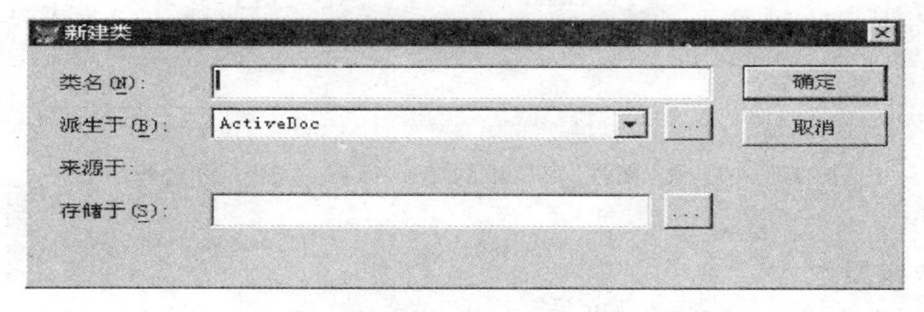

图 10 - 11　"新建类"对话框

通过该对话框,用户可选择派生类"Custom",以及将生成的新类存储到的类库文件(类库文件的扩展名为. VCX,如该文件不存在,系统将自动创建之)。

当用户选择了派生类库、派生类、存储新类的类库并输入了用于新类名后，单击确定按钮，系统将显示图 10－12 所示类设计器画面。

新类的属性、事件代码的修改方法与用户在表单中修改对象属性、事件和方法，以及新增属性与方法的步骤完全相同。当用户完成对新类的修改后，可通过选择“类”菜单中的“类信息”选项来打开“类信息”对话框(参见图 10－13)。

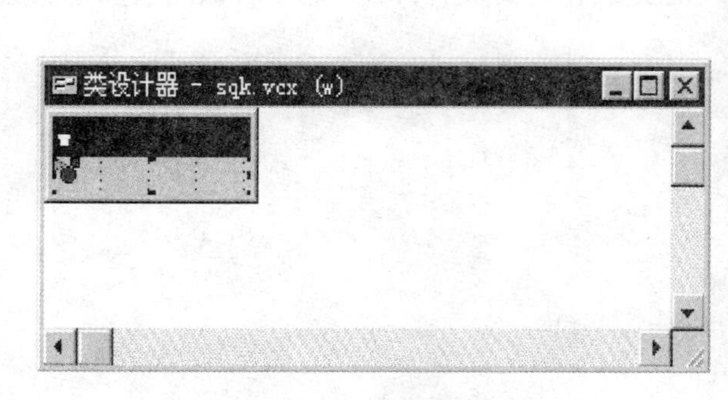

图 10－12　创建自定义类

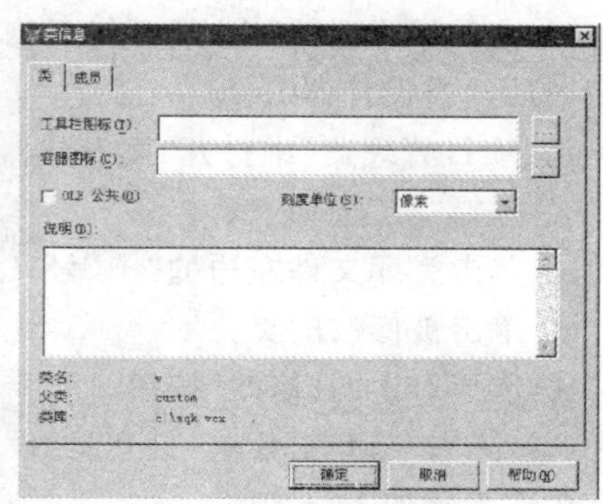

图 10－13　“类信息”对话框

2. 在设计表单时另存为类

在创建表单、表单集的过程中，将其设计的表单、表单集以及表单中的控件作为一个新类保存在类库中。

在表单、表单集以及表单中的控件设计过程完成后，VFP 主菜单中的“文件”菜单下的“另存为类”选项，将弹出“另存为类“对话框，如图 10－14 所示。

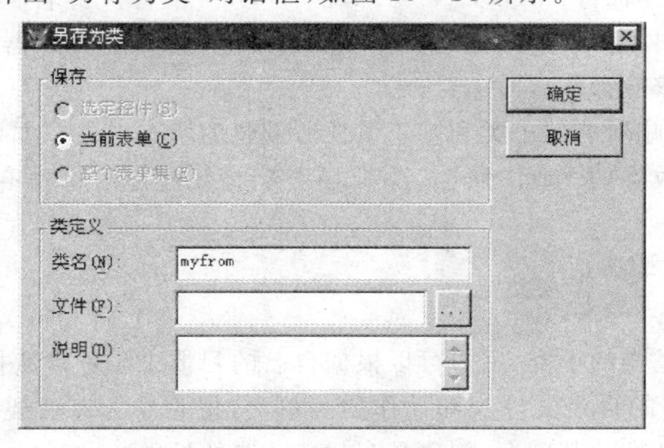

图 10－14　“另存为类”对话框

在“另存为类”对话框的保存栏下有“选定控件”、“当前表单”、“整个表单集”3 个单选按钮。如果用户未选中表单中的控件，则“选定控件”不可选：如果用户创建的不是表单集，则“整个表单集”不可选；否则 3 项都是可选项。

在“另存为类”对话框中，可完成以下工作：

(1) 在“类名”栏内输入新类的名称。

(2) 在“文件”栏内输入新类指定类库名。

(3) 可以在“说明”栏内为新类作一简单的解释说明。

在单击“确定”按钮后，被指定的对象(表单、表单集以及表单中的控件)被保存为一个新类，并存在为其指定的类库中。

10.2.3　类的修改

VFP 系统允许用户创建新类,还可以对已经存在的类进行修改。

用户可以用 3 种方法打开"类设计器",使用"类设计器",对已经存在或创建的类进行修改。

(1)"项目管理器"中,展开将要修改的类所在的类文件库,指定类名,并且选择"修改"按钮,打开"类设计器"。

从"项目管理器"中打开"类设计器",操作如下:

① 选择"类"选项卡;

② 单击类库文件左边的"+"号;

③ 单击被修改的类;

④ 选择右边的"修改"按钮。

(2)使用 VFP 主菜单,打开"类设计器"。

操作步骤如下:

① 选择 VFP 主菜单中的"文件"中的"打开"菜单项;

② 在"打开"对话框中选择可视类库文件名;

③ 从被打开的类库文件中包含的"类名"列表中选择被修改的类;

④ 选择打开"按钮"。

(3)在命令窗口中,用命令打开"类设计器"。

在命令窗口中使用命令:MODIFY CLASS ? [OF　类库文件名]

进入打开类库文件对话框,后面的操作步骤同(2)。进入类设计器后,类似于创建新类一样,可以对类进行修改操作。

对类的修改将影响所有的子类和基于该类所创建的所有对象。如果类已经被应用程序组件使用,就不能修改类的 Name 属性,否则,在执行应用程序时将找不到已被换了名的类。

10.3　扩展基类

通过扩展 VFP 基类的子类,用户可以根据自己的习惯来设置默认控件属性。同时还可以创建具有独特风格的自定义外观和动作的表单类,把它作为以后要创建的表单的模板。另外还可以在 VFP 基类的基础上,创建具有封装功能的控件。

表 10-2 列出了可以作为基类的 VFP 的对象。

表 10-2　VFP 基类对象

复选框 (CheckBox)	编辑框 (Editbox)	列表框 (ListBox)	形状 (Shape)
列[1] (Column)	表单 (Form)OLE	帮定控件 (OLEBoundControl)	微调 (Spinner)
命令按钮 (CommandButton)	表单类 (FormSet)OLE	容器控件 (OLEContainerControl)	文本框 (TextBox)

续表

复选框 (CheckBox)	编辑框 (Editbox)	列表框 (ListBox)	形状 (Shape)
命令组控件 (CommandGroup)	表格 (Grid)	选项按钮[1] (OptionGroup)	时间 (Timer)
复选框 (ComboBox)	标头[1] (Header)	选项组 (OptionGroup)	工具栏 (ToolBar)
容器 (Container)	图像 (Image)	页面[1] (Page)	控制 (control)
标签 (Label)	页框 (PageFrame)	自定义 (Custom)	直线 (Line)
分隔符[1] (Separator)			

注意：表 10－2 中具有标 1 的类是复容器的一部分，在类设计器中不能基于它们创建子类。

扩展基类的方法和步骤与用类设计器创建类相似。现在以一例，来说明扩展基类的方法和步骤。

现在，用"表单设计器"创建一个表单，在表单中添加一个标题为"退出"的命令按钮，并为表单设置背景图案。将此表单存为一个新类，既表单类，以后用这个表单新类所创建的表单对象，将是一个扩展后的带有背景图案和"退出"按钮的表单。方法如下：

(1) 选择 VFP 主菜单中的"文件"中的"新建"命令，出现"新建"对话框，在"新建"对话框中选择"类"，进入"新类"对话框。

(2) 在"类名"框中输入新类名 MyForm，在"派生于"栏中选择 FORM 基类类型，在"存储于"栏中输入类库名 C:\vfp\myvcx. vcx。

(3) 在"类设计器"中的表单窗口中添加一个命令按钮，Caption 属性为"退出"，并添加 Click 事件代码：ThisForm. Release。

(4) 为表单类设置 Picture 属性为 C:\vfp\mybmp\back. bmp。

上述操作的功能是：创建了一个新表单类，类名为 MyForm，它继承了 VFP 中基类 FORM 的所有属性和方法，但是 MyForm 扩充了自己的属性，背景为"蓝天白云"图案，并且在表单上添加了一个"退出"按钮。

以后在使用 MyForm 进行表单设计时，表单设计器中的表单窗口即以蓝天白云为背景，而且自动带有一个"退出"按钮对象。用扩展的基类 MyForm 设计表单，操作如下：

(1) 选择 VFP 主菜单中的"文件"中的"新建"命令。

(2) 在"新建"对话框中选择"表单"，并选择"新文件"按钮。

(3) 从"表单控件"中选择"查看类"中的"添加"。

(4) 在刷新后的"表单控件"中选择 MyForm，单击表单设计器中的表单即可。

10.4　为类指定外观

当用户完成对新类的修改后，就可以对其指定外观。为类指定外观就是指用户使用类设计应用程序时,用来表示类的图标。用户可以通过选择“类”菜单中的“类信息”选项来打开“类信息”对话框对它设置。

“类信息”对话框有两个选项卡,一是类选项卡,一是成员选项卡,图 10－15 为“类信息”对话框中的类“选项卡”。

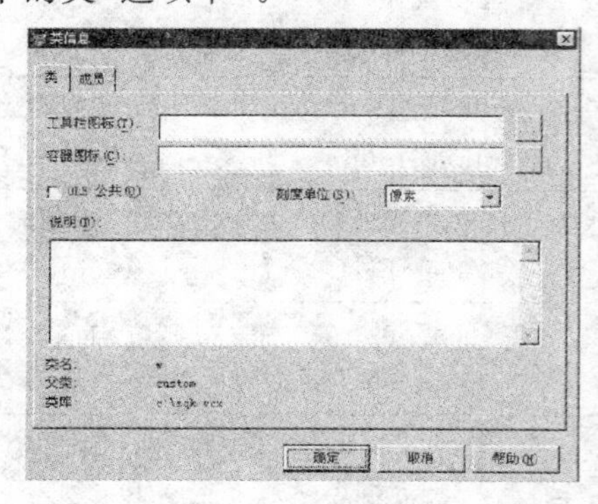

图 10－15　“类”选项卡

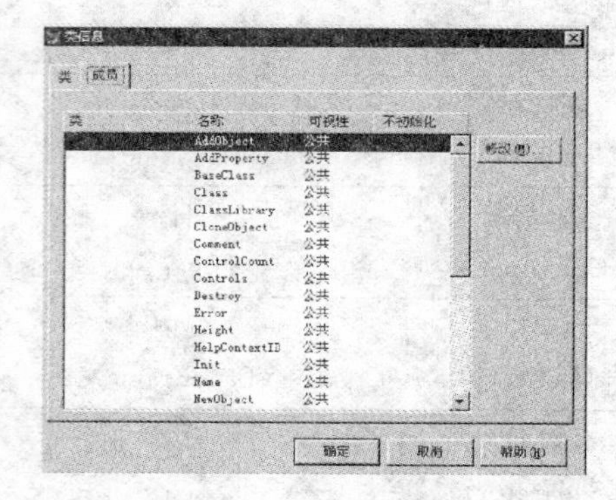

图 10－16　“成员”选项卡

类信息对话框的类选项卡给出了有关类以及与其相关图标的一般信息。选项卡中各选项的意义如下:

工具栏图标:显示类工具栏图标的名称。选择 3 点按钮可以打开“打开”对话框,通过该对话框可选定类图标。用户可选择 BMP 位图文件或 ICO 图标文件作为类图标,并可在选定文件后通过单击“打开”对话框右侧的“预览”按钮来观察图片。当用户在处于表单设计器或类设计器画面时,如通过表单控件工具栏中的“查看类”工具打开包含此类的类库时,表单控件工具栏中将会显示此处指定的类工具栏图标。

容器图标:显示类容器工具栏图标的名字。同样,选择 3 点按钮也可以选定类容器图标。容器图标只在“类浏览器”窗口中显示。

OLE 公有:当通过项目管理器生成一个包含 OLEPublic 关键字的程序时,指定生成一个自定义的 OLE 自动化服务器,同时为该程序生成一个全局唯一标识(GUID)。

刻度单位:指定像素或 Foxels。Foxels 等于表单中当前字体字符的平均高度和宽度。

说明:显示有关选定项的注释,可以在该框中键入新的描述,或者在其中编辑原有的说明。

类名:显示“类设计器”中选定的类名。

父类:显示父类名。

类库:显示类库的路径和文件名。

图 10－16 为类信息对话框中的成员选项卡,它显示了有关单个类成员的信息。“成员”选项卡由下列列表框组成:

类:显示类名。

名称:显示类属性或方法程序的名称。

可视性:指定类成员是否是保护的、公共的或隐藏的。如果在“编辑属性/方法程序”对话框(通过单击“修改”按钮可打开该对话框)的“可视性”下拉列表中选择了“保护”,则不允许在类或子类之外对类属性进行更改或访问。

不初始化:指定在添加对象时,是否执行 Init 方法。当选定复选框时,不执行 Init 方法。该选项只能用于一个类的子类。

修改:单击该按钮将打开“编辑属性/方法程序”对话框(参见图 10－17),用户可通过该对话框编辑一个现有的属性和方法程序。

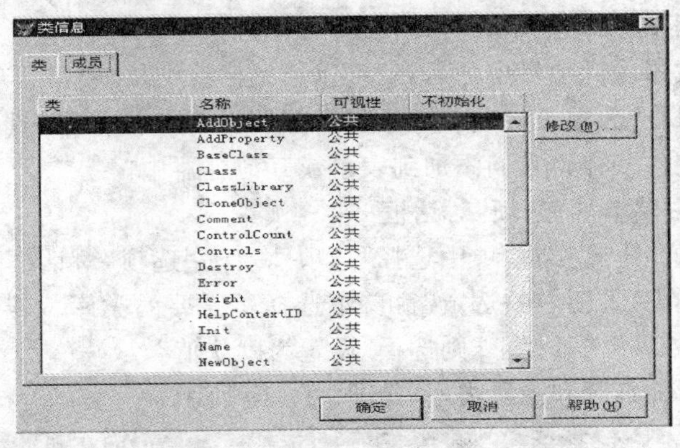

图 10－17　“编辑属性/方法程序”对话框

在所有工作完成后,单击类设计器左上角的控制按钮,此时系统将打开控制菜单,选择其中的关闭选项,则系统将弹出一提示框,询问用户是否将新类保存至类库,单击“是”保存新类。至此,新类已定义完毕。

最后一种生成新类的方法是在表单设计器状态下,首先选择表单或对象(一个或多个),然后选择文件菜单中的 “另存为类”选项,则系统将显示一“保存类”对话框。用户可通过该对话框输入类名、选择类库,并填写说明。

10.5　类的应用

10.5.1　添加类到表单

若要使用存储于类库中的类,首先要把类所在的类库打开或注册。打开和注册类库有多种方法。

一、使用“项目管理器”

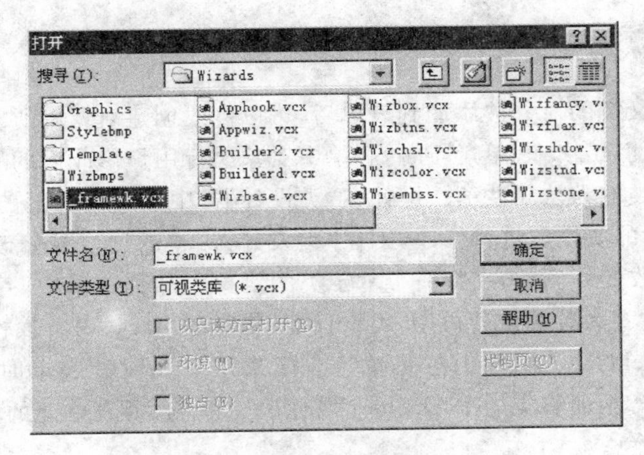

图 10－18　选择“可视类库”对话框

在“项目管理器”中选择“类”选项卡，单击“添加”按钮，在弹出的“打开”对话框中选择所需要的类库。双击类库列表中的类库文件，或直接在“类库名”框中，输入所指定的类库文件，单击“确定”，如图 10-18 所示。

被打开的类库被添加到项目中之后，就可以用鼠标将类从“项目管理器”中拖至“表单设计器”中，这样就可以在“表单设计器”或“类设计器”的“表单控件”工具栏上直接显示它们，并可以向使用标准控件一样将它们添加到表单或其他容器中。

二、利用 VFP 主菜单的“选项”对话框

在 VFP 主菜单的“工具”菜单项中选择“选项”，启动“选项”对话框，并选择“控件”选项卡，然后选择“可视类库”选钮，在“选定”窗口中选择所需要的类库。若想在以后 VFP 工作区中让类库出现在“控件”工具栏上，则选择“设置为默认值”。

利用“选项”对话框打开和注册类库，如图 10-19 所示。

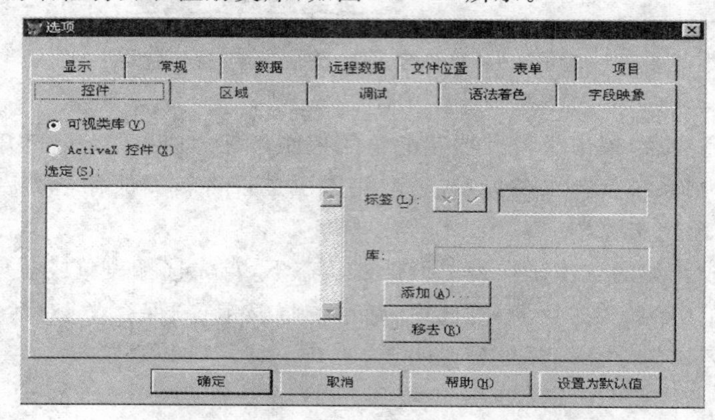

图 10-19　利用“工具/选项”对话框添加类到表单

三、使用“表单控件”工具栏

可以使用“表单控件”工具栏的“查看类”按钮，再从“打开”对话框中指定一个类库的操作来注册一个类库。选择快捷菜单中的“添加”，将类库添加到“控件”工具栏中。同样，如果想使类库在以后的 VFP 工作区中仍然在“控件”工具栏中有效，需要在“选择”对话框中设置默认值。

10.5.2　覆盖默认属性设置

基于用户自定义类的对象被添加到表单后，可以修改创建对象中所有未被保护的属性，来覆盖其默认的属性设置。表单运行时，表单中对象执行用户修改后的属性设置，即以用户定义的新属性覆盖类的默认属性值。即使在“类设计器”中该属性的值被修改。如果用户设计表单时，未对对象的属性值进行修改，则在“类设计器”中的属性被修改时，由类所创建的对象的相关属性将改变。例如，在将一个基于类的对象添加到表单中，并且将该对象 BackColor 属性从白色改变为黄色。若再用“类设计器”将类的 BackColor 属性改变为蓝色，用户表单上的对象的 BackColor 属性仍然是黄色。如果用户在设计表单时，没有创建对象的 BackColor 属性作修改，而将类的 BackColor 属性改为蓝色，则表单上的创建对象将继承这一修改，也改变为蓝色。

10.5.3　调用父类方法代码

子类和对象自动继承基类的功能。但是，VFP 允许用户用新的功能来替代基类继承类的功能。例如，用户把基于某个基类的对象或某个基类派生出的子类加到一个容器(譬如表单)中时，重新为这个对象或子类的 Click 事件编写程序代码。在运行时，基类的代码不执行，而执行新的程序代码。在较多情况下，用户希望在为新类或对象添加新功能的同时，仍然保留父类的功能，这时，用户可以在类或容器层次的各级程序代码中使用函数 Dodefault()或作用域操作符"::"，调用父类的程序代码。

例如，VFP6.0 的基类 FORM 中设置 Click 事件代码为：

```
ThisForm.BackColor=RGB(0,255,255)          && 蓝色
```

在基于 FORM 基类创建的表单对象中，添加一个含有 3 个命令按钮的命令按钮组。

第一个命令按钮的 Cilck 事件代码为：

```
ThisForm.BackColor=RGB(255,255,0)
```

第二个命令按钮的 Cilck 事件代码为：

```
ThisForm.BackColor=RGB(255,0,255)
```

第三个命令按钮的 Cilck 事件代码为：

```
Form::Click
```

当运行该表单是，单击第一个命令按钮时，表单背景色为黄色；单击第二个命令按钮时，表单背景色为粉红色；单击第三个命令按钮时，调用了父类(FORM)的方法程序代码，表单背景色为蓝色。

10.5.4　给子类增加功能

使用作用域操作符(::)可以在子类上调用父类的代码，引用父类的方法。调用父类方法的语法是：ParentClass::Method()。

例如，CmdOk 是 samples\controls\buttons.vcx 下 Visual FoxPro 类库中存储的命令按钮类，和 CmdOK 的 Click 事件相关的代码来释放按钮所在表单，CmdCancel 是同一个类库中的 CmdOK 的子类。为了向 CmdCancel 中添加放弃修改的功能，需要 Click 事件中添加下列代码：

```
IF USED() AND CURSORGETPROP("Buffering")! =1  && 如果当前工作区有一个表，并且
                                              && 使用的是行缓冲和表缓冲关闭，
   =TABLEREVERT(.T.)                          && 则放弃对缓冲行、缓冲表的修改
ENDIF
CmdOk::Click()                                && 调用父类代码
```

当表关闭时，由于默认情况下将更改写入缓冲表中，所以无需向 CmdOK 中添加 TABLEUPDATE()代码。在调用 CmdOK 中的代码释放表单之前，CmdCancel 中的附加代码回滚对表的改变。

10.5.5　在嵌套容器中向对象添加功能

当向表单或者其他容器中添加容器类时,可以向容器包含的控件的方法中写入附加代码。要调用原始代码,用下述语法引用容器类和所包含的控件对象:

```
ContainerClass.ControlName::Method()
```

例如,可以建立一个表单,并且基于 VCR 容器类添加对象。在 cmdTop 对象的 Click 事件代码中加入下述语句,可以执行相应的父类代码:

```
VCR.CmdTop::Click()
```

10.5.6　调用通用的类代码

用户当然也可以使用父类的通用代码,从而使代码得以重用。用合适的数值建立字符表达式,并且使用 EVAL()函数进行计算。

10.5.7　防止基类代码被执行

VFP 的对象继承父类或基类的所有属性、事件和方法程序。但有时在事件和方法程序中希望防止发生基类的默认操作。例如,用户使用文本框接受口令时,希望键盘输入的内容在文本框内不显示,可以通过在方法程序代码中加入 Nodefault 关键字来实现。

例如,设计一个表单,添加一个"文本框"对象,用来接收口令字。要求在输入口令字时,文本框中不显示输入内容,而且每输入一个 A～Z 以内的字符,就显示一个"*",A～Z 之外的字符不接收,并把输入的内容存放到内存变量_MM 中。

要实现以上功能,可按以下步骤操作:

(1) 创建一个表单对象,并在表单上添加一个文本框对象。

(2) 为表单的 Activate　事件编写代码:

```
    PUBLIC  _mm
     _mm=" "
```

(3) 为文本框的 KeyPress 事件添加代码:

```
PARAMETERS  nKeyCode,nShiftAltCrd
NODEFAULT
IF BETWEEN(nKeyCode,65,90)
   This.Value=ALLTRIM(This.Value)+'*'
   _mm =_ mm+CHR(nKeyCode)
ENDIF
```

(4) 为文本框的 Destrory 事件添加代码:

```
  CLEAR EVENTS
```

表单运行结果如图 10-20 所示。

图 10－20　结果效果图

练　习　题

一、选择题

1. 在 VFP 中创建新类时，________。
   A. 只能基于基类　　B. 可以基于任何 VFP 基类和子类
   C. 只能基于子类　　D. 不能基于不可视类
2. 对于创建新类，VFP 提供的工具有________。
   A. 类设计器和表单设计器
   B. 类设计器和数据库设计器
   C. 类设计器和报表设计器
   D. 类设计器和查询设计器 L
3. 在创建一 CommandGroup 子类时________。
   A. 只能添加命令按钮基类控件到组中
   B. 只能添加命令按钮子类控件到组中
   C. 可以添加命令按钮基类或子类控件到组中
   D. 只能通过修改 Command 的 ButtonCount 属性来添加命令按钮
4. 在 VFP 中创建新类时，一定可以对这个新类添加________。
   A. 对象　　B. 新的属性和方法
   C. 新的事物和方法　　D. 新的属性和事件
5. 某用户创建了一个命令按钮子类，并设置了 Click 事件代码，把该类添加到一表单中，则在表单设计器的属性窗口中________。
   A. 可以看到按钮的 Click 事件代码，但不准修改
   B. 可以看到按钮的 Click 事件代码，并且可以修改
   C. 看不到按钮的 Click 事件代码，因此当表单运行并发生相应事件时，不被执行
   D. 看不到按钮的 Click 事件代码，但事件代码可以被执行，也可以被屏蔽
6. 下列关于子类的存储的说法中正确的是________。
   A. 一个子类必须保存为一个类库
   B. 多个子类可以保存到一个类库中
   C. 具有父子关系的两个子类不能保存在同一个类库中
   D. 具有相同基类的子类才能保存到一个类库中
7. 在某子类的 Click 事件代码中，要调用父类的 Init 事件代码时，可以用________。
   A. Nodefault 命令　　B. Dodefault()函数

C. ::操作符　　D. This. ParentClass. Init()

8. 设某类设置了属性 Test 的值为 a,当该类被添加到某表单后,如果修改其 Test 值为 b,以下说法正确的有________。

A. 表单上该类对象的 Test 属性有效值为 a

B. 表单上该类对象的 Test 属性有效值为 b

C. 表单上该类对象的 Test 属性有效值可能为 a

D. 表单上该类对象的 Test 属性有效值可能为 B

9. 设某类设置了属性 Test 的值为 a,当该类被添加到某表单后,未做任何修改,以下说法正确的有________。

A. 表单上该类对象的 Test 属性有效值为 a

B. 表单上该类对象的 Test 属性有效值为. F.

C. 表单上该类对象的 Test 属性有效值可能为. T.

D. 表单上该类对象的 Test 属性有效值可能为 0

10. 下列关于类的说法正确的是________。

A. 一个类库文件存放一个子类

B. 存放在可视类库中的类派生的对象在运行时都是可视的

C. 设计子类的方法程序代码后父类中的代码不被执行且无法调用

D. 可以将类从一个类库文件中复制到其他类库文件中

二、填空题

1. 由一个已有的类可以派生出新类,这个新类称为________,那个已有的类称为________。

2. VFP 中用户可以在________设计器或________设计器中可视化地定义类。

3. VFP 中的类可以分为容器类和________类。

4. 如果将正在编辑的表单另存为类,则这个类称作基于表单的________。

5. 假设基于某个基类创建的子类在设计阶段已经设置了其 Click 事件代码。将它添加到表单集中去后(Name:Test1),对此对象又设置了 Click 事件代码。则代码:

ThisFormSet. ThisForm . Test1. Click()调用的是________的事件。

6. 自定义类添加到表单时可见,而运行时________。

7. 创建新子类的命令是________,修改类的命令是________。

8. 对类新建的属性,其默认初始值类型为________。

9. 在 VFP 中创建新类时,如果新类是容器型的,还可以对新类添加________。

10. 当用户改变了子类基于父类的功能,而还想继续使用父类的功能时,可以通过________函数或________操作符调用父类的功能。

第 11 章　菜单和工具栏设计

在应用程序中，用户最先接触到的是应用程序中的菜单系统，菜单系统设计的好坏不仅反映了应用程序中的功能模块组织水平，同时也反映了应用程序的用户友善性。由于菜单系统的设计在应用程序中往往都不是技术难点，因而在实际应用中经常被忽略，为此，VFP 中提供了菜单设计器以便帮助用户建立起高质量的菜单系统。

此外，用户在开发应用程序时，如果在应用软件中要经常使用某些功能，此时最好为用户提供一个这些功能工具栏。

11.1　设计菜单

创建一个完整的菜单系统通常要包括下述步骤：

(1) 规划系统，确定需要有哪些菜单项、出现在界面的何处以及哪几个菜单有子菜单等。

(2) 利用菜单设计器创建菜单及子菜单。

(3) 指定菜单选项所要执行的任务，例如显示表单或对话框等。此外，如果需要，还可以包括初始化代码或清理代码。

(4) 选择“预览”按钮预览菜单系统。

(5) 从“菜单”菜单上选择“生成”命令，生成菜单程序及运行菜单程序，对菜单系统进行测试。

(6) 从“程序”菜单中选择“执行”命令。然后选择已生成的菜单程序来运行。

11.1.1　菜单设计器的使用

在 VFP 中用户创建菜单有两种方式：“菜单设计器”方式和直接编程方式。利用菜单设计器，用户可以非常和迅速创建菜单系统。在 VFP 中，用户可使用如下几种方法打开菜单设计器：

(1) 从“常用”工具栏上单击“新建”按钮，从文件类型列表中选择“菜单”选项，然后单击“新建文件”按钮。

(2) 应用“文件”菜单。

(3) 应用项目管理器。即从项目管理器中选择“菜单”，然后单击“新建”按钮。

在用户使用上述方法创建菜单系统时，系统首先显示如图 11－1 所示的菜单类型选择框，让用户选择菜单类型以后，进入菜单设计器。

下面我们就菜单设计器的各组成部分的功能，向读者进行详细介绍。

菜单设计窗口见图 11－2，它主要由以下几部分组成：

一、“菜单名称”栏

在此栏里输入菜单的提示字符串。如果用户想为该菜单项加入热键的话，可以在欲设定的为热键的字母前加上一反斜杠和小于号(\<)。如果用户没有给出这个符号，那么菜单

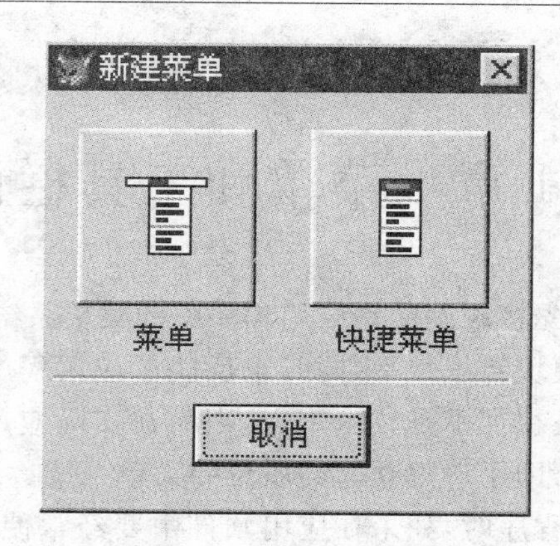

图 11－1　菜单类型选择框

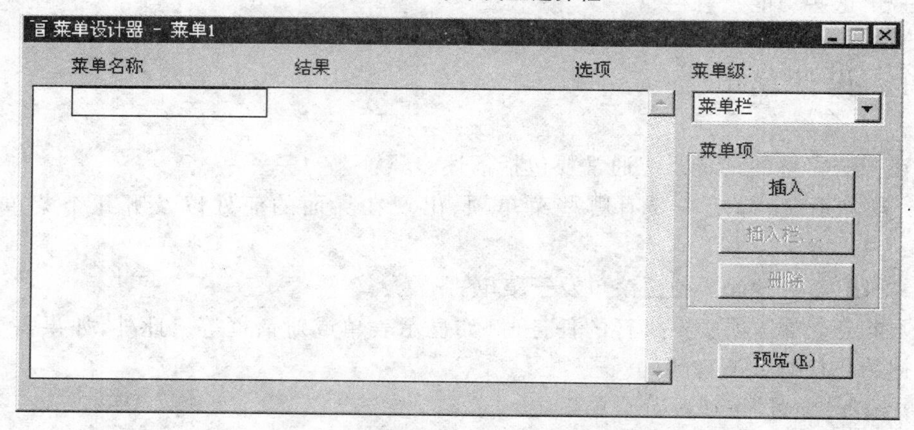

图 11－2　"菜单设计器"对话框

提示字符串的第一个字母就被自动当作热键的定义。

二、"结果"栏

此栏选定菜单项的功能类别,它的快捷列表有以下几个类别:

(1) 子菜单(Submenu):如果用户所定义的当前菜单项下还有子菜单则应选择这一项。当选取这一项后,在其右侧会出现"创建"按钮,单击此按钮将进入先前的菜单设计窗口以便设计子菜单(菜单的级别可从设计窗口右侧的"菜单级"弹出列表窗口中看出)。

(2) 命令(Command):如果当前菜单项的功能事实执行某种动作则应选择这一项。当选取这一项后,在其右侧会出现一文本框,在这个文本框中输入要执行的命令。这个选项仅在菜单项功能为执行或调用其他程序时选用。如果所要执行的动作需要多条命令完成,而又无相应的程序可用,那么在这里应该选用"过程"。

(3) 主菜单名/菜单项(Pad name/Bar #):主菜单名(Pad name)出现在定义主菜单项时,菜单项 #(Bar #)出现在定义子菜单项时。选择这个选项时,在其右侧会出现一个文本框,用户要在这个文本框输入一个名字。选择这一项的目的主要是为了在程序中引用主菜单名或子菜单项,例如利用它来设计动态菜单。其实,如果用户不选择这一项,系统也会为各个主菜单和子菜单项指定一个名称,只是用户不知道而已。

(4) 过程(Procedure):用于定义一个与菜单项相关联的过程,当用户选择该菜单项后将执行这个与该菜单项相关联的过程。如果选择了这项,在其右侧会出现一"创建"按钮,单击该按钮将调出编辑窗口以供输入过程代码。

三、“选项按钮”栏

单击这个按钮将会弹出“提示选项”对话框。如图 11－3。

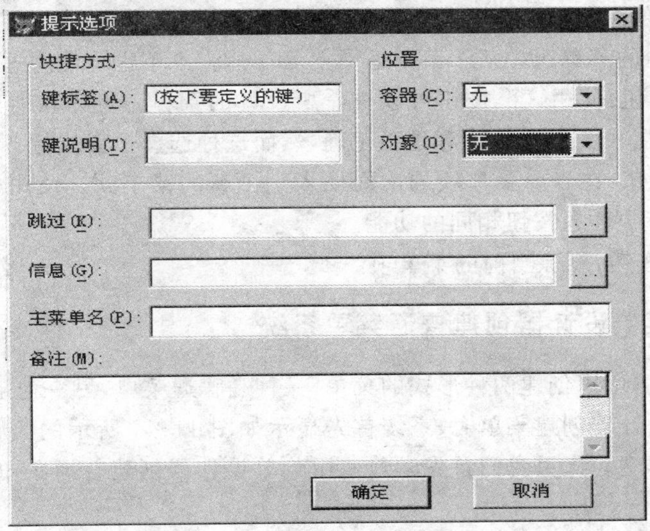

图 11－3　“提示选项”对话框

使用提示选项对话框可设置用户定义的菜单系统中的各菜单属性。例如定义菜单项的快捷键，控制如何禁止或允许使用菜单项，选取菜单项时在系统状态栏条上是否显示对菜单项的说明信息，指定菜单项的名字以及在 OLE 对象期间控制菜单项的位置等。该对话框主要有以下几个选项：

(1) 快捷方式区：该区用于指定菜单或菜单项的快捷键(Ctrl 键和其他键的组合)。其中，“键标签”用于显示键组合；“键说明”用于显示需要出现在菜单项旁边的文本，例如，“键标签”被指定为“Ctrl＋R”，而“键说明”可被修改为“^R”。但是，要注意的是用户不能将 Ctrl＋J 指定为菜单的快捷键。

(2) “位置”选定区：该区指定当用户在应用程序中编辑 OLE 对象时，菜单项的位置。其中各选项的意义如下：

无：指定菜单标题不设置在菜单栏上，这等于不选择任何项。

左：指定将菜单标题设置在菜单栏中左边的菜单标题组中。

中：指定将菜单标题设置在菜单栏中中间左边的菜单标题组中。

右：指定将菜单标题设置在菜单栏中右边的菜单标题组中。

注意：只有 OLE 对象时，菜单定位选项才可使用。

(3) 跳过：单击这个编辑框右侧的“…”按钮将调出表达式生成器，用户可在表达式生成器中输入允许/禁止菜单项的说明信息。如表达式值为真，则菜单项不可用。

(4) 信息：单击这个编辑框右侧的“…”按钮也将调出表达式生成器。在表达式生成器的“信息”编辑框输入对菜单项的说明信息，这些信息在用户选择了这一菜单项后将出现在 VFP的系统状态栏上。

(5) 主菜单名/菜单项(Pad name/Bar＃)：允许指定可选的菜单标题，用户可以在程序通过该标题来引用菜单项。缺省状态下，各菜单项无固定名称，系统在生成菜单程序时将给出一个随机的名字。

(6) 注释:在这里输入对菜单项的注释。不过这里的注释不会影响生成的菜单程序代码,在运行菜单程序时 VFP 将会忽略所有的注释。

(7) 菜单级:在这个弹出列表窗口中显示当前所处的菜单级别。当菜单层次较多时使用该项可知道当前的菜单级。从子菜单返回上面任一级菜单也可使用这一项。

(8) "预览"按钮:使用这个按钮可以查看所设计的菜单。可以在所显示的菜单中进行选择,检查菜单的层次关系及提示等是否正确,然而这种选择不会执行各菜单的相应动作。

(9) "插入"按钮:在当前菜单项的前面插入一个新的菜单项。使用每一项左侧的移动指示器也可以执行与插入按钮相同的功能。

(10) "删除"按钮:删除当前的菜单项。

11.1.2 使用菜单设计器创建普通菜单系统

用户在 VFP 中可以创建两种形式的菜单,一种是普通菜单,另一种是快捷菜单。因此,在用户使用菜单设计器创建菜单时,系统首先显示如图 11-1 所示的"新建菜单"对话框来让用户选择菜单类型。这里我们首先学习使用菜单设计器创建普通菜单,其他菜单以后再讲解。

一、创建步骤

创建普通菜单的操作步骤如下:

(1) 在"新建菜单"对话框中选择"菜单"。

(2) 在"菜单设计器"中,输入第一个菜单项,"菜单名称"为"文件"。

(3) 在"结果"框中输入"子菜单"。

(4) 单击旁边的"编辑"按钮,进入新的菜单设计器窗口进行子菜单的设计。

(5) 在"菜单设计器"中,输入第一个子菜单项,"菜单名称"为"数据导入",在"结果"框中输入"命令";输入第二个子菜单项,"菜单名称"为"录入名单",在"结果"框中输入"命令";输入第三个子菜单项,"菜单名称"为"录入成绩",在"结果"框中输入"命令";输入第四个子菜单项,"菜单名称"为"退出",在"结果"框中输入"过程"。

注意:如果要移动菜单项的位置,只要把鼠标放在"菜单名称"前的移动按钮(双箭头)上,拖动到相应的位置即可。

(6) 在"菜单设计器"中,单击"菜单级"列表中选择"菜单栏"。此时系统进入主菜单的设计界面。

(7) 在"菜单设计器"中,输入第二个菜单项,"菜单名称"为"查询",在"结果"框中输入"子菜单",单击旁边的"编辑"按钮,进入新的菜单设计器窗口进行子菜单的设计。

(8) 在"菜单设计器"中,输入第一个子菜单项,"菜单名称"为"经费查询",在"结果"框中输入"命令"。单击"菜单级"列表中选择"菜单栏"。此时系统返回主菜单的设计界面。

(9) 在"菜单设计器"中,输入第三个菜单项,"菜单名称"为"经费",在"结果"框中输入"子菜单",单击旁边的"编辑"按钮,进入新的菜单设计器窗口进行子菜单的设计。

(10) 在"菜单设计器"中,输入第一个子菜单项,"菜单名称"为"输入数据",在"结果"框中输入"命令"。单击"菜单级"列表中选择"菜单栏"。此时系统返回主菜单的设计界面。

最后:在"菜单"菜单中选择"生成",然后在出现的对话框中选择"是",再在生成菜单对话框中选择输出文件的路径"A:\mainmenu",按"产生"按钮即可。关闭"菜单设计器"。

用户在设计菜单时可随时使用"预览"按钮来查看自己设计的菜单和子菜单,只是此时的命令不能执行命令。

二、给菜单项分组

为了增强菜单的可读性，根据功能的需要，有时需要将菜单项进行分组。例如 VFP 系统菜单的"文件"菜单中，用线将"新建"、"打开"、"关闭"与"保存"等分隔。如图 11－4。

可以按下列步骤对菜单项进行分组：

(1) 在需要分隔的两个菜单项之间插入一个新菜单项。

(2) 在该菜单项的"菜单名称"栏中输入"\-"即可。

也可以先插入菜单项，在该菜单项的"菜单名称"栏中输入"\-"，然后再将此菜单项即分隔线拖到相应的位置。

对菜单项分组以后，其他的操作和上面讲解的一样。

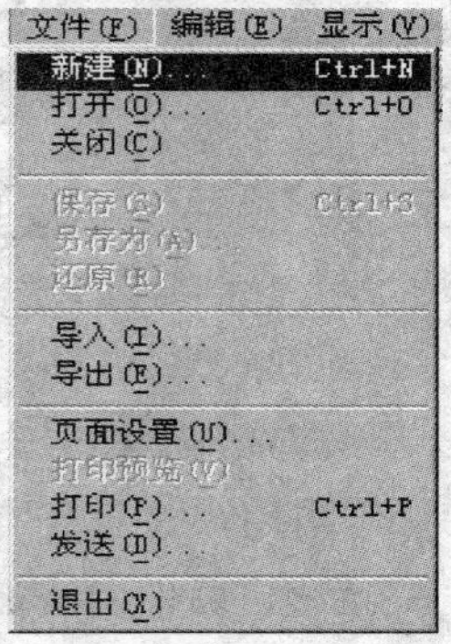

图 11－4　"文件"菜单

三、给菜单项指定任务

当用户选择一个菜单的时候，将执行菜单所对应的任务，它可以是显示一个表单或者激活另一个菜单系统。上述的菜单系统还不具备此功能。因此，创建菜单系统时，必须为菜单项指定所需要执行的任务。

菜单或菜单项所要执行的任务，可以是一个命令语句，也可以是对过程的调用。如果同一组命令可能在多个地方调用，则应将这组命令编写成过程。

1. 使用命令完成任务

要执行任务，可以为菜单或菜单项指定一个命令，它可以 VFP 中任何有效的命令语句，包括对过程或程序的调用。被调用的程序或过程要给出路径名。

为菜单或菜单项指定命令的步骤如下：

(1) 在"菜单名称"栏中选择相应的菜单标题或菜单项。

(2) 在"结果"框中，选择"命令"。

(3) 在"结果"框右侧的框中，输入命令，如图所示，如果命令中使用程序或过程调用，则用 Do 命令执行。

例如，要为上述的菜单中"文件"菜单下的"数据导入"菜单项指定命令，则在"结果"框中，选择"命令"，在其右侧的框中输入"DO FORM A:\sjdl"

2. 使用过程完成任务

可以为菜单或菜单项指定一个过程。指定过程的方式取决于菜单或菜单项是否有子菜单。

(1) 为不含有子菜单的菜单或菜单项指定过程

操作如下：

① 在"菜单名称"栏中，选择相应的菜单标题或菜单项。

② 在"结果"框中，选择"过程"，若在此前没有定义过程，则在"结果"右侧出现"创建"按钮，否则出现"编辑"按钮。

③ 选择"创建"或"编辑"按钮，弹出过程编辑窗口，如图 11－5 所示。

④ 在窗口中键入正确的过程代码，然后关闭此窗口即可。

例如，在上述菜单中，为"文件"菜单下的菜单项"退出"指定过程：

```
ThisForm.Release
QUIT
```

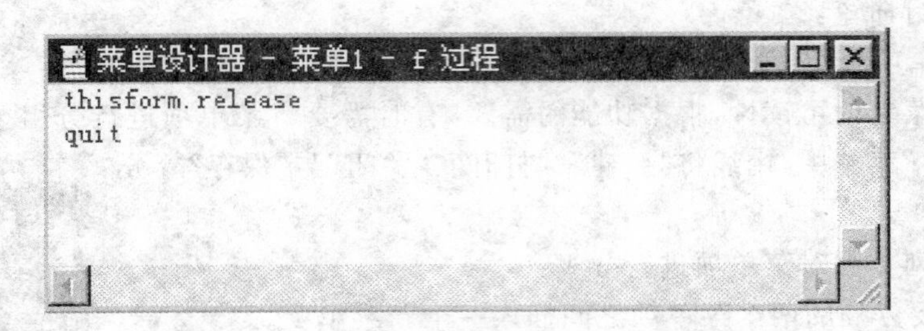

图 11-5　过程编辑框

(2) 为含有子菜单的菜单或菜单项指定过程

当用户在打开“菜单设计器”的时候，在 VFP 系统菜单上不仅会出现“菜单”菜单，而且在“显示”菜单中增加了两个选项，即“常规选项”和“菜单选项”。选择菜单选项后，会出现“菜单选项”对话框，如图 11-6 所示。该对话框为菜单栏(即顶层菜单)或各子菜单项输入代码，它包括以下几个选项：

图 11-6　“菜单选项”对话框

① 名称

在这里显示的是菜单的名称，如果用户当前正在编辑主菜单，则此处的文件名是不可改变的(其名称为“菜单栏”)，即所有的主菜单共享一个过程。如果用户当前正在编辑子菜单，则此处的文件名可以改变。缺省时这里的文件与用户在菜单设计窗口中菜单级弹出列表窗口的内容一样，在使用汉字提示的情况下最好在这里改一下。

② 过程

这个编辑框用于输入或显示菜单的过程代码。如果代码很多超出编辑框的大小，右侧的滚动条将激活。

③ 编辑按钮

单击这个按钮将打开一个文本编辑窗口，这样用户就不必在“菜单选项”对话框中输入代码了。

要进入打开的代码编辑窗口，单击“确定”按钮关闭菜单选项对话框。

讲解了“菜单选项”对话框功能后，我们再来为含有子菜单的菜单或菜单项指定过程，其操作如下：

① 在"菜单设计器"窗口中的"菜单级"框中，选择包含相应菜单或菜单项的菜单级。

② 从 VFP 系统菜单中选择"显示"菜单项的下拉菜单中的"菜单选项"菜单项。

③ 在"菜单选项"对话框中输入相应代码。

3. 为菜单系统创建默认过程

除了为含有子菜单的菜单或菜单项指定过程外，还可以创建一个全局过程，使其应用于整个菜单系统。执行菜单系统时，若选定了一个没有指定过程的菜单项，将执行这个过程。

例如，对于一个正在开发中的应用程序，其中有的菜单还没有设计好菜单或过程，这时可以为这些菜单创建一个临时的过程，当选定这些菜单时，执行此过程。

为菜单系统创建默认过程，要在常规选项中进行设置。当用户在打开"菜单设计器"的时候，在 VFP 系统菜单中"显示"菜单中有"常规选项"。选择常规选项后，会出现"常规选项"对话框，如图 11－7 所示。该对话框为整个菜单系统输入代码，它主要由以下几个部分组成：

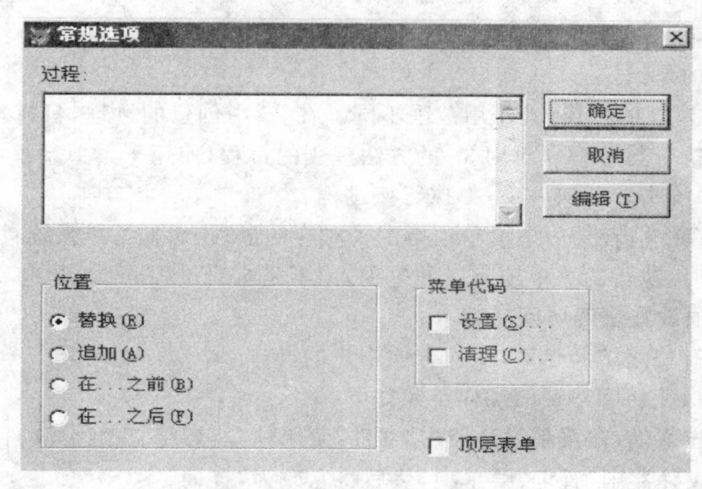

图 11－7　"常规选项"对话框

(1) "过程"编辑框：在再输入菜单过程的代码。如果代码过多超出了编辑框的大小，右侧的滚动条将激活。

(2) "编辑"按钮：单击这个按钮将打开一个编辑窗口来输入菜单过程代码，这样用户就不用在小的编辑框中输入代码了。要进入编辑窗口编写程序单击"确定"关闭"常规选项"对话框就可以了。

(3) "位置'区'"，它包括 4 个按钮：

① 替换：将现有的菜单系统替换成新的(用户定义的)菜单系统。

② 追加：将用户定义的菜单附加到现有菜单的后面。

③ 在……之前：将用户定义的菜单插入到指定的菜单的前面。选中这一选项时将出现一个弹出列表，在弹出列中列出了当前菜单系统的菜单名。在此弹出列表中选定一个菜单名，用户定义的菜单就会在该菜单的前面出现。

④ 在……之后：将用户定义的菜单插入到指定的菜单的后面。选中这一选项时将出现一个弹出列表，在弹出列中列出了当前菜单系统的菜单名。在此弹出列表中选定一个菜单名，用户定义的菜单就会在该菜单的后面出现。

(4) 菜单代码,它包括如下两个复选框:

① 设置:选取这一项将打开一个编辑窗口,在此窗口中可以为菜单系统输入一段初始化代码。若要进入打开的初始化代码编辑窗口,单击“确定”按钮关闭“常规选项”对话框。

② 清理:选取这一项将打开一个编辑窗口,在此窗口中可以为菜单系统输入一段结束代码。若要进入打开的结束代码编辑窗口,单击“确定”按钮,关闭“常规选项”对话框。

(5) 顶层表单

如果选定该复选框,将允许该菜单在顶层表单(SDI)中使用。如果未选定,只允许该菜单在 VFP 页框中使用。

为菜单系统创建默认过程的步骤如下:

① 打开正在设计或编辑的菜单系统。

② 从 VFP 主菜单的“显示”中,选择“常规选项”菜单项。

③ 在弹出的“常规选项”对话框中编写或调用过程,或选取“编辑”,再选择“确定”,打开独立的编辑窗口,编写调用过程。

这里要注意的是:

a. 上述两种建立的过程,其作用范围不同。在 2. 中创建的过程,只有在菜单中选定对应的菜单项后才执行其过程。而用 3. 的方法建立的过程,使用于菜单系统中的所有的菜单项,即选中菜单系统中的任何一项,都执行该过程。

b. 在菜单系统中,若某一个菜单项指定了对应的过程,而且菜单系统具有默认过程,则在选中该菜单项时,执行的菜单项对应的过程,而不是全局过程。

四、给菜单项设置快速访问热键

菜单可以具有快速访问热键,从而方便用户的操作。

对菜单设置快速访问热键的操作步骤如下:

(1) 打开上述菜单,在菜单设计器中“文件”菜单项,然后将它改为“文件(\<F)”。

(2) 在菜单设计器中“查询”菜单项,然后将它改为“查询(\<S)”。

(3) 在菜单设计器中“经费”菜单项,然后将它改为“文件(\<O)”。

(4) 从“菜单”菜单项中选择“生成”。

五、给菜单项设置快捷键

另一种快速访问菜单的方法是建立菜单的键盘快捷键,从而提供了一种不需要访问菜单便执行菜单命令的方法。通常快捷键是 Ctrl 和一个键盘字母的组合。

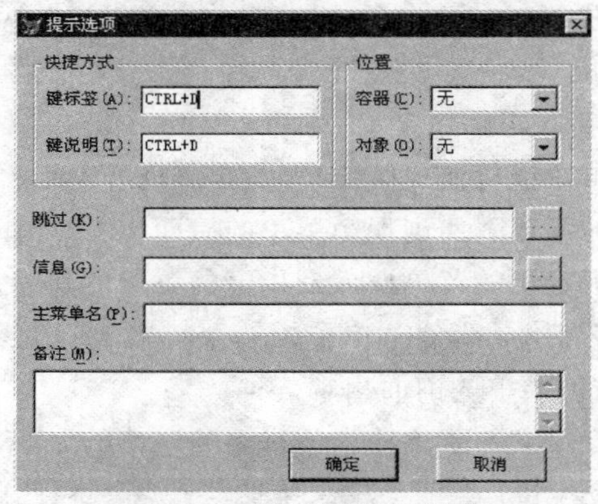

图 11-8 “提示选项”对话框

创建键盘快捷键的操作步骤如下：

(1) 打开要设置键盘快捷键的菜单，例如上述菜单文件 a:\menu1.mpr。

(2) 选择设置键盘快捷键的菜单项，如“客户”，单击“选项”栏中按钮。

(3) 出现“提示选项”对话框后，按下“Ctrl+D”键，此时“键标签”框中和“键说明”自动出项快捷键的对应的文本，通常“键标签”和“键说明”是一致的。如图 11-8。

(4) 按“确定”按钮。

(5) 从“菜单”菜单项选择“生成”，然后退出菜单设计器。

六、设定菜单项的启用状态

用户可以按照对菜单系统使用的不同要求，对应于当前操作的不同状态，根据给定的逻辑条件启用或废止菜单或菜单项。例如，VFP 系统中，“文件”菜单下的“保存”菜单，在没有选中任何文件或没有任何文件被打开时，该菜单是不激活的，而当用户打开某个文件时，该菜单项被激活。

设定菜单项的状态的操作步骤如下：

(1) 打开要设置菜单项状态的菜单，例如上述菜单文件 a:\menu1.mpr。

(2) 选择要设置的菜单项，如“客户”，单击“选项”栏中按钮。

(3) 在出现的“提示选项”对话框中，选择“跳过”框后的……来激活表达式生成器。

(4) 在“表达式生成器”中构造逻辑表达式，它的值决定了该菜单项的启用状态。

说明：当逻辑表达式的值为“真”(.T.)时，则菜单或菜单项处于废止状态。当逻辑表达式的值为“假”(.F.)时，则菜单或菜单项处于启用状态。

(5) 关闭“表达式生成器”，关闭“菜单设计器”

七、在状态栏中显示提示信息

当用户选择一个菜单或菜单项时，在状态栏中可以显示当前所选择的菜单项的提示信息，从而帮助用户对菜单项进行选择。

为菜单项设置提示信息的操作步骤如下：

(1) 打开已经建立的菜单。

(2) 在“菜单设计器”中选择需要设定提示信息的菜单项，单击“选项”栏中按钮。

(3) 在出现的“提示选项”对话框中的“信息”框中输入要显示的提示信息，单击后面…按钮，可以进入“表达式生成器”　构造提示信息的表达式。

注意：提示信息应该用双引号将字符串括起来。

(4) 关闭“表达式生成器”，关闭“菜单设计器”。

八、设置菜单标题出现的位置

应用程序中可以设置菜单标题出现的位置。

(1) 设置菜单标题的相对位置

步骤如下：

① 打开已经建立的菜单。

② 在“菜单设计器”中选择需要设定的菜单项。

③ 选择“显示”菜单，选择“常规选项”。

④ 在“常规选项”对话框的“位置”选项组选择“替换、追加、在……之前、在……之后”，如图 11-7。

⑤ 关闭“常规选项”对话框，设定完成后，将重新排列标题的位置。

此外,用户也可当应用程序编辑对象时,显示并设置菜单标题的位置,如果用户的应用程序包含了一个对象并激活了它,用户所加入的菜单标题将不显示出来,除非用户想让它们显示出来。

(2) 对对象可视化编辑时设置菜单标题的位置

步骤如下:

① 打开已经建立的菜单。

② 在"菜单设计器"中选择需要设定的菜单项。

③ 单击"选项"栏中按钮,激活"提示选项"对话框。

④ 在"提示选项"对话框的"位置——容器"选项组选择"无、左、中、右",如图 11-10。

⑤ 关闭"提示选项"对话框。

九、使用菜单设计器创建快速菜单系统

对于普通菜单,如果我们希望以 VFP 菜单为模板来创建自己的菜单,可从"菜单"菜单中选择"快速菜单"选项,此时出现的画面如图 11-9 所示。其实快速菜单就是基于 VFP 的主菜单栏,添加用户所需的菜单项而建立的菜单。

建立快速菜单的步骤:

(1) 选择"新建",在"新菜单"对话框中选择"菜单"。

(2) 从 VFP 主菜单栏的"菜单"中选择"快速菜单",此时"菜单设计器"中出现已经定制好的菜单系统,如图 11-9。

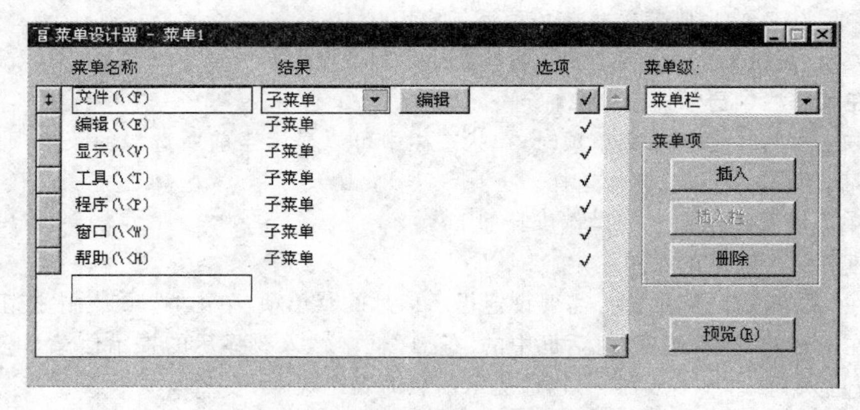

图 11-9　创建"快速菜单"的菜单设计器界面

(3) 在"菜单项"按钮组框中单击"插入"按钮。

(4) 在"菜单名称"中输入"客户";在"结果"框中选择"命令",在其右侧的栏中输入命令:Do Form kh。

(5) 在"菜单"菜单中选择"生成",并在出现的对话框中选择"是"。

(6) 选择输出文件的路径 A:\menu1.mpr,然后按"生成",如图 11-10。

(7) 关闭"菜单设计器"。

"快速菜单设计器"和"菜单设计器"基本相同。主要不同之处是"快速菜单设计器"窗口中将 VFP 系统主菜单项置于新建菜单中。因此,快速菜单的建立,实质上是用快捷方式将用户的菜单项加载到 VFP 主菜单系统中。

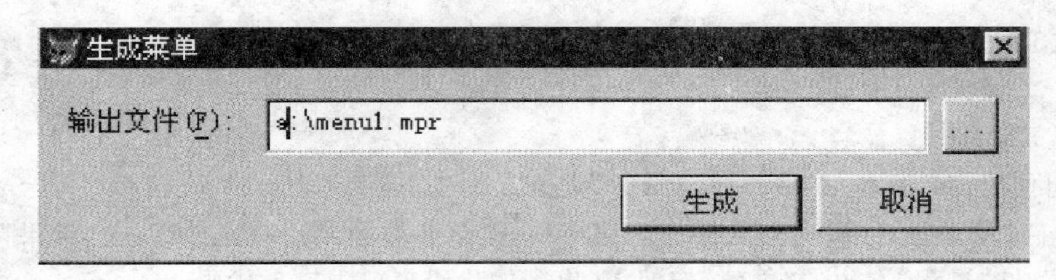

图 11-10　“生成菜单”对话框

十、增加初始化和清理代码

通常通过向菜单系统添加初始化的代码实现如下的功能:创建环境、定义变量、打开文件以及保存和恢复菜单系统的操作。同样为了减少菜单系统的大小,可以使用清理代码,从而在菜单初始化时启用或废止菜单中的菜单项。清理代码放在初始化代码和菜单的定义之后,而位于过程代码之前。

增加初始化和清理代码的操作步骤如下:

(1) 打开已经建立的菜单“kjmenu”。

(2) 从“显示”菜单中选择“常规选项”,出现“常规选项”对话框。

(3) 在“常规选项”对话框中,从“菜单代码”区域选择“设置”复选框,出现一个独立的代码窗口,按“确定”,在代码窗口中输入初始化代码。

(4) 关闭“设置”代码窗口。

(5) 从“显示”菜单中选择“常规选项”,出现“常规选项”对话框。

(6) 在“常规选项”对话框中,从“菜单代码”区域选择“清理”复选框,出现一个独立的代码窗口,按“确定”,在代码窗口中输入清理代码。

说明:如果设计的应用程序的主菜单,则在清理代码中需要加入 READ EVENTS 命令,并且给退出菜单系统的命令指定 CLEAR EVENTS。

(7) 关闭“清理”代码窗口。

11.1.3　使用菜单设计器创建快捷菜单系统

Windows 程序中,在对象上单击鼠标右键便会出现关于这个对象的菜单操作。这个菜单给用户带来了极大的方便。在 VFP 中用户自己可以用快捷菜单设计器很方便地建立这样的快捷菜单。

快捷菜单设计器和普通菜单设计器从功能和外观上看并没有什么差别,只是所设计出来的菜单用途不同。

创建快捷菜单的操作步骤,用一例说明如下:

(1) 按“新建”工具栏,在“新菜单”对话框中选择“快捷菜单”。

(2) 在“菜单设计器”中输入第一个菜单项,菜单名称为“第一条记录”,“结果”框中选择“过程”,按“过程”右边的“创建”按钮,在出现的代码窗口中输入代码:

```
GO TOP
```

关闭代码窗口。

(3) 在“菜单设计器”中输入第二个菜单项,菜单名称为“前一条记录”,“结果”框中选择“过程”,按“过程”右边的“创建”按钮,在出现的代码窗口中输入代码:

```
IF  NOT BOF()
    SKIP  -1
ENDIF
```

关闭代码窗口。

(4) 在“菜单设计器”中输入第三个菜单项,菜单名称为“后一条记录”,在“结果”框中选择“过程”,按“过程”右边的“创建”按钮,在出现的代码窗口中输入代码:

```
IF  NOT EOF()
    SKIP
ENDIF
```

关闭代码窗口。

(5) 在“菜单设计器”中输入第四个菜单项,菜单名称为“最后一条记录”,在“结果”框中选择“过程”,按“过程”右边的“创建”按钮,在出现的代码窗口中输入代码:

```
GO BOTTOM
```

关闭代码窗口。

(6) 关闭“菜单设计器”即可。

对于快捷菜单而言,在程序中其调用方法和普通菜单的调用方法并无不同,用户只需在程序中加入相同的语句“DO menuname. mpr”即可打开,不同的只是菜单程序文件名。例如,要把上述的菜单 kjmenu 添加到一个按钮上,只要在该按钮的 RightClick 事件中添加命令:

```
DO A\kjmenu. mpr
ThisForm. Refresh
```

对于快捷菜单而言,用户还可将若干选顶的系统菜单项插入到现在的菜单中。此时用户只需单击“插入栏”按钮打开“插入系统菜单栏”对话框(参见图 11－11),然后从中选择所需的菜单项,再单击“插入”按钮即可。

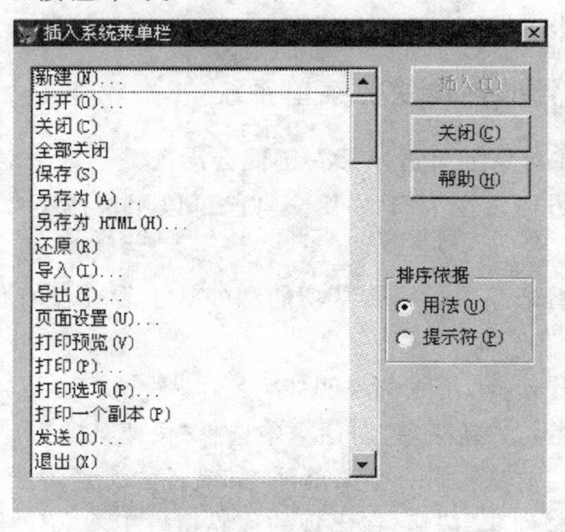

图 11－11　“插入系统菜单栏”对话框

11.1.4　调试与运行菜单程序

要检查在“菜单设计器”窗口中设计的菜单效果怎样,可以预览菜单或运行菜单程序。

在“菜单设计器”中设计菜单时，可随时进行预览，而在生成菜单程序后则可对菜单系统进行测试和调试。

1. 预览菜单

如果仅仅是为了查看菜单设计的界面效果，可以使用“菜单设计器”的预览功能。

要预览菜单，可单击“菜单设计器”的“预览”按钮。

要注意的是，在预览菜单时，菜单项所赋予的功能并不被执行。要真正执行菜单项所指定的任务，需要生成菜单程序并执行。

2. 生成和执行菜单程序

当用户通过菜单设计器完成菜单设计后，如果用户不想生成菜单程序文件(. MPR)，系统只将生成菜单文件(. MNX)，但. MNX 文件是不能运行的。若要生成菜单程序，则选择“菜单”中“生成”选项即可。如图 11-10。

运行菜单程序后，此时 VFP 系统菜单栏中为该运行的菜单。如果要恢复 VFP 系统的默认菜单，可以使用如下命令：

```
SET SYSMENU TO DEFAULT
```

如果用户是通过项目管理器来生成菜单的，则当用户在项目管理器中选择“连编”或“运行”时，系统将自动生成菜单程序。

11.1.5　使用菜单设计器创建 SDI 菜单系统

Visual FoxPro 中两种应用程序界面：多文档(MDI)和单文档(SDI)。

多文档(MDI)：包含一个单一的主窗口，其他的应用窗口在主窗口内部或者浮动于主窗口之上。Visual FoxPro 本身就是 MDI 的窗口，包含了命令窗口、代码窗口、属性窗口等。

单文档(SDI)：包含一个或多个相互独立的窗口，每一个窗口单独显示。

通常包含一个窗口的应用为 SDI 形式，但有时还需要将 SDI 和 MDI 混合使用。例如，Visual　FoxPro 中的 Debug 窗口是一个 SDI，却包含了自己的 MDI 应用。

为了对两种界面提供支持，VFP 的表单具有不同的类型，它们是子表单、浮动表单、顶层表单。类型的设置在表单属性“ShowWindows”进行。

一、创建 SDI 菜单

创建 SDI 菜单，必须在菜单设计时指出该菜单应用于 SDI 表单。其创建方法和过程与创建普通菜单完全相同。

打开“菜单设计器”后，在 VFP6.0 菜单系统中“显示”菜单里选择“常规选项”，弹出“常规选项”对话框，从中选择“顶层菜单”，按下“确定”按钮，SDI 菜单被创建。

二、将 SDI 菜单附加到表单中

创建 SDI 菜单后，可以将其附加到 SDI 表单中。打开表单并进入表单编辑状态，首先将表单的 ShowWindows 属性设置为“2—作为顶层表单”，然后为表单的 Init 事件添加以下代码：

```
DO 菜单名称 WITH This ，. T.
```

11.2　创建自定义工具栏

当用户在应用程序中频繁地重复使用某项功能时，如果仍然让他们通过菜单系统来选择,显然是不方便与不迅速的。但是由于 Visual FoxPro 6.0 的工具栏允许用户进行对它来进行自定义,因而使用户可以在工具栏中为这些高频率的重复操作添加一个按钮,以此来简化和加速操作。下面我们将讨论如何去使用工具栏。

11.2.1 定制 VFP 工具栏

用户可以定制 Visual FoxPro 提供的工具栏,也可以通过由其他工具栏上的按钮组成一个工具栏来创建自己的工具栏。

一、定制 Visual FoxPro 工具栏的步骤

(1) 从"显示"菜单中选择"工具栏"中的选项,此时系统将打开"工具栏"对话框,如图11-12。

(2) 选择要定制的工具栏使其在当前屏幕上显示,然后按"定制"按钮打开"定制工具栏",如图 11-13。

(3) 选择定制工具栏对话框中分类栏中的一个类,然后在按钮栏中选定一个按钮并将它拖到要定制的工具栏上。例如,如果我们将编辑工具栏中的"剪切"和"复制"工具栏拖到了"报表设计器"工具栏上,那么这两个工具就将成为"报表设计器"工具栏中的两个工具。

(4) 点击"定制工具栏"对话框中"关闭"按钮,关闭定制工具栏窗口,完成工具栏定制。

注意:如果希望将某工具栏在增加或减少按钮后,还原为原始的按钮配置,可以在"工具栏"对话框中选择该工具栏后再点击"重置"按钮。

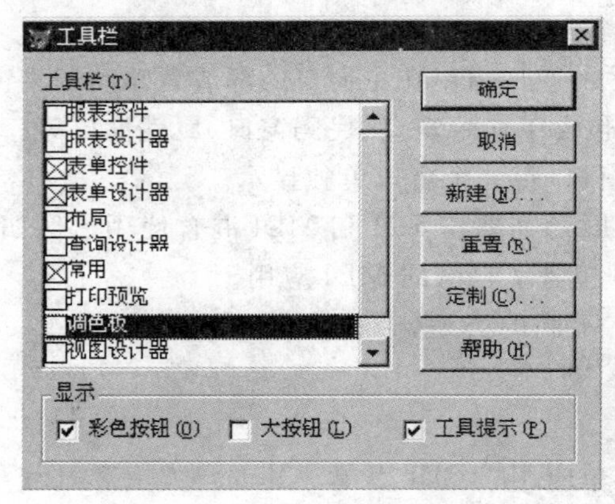

图 11-12 "工具栏"对话框

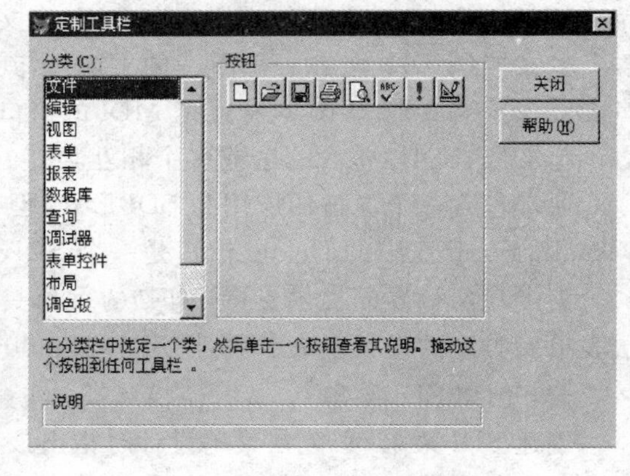

图 11-13 "定制工具栏"对话框

二、创建自己工具栏的步骤

(1) 从"显示"菜单中选择"工具栏"选项打开"工具栏"对话框。

(2) 在"工具栏"对话框中点取"新建"按钮,此时系统将打开"新工具栏"对话框,如图11-14。

(3) 在"新工具栏"对话框中的工具栏名称输入框输入工具栏名,然后单击"确定"按钮,此时系统将打开"定制工具栏"对话框。

(4) 选择"定制工具栏"对话框中的一个类别,然后选择适当的按钮并将其拖到要创建的新工具栏上,以加进新工具栏中。

(5) 如果需要的话,可以拖动工具栏中的按钮来重排它们在工具栏中的位置或次序。

(6) 点击"定制工具栏"对话框中的"关闭"按钮,关闭定制工具栏窗口,完成新工具栏

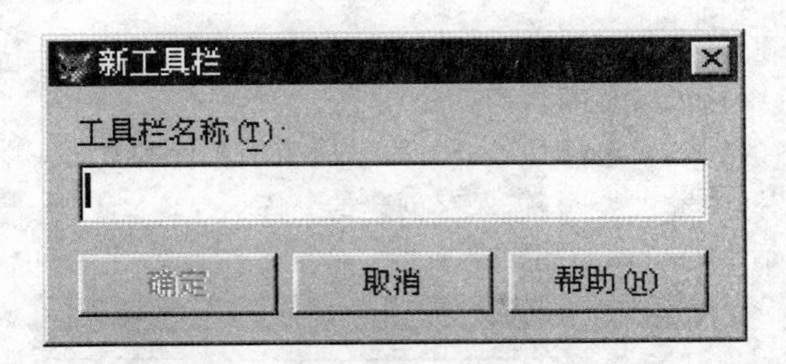

图 11－14　“新工具栏”对话框

的创建。

注意:用户不能重置创建的工具栏按钮。

三、删除创建工具栏的步骤

(1) 从“显示”菜单中,选择“工具栏”选项,打开“工具栏”对话框。

(2) 在“工具栏”对话框中选择要删除的工具栏。

(3) 点取“删除”按钮。

(4) 点取“确定”按钮以确定删除。

注意:用户不能删除由 Visual FoxPro 提供的工具栏。

四、定制工具栏的运行状态

工具栏在运行时,可以根据需要定制成不同的状态。

工具栏对象的属性 Movable,用于指定工具栏在运行时刻用户是否可以用鼠标拖动工具栏。如 Movable＝.T.,则工具栏可以被拖动;如 Movable＝.F.,则工具栏不可以被拖动。如果工具栏没有被强制,则工具栏运行时的起始位置由其 Left 和 Top 属性值决定。工具栏的泊留状态,可使用其 Dock 方法来实现,Dock 方法的格式如下:

ToolBar.Dock(nLocation,X,Y)

其中,nLocation 参数指定工具栏的泊留位置,其取值、对应常量以及含义如表 11－1 所示。

表 11－1　工具栏 Dock 方法参数取值表

位置	常量	含义说明
－1	TOOL_NOTDOCKED	取消泊留
0	TOOL_TOP	泊留在 VFP 主窗口的顶部
1	TOOL_LEFT	泊留在 VFP 主窗口的左边
2	TOOL_RIGHT	泊留在 VFP 主窗口的右边
3	TOOL_BOOTOM	泊留在 VFP 主窗口的底边

X,Y 参数为选项,分别指定工具栏泊留时水平和垂直方向的坐标。

11.2.2　创建自定义工具栏

一、创建自定义工具栏类

要创建自定义工具栏,必须首先为它定义一个类别。Visual FoxPro 提供了工具栏的基类,在此基础上,用户可以创建所需的新类。

定义一个自定义工具栏类的步骤如下:

(1) 从“项目管理器”中选定“类库”,然后点选“新建”按钮。

(2) 在“类名”框中输入新类的名称。

(3) 从“派生于”的列表中选择“Toolbar”,以使用工具栏基类。

(4) 在“存储于”框中输入类库名,保存创建的新库。

此时,新建类对话框的界面如图 11-15。

图 11-15 “新建类”对话框

(5) 按“确定”按钮进入类设计器。

说明:创建工具栏类也可以从“文件”菜单中选择“新建”或使用 Create Class 命令,还可用 Define Class 用程序建立工具栏类。

二、向工具栏中添加对象

除了 Grid 空间不能添加到工具栏中外,其他能添加到表单中的控件都能添加到工具栏中。

工具栏类定义好以后,可以向工具栏中添加任何 VFP 支持的对象。在“类设计器”中可以对加入的对象调整大小、移动位置、删除对象或加入分隔符。

向工具栏中添加对象的步骤和向表单中添加对象相似,将对象加入类设计器中。这里不作介绍。

三、让工具栏按钮执行相应操作

要让工具栏按钮执行相应操作,只要在工具栏中对其中的对象相应的方法程序进行设置即可。其过程与在表单中对所包含的对象进行设置相似,用户自己练习。

四、在表单集中添加自定义工具栏

在定义一个工具栏类之后,便可以用这个类创建一个工具栏,利用表单设计器或编程的方法可以将工具栏添加到表单集中。

(1) 用表单设计器将工具栏添加到表单集中

用户可以在表单集中添加工具栏,让工具栏与表单集中的各个表单一起打开。若使用表单设计器在表单集中添加工具栏,可按下列步骤进行:

① 打开要添加工具栏类的表单集,再从“表单控件”工具栏选择“查看类”,然后从其快捷菜单中选择“添加”。系统此时将打开一个“打开”对话框,从中选择包含自定义工具栏的可视类库文件并单击“打开”按钮,则“表单控件”工具栏将被选定的可视类库文件中的图表所代替。

② 从“表单控件”工具栏中选择工具栏类。

③ 在表单设计器中单击,VFP 系统就会在表单集中添加工具栏。如果尚未创建表单

集,VFP将提示用户创建一个。

④ 为工具栏及其按钮定义操作,此时表单设计器画面如图11-16。

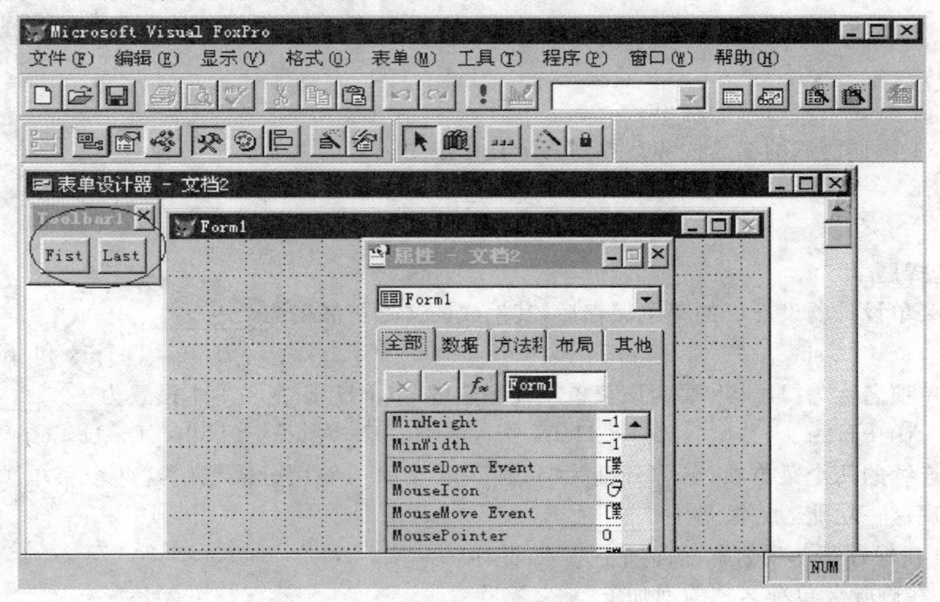

图11-16　增加工具栏后的表单设计器

运行表单时,则可看到前面所设计的工具栏出现在表单运行画面中。当用户关闭表单时,该工具栏也同时被关闭。

(2) 编写代码将工具栏添加到表单集中

除了使用表单设计器外,还可通过编写代码表单集中添加工具栏。若要使用代码在表单集中添加工具栏,可在表单集的Init事件中使用SET PROCEDURE TO命令,指定包含工具栏类的类库,然后在表单集中由此类创建工具栏。例如,要添加并显示基于Inventory类库中Printing类的工具栏TbrPrint,可以在表单集的Init事件中添加下列程序:

```
SET PROCEDURE TO  Inventory
This.AddObject("TbrPrint","Printing")
TbrPrint.Show
```

注意:如果工具栏类没有定义工具栏及其按钮要执行的操作,那么必须在与工具栏及其按钮相关的事件过程中定义。

五、以编写代码方式创建自定义工具栏

创建工具栏类除了用上述的方法以外,还可以使用Create Class命令,还可用Define Class用程序建立工具栏类。

在创建包含菜单和工具栏的应用程序时,某些工具栏按钮与菜单项功能肯定是相同。工具栏可使用户快速实现某项功能,菜单则可以提供键盘快捷键、易读的文字标题。

在设计应用程序时应做到:

(1) 不论用户是使用工具栏按钮,还是使用与按钮相关联的菜单项,都执行相同的操作。

(2) 相关的工具栏按钮与菜单项具有相同的可用或不可用属性。

当用户在应用程序中同时使用到菜单和工具栏时应使两者相互协调。

协调菜单和工具栏按钮的步骤如下：

(1) 创建工具栏，添加命令按钮，并将要执行的代码包含在对应此命令按钮的 Click 事件中。

(2) 创建与之协调的菜单。

(3) 添加协调的工具栏和菜单到一个表单集中。

练　习　题

一、选择题

1. 用菜单设计器设计好的菜单保存后，其生成的文件扩展名为________。

   A. . scx 和. sct　　B . mnx 和. mnt　　C . frx. frt　　D . pjx 和. pjt

2. 菜单项名称为“Help”，要为该菜单项设置热键 alt＋H，则在名称中设置为________。

   A. Alt＋Help　　B. \<Help　　C. Alt＋\<Help　　D. H<elp

3. 有连续的两个菜单项，名称分别为“保存”和“删除”，要用分隔线给这两个菜单项分组。实现这一功能的方法是________。

   A. 在保存菜单项名称前面加上“\-”：保存\-

   B. 在删除菜单项名称前面加上“\-”：删除\-

   C. 在两个菜单项之间添加一个菜单项，并且在名称栏中输入“\-”

   D. A 或 B 两种方法均可

4. 有一菜单文件 mm. mnx，要运行该菜单的方法是________。

   A. 执行命令 DO mm. mnx

   B. 执行命令　DO MENU mm. mnx

   C. 先生成菜单程序文件 mm. mpr，再执行命令　DO mm. mpr

   D. 先生成菜单程序文件 mm. mpr，再执行命令　DO MENU mm. mnx

5. 所谓快速菜单是________。

   A. 基于 VFP 主菜单，添加用户所需的菜单项

   B. 快速菜单的运行速度较快

   C. 可以为菜单项指定快速访问的方式

   D. “快捷菜单”的另一种说法

6. 如果要将一个 SDI 菜单附加到一个表单中，则________。

   A. 表单必须是 SDI 表单，并在表单的 Load 事件中调用菜单程序

   B. 表单必须是 SDI 表单，并在表单的 Init 事件中调用菜单程序

   C. 只要在表单的 Load 事件中调用菜单程序

   D. 只要在表单的 Init 事件中调用菜单程序

7. 添加到工具栏上的控件________。

   A. 只能是命令按钮

   B. 只能是命令按钮和分隔符

   C. 只能是命令按钮、文本框和分隔符

   D. 除表格外，所有可以添加到表单上的控件都可添加到工具栏

8. 对工具栏的设计，下列说法正确的是________。

A. 既可以在设计工具栏类时添加控件,也可在表单设计器中向工具栏添加控件
B. 只可以在设计工具栏类时添加控件
C. 只可在表单设计器中向工具栏添加控件
D. 可以在类浏览器中向工具栏添加控件

9. 对于工具栏的 Top,Left,Width 和 Height 属性,在设计和运行时都为只读的属性有________。
A. Top 属性和 Left 属性
B. Width 属性和 Height 属性
C. Top 属性和 Width 属性
D. Height 属性和 Left 属性

10. 下列哪一个控件只能附加到工具栏上,而不能附加到表单上________。
A. Grid　　B. Separator
C. OleBoundControl　　D. PageFrame

二、填空题

1. 设置启用或废止菜单项是通过菜单设计器中的________来设置的。
2. 用菜单设计器设计的菜单文件的扩展名是________,备注文件的扩展名是________,生成的菜单程序文件的扩展名是________。
3. 设有一菜单的文件 mymenu.mpr,运行菜单程序的命令是________。
4. 恢复 VFP 系统菜单的命令是________。
5. 要将创建好的快捷菜单添加到控件上,必须在该控件的________方法中添加执行菜单文件的代码。
6. 将 SDI 菜单附加到表单中,必须在该表单的 Init 事件中添加命令________代码。
7. 关闭 VFP 主菜单栏的命令是________。
8. VFP 系统菜单中,“工具”菜单的内部名称为________。
9. 用户自定义的工具栏是派生于________基类。
10. 如要使自定义工具栏上各个对象分隔开,可通过在对象间添加________对象来实现。

第 12 章　数据库应用系统开发

本书前面几章介绍了用 Visual FoxPro 命令建立数据库、表文件的方法和面向对象的编程技术，利用这些方法可以编制一些简单的程序。假如你要开发一个具有一定规模的应用程序，或者需要和其他开发人员一起开发一个应用程序，就必须掌握一个完整的开发过程。

本章将运用以前各章介绍的思想和方法，通过一个开发实例——“教学管理系统”来介绍 VFP 应用系统的整个开发过程。

12.1　开发 VFP 数据库应用系统的一般步骤

12.1.1　需求分析

由图 12－1 可知，任何系统开发都是从需求分析开始的。系统的需求包括对数据的需求和对应用功能的需求两个方面。一般把前者称为数据分析，后者称为功能分析。数据分析最终是为数据库设计做准备，功能分析是为应用程序设计提供依据。

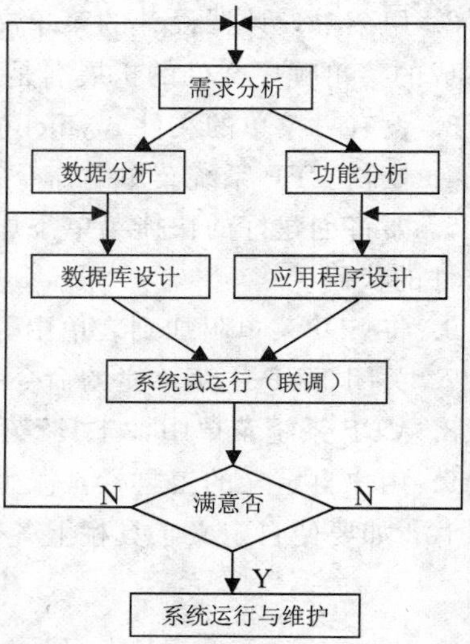

开发人员首先必须明确用户的要求，即充分理解用户对软件系统最终能完成的功能及系统的可靠性、处理时间、应用范围、简易程度等具体指标的要求，并将用户要求以书面形式表达出来。所以理解用户的要求是分析阶段的基本任务。用户和软件设计人员双方都要有代表参加这一阶段的工作，详细地进行分析，双方经充分讨论后达成协议并产生系统需求说明书。

图 12－1　系统开发过程图示

需求分析阶段的工作可以分为以下几步进行：

一、了解用户的环境和要求

了解用户环境就是了解用户业务活动，了解人工管理系统是如何进行工作的，为什么这么做。在工作过程中，要了解用户的环境和要求，即需要那些数据，如何发送，数据的格式是什么，需要保留那些数据，数据量及数据的增长率有多少等。

二、数据分析

数据分析是数据库开发中的一项十分重要的内容，其首要任务是确定目标系统中使用的全部数据，并为它们取名和定义。分析中要为每一数据编写一个数据条目，然后将所有条目合编为数据字典。这样做的目的主要是为了在多人协作完成某个系统时，保证数据的一致性。

在数据字典中，每一个数据占一个字典条目，可记入卡片，称为条目卡片。图 12－2 显示了条目卡片的两个实例。

数据流名：教师表 组成：工号+姓名+性别+系名+出生年月+工龄+照片+简历	数据项名：参加工作年份 含义：参加工作的时间 取值：YEAR（当前年份-工龄）
（a）数据流条目卡片	（b）数据项条目卡片

图 12－2　字典条目卡片举例

在小型应用系统中，数据条目有时也可以用简易的方法表示，以简化文档，减少开发工作量。用简易方法表示数据条目的两个例子为：

(1) 教师表＝工号＋姓名＋性别＋系名＋出生年月＋工龄＋照片＋简历

(2) 参加工作年份＝当前年份-工龄

三、功能分析

在了解了用户要求的基础上，下一步工作就是确定新系统的功能，即根据用户的要求，确定计算机究竟应该做哪些工作。在确定系统功能时，开发人员和用户双方都必须十分谨慎，要全面考虑并进行多次分析和讨论，一旦系统功能确定后，一般情况下不能再改动，以免影响后期工作。

12.1.2　数据库设计

数据库设计是指在正式创建数据库之前，说明数据库的逻辑结构。

如果对数据库进行了可靠而合理的设计，那么，就能快速地创建所需要的数据库，而且可以减少日后因修改数据库而带来的麻烦，使得编写的程序不仅可靠性好，而且易于维护，并为访问所需的信息提供了方便。

理解数据库设计过程的关键在于理解关系型数据库管理系统保存数据的方式。为了高效准确地提供信息，Visual FoxPro 将不同主题的信息保存到不同的表中。设计数据库的一个重要任务就是将所有数据按主题拆成单个表，建立表的结构，并建立表之间的关系。数据库中的关系可以将不同的表组织在一起，使得数据库中的表不至于成为一些孤立的表，而是相互关联的。一个数据库虽然分成了若干个表来保存，但它是一个有机的整体。

一、数据库的逻辑设计

这项工作需要有开发人员完成。数据库逻辑设计的任务大致如下：

(1) 按一定的原则将数据组织成一个或多个数据库，指明每个数据库中包含的表，要求每张表中的数据都是围绕一个主题的。同时还要指出每个表中所包含的字段。

(2) 设计表之间的关联。

数据的组织原则与数据库逻辑设计的方法，本书前面的章节已经进行了介绍，本章不再展开讨论。

二、数据库的代码设计

代码设计的概念不同于编码(编程序)。为了保持数据的一致和操作的方便，应用系统中常需为某类数据设置一套代码。例如，对于“课程表”中的课程设置“课程代号”；“专业表”中的专业设置“专业代号”。又如，“学生表”中的性别字段采用哪种表示方式(中文或者英文)来表示。

三、数据库的物理设计

数据库的物理设计就是用数据库管理系统来创建数据库,定义数据库表,以及表与表之间的关系。在 VFP 中,可以用以下工具来实现物理设计:

(1) 利用数据库设计器可创建数据库并添加数据库表,还可建立永久关联。

(2) 利用表设计器可创建数据库表或自由表。

(3) 利用表单、表单集或报表的数据环境设计器可添加表,并建立表之间的关联。

12.1.3　应用程序设计

在一般的应用系统中,应用程序设计和数据库设计两方面的需求是相互制约的。具体地说,应用程序设计时将受到数据库当前结构的约束;而在设计数据库的时候,也必须考虑实现应用程序数据处理功能的需要。

面向对象程序设计以类和对象的设计为重点,它与结构化程序设计的不同之处见表12-1。

表 12-1　结构化程序设计与面向对象程序设计主要步骤的比较

	结构化程序设计	面向对象程序设计
设计	算法设计与简单用户界面设计	图形用户界面设计及对象设置
编码	程序编码	对象属性定义与事件过程编码
测试与调试		

下面简要说明 VFP 应用程序的设计步骤:

一、创建子类

面向对象的程序设计是通过对类、子类和对象的设计来实现的。在系统开发的过程中,难免会有很多重复需要使用的代码、控件和表单界面等,可以把这些东西创建成一个一个的子类,保存于系统的类库中。这样可以减少开发过程中的代码编写量,同时也可以保证整个系统界面的一致性。

二、用户界面设计与编码

Visual FoxPro 的用户界面主要包括表单集、表单、菜单和工具栏,它们所包含的控件与菜单命令应能实现程序的所有功能,即用户界面应直接表现应用程序系统的功能。事实上,在面向对象程序设计中,不论应用程序的代码如何简洁,算法如何巧妙,对所有用户来说都是不可见的。他们所能见到并进行操作的只是应用程序所提供的用户界面。因此,用户对所开发的应用系统是否满意,很大程度上取决于系统界面的功能是否完善。

综上所述,面向对象程序设计也是一种以用户界面为核心来展开应用程序设计的方法。VFP 系统提供了丰富的设计工具,可以支持用户创建各种界面美观和功能完善的应用程序,其界面设计与编码可包括以下内容:

(1) 根据应用系统设计的需要,用户在系统提供基类的基础上定义一些必要的子类。

(2) 创建对象,包括表单集、表单、单文档界面、菜单、工具栏,以及各种控件。

(3) 给上述对象设置属性。

(4) 编写对象的事件过程代码。

(5) 为方法程序添加代码。

(6) 用户定义对象的新属性。

(7) 用户定义新的方法程序。

三、数据输出设计

数据输出可包括查询、报表、标签和通过 ActiveX 控件来共享其他应用程序的信息。

查询设计包括浏览查询和组合查询等形式,组合查询允许输入含有多个条件的逻辑表达式,使用户能够很好地控制数据。

报表和标签的设计要考虑使用户可以选择预览和打印,还可以选择全部打印、部分打印或概要打印。

四、数据库的维护功能

数据库应用系统的功能中应该包括数据库维护,即应具有对表中的数据进行添加、删除和修改的功能。

另外,数据库中数据的安全性也是必须考虑的问题。

五、构造 Visual FoxPro 应用程序

应用程序的主文件就是主控程序,作为应用程序执行的起始点,由此启动程序的逐级调用;在项目管理器中,主文件也可作为应用程序"连编"的起始点。可以是.PRG 文件、菜单程序(.MPR)或表单文件(.SCX)。主文件的作用有 4 个:

(1) 初始化环境

应用程序环境初始化包括以下几个方面:

① 设置状态

每个应用系统由各自的特点和要求,VFP 默认的开发环境可能不是应用程序的最佳环境,这就需要在应用程序的主程序中对它们重新设置。通常还要把重新设置的环境保存起来,以便退出应用系统时将其恢复为原来的设置。

状态包括 SET 命令状态、窗口状态等。例如要将 SET TALK 命令置为 OFF,启动程序中可包含如下代码:

```
IF SET("TALK")="ON"
    cTalk="ON"              && 保存 SET TALK 的状态
    SET TALK OFF            && 将 SET TALK 置 OFF,使 VFP 不自动显示命令结果
ELSE
   cTalk="OFF"              && 保存 SET TALK 的状态
ENDIF
```

用来保存 SET 状态的变量可设置为公用变量,使之在要恢复 SET 状态时仍可用。若要恢复保存 SET 的状态,可在命令中使用宏替换函数,例如 SET TALK &cTalk。

② 初始化变量,例如建立公共变量。

③ 建立应用程序的默认路径,通过 SET DEFAULT TO 命令实现。

④ 打开需要的数据库、表及索引。

(2) 显示初始的用户界面。

初始用户界面可以是菜单或表单。在初始用户界面之前还可以显示应用系统封面或注册对话框。

若.PRG 为主文件,可在其中使用 DO 命令运行一个菜单程序,或者使用 DO FORM 命

令运行一个表单来显示初始的用户界面。

(3) 控制事件循环

用 READ EVENTS 命令开始事件循环,等待用户操作。在使用该命令时应注意两点:

① 仅.exe应用程序需要建立事件循环,在 VFP 开发环境中运行的应用程序则不必使用该命令。该命令一般出现在主文件中,在主菜单或主表单调用之后使用该命令。例如:

```
DO mainmenu.mpr        && 调用主菜单
READ EVENTS            && 显示 ls.mpr 菜单,VFP 开始处理单击鼠标、按键盘键
                          等用户事件
```

又如:

```
DO FORM mainform       && 调用主表单
READ EVENTS            && 显示 ls.scx 表单,VFP 开始处理用户事件
```

若不设置此命令,菜单程序在开发环境中能正确运行,但在 Windows 环境中独立运行时,程序刚启动就会终止;运行 Windows Type 属性为 0(无模式)的表单时也会出现类似的情况,除非将该属性设置为 1(模式)。

② 必须在应用程序中用 CLEAR EVENTS 命令来结束事件循环,使 VFP 能执行 READ EVENTS 的后继命令。CLEAR EVENTS 命令可用作某菜单项的单条命令代码,或设置在表单的"退出"按钮中。

(4) 恢复原来的系统环境

退出应用程序时,应该恢复系统到应用程序运行之前的环境。

综上所述,一个简单的主文件可以如下所示:

```
DO setup            &&setup.prg 用于环境设置
DO mainmenu.mpr     && 将菜单作为初始显示的用户界面
READ EVENTS         && 显示菜单,VFP 开始处理单击鼠标,按键盘键等用户事件
DO cleanup          && 退出之前,用 cleanup.prg 恢复先前的环境
```

12.1.4 软件测试

应用程序设计的过程中,常需要对菜单、表单、报表等程序模块进行测试和调试。通过测试来找出错误,再通过调试来纠正错误,以使最终达到预定的功能。测试一般可分为模块测试、集成测试和验收测试 3 个阶段,分别发生于模块调试、系统调试和系统验收 3 个时期。VFP 提供的调试工具能方便应用程序的调试。

数据库设计和应用程序设计这两项工作完成后系统应投入试运行,即把数据库连同有关的应用程序一起装入计算机,从而考察它们在各种应用中能否达到预定的功能和性能需求。若不能满足要求,还需返回前面的步骤再次进行需求分析或修改设计。

12.1.5 应用程序发布

建立可发布的应用程序,最后创建的是可独立执行的程序。完成开发和测试之后,就可以开始此应用程序和相关文件的发布工作。它主要包括准备要发布的应用程序、定制要发布的应用程序、准备制作发布磁盘、使用安装向导制作发布盘等几个过程。

12.1.6　系统运行与维护

试运行的结束标志着系统开发的基本完成，但是，只要系统还在使用，就可能常需要调整和修改，还须保证系统在任何情况之下能够正常运行，及系统的“维护”工作，这包括系统的错误纠正和系统改进。

12.2　教学管理系统的开发

12.2.1　需求分析

某学校根据管理的需要，决定建立一个“教学管理系统”，以此取代人工对数据的管理。该应用程序所需具有的功能如下：

(1) 对与教学有关的各类数据输入和修改。

(2) 对教师、学生和专业班级的信息查询。

(3) 分班打印各班学生成绩单和各班的总分排名表。

一、数据需求

在学校平时的工作中，主要需要查询学生的信息、教师的信息、专业的信息、课程的信息，以及班级的信息，同时还经常要打印学生的成绩通知单，查询教师的工作量。所以数据库中应该包含以下一些信息：学生基本情况、教师基本情况、班级情况、专业情况以及课程情况。

二、功能需求

功能需求分析的任务，是弄清用户对目标系统数据处理功能所提出的需求。根据系统目标和数据需求并与用户充分讨论后，本例的功能需求可归纳为以下几个方面。

1. 数据管理

输入功能用于把各种数据及时登记到系统定义的表中，还要求能进行修改。主要包括学生基本情况、教师基本情况、班级情况、专业情况、课程情况、成绩情况等几张表。

2. 数据查询

能查询学生、教师、班级、专业、课程、成绩的有关数据。

3. 数据统计

打印学生成绩单及总分，各班学生的总分排名以及补考门数统计。

4. 退出系统

12.2.2　数据库设计

数据库设计的任务是确定系统所需的数据库。数据库是表的集合，通常一个系统只需一个数据库。前面已经谈到，数据库的设计可分为逻辑设计和物理设计两个步骤。第一步是确定数据库包含的表及其字段；第二步确定表的具体结构，即确定字段的名称、类型及宽度；此外还要确定索引，为建立表的关联准备条件。

一、逻辑设计

设计从分析输入数据入手，输入数据中的一些相关数据可归纳为一个表。对需要同时调用的若干表，应使它们符合关联的要求。数据库设计好后，可以通过分析输出数据来验证其可用性,若发现有的输出数据不能从输入数据中导出,必须继续向用户征集数据。

本例根据查询和报表输出的要求可归纳出包含 7 个表的数据库:

(1) 学生表;(2) 教师表;(3) 专业表;(4) 课程表(5) 任课表;(6) 成绩表(7) 班级表。

根据系统数据处理的需要,这些表的关联情况如图 12－3 所示。对上述设计需要说明两点:

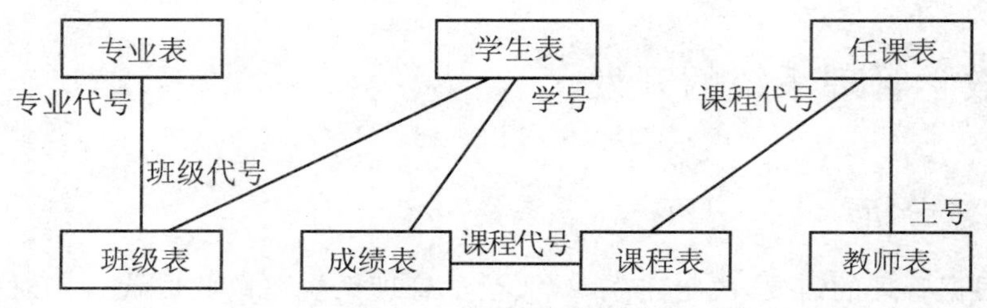

图 12－3　表间关联的设计

① 为了同时调用不同表中的数据,必须将它们关联。因此,有时需要在表中补充一些字段。例如仅从班级角度而言,班级号和班级名称两个字段已很完整,但是为了将班级和专业、系名联系起来,还要增加一个专业号字段,这样班级和专业表就可以建立关联,同时,学生表也可通过班级表和专业表建立联系了。

② 数据库设计必须注意合理性。若将不同类的数据放进同一个表中,就可能会产生数据冗余。例如,将班级表和专业表的字段合并成一个表,由于一个专业可能有多个班级,这样在登记班级信息的时候,专业表中的专业名称和系名就出现了重复信息。冗余的数据会占去大量存储空间;同时还可能会影响数据的一致性。将复杂的数据表适当地拆分成独立主题的多张数据表,能有效地减少数据的冗余,但一个系统中数据表的数目大量增加又会增大数据访问的复杂性,这也是应该考虑的一个方面。

二、物理设计

下面列出教学管理系统所有表的结构与必须的索引。

(1) 学生表(XS.DBF)

XS(XSXH C(9)主索引,XSXM C(8),XB C(2),BJDH C(4)普通索引,CSRQ D,RXZF N(5,1),XSZP G,XSJL M,ZYDH C(6))

(2) 教师表(JS.DBF)

JS(JSGH C(5)主索引,JSXM　C(8),XB　C(2),CSRQ　D,GL　I(4),ZC　C(8),JSJL M,JSZP G)

(3) 课程表(KC.DBF)

KC(KCDH　C(2)主索引,KCMC　C(16),KSS　I(4),XF　N(5,1),BXK L(1))

(4) 专业表(ZY.DBF)

ZY(ZYDH　C(4)主索引,ZYMC　C(16),XIMING　C(16),XZ　I(4))

(5) 成绩表(CJ.DBF)

CJ(XSXH　C(9)普通索引,KCDH　C(2)普通索引,CJ　N(4,1),BKCJ　N(4,1))

(6) 任课表(RK.DBF)

RK(JSGH　C(5)普通索引,KCDH　C(2),BJDH　C(5))

(7) 班级表(BJ.DBF)

BJ(BJDH　C(4)主索引,BJMC　C(10),ZYDH　C(4))

12.2.3　应用程序设计

一、总体设计

按照功能分类是总体设计中常用的方法，系统的总体结构可用层次图来表示(如图 12-4所示)。

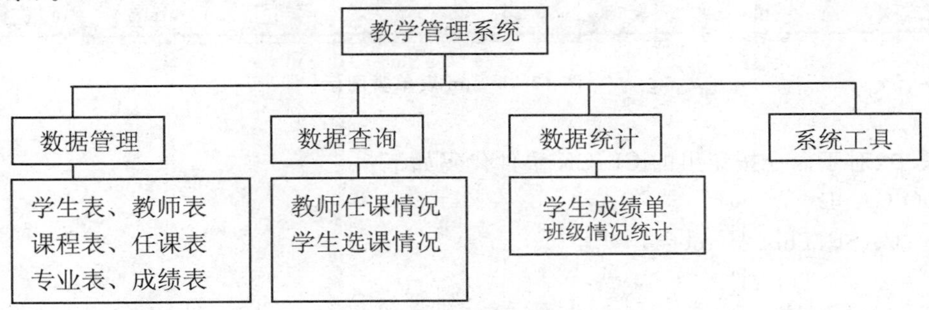

图 12-4　总体结构图

如图 12-4 所示的教学管理系统有 3 个层次，系统功能分类如下：学生数据、教师数据、专业班级数据、课程数据、成绩数据和任课数据的输入和修改归入数据输入一类，对以上数据的查询归为一类，报表的打印以及系统退出各归为一类。

二、初始用户界面设计

从图 12-4 中很容易设计出应用程序的菜单，由总体结构图转换到菜单时，其对应情况如下：系统层对应菜单文件，子系统层对应菜单标题，功能层对应子菜单项。

图 12-5 是教学管理系统下拉式菜单的示意图，其具体说明如下：

数据管理	数据查询	数据统计	系统工具
专业班级情况 (zybj. scx)	教师任课情况 (rkqk. scx)	学生成绩单 (xscjd. frx)	计算器
学生情况 (xsjbqk. scx)	学生选课情况 (xsxk. scx)	班级总成绩单 (bjcj. frx)	退出系统
成绩情况 (xscj. scx)			
教师情况 (jsjbqk. scx)			
课程情况 (kcb. scx)			
任课情况 (jsrk. scx)			

图 12-5　教学管理系统的菜单

三、模块设计与编码

本小节将对"教学管理系统"主要模块的设计与编码作简要说明。

1. 创建用户类

因为本系统多次要用到数据浏览的记录移动按钮组,为了减少代码的编写量,可以创建一个命令按钮子类,如图 12-6 所示,该类是基于 VFP 系统基类 commandgroup 派生的,保存于 myclass. vcx 类库文件中。

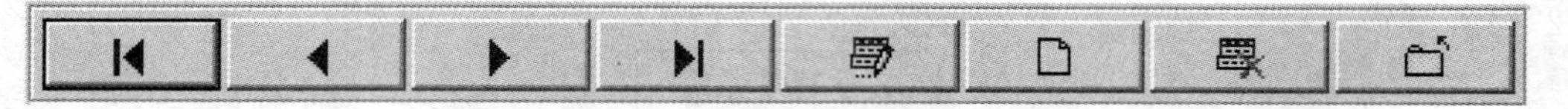

图 12-6　jm 表单类图示

其中,对于命令按钮组的 CLICK 事件代码如下:

```
DO CASE
    CASE This. Value=1
            TO TOP
            This. Buttons(1). Enabled=. F.
            This. Buttons(2). Enabled=. F.
            This. Buttons(3). Enabled=. T.
            This. Buttons(4). Enabled=. T.
    CASE This. Value=2
            IF RECNO()>1
                SKIP -1
            ENDIF
            IF RECNO()=1
                This. Buttons(1). Enabled=. F.
                This. Buttons(2). Enabled=. F.
            ENDIF
            This. Buttons(3). Enabled=. T.
            This. Buttons(4). Enabled=. T.
    CASE This. Value=3
            IF RECNO()<RECCOUNT()
                SKIP
            ENDIF
            IF RECNO()=RECCOUNT()
                This. Bttons(3). Enabled=. F.
                This. Buttons(4). Enabled=. F.
            ENDIF
            This. Buttons(1). Enabled=. T.
            This. Buttons(2). Enabled=. T.
    CASE This. Value=4
            GO BOTTOM
            This. Buttons(3). Enabled=. F.
            This. Buttons(4). Enabled=. F.
```

```
            This.Buttons(1).Enabled=.T.
            This.Buttons(2).Enabled=.T.
      CASE This.Value=5
            ThisForm.SetAll("ReadOnly",.F.,"Textbox")
            ThisForm.SetAll("Enabled",.T.,"OLEBoundControl")
            ThisForm.SetAll("ReadOnly",.F.,"Editbox")
      CASE This.Value=6
            APPEND BLANK
      CASE This.Value=7
            DELE
      CASE This.Value=8
            PACK
            SET DELE OFF
            ThisForm.Release
      ENDCASE
ThisForm.Refresh
```

进行以上设置后,在系统文件菜单中选择"另存为类",将其保存到类库文件 myclass.vcx 文件中,这样,后面只要用到输入和修改界面的情况就可以直接通过该类创建。可以大大加快界面的创建速度。

2. *主文件(mainprg.prg)*

菜单文件名定为 mainmenu.mpr(教学管理菜单),并设置一个主文件来调用它。

主文件代码编写如下:

```
HIDE WIND SCREEN        && 隐藏 VFP 主窗口
SET TALK OFF
SET SAFETY OFF
SET SYSMENU OFF
SET CENTURY ON
SET DELETE ON
CLOSE DATA
CLEAR ALL
SET PROC TO
DO FORM csjm            && 显示初始界面,通过它调用主窗口
SET CLASSLIB TO myclass && 指定自定义类库
READ EVENTS             && 开始事件循环,本系统在退出系统菜单项中终止
                           事件循环
```

3. *初始界面表单(csjm.scx)*

表单数据环境:无

表单属性设置如下:

AlwaysOnTop=.T.

AutoCenter＝.T.
BackColor＝101,186,201
BorderStyle＝0 -无边框
TitleBar＝0 -关闭
ShowWindow＝2 -作为顶层表单

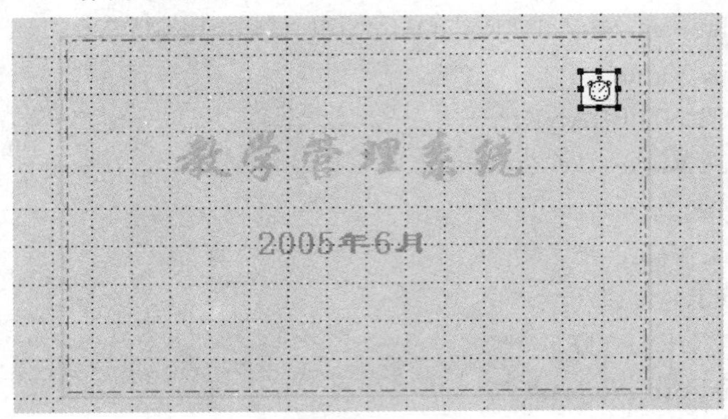

图12－7　初始界面表单(csjm.scx)

计时器控件相关属性：
Interval＝5000　　　&& 使该表单在5秒后自动关闭
Timer事件代码：
ThisForm.Release　　　&& 关闭初始界面表单
DO FORM mainform NAME mainform　　　&& 运行主窗口程序
4．“学生基本情况”表单(xsjbqk.scx)
表单的数据环境：xs.dbf
创建一个表单，按如图12－8所示添加相关控件。

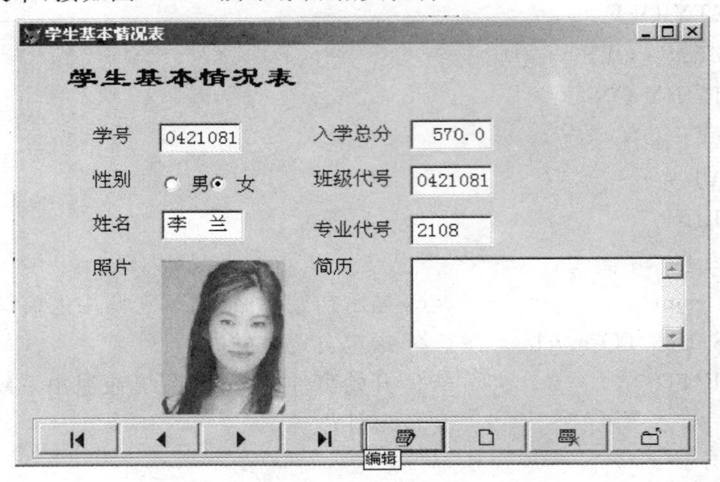

图12－8　学生基本情况表(xsjbqk.scx)

表单的属性设置
AlwaysOnTop＝.T.

AutoCenter=.T.

Caption="? 学生基本情况表"

ShowTips=.T.

ShowWindow=1 -在顶层表单中

采用同样的方法，可以设计出教师情况表、专业班级情况表、成绩情况表、任课情况表和课程情况表的表单界面。各表单的属性设置基本同学生基本情况表单。

5. “教师基本情况”表单(jsjbqk.scx)

表单的数据环境：js.dbf

此表单的设计同学生基本情况表单，可以直接从数据环境中将字段拖放到表单中，然后修改布局，使之如图 12 - 9 所示。

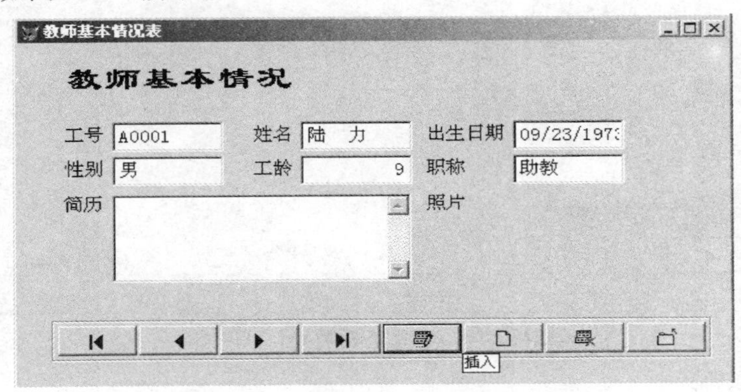

图 12 - 9　教师基本情况表(jsjbqk.scx)

6. “班级专业情况”表单(bjzyqk.scx)

表单的数据环境：bj.dbf，zy.dbf

对于图 12 - 10 所示的专业班级情况表单，它和前面的两个表单有所不同，前面的表单的数据源都是来自一张表，而该表单的数据环境中包含了两张表：专业表(zy.dbf)和班级表

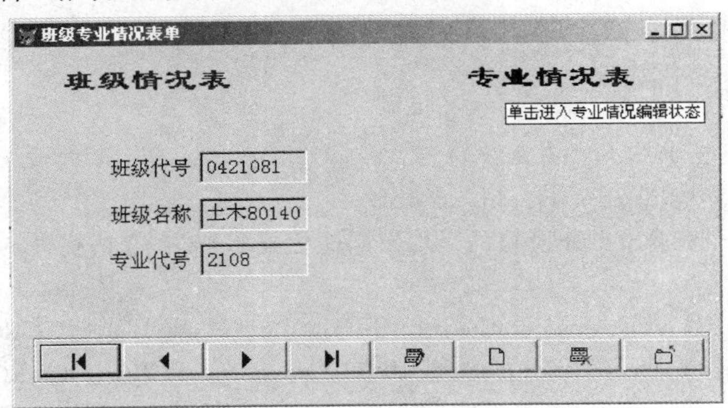

图 12 - 10　班级专业情况表单(bjzyqk.scx)

(bj.dbf)。当通过“上一个”、“下一个”的按钮来移动记录指针时，第二页上的文本框中的记录内容没有发生变化。产生这个问题的主要原因是：在两个工作区中打开两张不同的表时，该命令按钮组只能控制当前工作区的记录指针进行移动，只需要在页框控件的页面发生改变时，改变当前工作区就可以了。假设页框控件的第一页为初始页(即表单运行时首次显示

的页面)。可以在两个标签控件的 click 事件代码中写入如下代码:

标签 Label1 的 Click 事件代码:

```
This. ForeColor=RGB(0,0,255)
ThisForm. PageFrame1. ActivePage=1
SELECT bj
ThisForm. Label2. ForeColor=RGB(0,0,0)
ThisForm. Refresh
```

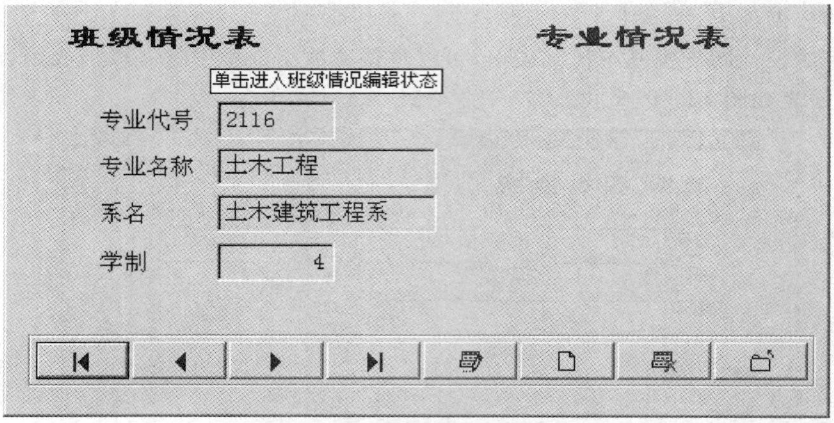

图 12-11　专业班级情况(zybj. scx)

标签 Label2 的 Click 事件代码:

```
This. ForeColor=RGB(0,0,255)
ThisForm. PageFrame1. ActivePage=2
SELECT zy
ThisForm. Label1. ForeColor=RGB(0,0,0)
```

其中,页框控件属性设置如下:

```
BorderWidth=0
SpecialEffect=2 -平面
Tabs=. F.
```

7.“学生成绩表单”表单(cjbd. scx)

表单的数据环境:xs. dbf,cj. dbf,kc. dbf

表格控件为了能将成绩不及格的采用不同颜色显示,故在表格控件的 init 事件代码中写入如下代码:

```
This. Columns(4). DynamicForeColor="IIF(cj. cj>=60,RGB(0,0,0),RGB(255,0,0))"
This. Columns(5). DynamicForeColor="IIF(cj. bkcj>=60,RGB(0,0,0),RGB(255,0,0))"
```

该表单设置了两个组合框,可以按班级输入成绩,也可以按课程输入成绩。为了实现这些功能,可以对控件做以下编程:

组合框 Combo1 的数据源:

```
RowSourcType=3 - SQL 语句
RowSource="SELECT DISTINCT xs. bjdh FROM sjk!xs INTO CURSOR bjtmp"
```

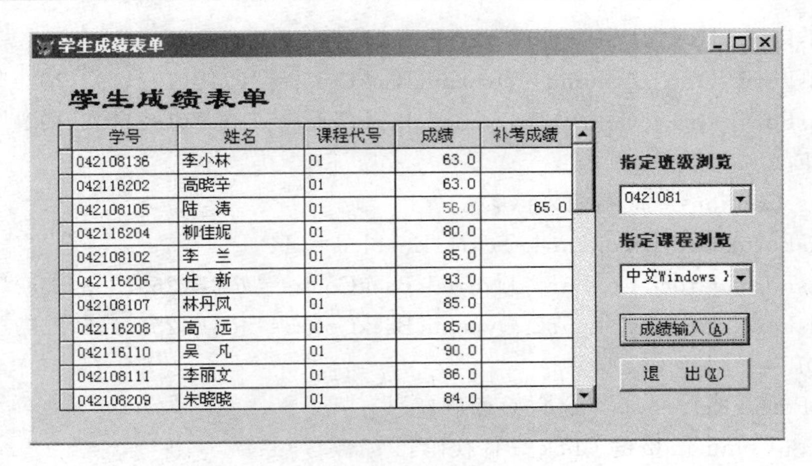

学号	姓名	课程代号	成绩	补考成绩
042108136	李小林	01	63.0	
042116202	高晓辛	01	63.0	
042108105	陆　涛	01	56.0	65.0
042116204	柳佳妮	01	80.0	
042108102	李　兰	01	85.0	
042116206	任　新	01	93.0	
042108107	林丹风	01	85.0	
042116208	高　远	01	85.0	
042116110	吴　凡	01	90.0	
042108111	李丽文	01	86.0	
042108209	朱晓晓	01	84.0	

图 12－12　学生成绩表单(cjbd. scx)

Click 事件代码：

```
lsbh=This. Value
SET FILTER TO LEFT (xsxh,7)=lsbh
ThisForm. grdcj. Refresh
```

组合框 Combo2 的数据源：

RowSourcType=6 -字段

RowSource=kc. kcmc

Click 事件代码：

```
SELECT cj
SET FILTER TO cj. kcdh=kc. kcdh
ThisForm. Refresh
```

同时设置了一个命令按钮，该按钮将表格控件从浏览状态转换为修改状态。

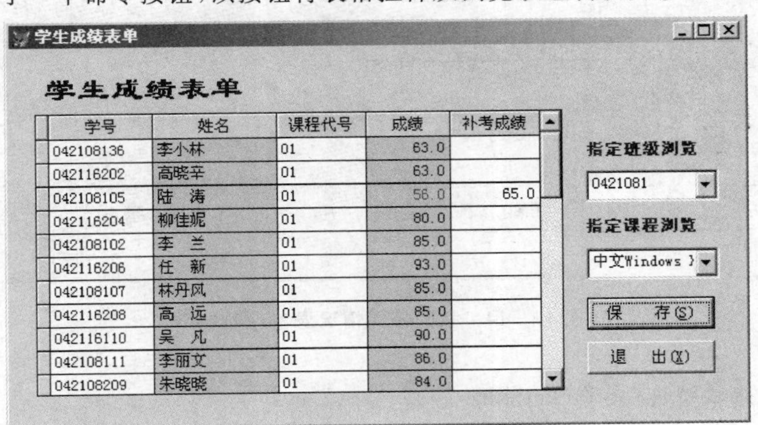

学号	姓名	课程代号	成绩	补考成绩
042108136	李小林	01	63.0	
042116202	高晓辛	01	63.0	
042108105	陆　涛	01	56.0	65.0
042116204	柳佳妮	01	80.0	
042108102	李　兰	01	85.0	
042116206	任　新	01	93.0	
042108107	林丹风	01	85.0	
042116208	高　远	01	85.0	
042116110	吴　凡	01	90.0	
042108111	李丽文	01	86.0	
042108209	朱晓晓	01	84.0	

图 12－13　学生成绩情况(cjbd. scx)

数据输入命令按钮 Command1 的 Click 事件代码：

```
IF This. Caption="成绩输入(\<A)"
    This. Caption="保　　存(\<S)"
```

```
  ThisForm.Grdcj.Column4.Text1.Enabled=.T.
  ThisForm.Grdcj.Column4.DynamicBackColor="RGB(192,192,192)"
  ThisForm.Grdcj.Column2.DynamicBackColor="RGB(192,192,192)"
 ELSE
  This.Caption="成绩输入(\<A)"
  ThisForm.Grdcj.Column4.Text1.Enabled=.F.
  ThisForm.Grdcj.Column4.DynamicBackColor="RGB(255,255,255)"
  ThisForm.Grdcj.Column2.DynamicBackColor="RGB(255,255,255)"
 ENDIF
 ThisForm.Refresh        && 页面刷新
```

命令按钮 Command2 的 Click 事件代码:

```
ThisForm.Release
```

8. "教师任课情况"表单(rkqk.scx)

表单的数据环境:rk.dbf,js.dbf,kc.dbf,bj.dbf

如图 12－14 所示,此表单的数据环境包括 4 个表单:任课表、教师表、课程表和班级表。实际上,该表单只向任课表中添加了数据,增加后 3 个表是为了方便用户向任课表中添加数据,也可以保证表之间的数据的一致性。因此对单个组合框控件要分别设置它们的 RowSource、RowSourceType 和 ControlSource 属性。

表单中 3 个组合框的 ControlSource 属性分别对应于任课表的对应字段。而 RowSource 和 RowSourceType 属性则分别为"2—别名"和教师表、课程表和班级表。

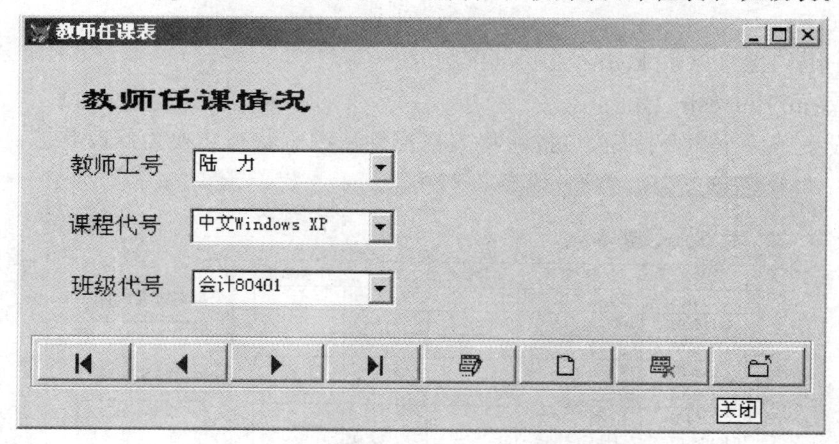

图 12－14　教师任课情况表单(jsrk.scx)

9. "课程基本情况"表单(kcjbqk.scx)

表单的数据环境:kc.dbf

课程基本情况表单如图 12－15 所示,该表单的创建比较简单,直接添加课程表到该表单的数据环境中,然后将该表单的每个字段拖放到系统默认创建的表单上。所有的命令按钮的编程同前面的表单。

至此，所有的输入界面都已经完成。下面开始设计数据查询界面，主要包括学生选课情况和教师任课情况两个查询。

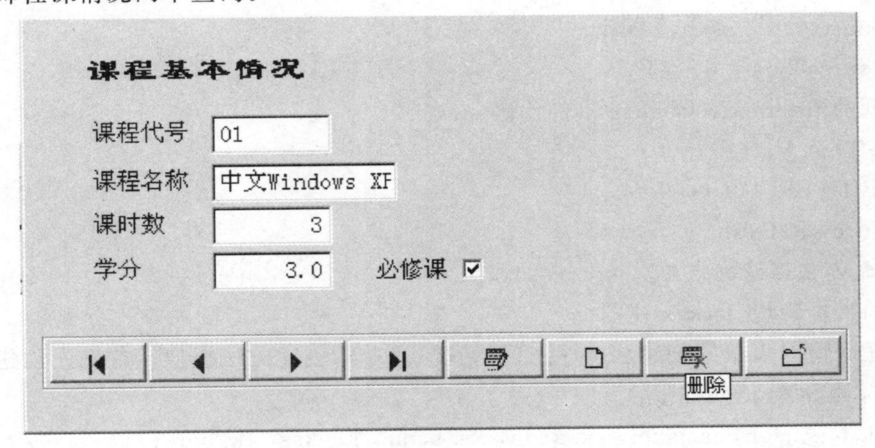

图 12-15　课程基本情况(kcqk. scx)

10. "学生选课情况查询"表单(xkqk. scx)

表单的数据环境：xs. dbf，xsxkcx 视图

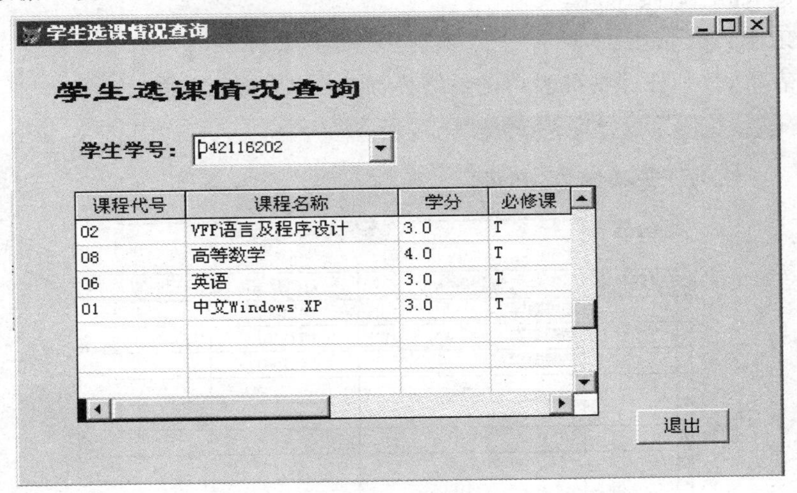

图 12-16　学生选课情况查询(xsxk. scx)

如图 12-16 所示，该表单是一个一对多表单，它的数据来自 3 张表：学生表、成绩表和课程表。只有在两张表之间，才能建立一对多的关系。首先将成绩表和课程表连接起来，形成一张新的表；同时要保证成绩表和课程表中数据更新后能及时反映到新表中，可以采用本地视图(xsxk)来实现。具体 SQL 语句如下：

```
SELECT xs. xsxh, cj. kcdh, kc. kcmc, kc. xf, kc. bxk;
FROM  sjk!xs INNER JOIN sjk!cj;
INNER JOIN sjk!kc ;
ON   cj. kcdh = kc. kcdh ;
ON   xs. xsxh = cj. xsxh;
```

```
ORDER BY xs. xsxh
```

组合框 combo1 的属性：

RowSource＝xs. xsxh，xsxm

RowSourceType＝6 -字段

组合框的 InteractiveChange 事件代码：

```
lsxh=This. Value
SET FILTER TO xsxh=lsxh
ThisForm. Refresh
```

11. “教师任课情况表单”(jsrkcx. scx)

表单的数据环境：jsrkcx 视图

教师任课情况表单的创建和“学生选课情况”表单的创建方法类似。首先先创建一个视图(jsrkcx)，其 SQL 语句如下：

```
SELECT js. jsgh, js. jsxm, rk. kcdh, kc. kcmc, kc. kss, rk. bjdh;
 FROM   sjk!js INNER JOIN sjk!rk;
 INNER JOIN sjk!kc ;
 ON   rk. kcdh = kc. kcdh ;
 ON   js. jsgh = rk. jsgh;
 ORDER BY js. jsgh
```

运行该表单，教师任课情况表单的最终界面如图 12－17 所示。

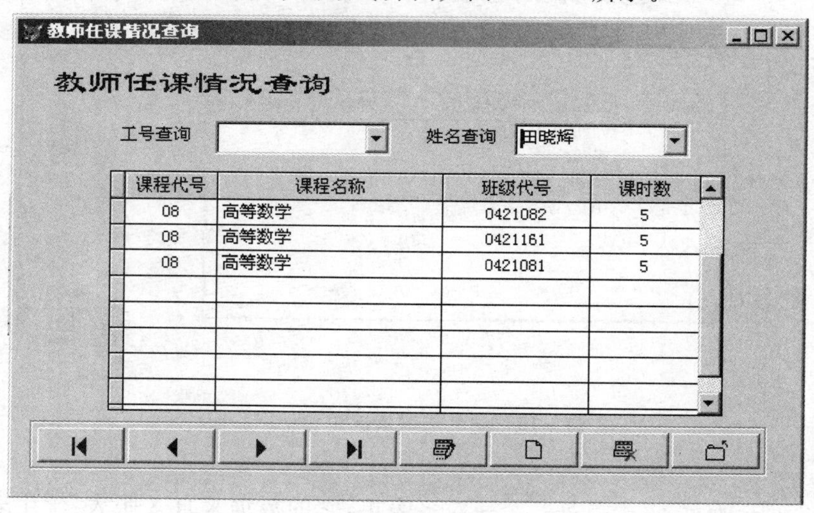

图 12－17　教师任课情况(rkqk. scx)

组合框 Combo1 的 InteractiveChange 事件代码：

```
lsjsgh=This. Value
SET FILTER TO jsrkcx. jsgh=lsjsgh
ThisForm. Refresh
```

组合框 Combo2 的 InteractiveChange 事件代码：

```
lsxm=This. Value
```

```
SET FILTER TO jsrkcx.jsxm=lsxm
ThisForm.Refresh
```

12. 设计报表

为了打印每个学生的成绩单，必须通过报表设计器设计一个报表，可以采用报表设计器来设计。

首先，通过报表设计器的数据环境添加数据源表，选择学生表、成绩表、课程表。选定所需字段，按步骤依次完成。

其次，就是利用报表设计器的报表控件工具栏向相应的报表区域添加相应控件，如图 12-18 所示。需要对报表创建分组信息，本例按照 xsxh 分组，并设置每组从新的一页开始。在组注脚处建立两个域控件，用来对每个人的总分求和以及学分求和。

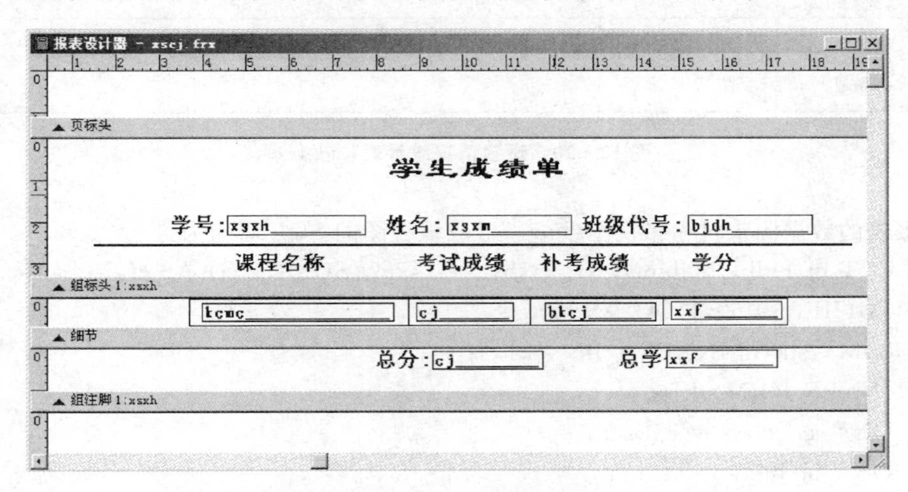

图 12-18　学生成绩单报表(cjd.frx)

最后还要对报表打印纸张的页面进行设置，可以通过文件菜单的“页面设置”来完成。但需要注意的是，只有在报表设计器打开的情况下该菜单项才可用。将报表文件包存为 xscj.dbf。如图 12-19 所示，是一张学生成绩单的打印预览效果。

学生成绩单

学号:042108102　　姓名:李　兰　　班级代号:0421081

课程名称	考试成绩	补考成绩	学分
VFP语言及程序设计	75.0	0.0	3.0
高等数学	65.0	0.0	4.0
英语	88.0	0.0	3.0
中文Windows XP	85.0	0.0	3.0

总分:　313.0　　总学分:　13.0

图 12-19　成绩单报表界面修改图示(cjd.frx)

13. 班级情况统计表(如图 12－20 所示)

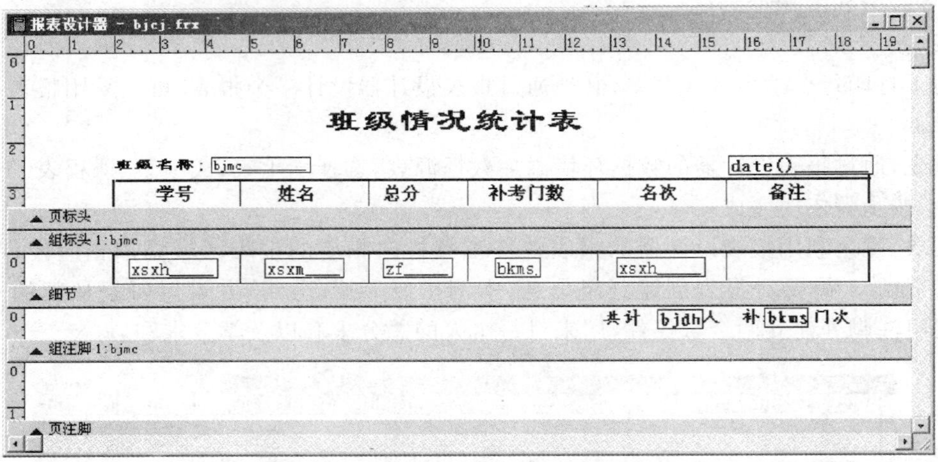

图 12－20　班级情况统计表(cjd. frx)

此报表的数据源来自一张视图(bjcj),形成该视图的 SQL 语句为:

```
SELECT bj. bjdh, bj. bjmc, xs. xsxh, xs. xsxm, SUM(cj. cj) AS zf,;
  SUM(IIF(cj<60,1,0)) AS bkms;
  FROM   sjk!bj INNER JOIN sjk!xs;
    INNER JOIN sjk!cj ;
    ON   xs. xsxh = cj. xsxh ;
    ON   bj. bjdh = xs. bjdh;
  GROUP BY xs. xsxh;
  ORDER BY bj. bjdh, 5 DESC
```

该报表预览界面如图 12－21 所示。

班级情况统计表

班级名称:土木801401　　　　06/27/05

学号	姓名	总分	补考门数	名次	备注
042108102	李　兰	313.0		1	
042108136	李小林	306.0		2	
042108107	林丹风	304.0	1	3	
042108105	陆　涛	290.0	1	4	
042108111	李丽文	86.0		5	

共计　5　人　补考　2 门次

图 12－21　预览班级情况统计表(bjcj. scx)

14. 菜单程序(mainmenu. mpr)

(1) 打开菜单设计器,按照图 12－5 的要求建立本系统的菜单程序文件,如图 12－22 所示。

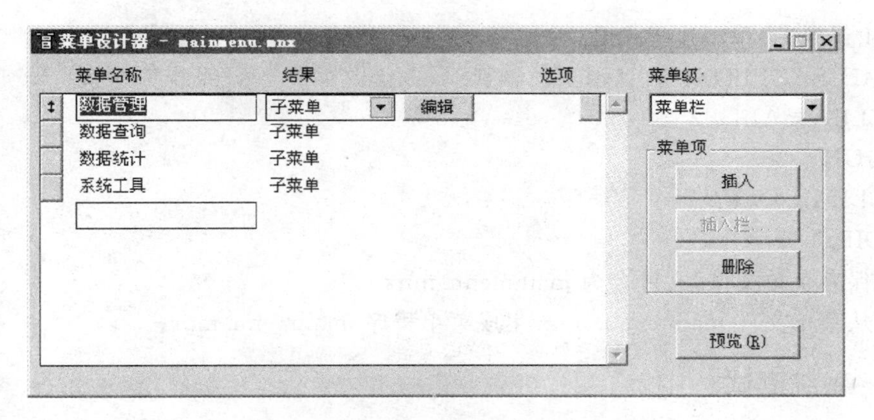

图 12 - 22　系统主菜单项

(2) 根据图 12 - 23，设置调用各类表单的命令。

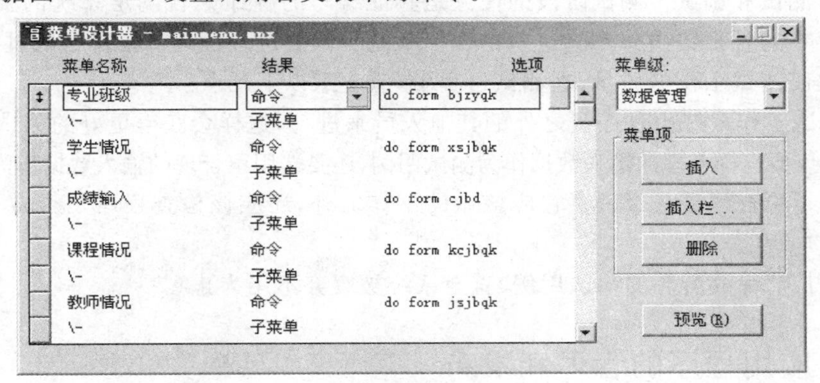

图 12 - 23　数据管理子菜单

例如对“专业班级情况”菜单项可键入命令：

DO FORM bjzyqk

(3) 数据查询子菜单

各菜单项直接采用命令来打开两个查询表单。

(4) 数据统计子菜单

采用命令 REPORT FORM 报表文件名　PREVIEW　输出两张报表。

(5) 系统工具子菜单(见图 12 - 24)

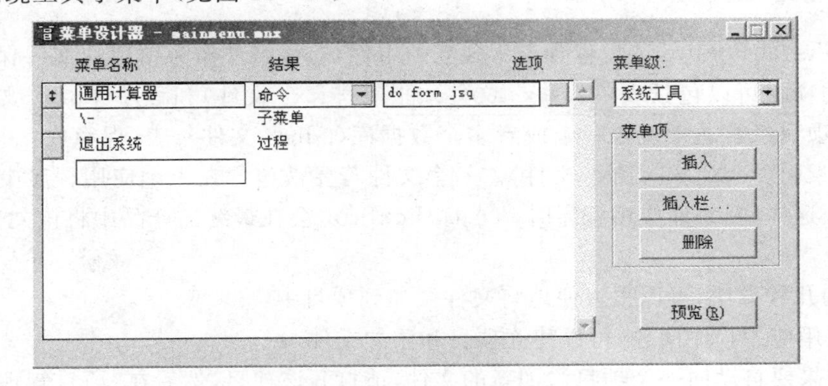

图 12 - 24　系统工具子菜单

"退出系统"菜单项过程代码

```
IF MESSAGEBOX("确认退出教学管理系统吗?",32+1,"系统信息")=1
   CLEAR ALL
   QUIT
   CLEAR EVENTS
ENDIF
```

(6) 保存菜单文件,文件名为 mainmenu.mnx。

(7) 从菜单文件 mainmenu.mnx 生成菜单程序 mainmenu.mpr。

12.2.4 系统测试

测试和调试是开发人员在开发工作的每一步中都必须做的事。随着工作的深入,需要不断地进行测试和调试。测试阶段的任务是验证编写的程序是否满足系统的要求,同时发现程序中存在的各种错误并排除这些错误。因此测试的过程也是查错排错的过程。

为了提高测试工作的质量,在测试过程中,应注意以下几点:

(1) 测试工作最好由程序员之外的其他人员来进行,这样会获得更好的测试效果。

(2) 不仅要选择合理的输入数据作为测试用例,还要选用不合理的输入数据作为测试用例。

(3) 除了检查程序是否做了它应该做的工作之外,还应该检查程序是否做了它不该做的事情。

(4) 要长期保存所有的测试用例,直至系统被废弃不用为止。

12.3 应用程序的管理和发布

采用 VFP 开发的应用系统常常会包含许多文件,如:prg 文件、菜单文件、表单文件、报表文件、标签文件、查询文件以及数据库和表等。修改其中的某个文件时,除了必须确切了解该文件的名字,还要记住此文件的打开方法,非常麻烦。VFP 的项目管理器提供了一个管理应用系统的集成环境,不但是一个很好的维护工具,同时也给软件开发提供了极大的方便。本书的前几章已经对项目管理器进行了介绍,本节将结合"教学管理系统"作进一步的说明。

12.3.1 管理应用程序

一个 Visual FoxPro 项目包含若干独立的组件,这些组件作为单独的文件保存。例如,一个简单的项目可以包括表单(.scx 文件)、报表(.frx 文件)和程序(.prg 文件)。除此之外,一个项目经常通常包含一个或者多个数据库(.dbc 文件)、表(保存在 .dbf 和 .fpt 文件中)及索引(.cdx 和 .idx 文件)。一个文件若要被包含在一个应用程序中,必须添加到项目中。这样,在编译应用程序时,Visual FoxPro 会在最终的产品中将该文件作为组件包含进来。

下面的几种方法,可以很方便地将文件添加到项目中:

(1) 使用应用程序向导,可以建立项目和添加文件。

(2) 如果要自动向一个项目添加新的文件,请打开该项目,然后在"项目管理器"中新建文件。

(3) 要向一个项目添加已有的文件,请打开项目,使用“项目管理器”。

一、项目的建立

前面已经要求大家将所有与系统相关的文件全部放于 c:\jxxt 文件夹,现在我们可先执行一条 set default to c:\jxxt 的命令。

在命令窗口中输入命令:

MODI PROJECT jxxt

就会出现一个 jxxt 的项目管理器窗口(如图 12-25)。命令中的 jxxt 是项目的文件名,其默认的扩展名为.pjx,项目文件还有一个备注文件,其主名与项目文件同名,扩展名为.pjt。

当然利用其他方式,如菜单的“新建”菜单项,也可建立新的项目。还可通过“打开”菜单项,打开一个已有的项目。

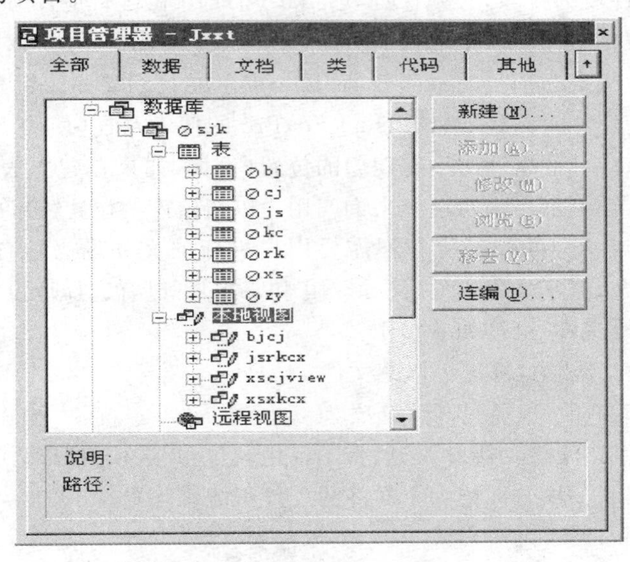

图 12-25 项目管理器

二、项目管理器中的主文件

若项目包含程序、菜单或表单,则其中必然有一个为主文件。项目管理器中的主文件有几个特点:

(1) 主文件名以粗体显示。

(2) 主文件一旦确立,项目连编时会自动将各级调用文件加入项目管理器窗口,但数据库、表等数据文件不会自动加入。如果添加的文件在项目管理器中没有该类型,则可将其加入到“其他文件”这一类中。

(3) VFP 默认添加到项目的第一个程序、菜单或表单为主文件。通常将应用程序中最上层的文件设置为主文件。假如要改变主文件,可采用如下方法:在项目管理器中选定一个程序(或菜单,或表单)作为主文件,然后选定项目菜单的“设置主文件”命令,该文件就以粗体显示。

三、文件的包含与排除

当要将一个项目编译成一个应用程序时,所有项目包含的文件将连编为一个单一的应用程序文件。在项目连编之后,项目中标记为“包含”的文件的数据将变为只读。

作为项目一部分的文件(如表文件)可能经常会被用户修改。在这种情况下,应该将这些文件添加到项目中,并将文件标记为“排除”。文件设为排除状态后仍然是应用程序的一部分,因此 Visual FoxPro 仍可跟踪,将它们看成项目的一部分。但是这些文件没有在应用程序的文件中编译,所以用户可以更新它们(Visual FoxPro 假设表在应用程序中可以被修改,所以默认表文件状态为“排除”)。

作为通用的准则,包含可执行程序代码(如表单、报表、查询、菜单和程序)的文件应该在应用程序文件中被标记为“包含”,而数据文件则被标记为“排除”。但是,可以根据应用程序的需要设为包含或排除状态。例如,一个文件如果包含敏感的系统信息或者包含只用来查询的信息,那么该文件可以在项目中设为“包含”,以免不小心被修改;反之,如果应用程序允许用户动态更改一个报表,那么可将该报表设为“排除”。

如果将一个文件设为排除,必须保证 Visual FoxPro 在运行应用程序时能够找到该文件。例如,当一个表单引用了一个可视的类库,表单会存储此类库的相对路径。如果在项目中包含该库,则该库将成为项目的一部分,而且表单总能找到该库。但是,如果在项目中将该库排除,表单会使用相对路径或者 Visual FoxPro 的搜索路径(使用 SET PATH 命令来设置的路径)查找该库。如果此库不在期望的位置(例如,如果在建立表单之后把类库移动了),Visual FoxPro 会显示一个对话框来询问用户以指定库的位置(也许您不想让用户看到该对话框),为安全起见,可以将所有不需要用户更新的文件设为包含(但应用程序文件(.app)不能设为包含,对于类库文件(.ocx、.fll 和 .dll)可以有选择地设为排除)。

若要排除可修改文件,可按如下操作:

(1) 在“项目管理器”中,选择可修改文件。

(2) 从“项目”菜单中,选择“排除”选项。

如果已经排除了该文件,“排除”选项将不可用,“包含”选项将取而代之。排除的文件在其文件名左边有排除符号⊘(标记为主文件的文件不能排除)。

四、连编

完成一个项目的最后一步是连编。此过程的最终结果是将所有在项目中引用的文件(除了那些标记为排除的文件)连编形成一个应用程序文件。并可将应用程序文件和数据文件(以及其他排除的项目文件)一起发布给用户,用户便可运行该应用程序。

在项目管理器中选定“连编”按钮,则会显示一个如图 12-26 所示的连编选项对话框,该对话框允许创建一个自定义应用程序或者刷新现有项目。现在我们先对连编选项对话框的主要组件进行说明:

1. 操作区的选项按钮

(1) 重新连编项目:该选项对应于 VFP 的 BUILD PROJECT 命令 。用于编译项目中的所有文件,并生成项目文件或项目备注文件。

(2) 连编应用程序:该项对应于 VFP 的 BUILD APP 命令,用于连编项目,并生成以.app 为扩展名的应用程序。但该文件只能在 VFP 系统环境中运行。

(3) 连编可执行文件:该项对应于 VFP 的 BUILD EXE 命令,用于连编项目,并生成以.exe 为扩展名的可执行文件。.exe 文件也可在开发环境中运行,但它还可以在 Windows 环境中独立运行。

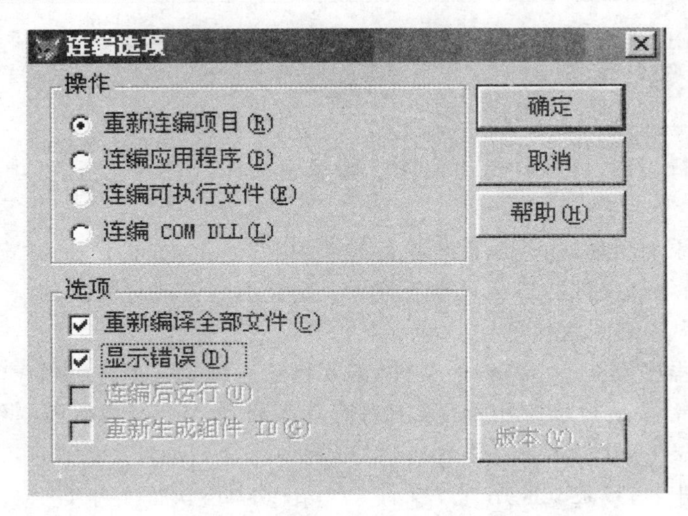

图 12-26　“连编选项”对话框

2. 选项区的复选框

(1) 重新编译全部文件:用于重新编译项目中的所有文件。

(2) 显示错误:用于指定是否显示编译时遇到的错误。

(3) 连编后运行:用于指定连编应用程序后是否马上运行。

(4) 重新生成组件:安装并注册包含在项目中的自动服务程序(Automation Server)。选定时,该选项指定当连编程序时生成新的 GUID(全局唯一标识)。只有“类”菜单的“类信息”对话框中标识为“OLE Public”的类能被创建和注册。当您选定“连编可执行文件”或“连编 COM DLL”,并已经连编包含 OLE Public 关键字的程序时,该选项才可用。

3. 版本按钮

显示“EXE 版本”对话框,允许指定该系统的版本号以及版本类型。当从“连编选项”对话框中选择“连编可执行文件”或“连编 COM DLL”时,该按钮才出现。

4. 利用项目管理器建立应用程序的具体步骤

(1) 测试项目

为了对程序中的引用进行校验,同时检查所有的程序组件是否可用,可以对项目进行测试。为此,需要重新连编项目,这样 Visual FoxPro 会分析文件的引用,然后重新编译过期的文件。

若要测试一个项目,可采用如下步骤:

① 在“项目管理器”中,选择“连编”。

② 在“连编选项”对话框中,选择“重新连编项目”。

③ 选择任意所需的其他选项,选择“确定”。

或者,使用 BULD PROJECT 命令。

例如,为了连编一个名字为 MYPROJ. PJX 的项目,请键入:

BUILD PROJECT myproj

如果在连编过程中发生错误,这些错误会集中收集在当前目录的一个文件中,名字为项目的名称,扩展名为 .err。编译错误的数量显示在状态栏中,也可以立刻查看错误文件。若要立刻显示错误文件 ,可选择“显示错误”复选框。

当成功地连编项目之后,在建立应用程序前应该试着运行该项目。若要运行应用程序,

在“项目管理器”中,选中主程序,然后选择“运行”;或者,在“命令”窗口中,执行一个带有主程序名的 DO 命令:

```
DO mainprog.prg
```

如果程序运行正确,可以开始连编成应用程序文件,该文件会包括项目中所有“包含”文件。

当向项目中添加组件时,应该重复项目的连编和运行。如果没有在“连编选项”对话框中选择“重新编译全部文件”,那么只重新编译上次连编后修改过的文件。

(2) 从项目中连编应用程序

若要从应用程序建立一个最终的文件,需要将它连编为一个应用程序文件,该文件带有 .app 的扩展名。若要运行该应用程序,用户需首先启动 Visual FoxPro,然后加载该 .app 文件。

从一个项目中,可以建立应用程序文件 (.app)或者可执行文件 (.exe)。如果用户有一个完整的 Visual FoxPro 副本,则可以运行一个 .app 文件。另外一个选择方案是建立一个可执行文件。该可执行文件需要和两个 Visual FoxPro 动态连接库 (Vfp6r.dll 和 Vfp6enu.dll)连接,这两个库和应用程序一起构成了 Visual FoxPro 所需的完整的运行环境。VFPxxx.DLL 指定用于应用程序开发的地区版本。有关详细内容,请参阅有关资料。

若要连编一个应用程序 ,可采用如下步骤:

① 在“项目管理器”中,选择“连编”按钮。

② 在“连编选项”对话框中,选择“连编应用程序”,生成 .app 文件;或者“连编可执行文件”以生成一个 .exe 文件。

③ 根据需要选择其他选项并选择“确定”按钮。

或者,使用 BUILD APP 或 BUUILD EXE 命令。

例如,若要从项目 Myproj.pjx 连编得到一个应用程序 Myapp.app,可键入:

```
BUILD APP myapp FROM myproj
```

如果要从一个名字为 MYPROJ.PJX 的项目文件中建立一个可执行的应用程序 MYAPP.EXE,请键入:

```
BUILD EXE myapp FROM myproj
```

需要说明的是:使用“连编”对话框,可以从 Visual FoxPro 应用程序中建立一个自动服务程序(Automation Server)。

当为项目建立了一个最终的应用程序文件之后,用户就可运行它了。

若要运行 .app 应用程序,可以从“程序”菜单中选择“运行”命令,然后选择要执行的应用程序。或者,在命令窗口中,键入 DO 和应用程序文件名。例如,要运行应用程序 MYAPP,可键入:

```
DO myapp.app
```

如果从应用程序中建立了一个 .exe 文件,用户可以使用如下几种方法运行该文件:

① 在 Visual FoxPro 中,从“程序”菜单中选择“运行”,然后选择一个应用程序文件;或者在命令窗口中,使用 DO 命令,该命令带有所要运行的应用程序名。

例如,要运行一个名字为 Myapp.exe 的 .exe 文件,请键入:

```
DO myapp.exe
```

② 在 Windows 中,双击该 .exe 文件的图标。

12.3.2　应用程序发布

建立可发布的应用程序与开发标准的 Visual FoxPro 应用程序类似。可以像往常一样在 Visual FoxPro 开发环境中工作，但是最后创建的是可独立执行的程序或自动服务程序(Automation Server，一个 COM 组件)，并且需要在运行环境中对它进行测试。完成开发和测试之后，就可以开始此应用程序和相关文件的发布工作。

一、发布准备

1. 选择连编类型

在可以发布应用程序之前，必须将系统连编成一个以 .app 为扩展名的应用程序文件，或者是一个以 .exe 为扩展名的可执行文件。表 12－2 列出这几种连编类型之间的区别。

表 12－2　连编类型的区别

连编类型	特　征
应用程序文件(.app)	比 .exe 文件小 10K 到 15K。用户必须拥有 Visual FoxPro
可执行文件(.exe)	应用程序中包含了 Visual FoxPro 加载程序，因此，用户无须拥有 Visual FoxPro，但需提供两个支持文件 Vfp6r.dll 和 Vfp6renu.dll (EN 表示英文版)，这些文件必须放置在与可执行文件相同的目录中，或者在 MS－DOS 搜索路径中。有关创建并发布可执行文件的详细内容，请参阅 BUILD 的帮助信息
COM DLL	用于创建可被其他应用程序调用的文件。有关使用该连编选项的详细内容，请参阅有关“添加 OLE”的帮助信息

在选择连编类型时，必须考虑应用程序的最终大小，以及用户是否拥有 Visual FoxPro。

2. 考虑环境问题

必须考虑并测试应用程序可以运行的最小环境，包括磁盘空间和内存大小。测试结果以及其他问题的解决方案，都能帮助您选择连编的类型、应用程序中所应包含的文件，以及建立发布结构的方法。

3. 确保正确运行

在运行环境中，仅由无模式表单构成的应用程序不能正确运行，除非提供 READ EVENTS 命令。可以通过添加调用程序或者设置 WindowType 属性，以确保应用程序正确运行。

4. 定制应用程序

Visual FoxPro 默认的运行环境与开发环境看起来很相似：它显示 Visual FoxPro 的图标和菜单。要使应用程序看起来与众不同，可以使用如下方法定制应用程序的某些功能：

(1) 保护源代码并将其存档。

(2) 调用错误处理例程和退出例程。

在某些情况下，用户运行应用程序时会发生错误。通过包含 ON ERROR ，可以调用错误处理例程。一般地，ON ERROR 使用 DO 命令来运行处理错误的例程，比如：

```
ON ERROR DO My_Error
```

如果应用程序不包含错误处理例程却又发生了错误,应用程序会暂停,Visual FoxPro 显示错误信息,并提供下列选项:

① 取消:如果用户选择“取消”,Visual FoxPro 会立刻停止运行该应用程序,并把控制权返还给系统。

② 忽略:如果用户选择“忽略”,Visual FoxPro 会忽略引起错误的程序行,继续执行下一行的程序。

(3) 加入配置文件,指定自定义的标题、图标、键盘和帮助设置。

应用程序编译之后,默认的 VisualFoxPro 图标会显示在 Windows 资源管理器或“开始”菜单中,作为应用程序图标。可以使用 Visual FoxPro 提供的图标,也可以自己设计图标。

如果想显示自己的图标,请用两种图像创建一个图标(. ico)文件:一个小的(16×16)和一个标准的(32×32)。将两个图像创建为 16 色图标。

可以在“项目”菜单的“项目信息”对话框中改变默认的 Visual FoxPro 图标。如果使用“安装向导”来创建应用程序的安装盘,您也可以在其中指定一个应用程序图标。

(4) 在应用程序中添加帮助。

可以在应用程序中集成上下文相关的帮助,这样当用户按下“F1 键”或者从菜单中选择“帮助”命令,就可以得到有关应用程序的帮助。应用程序提供的帮助文件与 Visual FoxPro 的“帮助”功能相同。有关详细内容,请参阅有关“创建帮助文件”的资料。

如果为应用程序创建了图形方式帮助,则需把. chm 或 . hlp 文件包含到应用程序的发布目录中,以使安装向导把它加入到发布磁盘中。

二、创建发布磁盘

完成了应用程序的开发工作以后,就要将应用程序交给用户测试和使用,这才是创建应用程序的最后目的。交给用户的应是一个安装程序,它能够方便快捷地进行应用程序的安装,并能使应用程序正常运行。可以使用“安装向导”为应用程序创建安装程序和发布磁盘,如图 12 - 27 所示。“安装向导”能方便地按照指定的格式来创建安装程序和磁盘。利用“安装向导”,可以创建一组或多组发布磁盘,并且包含应用程序的安装例程。

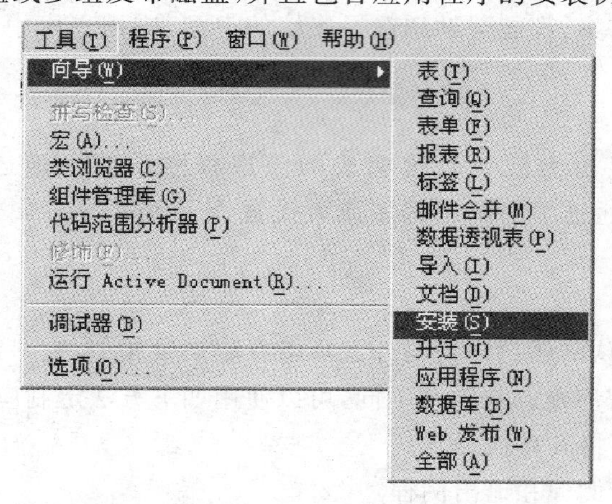

图 12 - 27 系统“工具”菜单中“安装”菜单项

在用“安装向导”创建磁盘之前,必须创建一个目录树,它包含要复制到用户硬盘上的所有发布文件。请把希望复制到发布磁盘的所有文件都放入这个目录或其子目录下，要注意，应用程序或可执行文件必须放在该树的根目录下。

使用“安装向导”步骤如下：

(1) 选择发布树目录这个目录中包含所有要安装到用户及其上的文件。然后“安装向导”使用这个目录作为压缩到磁盘映像目录中的源文件。选择已创建的发布树目录“C:\jxxt”。如图 12－28 所示。

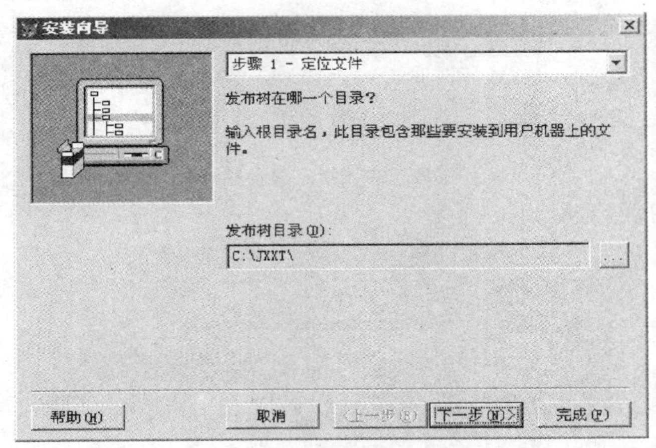

图 12－28　选择目录发布树

(2) 选择发布应用程序时所需的组件

在应用程序中可能使用了一些功能，这些功能在运行时需要一些组件来支持它。例如，在应用程序中使用了 ActiveX 控件与外界文件交换数据，就需要有“ActiveX 控件…”组件来支持它，选择“Visuanl FoxPro 运行时刻组件”，是程序能在 Visuanl FoxPro 的运行时刻中可用。如图 12－29 所示。

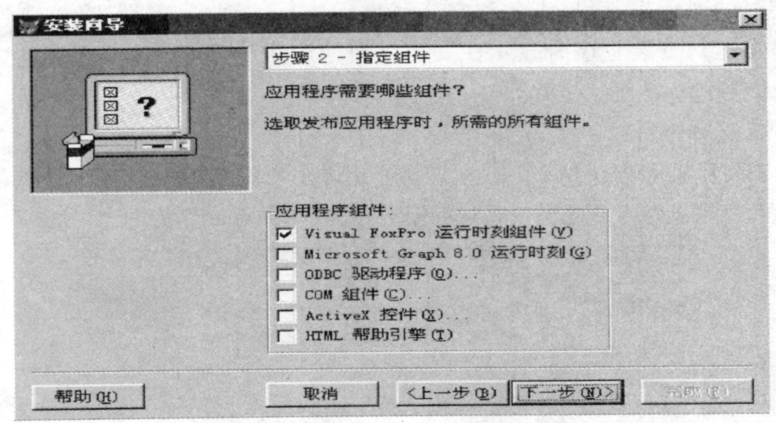

图 12－29　选择发布应用程序时所需的组件

(3) 指定磁盘映像

选择生成的安装磁盘磁盘的位置和安装磁盘的种类。选择磁盘类型为 1.44MB(3.5 英寸)盘，并把生成的安装盘放在“D:\disk”目录下。如图 12－30 所示。

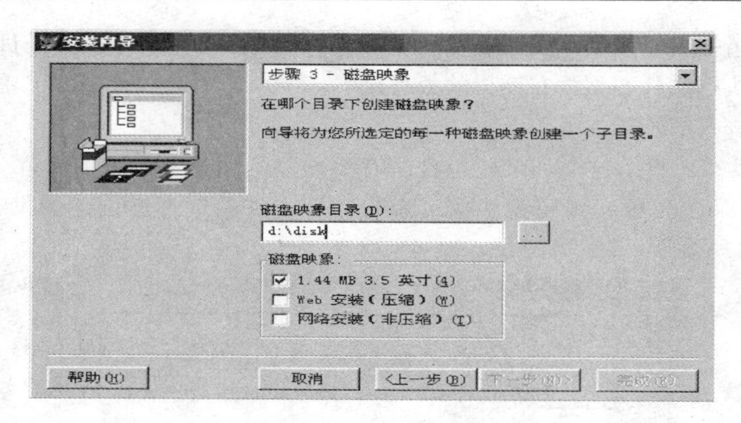

图 12-30　指定磁盘映像

(4) 给安装程序指定标识

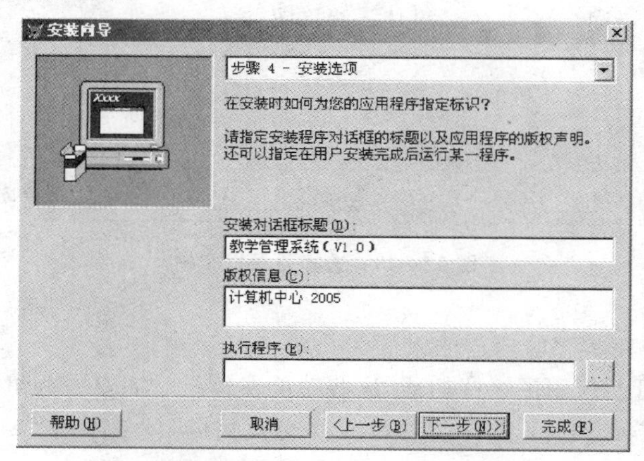

图 12-31　给安装程序指定标识

指定安装时的对话框、版权声名和安装完成后执行的程序,如图 12-31 所示。安装的对话框标题是在运行安装程序时显示在安装界面的应用程序名称,版权信息一般要有版权所有者、受法律保护等信息。

(5) 指定默认目标目录

设置缺省安装目录和程序组名,并指定是否允许用户改变。一般程序的默认路径为"C:\Program Files\程序目录",在此处设置默认的安装路径为"C:\jxxt",如图 12-32 所示。

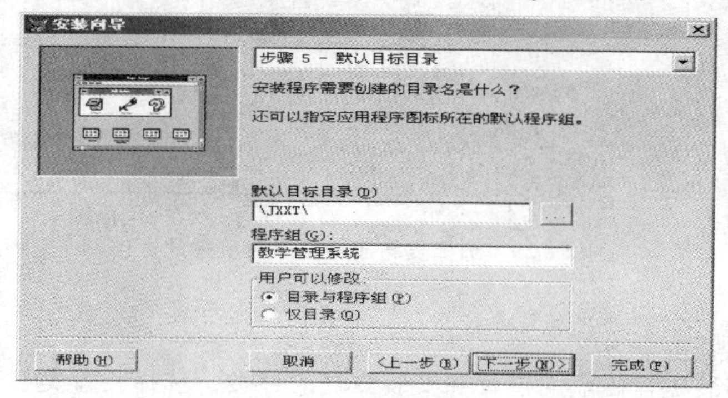

图 12-32　指定默认目标目录

(6) 改变文件设置

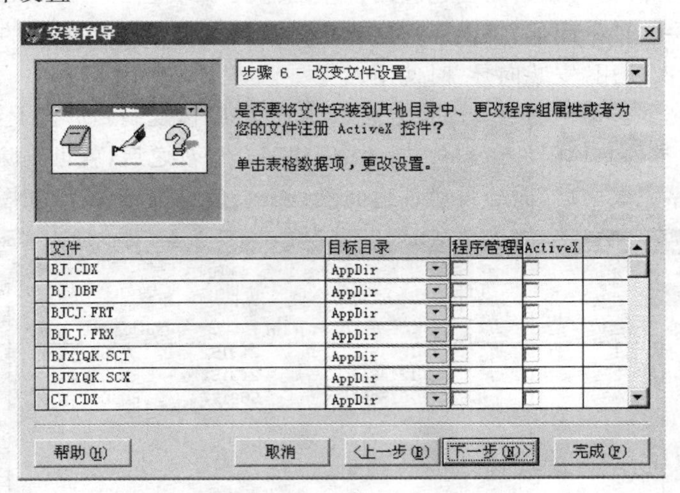

图 12－33　改变文件设置

"安装向导"显示文件的总结报告以及所有选项，并允许用户对文件名、文件目的地以及其他一些选项作修改，如图 12－33 所示。

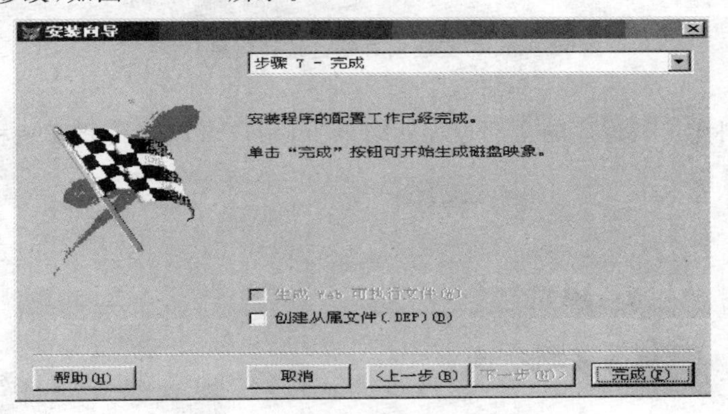

图 12－34　安装向导最后一步

单击"下一步"按钮以后，就是最后异步完成界面了，如图 12－34 所示。

单击完成按钮以后进入"安装向导进展"对话框，如图 12－35 所示。

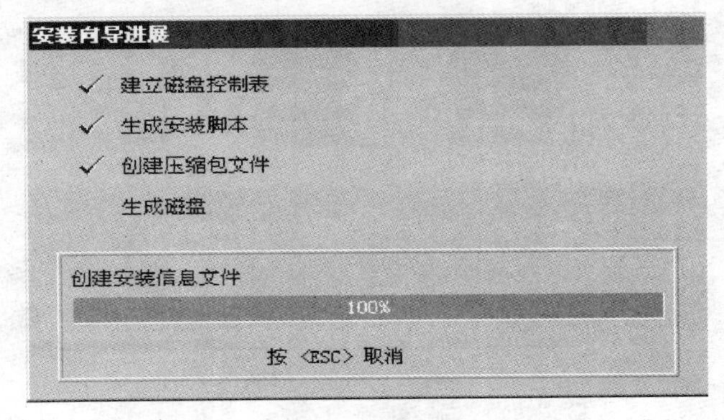

图 12－35　"安装向导进展"对话框

此后,“安装向导”便开始启动创建应用程序磁盘映像的过程。第一次运行向导时,将建立并压缩几个唯一文件。因此,首次运行向导比以后运行向导花费更多的事件。向导保存这些文件,以备再次使用“安装向导”时使用。

在“安装向导”创建指定的磁盘映像之后,可把这些映像复制到母盘上,然后再次从母盘上布置,并与软件包的其他附件一起包装。在创建一套母盘之后,就可删除磁盘映像目录。

整个安装程序完成之后,向导将对创建的磁盘安装信息进行统计,如图 12－36 所示。

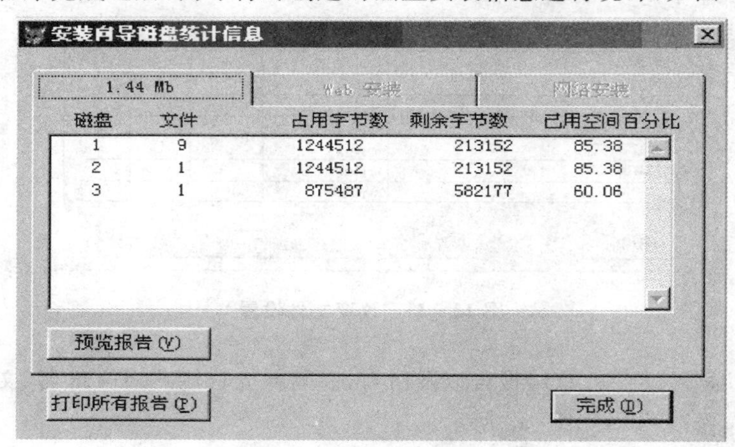

图 12－36 “安装向导磁盘统计信息”对话框

这样,整个制作安装程序的全部过程就结束了,用户可以运行此安装程序,查看安装效果,并随时进行修改。

附录1 ASCII码表

十进制	十六进制	字符	十进制	十六进制	字符	十进制	十六进制	字符	十进制	十六进制	字符
0	00	NUL	32	20	SP	64	40	@	96	60	`
1	01	SOH	33	21	!	65	41	A	97	61	a
2	02	STX	34	22	"	66	42	B	98	62	b
3	03	ETX	35	23	#	67	43	C	99	63	c
4	04	EOT	36	24	$	68	44	D	100	64	d
5	05	ENQ	37	25	%	69	45	E	101	65	e
6	06	ACK	38	26	&	70	46	F	102	66	f
7	07	BEL	39	27	'	71	47	G	103	67	g
8	08	BS	40	28	(	72	48	H	104	68	h
9	09	HT	41	29	)	73	49	I	105	69	i
10	0A	LF	42	2A	*	74	4A	J	106	6A	j
11	0B	VT	43	2B	+	75	4B	K	107	6B	k
12	0C	FF	44	2C	,	76	4C	L	108	6C	l
13	0D	CR	45	2D	-	77	4D	M	109	6D	m
14	0E	SO	46	2E	.	78	4E	N	110	6E	n
15	0F	SI	47	2F	/	79	4F	O	111	6F	o
16	10	DLE	48	30	0	80	50	P	112	70	p
17	11	DC1	49	31	1	81	51	Q	113	71	q
18	12	DC2	50	32	2	82	52	R	114	72	r
19	13	DC3	51	33	3	83	53	S	115	73	s
20	14	DC4	52	34	4	84	54	T	116	74	t
21	15	NAK	53	35	5	85	55	U	117	75	u
22	16	SYN	54	36	6	86	56	V	118	76	v
23	17	ETB	55	37	7	87	57	W	119	77	w
24	18	CAN	56	38	8	88	58	X	120	78	x
25	19	EM	57	39	9	89	59	Y	121	79	y
26	1A	SUB	58	3A	:	90	5A	Z	122	7A	z
27	1B	ESC	59	3B	;	91	5B	[	123	7B	{
28	1C	FS	60	3C	<	92	5C	\	124	7C	|
29	1D	GS	61	3D	=	93	5D	]	125	7D	}
30	1E	RS	62	3E	>	94	5E	↑	126	7E	~
31	1F	US	63	3F	?	95	5F	_	127	7F	DEL

附录 2　VFP 常用函数

ABS(nExpression)　返回指定数值表达式的绝对值

ACOS(nExpression)　返回指定数值表达式的反余弦值

ALIAS([nWorkArea | cTableAlias])　返回当前表或指定工作区表的别名

ALLTRIM(cExpression)　删除指定字符表达式的前后空格符,但中间的空格符不删除

ASC(cExpression)　返回字符表达式中最左边字符的 ASCII 码值

ASIN(nExpression)　返回数值表达式的反正弦弧度值

ASORT(ArrayName [, nStartElement [, nNumberSorted [, nSortOrder]]])　按升序或降序对数组中的元素排序

AT(cSearchExpression, cExpressionSearched [,? nOccurrence])　返回一个字符表达式或备注字段在另一个字符表达或备注字段中首次出现的位置,从最左边开始计数

ATAN(nExpression)　返回数值表达式的反正切弧度值

BETWEEN(eTestValue, eLowValue, eHighValue)　判断一个表达式的值是否在另外两个相同数据类型的表达式的值之间

BINTOC(nExpression[, nSize])　将整型数用二进制字符串表示

BOF([nWorkArea | cTableAlias])　确定当前记录指针是否在文件开始标志处

CANDIDATE([nIndexNumber] [, nWorkArea| cTableAlias])　如果一个索引标识是候选索引标识,则返回"真"(.T.);否则,返回"假"(.F.)

CAPSLOCK([lExpression])　返回 CAPS LOCK 键的当前状态,或把 CAPS LOCK 键状态设置为"开"或"关"

CDOW(dExpression | tExpression)　从给定日期或日期时间表达式中返回星期值

CDX(nIndexNumber[, nWorkArea| cTableAlias])　根据指定的索引位置编号,返回打开的复合索引(.CDX)文件名称

CEILING(nExpression)　返回大于或等于指定数值表达式的最小整数

CHR(nASCIICode)　根据指定的 ASCII 码值返回其对应的字符

CHRTRAN(cSearchedExpression, cSearchExpression, cReplacementExpression)　在一个字符表达式中,把与第二个表达式字符相匹配的字符替换为第三个表达式中相应字符

CMONTH(dExpression| tExpression)　返回给定日期或日期时间表达式的月份名称

COS(nExpression)　返回数值表达式的余弦值

CTOD(cExpression)　把字符表达式转换成日期表达式

CTOT(cCharacterExpression)　从字符表达式返回一个日期时间值

CURDIR([cExpression])　返回当前目录或文件夹

CURVAL(cExpression [, cTableAlias | nWorkArea])　从磁盘上的表或远程数据源中直接返回字段值

DATE([nYear, nMonth, nDay])　返回由操作系统控制的当前系统日期,或创建一个与 2000 年兼容的日期值

DATETIME([nYear, nMonth, nDay[, nHours[, nMinutes[, nSeconds]]]]) 以日期时间值返回当前的日期和时间

DAY(dExpression | tExpression) 以数值型返回给定日期表达式或日期时间表达式是某月中的第几天

DBC( ) 返回当前数据库的名称和路径

DBF([cTableAlias | nWorkArea]) 返回指定工作区中打开的表名,或根据别名返回表名

DBGETPROP(cName, cType, cProperty) 返回当前数据库的属性,或者返回当前数据库中字段、命名连接、表或视图的属性

DBSETPROP(cName, cType, cProperty, ePropertyValue) 给当前数据库或当前数据库中的字段、命名连接、表或视图设置一个属性

DBUSED(cDataBaseName) 当指定的数据库已打开时,返回"真"(.T.)

DOW(dExpression| tExpression[, nFirstDayOfWeek]) 从日期表达式或日期时间表达式返回该日期是一周的第几天

DTOC(dExpression | tExpression [, 1]) 由日期或日期时间表达式返回字符型日期

DTOS(dExpression | tExpression) 从指定日期或日期时间表达式中返回 yyyymmdd 格式的字符串日期

DTOT(dDateExpression) 从日期型表达式返回日期时间型值

EMPTY(eExpression) 确定表达式是否为空值

EOF([nWorkArea | cTableAlias]) 确定记录指针位置是否超出当前表或指定表中的最后一个记录

EXP(nExpression) 返回 e^x 的值

FCOUNT([nWorkArea | cTableAlias]) 返回表中的字段数目

FIELD(nFieldNumber [, nWorkArea | cTableAlias]) 根据编号返回表中的字段名

FILE(cFileName) 如果在磁盘上找到指定的文件,则返回"真"(.T.)

FILTER([nWorkArea | cTableAlias]) 返回 SET FILTER 命令中指定的筛选表达式

FLOOR(nExpression) 对于给定的数值型表达式值,返回小于或等于它的最大整数

FOUND([nWorkArea | cTableAlias]) 如果 CONTINUE、FIND、LOCATE 或 SEEK 命令执行成功,函数的返回值为"真"(.T.)

GETFILE([cFileExtensions] [, cText] [, cOpenButtonCaption][, nButtonType] [, cTitleBarCaption]) 显示"打开"对话框,并返回选定文件的名称

HOUR(tExpression) 返回日期时间表达式的小时部分

IIF(lExpression, eExpression1, eExpression2) 根据逻辑表达式的值,返回两个值中的某一个

INKEY([nSeconds] [, cHideCursor]) 返回一个编号,该编号对应于键盘缓冲区中第一个鼠标单击或按键操作

INLIST(eExpression1, eExpression2 [, eExpression3 ...]) 判断一个表达式是否与一组表达式中的某一个相匹配

INT(nExpression) 计算一个数值表达式的值,并返回其整数部分

ISALPHA(cExpression)　判断字符表达式的最左边一个字符是否为字母

ISBLANK(eExpression)　判断表达式是否为空值

ISDIGIT(cExpression)　判断字符表达式的最左边一个字符是否为数字字符(0 到 9)

ISLOWER(cExpression)　判断字符表达式最左边的字符是否为小写字母

ISNULL(eExpression)　判断一个表达式的计算结果是否为 null 值

ISUPPER(cExpression)　判断字符表达式的第一个字符是否为大写字母(A～Z)

KEY([CDXFileName,] nIndexNumber [, nWorkArea | cTableAlias])　返回索引标识或索引文件的索引关键字表达式

LEFT(cExpression, nExpression)　返回字符表达式最左边的指定数目的字符

LEN(cExpression)　返回字符表达式中字符的数目

LIKE(cExpression1, cExpression2)　确定一个字符表达式是否与另一个字符表达式匹配

LOG(nExpression)　返回给定数值表达式的自然对数(以 e 为底)

LOG10(nExpression)　返回给定数值表达式的常用对数(以 10 为底)

LOWER(cExpression)　以小写字母形式返回指定的字符表达式

LTRIM(cExpression)　删除指定的字符表达式的前导空格

MAX(eExpression1, eExpression2 [, eExpression3 ...])　对几个表达式求值,并返回具有最大值的表达式

MDY(dExpression | tExpression)　以"月-日-年"格式返回指定日期或日期时间表达式,其中月份名不缩写

MESSAGEBOX(cMessageText [, nDialogBoxType [, cTitleBarText]])　显示一个用户自定义对话框

MIN(eExpression1, eExpression2 [, eExpression3 ...])　计算一组表达式,并返回具有最小值的表达式

MINUTE(tExpression)　返回日期时间型表达式中的分钟部分

MOD(nDividend, nDivisor)　用一个数值表达式去除另一个数值表达式,返回余数

MONTH(dExpression | tExpression)　返回给定日期或日期时间表达式的月份值

NDX(nIndexNumber [, nWorkArea | cTableAlias])　返回为当前表或指定表打开的某一索引(.IDX)文件的名称

NUMLOCK([lExpression])　返回 NUMLOCK 键的当前状态,或者设置 NUMLOCK 键的状态为开或关

OCCURS(cSearchExpression, cExpressionSearched)　返回一个字符表达式在另一个字符表达式中出现的次数

OLDVAL(cExpression [, cTableAlias | nWorkArea])　返回字段的初始值,该字段值已被修改但还未更新

ORDER([nWorkArea | cTableAlias [, nPath]])　返回当前表或指定表的主控索引文件或标识

PUTFILE([cDialogCaption] [, cFileName] [, cFileExtensions])　激活"另存为…"对话框,并返回指定的文件名

RAND([nSeedValue])　返回一个 0 到 1 之间的随机数

RECCOUNT([nWorkArea | cTableAlias])　返回当前或指定表中的记录数目

RECNO([nWorkArea | cTableAlias])　返回当前表或指定表中的当前记录号

RECSIZE([nWorkArea | cTableAlias])　返回表中记录的大小(宽度)

REPLICATE(cExpression, nTimes)　将指定字符表达式重复指定次数后得到一个新字符串

RGB(nRedValue, nGreenValue, nBlueValue)　根据一组红、绿、蓝颜色成分返回一个单一的颜色值

RIGHT(cExpression, nCharacters)　从一个字符串的最右边开始返回指定数目的字符

ROUND(nExpression, nDecimalPlaces)　四舍五入后返回指定小数位数的数值

RTRIM(cExpression)　删除字符表达式的后续空格

SEC(tExpression)　返回日期时间型表达式中的秒钟部分

SECONDS( )　以秒为单位返回自午夜以来经过的时间

SEEK(eExpression [, nWorkArea | cTableAlias [, nIndexNumber | cIDXIndexFileName | cTagName]])　在一个已建立索引的表中搜索一个记录的第一次出现位置，该记录的索引关键字与指定表达式相匹配。seek( )函数返回一个逻辑值，指示搜索是否成功

SELECT([0 | 1 | cTableAlias])　返回当前工作区编号或未使用工作区的最大编号

SIGN(nExpression)　当指定数值表达式的值为正、负或 0 时，分别返回 1、-1 或 0

SIN(nExpression)　返回一个角度的正弦值

SPACE(nSpaces)　返回由指定数目的空格构成的字符串

SQRT(nExpression)　返回指定数值表达式的平方根

STR(nExpression [, nLength [, nDecimalPlaces]])　将指定的数值表达式转换成字符串

STRTRAN(cSearched, cSearchFor [, cReplacement] [, nStartOccurrence] [, nNumberOfOccurrences])　在第一个字符表达式或备注字段中，搜索第二个字符表达式或备注字段，并用第三个字符表达式或备注字段替换每次出现的第二个字符表达式或备注字段

STUFF(cExpression, nStartReplacement, nCharactersReplaced, cReplacement)　用一个字符表达式替换现有字符表达式中指定位置的字符串

SUBSTR(cExpression, nStartPosition [, nCharactersReturned])　从给定的字符表达式或备注字段中返回子字符串

TABLEREVERT([lAllRows] [, cTableAlias | nWorkArea])　放弃对行缓冲、表缓冲或临时表的修改，并且恢复远程临时表的 OLDVAL( )数据以及本地表和临时表的当前磁盘数值

TABLEUPDATE([nRows[, lForce]] [, cTableAlias | nWorkArea] [, cErrorArray])　执行对行缓冲、表缓冲或临时表的修改

TAG([CDXFileName,] nTagNumber [, nWorkArea | cTableAlias])　返回打开的 .CDX 复合索引文件的标识名，或者返回打开的 .IDX 独立索引文件的文件名

TAN(nExpression)　返回角度的正切值

TIME([nExpression])　以 24 小时制、8 位字符串(时:分:秒)格式返回当前系统时间

TRIM(cExpression)　返回删除全部后缀空格后的指定字符表达式

TTOC(tExpression[,1|2])　从日期时间表达式中返回一个字符值

TTOD(tExpression)　从日期时间表达式中返回一个日期值

TYPE(cExpression)　计算字符表达式,并返回其内容的数据类型

UPPER(cExpression)　用大写字母返回指定的字符表达式

USED([nWorkArea | cTableAlias])　确定是否在指定工作区中打开了一个表

VAL(cExpression)　将由数字组成的字符串转换成数值

WEEK(dExpression | tExpression [, nFirstWeek] [, nFirstDayOfWeek])　从日期表达式或日期时间表达式中返回代表一年中第几周的数值

YEAR(dExpression| tExpression)　从指定的日期表达式中返回年份

附录 3　VFP 常用命令

一、表结构的操作

1. 表结构的创建

CREATE [表文件名|?]　打开表结构设计器

CREATE TABLE | DBF 表文件名(字段名 类型[NOT NULL/NULL][{,字段名类型[NOT NULL/NULL]}...])　创建表结构的 SQL 命令(不打开表结构设计器)

CREATE FROM 表文件名　根据指定的文件创建表结构(不打开表结构设计器)

2. 表结构的修改

MODIFY STRUCTURE　打开表结构设计器进行修改

ALTER TABLE tablename ;
ADD 字段名 Type [NULL | NOT NULL] [,字段名 Type [NULL | NOT NULL] ;
[ALTER COLUMN 字段名 Type {NULL | NOT NULL}] [{,字段名 Type NULL | NOT NULL}...] ;
[DROP 字段名[,字段名[, ...]];[
RENAME 字段名 TO 新字段名]　修改表结构的 SQL 命令(不打开表结构设计器)

3. 表结构的显示

LIST STRUCTURE　滚屏显示表结构信息

DISPLAY STRUCTURE　分屏显示表结构信息

4. 表结构的复制

COPY STRUCTURE TO tablename [FIELDS 字段名列表]　将当前表的结构信息复制到另一表文件中(不复制记录)

二、记录的显示

LIST [FIELDS 字段名列表]? [范围] [FOR 条件] [WHILE 条件][OFF][NOCONSOLE][NOOPTIMIZE][TO PRINTER [PROMPT] | TO FILE FileName]
滚屏显示表的记录

DISPLAY [FIELDS 字段名列表]? [范围] [FOR 条件] [WHILE 条件][OFF][NOCONSOLE][NOOPTIMIZE][TO PRINTER [PROMPT] | TO FILE FileName]分屏显示表的记录

三、记录的输入

APPEND [BLANK][IN 工作区号|别名]　在表文件的尾部追加记录

APPEND FROM 文件名|? [FIELDS 字段名列表][FOR 条件]　从另一个文件中提取数据添加到当前数据表的尾部

APPEND FROM ARRAY 数组名[FOR 条件][FIELDS 字段名列表]　将内存数组的值添加到当前表文件的尾部

APPEND MEMO 备注字段名[FROM 文件名][OVERWRITE]　将文本文件的内容复制到备注字段

INSERT [BLANK] [BEFORE]　插入新记录(在当前记录之前或后插入)

INSERT INTO 表文件名[(字段 1 [，字段 2，...])]VALUES (表达式 1 [，表达式 2，...])　在表中插入新记录并赋值(SQL 命令)

四、记录的更新

BROWSE [FIELDS 字段名列表][FONT 字体名[，字号]][STYLE 字形][FOR 条件[REST]] [FREEZE 字段名] [LAST | NOINIT][LOCK nNumberOfFields][LPARTITION] [NAME ObjectName] [NOAPPEND] [NODELETE] [NOEDIT | NOMODIFY][NOOPTIMIZE]　打开浏览窗口修改数据

CHANGE [FIELDS 字段名列表] 打开编辑窗口修改数据

EDIT [FIELDS 字段名列表]　打开编辑窗口修改数据

REPLACE 字段 1 ？ WITH ？ 表达式 1[ADDITIVE] [,<？[,<字段 2> WITH <表达式 2>[ADDITIVE],…]？ [FOR 条件 1][WHILE 条件 2]　替换表文件中的记录

UPDATE [数据库名!]表文件名 SET 字段 1=表达式 1 [{字段 2=表达式 2}...]；[WHERE 条件]　更新表文件中的记录(SQL 命令)

五、记录的删除

1. 逻辑删除

DELETE？ [范围] [FOR 条件] [WHILE 条件] [IN 工作区号| 别名] [NOOPTIMIZE]
　　给记录加删除标记

DELETE FROM [数据库名!]表文件名[WHERE 条件]？ 给记录加删除标记(SQL 命令)

RECALL [范围] [FOR 条件] [WHILE 条件] [NOOPTIMIZE]　去除删除标记

2. 物理删除

PACK　永久删除带删除标记的记录

ZAP ？ [IN 工作区号| 别名]　删除表中所有记录(保留表的结构)

3. 设置删除标志起作用

SET DELETED ON | OFF　设置删除标志起作用

六、记录的定位

1. 绝对定位

GO n TOP|BOTTOM　将记录指针移到指定记录上

2. 相对定位

SKIP [±n] [IN 工作区号|表别名]　记录指针相对于当前记录向上(下)移动 n 条记录

3. 条件定位

LOCATE FOR 条件下[范围][WHILE 条件]　将记录指针定位到满足条件的第一条
　　记录上

CONTINUE 继续查找(与 LOCATE 命令配合使用)

SEEK 表达式[ORDER 索引文件名序号|索引文件名|[TAG]索引名[OF 复合索引文件名] [ASCENDING][DESCENDING]][IN 工作区号|表别名]按主控索引顺序在表
　　中查找

七、排序与索引

1. 排序

SORT TO ？ 文件名？ ON ？ 字段名 1 ？ [/A | /D] [/C] [？ 字段名 2 ？ [/A | /D] [/C] ...]；[ASCENDING | DESCENDING] [范围] [FOR 条件] [WHILE 条件]

[FIELDS 字段名列表][NOOPTIMIZE]将当前表排序后建立一个新数据表

2. 索引

INDEX? ON 表达式 TO? 独立索引文件名[FOR＜条件＞]? [UNIQUE] [COMPACT] [ASCENDING][DESCENDING][ADDITIVE]　建立独立索引文件

INDEX ON 表达式 TO? TAG ? 索引名[OF 复合索引文件名] [FOR 条件] [UNIQUE|CANDIDATE] [ASCENDING][DESCENDING][ADDITIVE]　建立复合索引文件

SET COLLATE TO 排序顺序　指定字符型字段的排序规则

3. 打开索引文件

USE 表文件名[IN 工作区号][INDEX 索引文件名列表|?]　打开表时将索引文件一并打开

SET INDEX TO[索引文件名列表|?][ORDER 索引文件名序号|索引文件名|[TAG]索引名[OF 复合索引文件名] [ASCENDING][DESCENDING]]　为当前表打开一个或多个索引文件

4. 设置主控索引

SET ORDER TO [索引序号|IDX 索引文件名|[TAG]索引标志[OF 复合索引文件名] [IN 工作区号|别名] [ASCENDING | DESCENDING]]　指定主控索引

5. 删除索引

DELETE? TAG? ALL [OF 复合索引文件名]　删除索引

DELETE? TAG? 索引标识 1 [OF 复合索引文件名 1] [,索引标识 2 [OF 复合索引文件名 2]]…　删除索引

八、统计计算

COUNT [范围] [FOR 条件] [WHILE 条件][TO 内存变量名] [NOOPTIMIZE]　统计表中的记录数

SUM [表达式列表] [范围] [FOR 条件] [WHILE 条件][TO 内存变量名|TO ARRAY 数组名] [NOOPTIMIZE]　对当前表的指定数值字段或全部数值字段求和

AVERAGE [表达式列表] [范围] [FOR 条件] [WHILE 条件][TO 内存变量名|TO ARRAY 数组名] [NOOPTIMIZE]　计算数值表达式或字段的平均值

TOTAL TO 表文件名 ON 字段名[FIELDS 字段名列表] [范围] [FOR 条件] [WHILE 条件] [NOOPTIMIZE]　对当前表中数值型字段进行分组求和

CALCULATE 表达式列表[范围] [FOR 条件] [WHILE 条件][TO 内存变量名|TO ARRAY 数组名] [NOOPTIMIZE]　对表中的字段或表达式进行财务和统计计算

九、数据的复制与传送

SCATTER [FIELDS 字段名列表][MEMO]TO 数组名[BLANK] | MEMVAR [BLANK]　将当前记录的值传送到数组或内存变量

GATHER FROM ? 数组名| MEMVAR [FILEDS 字段名列表] [MEMO]　将数组或内存变量的值传送到当前记录

十、表的打开与关闭

1. 表的打开

USE [[数据库名!]表名| 视图名| ?] [IN 工作区号| 别名] [AGAIN][NORE-

QUERY] [NODATA] [INDEX 索引文件列表| ? [ORDER [索引编号| IDX 索引文件名| [TAG] 索引标志[OF 复合索引文件名] [ASCENDING | DESCENDING]]]] [ALIAS 别名] [EXCLUSIVE] [SHARED] [NOUPDATE]　打开表

2. 选择工作区

SELECT 工作区号|别名　设置当前工作区

3. 表的关闭

USE　关闭当前工作区中的表

USE IN 工作区号　关闭非当前工作区中的表

CLOSE ALL|CLOSE TABLES|CLOSE DATABase　关闭所有工作区中的表

QUIT　退出系统时,自动关闭表

十一、文件管理

COPY TO 文件名[FIELDS 字段名列表] [范围] [FOR 条件] [WHILE 条件]　复制当前表

COPY STRUCTURE TO 文件名[FIELDS 字段名列表]　用当前选择的表结构创建一个新的空自由表

COPY STRUCTURE EXTENDED TO 文件名[FIELDS 字段名列表]　将当前选定表的结构信息复制成新表的记录

COPY FILE 源文件 TO 目的文件　复制任何类型文件

ERASE 文件名|?　从磁盘上删除任意文件

DELETE FILE [文件名|?]　从磁盘上删除任意文件

RENAME 文件名 1 TO 文件名 2　文件更名

DIR | DIRECTORY? [ON 驱动器名]　显示文件夹中的文件信息

RD | REDIR 文件夹名　从磁盘上删除指定的文件夹

MD | MKDIR 文件夹名　在磁盘上建立一个文件夹

十二、数据库操作

1. 数据库的建立、打开、关闭和删除

CREATE DATABase [数据库名| ?]　创建并打开一个数据库

DELETE ? DATABase ? 数据库名|?　从磁盘中删除数据库

OPEN DATABase [数据库名| ?][EXCLUSIVE|SHARED][NOUPDATE] [VALIDATE]　打开一个数据库

MODIFY DATABase ? [数据库名| ?] [NOWAIT] [NOEDIT]　打开数据库设计器(允许用户按交互方式编辑当前数据库)

SET DATABase TO [数据库名]　指定当前的数据库

CLOSE DATABase [ALL]　关闭数据库

2. 数据库表和视图的操作

ADD TABLE 表文件名|?　向当前打开的数据库中添加表

REMOVE TABLE 表文件名|? [DELETE]　从当前打开的数据库中移除表

CREATE SQL VIEW 视图名 AS SELECT……　在当前打开的数据库中建立视图

DELETE VIEW　视图名从当前打开的数据库中删除视图

十三、查询

SELECT [ALL | DISTINCT] [TOP 数值表达式[PERCENT]][别名.] 输出项[AS 列标题][，[别名.] 输出项[AS 列标题] ...]FROM [FORCE] [数据库名!]表名[[AS] Local_Alias][[INNER | LEFT [OUTER] | RIGHT [OUTER] | FULL [OUTER] JOIN 数据库名!]表名[[AS] Local_Alias] [ON 连接条件…][[INTO 保存目标]| [TO FILE 文件名[ADDITIVE] | TO PRINTER [PROMPT] | TO SCREEN]][NOCONSOLE] [PLAIN] [NOWAIT][WHERE 连接条件[AND 连接条件...] [AND | OR 条件[AND | OR 条件...]]][GROUP BY 分组列[，分组列...]][HAVING 条件][UNION [ALL] SELECT 命令][ORDER BY 排序列[ASC | DESC] [,排序列[ASC | DESC] ...]]

十四、报表

CREATE REPORT [文件名| ?] [NOWAIT] [SAVE][[WINDOW 窗口名 1][IN [WINDOW] 窗口名 2 | IN SCREEN | IN MACDESKTOP]]　在报表设计器中打开一个报表

MODIFY REPORT [文件名| ?][[WINDOW 窗口名 1][IN [WINDOW] 窗口名 2| IN SCREEN]][NOENVIRONMENT][NOWAIT][SAVE]　打开报表设计器,从中可以修改或创建一个报表

REPORT FORM 文件名 1| ? [ENVIRONMENT][范围] [FOR 条件] [WHILE 条件][HEADING 标题文本] [NOCONSOLE][NOOPTIMIZE][PLAIN][RANGE 初值[,终值]][PREVIEW [[IN] WINDOW 窗口名| IN SCREEN] [NOWAIT]][TO PRINTER [PROMPT] | TO FILE 文件名 2[ASCII]] [NAME 对象变量名] [SUMMARY]　显示或打印报表

十五、程序设计

1. 赋值语句

变量名＝表达式给指定变量赋值

STORE 表达式 TO 变量名　给内存变量赋值

2. 输入输出语句

WAIT [提示文本][TO 变量名][WINDOW [AT 行，列]][NOWAIT][CLEAR | NOCLEAR][TIMEOUT 秒数]　显示信息并暂停程序的执行,按任意键或单击鼠标后继续执行

? | ?? 表达式 1 [PICTURE 格式代码] | [FUNCTION 格式代码] | [输出列数][AT 列][FONT 字体[，字号] [STYLE 字形| 表达式 2]][，表达式 3] ... ? 计算表达式的值,并输出计算结果

??? 字符串表达式把结果直接输出到打印机

@行,列 SAY ? …　在指定的位置显示或打印

WAIT [＜提示信息＞] [TO ＜内存变量＞] [WINDOW[AT[＜行＞,＜ 列＞] [NOWAIT]]? [CLEAR|NOCLEAR] [TIMEOUT＜数值表达式＞]　输出提示信息

3. 条件语句

IF 条件 [THEN]……

[ELSE]

```
    ……
ENDIF
```

4. 多分支语句

```
DO CASE
    CASE 逻辑表达式 1
        ……
    CASE 逻辑表达式 2
        ……
    CASE 逻辑表达式 n
        ……
    [OTHERWISE]
        ……
ENDCASE
```

5. DO 循环

```
DO WHILE 条件
    [LOOP]
    ……
    [EXIT]
    ……
ENDDO
```

6. FOR 循环

```
FOR 循环变量=初值 TO 终值 STEP 步长
    ……
ENDFOR | NEXT
```

7. 表记录扫描循环

```
SCAN [范围] [FOR 条件] [WHILE 条件]
    ……
ENDSCAN
```

8. 变量的作用域与数组的定义

PUBLIC 变量名列表　定义公共变量

PRIVATE 变量名列表　定义私有变量

PRIVATE ALL[LIKE | EXCEPT 通配符]　定义某类私有变量

LOCAL 变量名列表　定义局部变量

DECLARE | DIMENSION 数组名(下标 1,下标 2,……)　定义数组

9. 过程

```
PROCEDURE 过程名
    PARAMETERS 参数表
    ……
RETURN [TO MASTER | TO 程序名]
```

10. 函数

FUNCTION 函数名

　　PARAMETERS 参数表

　　……

RETURN 表达式

11. 程序的运行

DO 文件名　执行程序

DO 子程序名| 过程名[IN 程序文件名][WITH 实际参数表]　调用一个子程序或过程

RUN 命令或程序？　执行一个外部命令或程序

十六、各种设置命令

SET ANSI ON | OFF　设置如何用操作符 =对不同长度字符串进行比较

SET BELL ON | OFF　关掉或打开计算机铃声,并设置铃声属性

SET CARRY ON | OFF　设置在创建新记录时,是否将当前记录数据复制到新记录中

SET CENTURY ON | OFF　设置是否显示日期中的世纪

SET CLOCK ON | OFF | STATUS　设置是否显示系统时钟

SET CLOCK TO [行, 列]　指定系统时钟在 Visual FoxPro 主窗口中的位置

SET DECIMALS TO [小数位数]　设置显示的小数位数

SET DEFAULT TO [路径]　指定默认的驱动器、目录或文件夹

SET DELETED ON | OFF　设置是否处理带删除标记的记录

SET EXACT ON | OFF　指定比较不同长度两个字符串时,Visual FoxPro 使用的规则

SET EXCLUSIVE ON | OFF　指定以独占方式还是共享方式打开表文件

SET FIELDS TO [[字段名 1 [, 字段名 2 ...]]? | ALL [LIKE Skeleton | EXCEPT Skeleton]]　指定可以访问表中的哪些字段

SET FILTER TO [条件]　指定访问当前表中记录时必须满足的条件

SET HOURS TO [12 | 24]　将系统时间设置为 12 小时或 24 小时时间格式

SET MARK TO [日期分隔字符]　指定显示日期表达式时所使用的分隔符

SET PATH TO [路径]　指定查找文件的路径

SET PROCEDURE TO [文件名 1 [, 文件名 2, ...]][ADDITIVE]　打开过程文件

SET RELATION TO [表达式 1 INTO 工作区号 1 |别名 1 [,表达式 2 INTO 工作区号 2 | 别名 2 ...] [IN 工作取号| 别名] [ADDITIVE]]　在两个打开的表之间建立临时关系

SET RELATION OFF INTO 工作区号| 别名　解除当前选定工作区中父表与相关子表之间已建立的关系

SET SECONDS ON | OFF　当显示日期时间值时,指定是否显示时间部分的秒

SET STRICTDATE TO [0 | 1 | 2]　指定不明确的日期和日期时间常数是否产生错误

SET SYSMENU ON | OFF | AUTOMATIC| TO [MenuList] | TO [MenuTitleList] | TO [DEFAULT] | SAVE | NOSAVE　在程序运行期间,启用或废止 Visual FoxPro 系统菜单栏,并对其重新配置

SET TALK ON | OFF | WINDOW [窗口名] | NOWINDOW　设置是否显示命令的结果

SET UDFPARMS TO VALUE | REFERENCE　设置参数是按值还是按引用方式传递

附录 4 控件的主要属性、事件和方法

1. 表单(Form)

主要属性:

AutoCenter	在 VFP 主窗口内居中
AlwaysOnTop	始终在最上层,防止其他窗口遮挡表单
AlwaysOnBottom	始终在最低层,防止其他窗口被表单遮挡
Movable	表单能否移动
Top	表单的顶边与 VFP 主窗口顶边的距离
Left	表单的左边与 VFP 主窗口左边的距离
Height	表单的高度
Width	表单的宽度
ScaleMode	度量单位
Visible	可见或隐藏
Enabled	允许或禁止
BorderStyle	边框的样式(无边框、单线边框、固定对话框、可调边框)
Caption	标题
Comment	注释信息
ShowTips	决定是否显示提示信息
Icon	图标
Picture	背景图片
BackColor	背景色
ForeColor	前景色
FontBold	粗体
FontItalic	斜体
FontName	字体
FontSize	字体大小
FontStrikethru	删除线
FontUnderline	下划线
Closable	可否关闭
ControlBox	表单的左上角是否显示窗口菜单图标
MaxButton	最大化
MinButton	最小化
WindowState	指定表单窗口在运行时是最大化还是最小化
ShowWindow	决定表单窗口的显示位置(在屏幕中、在顶层表单中、作为顶层表单)
DeskTop	在桌面上还是在 VFP 主窗口中
BufferMode	指定记录是保守式还是开放式更新

常用事件：

Init	对象建立时触发
Activate	表单成为活动对象时触发
Destroy	对象被释放时触发
Click	单击鼠标左键时触发
DblClick	双击鼠标左键时触发
RightClick	单击鼠标右键时触发

常用方法：

Refresh	刷新对象
Release	释放表单或表单集
Show	显示表单
AddObject	添加对象

2. 标签控件(Label)

主要属性：

Caption	确定标签的显示内容
BackStyle	设置标签的背景是否透明
AutoSize	确定标签是否可以自动地调整大小
WordWrap	确定标签上的文本能否换行
Alignment	确定标签上文本的对齐方式(左，右，中央)

常用事件：

Click	单击鼠标左键时触发
DblClick	双击鼠标左键时触发
RightClick	单击鼠标右键时触发
Init	对象建立时触发

常用方法：

Drag	拖曳对象
Move	移动对象

3. 命令按钮(CommandButton)

主要属性：

Caption	指定在命令按钮上显示的文本
Picture	指定在命令按钮上显示的图片
Default	当该属性值设置为“真”(.T.)时，可按 Enter 键选择此命令按钮
Cancel	当该属性值设置为“真”(.T.)时，可按 Esc 键选择此命令按钮
Enabled	当该属性值设置为“假”(.F.)时，命令按钮变为灰色，禁止响应操作
ToolTipText	确定当鼠标指向该控件时显示的提示文本

常用事件：

Click	单击鼠标左键时触发
Init	对象建立时触发
GotFocus	对象获得焦点时触发
LostFocus	对象失去焦点时触发

常用方法：

SetFocus　　对象获得焦点

4. 文本框(TextBox)和编辑框(EditBox)

主要属性：

ControlSource　　指定与文本框建立联系的数据源

Value　　设置文本框的当前值或存储文本框当前选定的值

MaxLength　　设置文本框中可输入的最大字符数。文本框中该属性最大取值为 255

ReadOnly　　设置文本框的内容是否只读

PasswordChar　　用来设定当在文本框中输入信息时，屏幕上不显示相应内容，只显示相同个数的用户指定的字符(如"*")

InputMask　　指定控件中数据的输入格式和显示格式

Format　　指定数据输入的限制条件和显示格式

DateFormat　　指定日期的显示格式

DateMask　　指定日期分隔符

ScrollBars　　用以决定编辑框是否具有垂直滚动条(编辑框有，文本框没有)

主要事件：

InteractiveChange　　对象内容改变时触发

Valid　　对象失去焦点前触发

GotFocus　　对象获得焦点时触发

LostFocus　　对象失去焦点时触发

Click　　单击鼠标左键时触发

DblClick　　双击鼠标左键时触发

RightClick　　单击鼠标右键时触发

Init　　对象建立时触发

常用方法：

SetFocus　　对象获得焦点

Refresh　　刷新对象

5. 微调框(Spinner)

主要属性：

ControlSource　　指定与文本框建立联系的数据源

Value　　设置文本框的当前值或存储文本框当前选定的值

KeyBoardHighValue　　指定微调框从键盘输入的最大值

KeyBoardLowValue　　指定微调框从键盘输入的最小值

SpinnerHighValue　　指定微调框通过单击微调按钮输入的最大值

SpinnerLowValue　　指定微调框通过单击微调按钮输入的最小值

Increment　　指定微调框中数值的增加量或减小量，其默认值为 1.00

主要事件：

InteractiveChange　　对象内容改变时触发

Valid　　对象失去焦点前触发

GotFocus　　对象获得焦点时触发
LostFocus　　对象失去焦点时触发
Click　　单击鼠标左键时触发
DblClick　　双击鼠标左键时触发
常用方法：
SetFocus　　对象获得焦点
Refresh　　刷新对象

6．列表框(ListBox)和组合框(ComboBox)

主要属性：
RowSource　　指定列表框的数据源
RowSourceType　　确定列表框数据源的类型
ControlSource　　用于指定用户从列表框中选择的数据保存在何处
Value　　用于设置列表框的值
ColumnCount　　用于指定列表框中列的数目
ColumnWidth　　用于指定列表框中各列的宽度
BoundColumn　　用于指定 Value 属性的值与列表框的哪一列相关
List　　用于存取列表框中所有数据项的一个数组
ListCount　　用于指定列表框中数据项的数目
ListIndex　　指定列表框控件中选定数据项的索引值
Selected　　用于判断列表框中某个数据项是否被选定
Sorted　　用于指定列表框中数据项是否排序
MoverBars　　用于指定列表框中数据项可否移动
MultiSelect　　用于指定是否可选择多行
Style　　设置组合框为下拉组合框或下拉列表框(组合框有,列表框没有)
常用事件：
GotFocus　　对象获得焦点时触发
LostFocus　　对象失去焦点时触发
Click　　单击鼠标左键时触发
DblClick　　双击鼠标左键时触发
RightClick　　单击鼠标右键时触发
Init　　对象建立时触发
Destroy　　对象被释放时触发
常用方法：
AddItem　　向列表框中添加一个新数据项
RemoveItem　　从列表框中移去一个数据项
SetFocus　　对象获得焦点
Refresh　　刷新对象

7．复选框(CheckBox)

主要属性：
Caption　　指定出现在复选框旁边的文本提示信息

ControlSource　　指定复选框的数据源。通常为表中的一个逻辑字段
Style　　指定复选框的外观(标准方式或图形方式)
Value　　用于设置复选框的值

常用事件:

GotFocus　　对象获得焦点时触发
LostFocus　　对象失去焦点时触发
Click　　单击鼠标左键时触发
DblClick　　双击鼠标左键时触发
RightClick　　单击鼠标右键时触发
Init　　对象建立时触发
InteractiveChange　　对象内容改变时触发

常用方法:

SetFocus　　对象获得焦点

8. 选项按钮组(OptionGroup)

主要属性:

ButtonCount　　设置选项按钮组中的选项按钮数目,系统默认为两个选项按钮
Value　　存储用户所选择按钮的对应序号(数字序列或字母序列)
ControlSource　　指定与该控件相联系的数据源

常用事件:

Click　　单击鼠标左键时触发

9. 命令按钮组(CommandGroup)

主要属性:

ButtonCount　　用于指定命令按钮组中命令按钮的数目

常用事件:

Click　　单击鼠标左键时触发

10. 表格(Gride)

主要属性:

RecordSource　　指定与表格控件建立联系的数据源
RecordsourceType　　指定表格的数据源的类型
ColumnCount　　设置表格中的列数
Columns　　用于存取表格对象中列控件的数组
ReadOnly　　设置表格中的数据是否只读
DeleteMark　　用来设置表格是否具有删除标记列
RecordMark　　用来设置表格是否具有记录选择列
ScrollBars　　用来设置表格是否具有滚动条
SplitBar　　用来设置表格是否具有拆分条
GridLines　　用来设置表格线的类型
GridLineWidth　　用来设置表格线的粗细
GridLineColor　　用来设置表格线的颜色
BackColor　　用来设置表格的背景色

ForeColor 用来设置表格的前景色
AllowAddNew 用来设置表格在运行时是否允许增加新记录
AllowHeaderSizing 用来设置表格在运行时是否允许调整表头的高度
AllowRowSizing 用来设置表格在运行时是否允许调整行的高度
常用事件：
Init 创件一个对象时触发
BeforeRowColChange 当用户移到另一行或另一列，且新单元格还未获得焦点时触发
AfterRowColChange 当用户移到另一行或另一列，且新单元格获得焦点时触发
Scrolled 当用户滚动表格控件时触发

11. 页框控件(PageFrame)

主要属性：
PageCount 设置页框对象中所包含的页面的数目
Pages 用于存取页框对象中页面的数组
ActivePage 返回页框对象中活动页的页码。常用在程序中切换活动页面
TabStretch 指定页框中的选项卡以单行还是多行的形式排列
TabStyle 指定页框的标签是否对齐
Tabs 指定一个页框控件是否具有选项卡(展开或重叠)
常用事件：
Click 单击鼠标左键时触发
Init 对象建立时触发
常用方法：
Refresh 刷新对象
AddObject 添加对象

12. 计时器(Timer)

主要属性：
Enabled 控制计时器是否挂起
Interval 指定计时器控件的 Timer 事件之间的时间间隔，单位为毫秒
常用事件：
Timer 经过 Interval 属性设定的时间间隔后触发
常用方法：
Reset 重置计时器控件从 0 开始计时

13. 线条(Line)

主要属性：
BorderWidth 指定线条的线宽，其范围是 0～8 192个像素点
BorderStyle 指定线条的线型
BorderColor 指定对象的边框颜色
LineSlant 指定线条的倾斜方向是从左上到右下还是从左下到右上
常用事件：
Click 单击鼠标左键时触发
DblClick 双击鼠标左键时触发

RightClick　　单击鼠标右键时触发
Init　　对象建立时触发
常用方法：
Drag　　拖曳对象
Move　　移动对象
14. 形状(Shape)
主要属性：
Curvature　　设置形状的曲率,以控制显示什么样的图形,它的变化范围是 0～99
FillStyle　　指定用来填充形状的图案
SpecialEffect　　指定形状的外观是 3 维的还是平面的
常用事件：
Click　　单击鼠标左键时触发
DblClick　　双击鼠标左键时触发
RightClick　　单击鼠标右键时触发
Init　　对象建立时触发
常用方法：
Drag　　拖曳对象
Move　　移动对象
15. 图像控件(Image)
主要属性：
Picture　　指定待显示的图片文件
BorderStyle　　确定图片是否具有可见的边框
BorderColor　　确定边框的颜色
BackStyle　　确定图片的背景是否透明
Stretch　　指定如何对图像进行尺寸调整以便放入图像控件中
常用事件：
Click　　单击鼠标左键时触发
DblClick　　双击鼠标左键时触发
RightClick　　单击鼠标右键时触发
Init　　对象建立时触发
常用方法：
Drag　　拖曳对象
Move　　移动对象
16. OLE 绑定型控件
主要属性：
ControlSource　　指定与该控件绑定的一个 VFP 表的通用字段
Stretch　　指定如何对图像进行尺寸调整以便放入图像控件中
17. OLE 容器控件
主要属性：
AutoVerbMenu　　确定当用户右击 OLE 容器控件时是否显示包含对象动作的

	快捷菜单
AutoSize	指定控件是否根据其内容的大小自动调节尺寸
AutoActivate	指定如何激活 OLE 容器控件

18. 容器(Container)

主要属性：

BorderWidth	容器边框的宽度
ControlCount	容器对象中控件的数目
Controls	用于存取容器对象中控件的数组
SpecialEffect	控件的不同格式，有凸起、凹下和平面 3 种

参考文献

1. 卢湘鸿. Visual FoxPro 6.0 数据库与程序设计(第 3 版). 北京:电子工业出版社,2011
2. 严明等. Visual FoxPro 教程(2010 年版). 苏州:苏州大学出版社,2010
3. 刘瑞新. Visual FoxPro 程序设计教程(第 2 版). 北京:机械工业出版社,2009
4. 李雁翎. Visual FoxPro 应用基础与面向对象程序设计教程(第 3 版). 北京:高等教育出版社,2008
5. 卢雪松. Visual FoxPro 实验与测试(第 3 版). 南京:东南大学出版社,2008
6. 郑阿奇. Visual FoxPro 实用教程(第 3 版). 北京:电子工业出版社,2007
7. 史济民. Visual FoxPro 及其应用系统开发(简明版). 北京:清华大学出版社,2006
8. 王珊等. 数据库系统概论(第 4 版). 北京:高等教育出版社,2006